生态文明的历史借鉴

以长江上游鱼类资源的分布变迁为中心的考察

刘静◎著

中国农业科学技术出版社

图书在版编目（CIP）数据

生态文明的历史借鉴：以长江上游鱼类资源的分布变迁为中心的考察 / 刘静著．—北京：中国农业科学技术出版社，2020.8

ISBN 978-7-5116-4712-2

Ⅰ.①生…　Ⅱ.①刘…　Ⅲ.①长江流域—上游—鱼类资源—研究　Ⅳ.①S922.5

中国版本图书馆 CIP 数据核字（2020）第 069913 号

责任编辑　朱　绯
责任校对　李向荣

出 版 者　中国农业科学技术出版社
北京市中关村南大街 12 号　邮编：100081
电　　话　（010）82106626（编辑室）　（010）82109702（发行部）
（010）82109709（读者服务部）
传　　真　（010）82106626
网　　址　http://www.castp.cn
经 销 者　各地新华书店
印 刷 者　北京建宏印刷有限公司
开　　本　710mm×1 000mm　1/16
印　　张　23.5　彩插　4 面
字　　数　388 千字
版　　次　2020 年 8 月第 1 版　2020 年 8 月第 1 次印刷
定　　价　56.00 元

2018 年教育部青年基金项目
“清代以来长江上游鱼类资源的分布与开发研究”
（18XJC770006）成果
2018 年重庆工商大学学术专著出版基金资助项目

作者简介

刘静，1987 年出生，湖北荆州人。2009 年毕业于四川师范大学历史文化学院，获历史学学士学位；2011—2016 年，在西南大学历史地理研究所硕博连读，2016 年获中国史博士学位。同年任教于重庆工商大学马克思主义学院。目前主要从事环境史和生态文明建设方面的研究，主持省部级项目 4 项，发表学术论文十余篇。

序　　言

鱼，在人类生活中地位的重要性不言而喻。孟子曰："鱼，我所欲也，熊掌，亦我所欲也"，而人们将"鲜"字用鱼作偏旁，更是将烹饪话语中鱼的地位凸显出来。记得20世纪70年代，生活中肉食资源十分贫乏，每人每月一斤猪肉显然难以满足我们的基本需求，好在我们三线建设厂区地深处长江上游的大山中，河流和堰塘中的野生鱼类自然成为我们补充蛋白质的重要食物。

刘静博士论文的确定可能本身与我自己对鱼的特殊感情有关，也与刘静博士本身是"鱼米之乡"——湖北荆州人有关。可能对刘静来说，在她年幼时期就对鱼类相当熟悉了。如果从历史自然地理角度来看，鱼类作为资源性动物，不仅本身与人类活动的关系密切，也是自然生态关系中相当重要的一员。如鱼与水的关系，那种密切程度我们可想而知，而水是自然地理中最重要的元素之一。从鱼看水，从水看地，从水看天，可以说从鱼的兴衰可以看透历史上水文的清浊，见证历史上山川的起伏，自然也就可以折射人地互动的过往。所以，刘静博士所著的《生态文明的历史借鉴：以长江上游鱼类资源的分布变迁为中心的考察》一书，正承担了这种"究天人之际"的历史责任。

整体上看，此书应该是一部以实证为主的历史自然地理著作。此书首先对明清民国以来长江上游鱼类资源名实进行考证；其次分析了人类对鱼类资源的认知从直观感觉到科学调查的过程；再次又分析了长江上游各个时期、各个河段鱼类资源分布及开发利用，研究了明清以来珍稀鱼类资源的变迁；最后，书中从环境史的角度分析了长江上游鱼类资源变迁与人类活动的关系，提出从历史的发展过程中借鉴生态文明的话语，所以，也可以将其看成一部区域环境史著作。

其实，对于一位女博士研究这样的课题，作为导师，开始我也存有担心。因为这并不是一个太好做的题目。首先，以前我的多篇论文已经指出，中国古代传统科学存在科学分类混乱的特性，连我们熟悉的“经史子集”分类都是将学科类别分类与文本载体分类放在一起，但我们往往还习以为常。以鱼类分类来看，可以用四个字来形容：“杂乱无序”。如书中就谈到：有以形态命名的、有以产地命名的、有以纹色命名的、有以局部器官命名的、有以习性命名的、有以类属命名的、有以语音之讹命名的，关键要命的是这些分类往往是同时混杂在一起，有的鱼类同时存在多种命名，有的同名而类异，有的同类而名异，古今名实之间的比对分歧巨大。如“黄鱼”在不同的文献中所指并不一样，所以我们对杜甫“家家养乌鬼，顿顿食黄鱼”的“黄鱼”相当于今天的何种鱼争论不休。所以，此书考证起来难度相当大，不仅要求作者要对中国传统科学的名实有认知，而且还必须有现代鱼类分类的基本知识。不过，刘静以女性特有的坚忍和细心，对长江上游所有鱼类资源名实和分布的考证可谓资料丰富全面，理清了以前我们学术界在鱼类资源名实问题上的许多困惑。应该说刘静博士这部《生态文明的历史借鉴：以长江上游鱼类资源的分布变迁为中心的考察》是认识长江上游历史时期鱼类名实和资源分布利用的开创性著作，也应该是一部有关历史时期长江上游鱼类资源的集大成的研究著作，可能以后在研究长江流域鱼类资源变化时，都需要查阅的著作。

从另一个度来看，从鱼类资源利用看人类活动影响是一个较新的视角。人类很早就利用鱼类资源作为蛋白质来源，在传统时代，因自然水面鱼类丰富且获取相对容易，人类早期与鱼类的关系更为密切。以长江上游为例，早期的巴人中有一支鱼凫巴人，以鱼为图腾，至今巴蜀许多地方还有鱼凫的地名留下。汉晋时期，巴蜀出现一种特殊的自然灾害“鱼害”，这可能是其他地区少有的现象。在后来川菜烹饪中淡水鱼的利用可谓广泛，所以，我们川菜中有独有“鱼香”的味型，而江湖菜中水煮鱼、酸菜鱼、来凤鱼、太安鱼等声名远扬。在之前，我们曾提出历史时期资源、环境的“干涉限度差异”问题，其实最初也是从鱼类资源与其他动物资源的差异性引发出来的，即野猪、野鸡从口感上并不适合人类，但野生的鱼类却是完全适宜人类的，所以人类很早就驯养了猪和鸡。但是，当我们用饲料和激素将猪的饲养周期缩短到四五个月，将鸡的饲养周期缩短在四十天时，猪和鸡的口感品质也大大下降，体现为一种人类干涉过度。所以，在野生动物中有的动物需要有限干涉，有一些需要完全干涉，有的则需要完全禁止干涉，这本身显示了人类、人类社会与环境、资源关系的复杂性。而且这种干涉在历史时期不同的科学技术背景下，可能格局又会发生较大的变化。所以，研究不同技术背景下人与自然关系的视阈相当重要。因为这种研究往往不仅有相当强的学理价值，而且还体现着强烈的现实关怀，这就是此书蕴含着的生态文明借鉴的现实诉求。

中国生态环境史研究的空间还很大，特别是近百年来，人类活动与资源环境的关系更加密切，如近代中国工业化与环境的关系、三年自然灾害的科学性问题、三线建设与西部资源和环境、“大跃进”大炼钢铁与生态环境问题、燃料换代与资源和环境、有机污染向无机污染的转变等问题，都有较大学术意义和现实关怀研究价值。刘静博士研究的鱼类资源变迁问题，还可以从近代水文变化与鱼类资源的关系再进行进一步的研究。

其实，刘静的这篇博士论文从选题确定到完成出版的时光，正好是刘静从一位历史地理学初学者向一位有一定思想的青年女学者蜕变的过程。所以，看着这篇论文的出版，仿佛见证了一位怀着学术理想诉求的少女逐渐成为一位成熟女学者的轨迹，作为老师真心为她由衷地高兴。相信她在以后的学术道路上会走得更高更远。

蓝勇

2020. 5. 22 于北碚寒舍

前　　言

党的十八大以来，以习近平同志为核心的党中央高度重视社会主义生态文明建设。习近平总书记强调要把修复长江生态环境，摆在压倒性的位置，共抓大保护，不搞大开发，要保护长江水生生物资源，确保长江永续发展。生态文明建设离不开既往经验借鉴和历史理性引导。中国环境史研究是生态文明建设的一项重要基础性工作。历史时期人们如何处理人与自然、人与动物之间的关系是环境史研究的题中之意。鱼类资源是长江生态好坏的晴雨表。鱼类资源作为动物资源的重要组成部分，与人类的生产、生活密切相关，但其重要性却常为人所忽视。而长江上游地区有着较为独特的鱼类生态系统和悠久的渔业开发历史。

第一部分是绪论。绪论部分包括本书中基本概念的界定和说明，相关学术研究成果的回顾、总结以及本书的研究意义、研究内容、研究方法等内容。另外，绪论部分还对长江上游地区的水文和饵料等状况做了介绍。长江上游特殊的水文环境和饵料等因素是长江上游鱼类资源的生存大环境，是了解鱼类资源的种类及资源量情况的前提。

第一章在对明清以来长江上游地区主要鱼类资源进行名实考辨的同时，分别探讨了传统方志体系与近代科学调查体系下对鱼类资源的记载、认知及二者之间的差异。长江上游地区由于有着特殊的地貌和水文环境，生活着部分特有种群的鱼类。从记载的俗名来看，此区域内的鱼类有以形态、产地、纹色、体征、习性等多种命名方式。传统方志体系下对鱼类的认知主要侧重以下几方面：繁殖方式、类别、生物习性、种属关系、药性及毒性。传统时期对鱼类的认知多是经验性的、感观性的，侧重鱼类名实的考辨及实用性知识。从科学性来说，虽然不尽准确，但是在某些方面已经达到一定水平。尤其在民国时期，随着西方生物学知识的传入，部分民国方志吸收了养分，鱼类的记载增加了一些科学的成分。

第二章，秦汉时期长江上游地区经济开发程度不高，渔猎采集依然是人们重要的获取食物的方式。同时水利事业的推进使得成都平原、滇池周边渔业养殖有了一定程度的发展。在洪水发生之际，丰富的鱼类资源甚至会形成“鱼害”。唐宋时期，伴随着巴蜀地区经济的发展，长江上游的鱼类资源得到进一步开发。由于经济发展水平的差异，这一时期长江上游的渔业开发呈现出一定的区域差异。

第三、第四章主要是对明清以来长江上游主要干支流的鱼类资源分布及资源开发情况进行研究。明、清、民国时期长江上游的鱼类资源种类丰富，资源量大。一些现在很难见到的鱼类，如鲟鱼类、川陕哲罗鲑、金线鱼等，在当时还有广泛分布，且种群个体大。长江上游地区的名贵鱼类也都有一些优势分布区，总会被人们所赞美和提及。从长江上游地区各大水系的生物链构成来说，整个生态系统是比较完整的。

川江鱼类种类多，资源量丰富，且三峡段是许多重要经济鱼类的天然产卵场。金沙江是一条典型的峡谷河流，喜急流的鱼的种类最多，具有一定的渔业价值。沱江、嘉陵江河道曲折，滩沱较多，饵料资源丰富，是长江上游一级支流中渔业较为发达的河流。二者比较而言，沱江鱼类种类少于嘉陵江。在主要的二、三级支流中，渔业较发达的当属渠江与青衣江，渔业开发历史悠久，且鱼类种类较为丰富。

第五章选取长江上游若干种珍稀鱼类，包括鲟鱼类、虎嘉鱼、金线鱼、娃娃鱼①作为个案。梳理它们的分布变迁情况，并对影响因子加以分析。鲟鱼类是长江上游的重要经济鱼类，不仅分布于长江干流，在主要支流的河口及下游江段亦有分布。清代的三峡地区以及20世纪中期的宜宾、泸州、重庆等地现

① 传统时期人们多将两栖类的娃娃鱼归为鱼类。

今鲟鱼资源量迅速下降，仅偶有捕获。清至民国时期，虎嘉鱼在岷江干流及其支流大渡河、青衣江有一定的分布，至 2005 年，虎嘉鱼在大渡河上游还有少量种群，而青衣江上游、岷江上游虎嘉鱼已是残存状态。清至民国时期，大鲵在长江上游地区主要分布于四川盆地边缘的中山区和低山区，呈环形分布。20 世纪 80 年代，四川地区大鲵产地比较集中的是酉阳乌江支流的大溪河和岷江下游支流马边河，另外，秦岭大巴山一带以及贵州大娄山等地大鲵有一定种群数量。明清至民国时期，滇池沿岸的石灰岩溶洞曾是金线鱼的重要分布区，现今金钱鱼主要分布于滇池附近的少数几个龙潭中。

目录

绪论

第一节　选题意义

一、现实意义

长江地跨我国地貌的三大阶梯，复杂的地貌、地形造就了长江流域丰富的生态及物种多样性。其中，宜昌以上的长江上游地区与中下游水域生态系统又有差异，有着特殊的地质、地貌、气候、水文和自然生态环境，并且孕育了丰富多样的水生生物，其中鱼类资源尤为明显，多达261种。其中长期适应长江上游水体生态条件的特有种就有112种，占上游鱼类种数的42.9%。长江上游珍稀鱼类大多是我国特有的鱼类品种，例如，中华鲟，仅生活于我国长江流域，被誉为水中的“活化石”；还有胭脂鱼，主要生活在长江上游水域，有着“亚洲美人鱼”的美誉。

由于人类活动干预程度的加强，鱼类资源数量急剧下降，传统时期众多的常见鱼类却已罕见。[①] 众多新闻报道一次又一次地提醒人们，渔民面临着“无鱼可捕”，人们面临着“无鱼可吃”的现状。尤其一些稀有种类，如鲟鱼类、胭脂鱼等已经难见踪迹，而一些常见的鱼类个体较以前明显变小。

这种情况已经引起了政府的高度关注。早在1957年，水产部颁布了《水产资源繁殖保护暂行条例（草案）》，1979年国务院颁布了《水产繁殖保护条例》以繁殖保护水产资源。2006年，由农业部[②]水生野生动植物保护办公室统一组织领导，长江上游珍稀特有鱼类国家级自然保护区资源与环境综合调查工作全面启动。除此以外，各地政府也开始采取一些措施加强鱼类资源的保护，在长江上游地区建立了多个鱼类自然保护区。2000年建立长江上游雷波—合江段国家珍稀鱼类自然保护区。1999年始，雅安地区陆续建立宝兴河珍稀鱼类市级自然保护

---

① 《长江鱼泪》，《南都周刊》，2012年第24期。《长江鱼殇》，《财经国家周刊》，2012第11期。《7种常见长江鱼成稀有鱼，电捕鱼和水污染是两大“杀手”我市鱼类基因库亮“红灯”》，《重庆商报》，2005年3月28日第B01版。《长江渔业资源告急》，《人民日报》，2013年6月2日，第009版。

② 中华人民共和国农业部，全书简称农业部。2018年3月国务院机构改革，将农业部的职责整合，组建中华人民共和国农业农村部，简称农业农村部。

区、周公河珍稀鱼类省级自然保护区、天全河珍稀鱼类省级自然保护区。2001 年，陕西太白湑水河建立珍稀水生动物省级自然保护区，2012 年升级为国家自然保护区。2007 年建立乌江—长溪河重庆市级鱼类自然保护区。2009 年，重庆市北碚区也建立了胭脂鱼自然保护区。对保护区系历史时期鱼类资源进行研究，对于我们更好地保护鱼类资源具有重要借鉴作用。2019 年农业农村部等部门印发《长江流域重点水域禁捕和建立补偿制度实施方案》，自 2020 年 1 月 1 日开始，长江流域重点水域实施长达 10 年的常年禁渔制度。

二、学术意义

从资源学角度看，相较其他如矿产、林木资源，渔业资源一直处于研究的边缘区，学界并未给予足够的关注度。按照农业广义的概念，渔业是属于农业的一部分，但较多关于传统时期的农业经济、农业地理著作并未将其列为研究对象，即使有讨论，也只是寥寥数笔。但事实是，鱼类资源在研究传统时期经济结构转换、复原江河水域环境等问题上具有重要意义。

从区域上看，当今学界对历史时期鱼类资源的研究，侧重于对沿海地区的鱼类资源变动、渔业经济、渔业文化等进行探讨。内陆淡水流域鱼类资源研究成果主要是集中于长江中下游一带的江浙、两湖等区域，长江中上游地区研究就更微乎其微。迄今为止，尚没有一部比较全面系统的淡水渔业史著作。实质上，通史性渔业著作的产生有赖于更多区域性研究成果的取得。

目前，对于长江流域鱼类资源的研究更多是宏观地从渔业经济发展的视角加以考察，并没有具体到特殊鱼类种群资源变动上。有鉴于此，本书旨在通过选取一些典型性鱼类资源的变迁作为个案研究对象。应该说这些问题之前学术界探讨并不多，具有一定意义。

第二节　相关学术史回顾

鱼类资源作为重要的生物资源，有着一定的经济价值，是经济史研究的对象。近年来，更多的学者开始利用鱼类资源变迁与水环境、气候变化等存在的密切关系进行环境史的研究。以往学者们对传统时期鱼类资源的研究成果主要集中在以下几方面。

一、经济史的研究

渔业经济是传统农业经济的组成部分。一直以来渔业经济史研究的重点都是考察古代中国渔业经济的发展状况。这类研究在晚清民国时期就有出现，20世纪90年代以来，又得到了不小的发展，成果颇丰。

1. 通　史

清宣统三年（1911年）沈同芳著有《中国渔业历史》一书，开始了对中国渔业通史的研究。书中对中国古代渔业史的发展轮廓作了粗浅的勾画，并介绍了浙江镇海的海洋渔船、渔具和渔法以及长江安庆段、湖南洞庭湖的淡水渔具和渔法。此书虽然名为《中国渔业历史》，实际上主要反映了清代末年中国的渔业概貌，内容较为简略。它的出现结束了我国渔业没有专史的历史，是中国渔业经济史的拓荒之作。

1936年，李世豪、屈若搴合著《中国渔业史》① 一书。该书首先简要回顾了清代以前我国渔业发展状况，接着对渔政设施、渔业试验与调查、水产教育、渔业技术之进展、水产贸易、国际渔业、渔盐等问题进行了简要介绍。该书选择性地勾勒了中国渔业史某些方面的发展情况，时段上也更侧重于近代，而且涉及淡水渔业发展情况的内容较少，主体内容是海洋渔业经济的发展。

1993年，丛子明、李挺主编的《中国渔业史》② 出版。全书以时间为限，分为上、中、下三编。上编时段较长，是史前时期至民国时期中国渔业发展情况；中编则为中华人民共和国成立至1985年的数十年间；下编则是关于中国渔业发展的古今名人事要的附录。书的主要内容侧重于现代渔业的发展情况，对传统时期的渔业发展涉及不多。

1995年，中村治兵卫先生的集大成之作——《中国渔业史研究》③ 出版。

① 李世豪、屈若搴：《中国渔业史》，商务印书馆，1936年。
② 丛子明、李挺：《中国渔业史》，中国科学技术出版社，1993年版。
③ （日）中村治兵卫：《中国渔业史研究》，刀水书房，1995年版。

该书是目前所见较早且完备的一部外国学者关于中国渔业史方面的研究著作。全书包括唐朝的渔业政策和鱼类的流通、唐代的渔具和渔法、宋代的鱼税渔利钱和渔场、宋代的渔法和渔具、明初的鱼课和河泊所的地域回避、明代的河泊所和渔民，共计六章。其提供的研究视角为后来很多学者吸收采纳，具有重要意义。

除了专著以外，亦有一些文章对淡水渔业通史进行研究。《中国淡水渔业史话》[①] 一文介绍了我国悠久的淡水捕鱼历史、淡水养殖、鱼类资源保护等问题。《我国淡水养鱼史资料谈》[②] 一文主要对历代淡水渔业养殖的史料进行了梳理。

2. 断代史

明清时期渔业史的研究成果最为集中。张建民（1998）[③] 一文可以说是开创研究长江中下游区域性淡水渔业经济的先河之作。继此之后，较为系统全面研究长江流域淡水鱼类资源的代表作当是尹玲玲的《明清长江中下游渔业经济研究》[④]，从渔业地理分布及变迁、生产技术、水产贸易、渔政管理与组织等角度系统研究了明清时期长江中下游地区渔业经济发展。尹玲玲另外还发表了数篇长江中下游渔业经济的论作，是长江中下游渔业经济研究成果的重要组成部分。[⑤]

总的来说，现阶段淡水渔业通史的研究主要是停留在介绍层面上，各区域渔业经济变迁的差异及原因等内容并未做系统分析。一部好的渔业通史尚有待于更多扎实的分区域、分时段研究成果的取得。

---

① 邱锋：《中国淡水渔业史话》，《农业考古》，1982 年第 1 期。

② 邢湘臣：《我国淡水养鱼史资料谈》，《中国农史》，1984 年第 3 期。

③ 张建民：《明代湖北的鱼贡鱼课与渔业》，《江汉论坛》，1998 年第 5 期。

④ 尹玲玲：《明清长江中下游渔业经济研究》，齐鲁书社，2004 年。

⑤ 尹玲玲：《明代洞庭湖地区的渔业经济》，《中国农史》，2000 年第 1 期；《明代杭嘉湖地区的渔业经济》，《中国农史》，2002 年第 2 期；《明清时期太平及池州地区的渔业》，《安徽史学》，2004 年第 3 期；《论明代福建地区的渔业分布》，《中国农史》，2006 年第 1 期。

二、环境史的研究

水生生物是反映水质是否优良、生态系统是否健康的有用指示物。环境史视角下的鱼类资源研究，主要在于通过考察鱼类资源的数量、体长、体重和分布情况的演变，揭示出鱼类资源的变迁与人类活动、水环境、气候变化等因素的互动关系，这是学界的新转向。梅雪芹（2013）先生探讨泰晤士河三文鱼消失的问题，揭示泰晤士河水污染问题的进程与治理举措，为如何更好地从鱼类资源变迁的角度深入研究工业化时代水环境史提供了一个新的视角。

环境史视角下鱼类资源的研究以沿海地区的成果最为集中。美国学者穆盛博的《近代中国的渔场战争和环境变化》（2015）① 是从社会史、环境史的角度研究中国渔场的一部重要著作。他以舟山群岛渔业作为研究个案，探讨在环境变化的背景下，渔业资源开发过程中所形成的资源使用与管理的制度、矛盾冲突的形成与解决等问题。李玉尚的专著《海有丰歉——黄渤海的鱼类与环境变迁（1368—1958）》（2011）② 从种群变动及鱼汛渔期的视角对明清以来黄渤海鱼类资源的衰退及其原因进行了详尽论述，他指出："只有了解自然和人为因素在不同时期渔业资源的变动中各自扮演了什么角色，才能较为公允地理解海洋生态系统和人类系统之间的关系。"王楠（2012）③ 主要对胶东地区1840—1949年鱼类种群的变动及渔具渔船的发展进行探讨，对捕捞强度与鱼群衰减及关系的探讨是该文创新之处。陈亮（2013）④ 通过对闽台沿海海洋鱼类的生物学体征进行了长时段的研究，发现传统时代的大部分鱼类，其优势体长较20世纪50年代后的标准为长。

长江中下游地区亦有一定研究成果。尹玲玲的《明清两湖平原的环境变

---

① （美）穆盛博著，胡文亮译：《近代中国的渔业战争和环境变化》，江苏人民出版社，2015年。

② 李玉尚：《海有丰歉——黄渤海的鱼类与环境变迁（1368—1958）》，上海交通大学出版社，2011年。

③ 王楠：《1840—1949年的胶东渔业：它的生境、资源和人择机制》，西北师范大学，2012年硕士学位论文。

④ 陈亮：《明清以来闽台沿海鱼类种群结构的变迁》，《中国历史地理论丛》，2013年10月。

迁与社会应对》① 专列两节讨论并指出在人类活动的影响下，两湖平原水系格局的变迁使得渔、农产业结构发生改变，渔业经济在总体产业结构中地位的下降。作者选取产业结构、渔民群体及生计方式的变化作为切入点，来探讨鱼类资源变迁与环境之间的关系。与其做法不同的是，亦有学者从区域内典型性鱼类的种群变动情况来讨论鱼类资源与环境的互动关系。王建革论述了松江鲈鱼资源变迁与江南水乡生态演变之关系，指出历史珍味松江鲈鱼早在明代中后期已经消失了，后来所谓的松江鲈鱼实质上是虾虎鱼。松江鲈鱼的消失与吴淞江水道环境变化有重要关系②。

海洋鱼类与淡水鱼类的生存环境迥异。从生物学角度来看，影响其分布的因素差异也较大。由于史料分布呈现出的区域差异以及长期以来淡水渔业和海洋渔业发展水平与程度的差异，对历史时期影响海洋鱼类与淡水鱼类资源变动因素的研究是否可以采用相同的方式方法来对待，是值得通过更多的区域及个案研究来搞清楚的。

三、生物学史的研究

20 世纪 50—80 年代学者们对于传统时期的鱼类生态学、分类等问题有零星介绍。由于传统与现代鱼类记载体系存在差异，名实之辨是进行古代鱼类资源研究的基础，成庆泰的《我国古代的鱼类生态学知识》③ 等论作涉及传统时期对于鱼类生态学、分类等问题的介绍。近期关于鱼类生物学史的研究主要集中于传统时期的鱼类分类知识等问题，如邢迎春的《中国近、现代内陆水域鱼类系统分类学研究历史回顾》④ 主要是对中外近代以来中国内陆水域的分类学研究成果进行了系统的学术回顾，具有很好的索引作用。另外就是洪纬、曹树基等对东南沿海一带鱼类分类学的研究，有一定的成果。如洪纬、曹树基的

① 尹玲玲：《明清两湖平原的环境变迁与社会应对》，上海人民出版社，2008 年。

② 王建革：《水乡生态与江南社会 9—20 世纪》，北京大学出版社，2013 年，第 442-463 页。

③ 成庆泰：《我国古代的鱼类生态学知识》，《水产科技情报》，1983 年第 1-2 期。

④ 邢迎春：《中国近、现代内陆水域鱼类系统分类学研究历史回顾》，《动物学研究》，2013 年第 4 期。

《〈闽中海错疏〉中的鱼类分类体系探析》① 一文以我国现存最早的水产志书《闽中海错疏》为中心，分析了该书中鱼类分类的方法及特点。洪纬的《明清以来传统鱼类分类方法研究（1491—1947）——以福建省为中心》，洪纬、曹树基的《近代鱼类分类知识在民国地方志中的传播——以福建地方志为中心》②，两文重点揭示近代西方鱼类分类学知识传入对中国传统时期鱼类分类体系及认知的影响。

由于各地的经济文化发展水平的差异，应该说鱼类生物学认知水平也是有差异的。这种现象在近代以来尤为明显。较之沿海地区，长江上游地区近代以来受西方知识体系的影响在时间上略晚，程度上亦有一定差异。直到民国时期，长江上游地区方志记载中的鱼类受西方知识体系影响并不明显。

四、社会史视角下长江流域的淡水渔业

近年来水域社会史这一研究议题方兴未艾。人类越来越关注江、河、湖、海资源的利用以及其中蕴藏的丰富资源。鱼类资源作为公共自然资源，与水环境密不可分。在人口压力之下，资源的使用、管理与争夺以及在此基础上形成的水域社会、民族关系互动等问题成为学者们关注的内容。梁洪生（2008）较早探讨鄱阳湖地区因“湖区渔业权的季节性模糊”带来的渔业资源争夺问题。③ 吴赘（2009）对明清至民国时期围绕鄱阳湖渔业经济地位下降与区域社会变动进行了深入分析。④ 程宇昌（2017）以鄱阳湖古渔村管驿前为个案，探讨明清以来此地的渔业习俗与水域社会建构的内在关系⑤。刘诗古

---

① 洪纬、曹树基：《〈闽中海错疏〉中的鱼类分类体系探析》，《中国农史》，2012 年 4 月。

② 洪纬：《明清以来传统鱼类分类方法研究（1491—1947）——以福建省为中心》，上海交通大学，2013 年博士学位论文。洪纬、曹树基：《近代鱼类分类知识在民国地方志中的传播——以福建地方志为中心》，《安徽史学》，2013 年第 3 期。

③ 梁洪生：《捕捞权的争夺：“私业”，“官河”与“习惯”——对鄱阳湖区渔民历史文书的解读》，《清华大学学报》，2008 年第 5 期。

④ 吴赘：《民国以来鄱阳湖渔业与地方社会——以余干县瑞洪为中心》，江西师范大学，2009 年硕士学位论文。

⑤ 程宇昌：《历史与现实：鄱阳湖传统渔业生产习俗与地方社会建构——以鄱阳县古渔村管驿前为例》，《南昌大学学报》，2017 年第 1 期。

(2018) 以新发现的鄱阳湖区渔民历史文书为核心史料，围绕水面权、鱼课制度的确立及形成的水域社会，揭示沿湖居民围绕自然资源的共享与竞争所形成的复杂历史图景①。

可以看出，当前对于淡水流域鱼类资源及渔业经济的研究，主要集中在长江中下游湖北、江西、江浙区域，而长江上游区域的研究则明显不足。

五、鱼文化和渔业文化史的研究

在人类开发鱼类资源的过程中，形成了丰富的鱼文化和渔业文化。传统时期长江流域极为知名的当属被誉为“长江三鲜”的鲥鱼、河豚、松江鲈鱼。这三种鱼不仅味美，更是由于历代文人对其的赞誉，使得这些鱼类不仅给人一种味觉上的体验，还带有浓厚的文化背景，因而也就成为研究的关注点之一。王赛时从分布区域、烹饪方式等角度对“三鲜”之二进行详细论述。② 松江鲈鱼的研究成果较为集中，上面提到王建革利用大量的诗文材料对传统时期淞江鲈鱼分布与江南水乡生态环境演变的关系进行研究，另外还有王金秋、成功(2010) 通过利用长达几十年内国内外对松江鲈鱼标本采集的记载分析近几十年淞江鲈鱼的分布变迁情况③。应该说我们进行鱼类资源研究正是需要多一些典型、知名鱼类的个案研究。

研究渔民群体生活及信仰的研究成果较少，施国铭、宋炳良的《苏南地区渔民信仰天主教问题初探》④，李勇、池子华的《近代苏南渔民的天主教信仰》，⑤ 韩兴勇的《渔民的宗教信仰与生活文化——江沪浙渔民宗教信仰比较》围绕着渔民群体的宗教信仰与渔民生活的关系进行论述⑥。长期生活于水面的

① 刘诗古：《资源、产权与秩序：明清鄱阳湖区的鱼课制度与水域社会》，社会科学文献出版社，2018 年。

② 王赛时：《中国古代食用鲥鱼的历史考察》，《农业考古》，1998 第 3 期；王赛时：《中国古代河豚鱼考察》，《古今农业》，2001 年第 3 期。

③ 王金秋、成功：《淞江鲈在中国地理分布的历史变迁及其原因》，《生态学报》，2010 年 10 月。

④ 施国铭、宋炳良：《苏南地区渔民信仰天主教问题初探》，《宗教学研究》，1987 年第 1 期。

⑤ 李勇、池子华：《近代苏南渔民的天主教信仰》，《中国农史》，2006 年第 4 期。

⑥ 韩兴勇：《渔民的宗教信仰与生活文化——江沪浙渔民宗教信仰比较》，2011 年中国社会学年会暨第二届海洋社会学论坛论文集。

渔民形成了一系列不同于农耕文化的风俗习惯，参见袁震的《太湖渔俗考察》①。但目前关于渔民民俗的考察与研究现阶段都还挖掘得不够。且在区域上多侧重于长江中下游水域，长江上游水域渔民群体及其生计尚无专门性的研究成果。

六、长江上游鱼类资源变迁、渔业经济及鱼文化研究

总的来说，现阶段关于历史时期长江上游地区渔业资源研究成果不多，郭声波的《四川历史农业地理》其中一节“五业的嬗变——农林牧副渔”，从渔业捕捞及渔业养殖两方面对历史时期四川渔业发展状况进行了简要论述。贠莉（2012）② 选取云南地区特有的四种名贵鱼类，包括抚仙湖鱇浪鱼、滇池金线鱼、星云湖大头鱼、大理弓鱼为研究对象，探讨历史时期其资源变迁原因，并提出了相应的对策，应该说此文是研究西南地区鱼类资源变迁的一个很好尝试。

长江上游地区渔业研究主要集中在以下几个方面。从时段上来说，先秦时期的渔业资源情况成果相对较多。就区域而言，先秦时期的渔业资源研究成果又主要集中在三峡地区，代表著作为武仙竹的《长江三峡动物考古学研究》③，另有刘慧（2009）④、武仙竹（2002）⑤、刘慧（2010）⑥、王家德（1995）⑦ 的研究，上述诸文皆是利用考古材料对传统时代早期三峡地区的渔业开发进行研究。至于汉代四川渔业的发展，学界主要是从画像石、画像砖等材料入手，探讨西南地区渔业资源的开发问题。主要学者有官德祥（1997）⑧、佐佐木正治

---

① 袁震：《太湖渔俗考察》，《苏州大学学报（哲学社会科学版）》，1993 年吴文化研究专辑。

② 贠莉：《环境史视野下云南名贵鱼类变迁研究》，云南大学，2012 年硕士学位论文。

③ 武仙竹：《长江三峡动物考古学研究》，重庆出版社，2007 年版。

④ 刘慧：《三峡地区新石器时代渔业生产初步研究》，《四川文物》，2009 年第 4 期。

⑤ 武仙竹：《考古学所见长江三峡夏商周时期的渔业生产》，《江汉考古》，2002 第 3 期。

⑥ 刘慧：《长江三峡地区远古时期渔业的考古研究》，重庆师范大学，2010 年硕士学位论文。

⑦ 王家德：《三峡地区古代渔猎综论》，《四川文物》，1995 第 2 期。

⑧ 官德祥：《汉晋时期西南地区渔业活动探讨》，《中国农史》，1997 年第 3 期。

(2005)[①]、刘文杰、余德章（1983）[②]、郭清华（1986）[③]。巴蜀地区渔业经济，尤其是渔业养殖起源较早，发展水平较高，尤其在考古遗存上有较大优势。重视考古资料的运用对研究先秦至秦汉时期长江上游地区的渔业资源开发具有重大意义。

鱼类名实之辨亦是探讨的内容之一。中国古代文献记载的鱼类名称同物异名、同名异物的现象较多，大大增加了对传统时期鱼类名与实进行对应的难度。可以说鱼类资源名实考是进行鱼类资源研究的基础，但总的来说这一方面的前期研究成果较为薄弱。如舒治军的《清代至民国年间巴蜀方志动物名研究》中简要地介绍了几种方志中记载的鱼类。另外就是一些典型性鱼类名称的考辨，如“嘉鱼”就是探讨较多的对象之一。熊天寿[④]、江玉祥[⑤]对巴蜀地区传统文献中的“嘉鱼”进行了初步的文献梳理和简要介绍。另有施白南、陆云荪从传统文献典籍入手探讨鲟鱼类的形态特征和古代名称[⑥]，初步讨论了鲟鱼类三属白鲟、中华鲟、达氏鲟的三种名实关系，并简要介绍了古代对鲟鱼类的开发与利用。云贵地区贠莉对弓鱼、鳒浪鱼名实源考进行了梳理[⑦]。应该说，对鱼类资源的名实考证是进行鱼类资源研究的基础，这个工作不容忽视。但由于传统鱼类记载体系与现代鱼类学差异明显，要想完全弄清传统鱼类的名实有一定难度，但我们可以尝试进行较为初步的对应。

传统时期对鱼类资源的记载除了传统的文字方式外，图像同样具有重要的研究价值。与其他信息传递形式相比，图像具有更直观、形象与简洁的特点。目前，在历史研究中，图像资料越来越受到学术界的重视，正如彼得·伯克所

---

① （日）佐佐木正治：《汉代四川农业考古》，四川大学，2005 年博士学位论文。

② 刘文杰、余德章：《四川汉代陂塘水田模型考述》，《农业考古》，1983 年 第 1 期。

③ 郭清华：《勉县出土稻田养鱼模型》，《农业考古》，1986 年 第 1 期。

④ 熊天寿：《对嘉鱼的考证及辨识》，《重庆师范学院学报（自然科学版）》，1990 年 6 月。

⑤ 江玉祥：《丙穴鱼·雅鱼·嘉鱼考》，《四川烹饪高等专科学校学报》，2006 年 4 月。

⑥ 施白南、陆云荪：《我国早期有关鲟鱼类记述的研究》，《西南师范大学学报（自然科学版）》，1980 年第 2 期。

⑦ 贠莉：《抚仙湖鳒浪鱼数量变迁初探》，《原生态民族文化学刊》，2012 年第 3 期；贠莉：《大理弓鱼变迁及其濒危原因初探》，《西南环境史研究》，第 3 期，2012 年 10 月。

言："图像是历史的遗留，同时也记录着历史，是解读历史的重要证据。从图像中，我们不仅能看到过去的影像，更能通过对图像的解读来探索它们背后潜藏着的信息。"① 从图像史学的角度对鱼图（包括鱼类图及渔业捕捞图）进行研究，兰峰、钱志黄（1987）、魏崴（2008）② 等，通过分析画像砖中的鱼图探讨汉代四川地区利用开发的重要鱼类鲟鱼及渔业养殖、捕捞等相关问题，这无疑为我们研究长江上游地区鱼类资源提供了一个重要的视角。

长江上游地区的鱼文化研究成果较多。曾超在《三峡地区的鱼文化及其意蕴》一文指出鱼在三峡地区民众的生产生活、社会交往以及科学文化中占有较为重要的地位，并由此形成了内涵丰富、意蕴深远的鱼文化。武仙竹对存于白鹤梁的九组鱼石刻进行了种类的考证，并从构图布局、雕刻技法方面进行系统研究③。黄秀陵研究了唐代涪陵白鹤梁石鱼与周易文化之间的关系④。

集中探讨少数民族地区独特的渔业文化是长江上游地区渔业文化研究的一大特色。就藏族地区而言，温梦煜对藏族忌讳食鱼的原因进行了探讨，并指出其当今忌讳食鱼习俗的遗存情况⑤。贵州地区的苗族分布众多，渔业文化在苗族地区占有重要地位，成果亦丰。如罗康隆从《百苗图》入手，从图像史学的角度探讨了18—19世纪贵州各族的渔猎生产方式⑥。杨茂锐从宗教、生活、经济、文化功能四个方面讨论了鱼在苗族社会生活中的重要性⑦。云南地区鱼文化、渔业文化研究代表性著作如罗钰的《云南物质文化采集渔猎卷》⑧，全书图文并茂，从捕鱼工具、食鱼方法、禁忌与习俗等方面展现了云南独特的采集渔猎文化，亦以资参考。

---

① （英）彼得·伯克：《图像证史》，北京大学出版社，2008年。

② 兰峰、钱志黄：《宜宾汉代石刻画像中的鲟鱼》，《四川文物》，1987年第4期；魏崴：《四川汉画中的"鱼"图》，《文史杂志》，2008年第3期。

③ 武仙竹：《白鹤梁石鱼考》，《中国国家博物馆馆刊》，2012年第10期。

④ 黄秀陵：《涪陵白鹤梁唐代石鱼与周易文化》，《四川文物》，2004年第2期。

⑤ 温梦煜：《藏族食鱼规避的成因与演变》，兰州大学，2012年硕士学位论文。

⑥ 罗康隆：《从〈百苗图〉看18—19世纪贵州各族渔猎生计方式》，《教育文化论坛》，2012年第2期。

⑦ 杨茂锐：《鱼在苗族社会生活中的功能》，《贵州民族研究》，1992年第3期。

⑧ 罗钰：《云南物质文化采集渔猎卷》，云南教育出版社，1996年。

关于鱼类资源保护问题的研究，现代鱼类学者关注较多，专门研究传统时期鱼类资源保护的成果较少。较早的有乐珮琪按各历史阶段从鱼类资源利用、渔业的产生、鱼类资源保护概念的形成以及发展等几方面内容进行分述①。邢湘臣（1984）② 亦是对中国古代早期鱼类资源保护的相关举措进行了分析。至于探讨区域内部鱼类资源保护问题，比较典型的有吴大康（2004）③ 和严奇岩（2011）④ 的两篇文章，皆是利用遗存的碑刻探讨传统时期鱼类资源利用及保护问题。梳理《中国文物地图集》以及相关考古报告，笔者另外还发现一些关于鱼类资源保护的碑刻。除此以外，放生池的设置及放生观念亦是传统时期鱼类资源保护的重要举措之一。从文化上看，少数民族的一些宗教、禁忌等观念在传统时期对鱼类资源保护也起到了重要作用。研究传统时期鱼类资源的保护问题，对于我们当今保护鱼类资源具有一定借鉴意义。

综上所述，以往学界在古代渔业经济发展、沿海鱼类资源开发和变迁等方面取得了一定的研究成果，但也存在着不足之处。一是，以往的研究更多注重从经济史，包括渔业税收、管理机构等角度研究渔业经济的发展变迁，成果多集中于宏观渔业经济发展状况的考察，鲜有从地理分布及变迁角度探讨鱼类资源开发与利用，尤其对珍稀鱼类的资源变动情况研究较为薄弱。二是，从地域空间上看，对鱼类资源开发的研究，学者们较关注沿海和长江中下游地区，而对于长江上游地区的鱼类资源开发却较少论及。本书以历史时期尤其是清至民国时期长江上游的鱼类资源为研究对象，关注资源的分布变迁状况，具有一定的学术及应用价值。

---

① 乐珮琪：《中国古代鱼类资源的保护》，《动物学杂志》，1995 年第 2 期。

② 邢湘臣：《我国古代鱼类资源的保护》，《农业考古》，1984 年第 1 期。

③ 吴大康：《古代毒鱼和环境保护从安康境内两则碑文谈起》，《安康师专学报》，2004 年 10 月。

④ 严奇岩：《从禁渔碑刻看清末贵州的鱼资源利用和保护问题》，《贵州民族研究》，2011 年第 2 期。

第三节　相关概念界定、研究方法及创新点

一、相关概念界定

1. 时间范围界定

为了对长江上游地区鱼类资源分布及开发利用有更为整体的把握，并以此来探讨资源变迁情况，本书研究的时间段较长，自秦汉始，直至民国时期结束。囿于资料限制，研究的时段重点放在清至民国时期。同时对清代以前长江上游鱼类资源开发状况进行了尽可能深入和完整的追溯与复原。另外，由于中华人民共和国成立后的几年内即渔业公社尚未建立之前，渔业资源开发与传统时期并无太大差异，部分20世纪50年代的资料亦可以反映传统时期的内容。在对鱼类资源变迁进行探讨时，实质上资源变动最大的时期应是20世纪60、70年代，为了更好地对比看出鱼类资源变动的情况，部分研究内容的时段会延伸到现今。

2. 地域范围界定

本书研究的地域范围为长江上游流域，选择该区域作为研究范围主要基于以下考虑：首先，长江上游流域水文条件与长江中下游地区有较大差异，鱼类区系差异明显，从生物多样性的角度来说很有专门研究的必要。其次，从鱼类资源情况来看，长江上游地区鱼类资源种类较为丰富，同时珍稀及濒危鱼种类较多。最后，从区域上看，当前对历史时期鱼类资源的研究主要集中在东部沿海、长江中下游一带，长江上游的研究成果不多。

流域是指河流和水系获得补给的陆地面积，也就是河流和水系在地面的集水区。① 长江上游流域指的是长江河源至宜昌以上江段及其诸多支流获得补给的地区。长江上游干流及其众多支流流经地区的地形地貌、水文状况、气候条件、人口密度、经济开发等各具特点，鱼类资源的分布及开发情况亦不同，基于鱼

① 伍光和、王乃昂：《自然地理学》，高等教育出版社，2008年，第275页。

类生存的空间是在水中，故在探讨其鱼类资源分布和开发中是按照各大水系进行分别论述。长江上游流域从水系上划分包括：川江水系，金沙江水系（雅砻江水系、滇池流域），岷江水系（大渡河水系），沱江水系，嘉陵江水系（涪江水系、渠江水系），乌江水系，赤水河水系。另外湖泊中的鱼类资源，由于其水文环境具有一定独特性，单而论之。从当代行政区划来讲，本书研究地域范围横跨青海省、甘肃省、西藏自治区、四川省、陕西省、重庆市、湖北省、云南省、贵州省九大行政区域，总面积 105.4 万平方千米，占整个长江流域面积的 58.9%。

3. 研究对象

从生物学定义，鱼是终生生活在水中、用鳃呼吸、用鳍游泳的低等脊椎动物。鱼类属于脊索动物门，包括圆口纲、软骨鱼纲和硬骨鱼纲。

本书的研究对象以长江上游地区鱼类资源为主，主要是对应的现代生物学中脊椎动物鱼纲。① 由于长江上游鱼类资源种类众多，不能一一尽全论述，主要包含长江上游分布的我国特产珍贵稀有鱼类及长江上游具有传统声誉的地方性名贵鱼类。具体来说本书涉及的鱼类主要包括以下若干属：鲟形目鲟科、鳗鲡目鳗鲡科鳗鲡属、鲑形目鲑科哲罗鱼属、鲤形目胭脂鱼科胭脂鱼属、野鲮亚科墨头鱼属、野鲮亚科唇鱼属、裂腹鱼亚科裂腹鱼属、鲤亚科原鲤属、鮈亚科铜鱼属、鲃亚科倒刺鲃属、鲇形目鲿科鮠属等。

二、研究方法

1. 文献研究法

对于历史时期，尤其是清代以来长江上游鱼类资源分布及开发的复原研究，需要大量历史文献作为支撑，古代典籍、地方志、民国期刊及档案类资料

① 另外要说明的是，传统时期生物学认知体系与现代动物分类学有较大差异，传统时期的动物学分类中有一类称为“鳞属”与现代动物鱼纲所涵盖对象最为接近，但并不完全相同。鳞属实质上包含现代动物学中两栖纲的大鲵（俗称娃娃鱼）、哺乳纲的穿山甲等，还包括一些低等生物如“桃花鱼”之类（实质上是桃花水母）。但为了更好地说明传统时期长江上游地区人们的鱼类认知问题，本书在部分章节将大鲵、桃花鱼等此类非鱼类却在传统时期被误认为鱼类的动物亦作为研究对象。

是重要资料来源。

2. 田野考察法

在强调文献资料运用的同时，开展田野调查，通过参观鱼类标本、走访水产市场等方式获得更多的直接体验。采访渔民群体，掌握更多的捕鱼习俗与文化，深入了解其生存现况。

3. 地图法与图像法

地图是研究空间分布及变迁不可缺少的工具，它可以清晰地反映出各水系鱼类资源的地理分布状况，动态性展示珍稀鱼类资源变迁的过程。同时通过收集鱼图、渔捞工具图、相关照片等更直观形象地展现开发的鱼类资源种类及捕捞方式。

三、研究重点、难点和创新点

1. 研究重点

本书研究的重点主要在于：其一，探究历史时期长江上游地区的主要鱼类资源种类、分布及开发历史。其二，探讨长江上游地区典型性鱼类资源变迁的状况，以物种为探讨对象，动态复原清代以来长江上游数种珍稀鱼类资源分布变迁过程，探究影响鱼类资源变迁的原因。

2. 研究难点

本书研究的难点主要是：其一，需要有针对性地研究某些特殊鱼类种群资源变动的原因，只有这样才能为当代更好地进行鱼类资源保护提出可实行、操作性强的方案。其二，由于本书涉及较多鱼类生物学知识，而笔者并没有相应的学科背景，故而在相关问题上需要多弥补鱼类学知识的欠缺。需要结合利用文献资料和现代鱼类学知识，对古今鱼类名实的考证，梳理同名异物和同物异名的情况。其三，由于资料记载较为分散，地域范围较大，故而在搜集资料上亦需要花费较大精力。

3. 创新之处

本书的创新点主要有以下几点：首先是在区域选择上，长江上游地区这样一个跨区域大范围的鱼类资源分布及开发问题尚无人涉及。其次是资料使用上，本书强调图像史料的运用，通过收集鱼图、渔捞工具图、照片等更直观、形象地展现传统时期长江上游地区鱼类资源的开发过程。最后是研究方法上，本课题采用综合研究和个案研究相结合的办法，在综合整体研究的基础上，选取鲟鱼、娃娃鱼、金线鱼、虎嘉鱼等作为典型鱼类，通过个案的研究，意图更加清晰了解明清至民国时期长江上游鱼类资源的开发及资源变迁问题。

第四节　长江上游各流域水文及水生生物情况

河流水文情势是水中生物群落重要的生境条件之一。江河鱼类自然分布除受到地理起源的影响外，还受到气候、生物、地质形态以及水文作用等的影响。有学者指出天然河流中鱼类区系组成与河流的环境条件具有高度的适应性。[①] 水温、水中盐度等因素对鱼类的产卵繁殖、摄食等习性有很大影响。水温是影响鱼类生长发育最重要的生态因子之一，生活在平均水温较高水域的暖水鱼类比生活在低温较低水域中的鱼类生长快。水温对生长影响的根本原因是与摄食和营养有关。一定的水温对鱼类的产卵是一种刺激，温度的高低也会影响鱼类的产卵。另外，水流流速直接会对鱼类形态构造等有影响。不同的水流条件下有不同习性的鱼类生存。一些鱼类为趋流性鱼类，需要在流水环境中生存，如急流性鱼类鲃亚科和平鳍鳅科；一些鱼类为静水性鱼类，惯生存于流速缓慢的水域，如胭脂鱼科。河流地貌在河流的水量及水质不变的基础上，与鱼类的多样性存在着正相关关系。鱼类的丰度、密度与流域的面积和河流的尺寸有关，而鱼类群落的物种组成则与河流的比降、河床底质等有关。[②] 正是因为这种联系的密切性，下面将简要地对长江上游的水文、饵料、地势地貌、气候等情况加以概述，这是我们了解鱼类资源分布状况的基础。

---

① 刘军、曹文宣、常剑波：《长江上游主要河流鱼类多样性与流域特征关系》，《吉首大学学报（自然科学版）》，2004 年第 1 期。

② 李倩：《长江上游保护区干流鱼类栖息地地貌及水文特征研究》，中国水利水电科学研究院，2013 年硕士学位论文。

长江上游是我国淡水鱼类种质资源最为丰富的地区之一，其中局限分布于上游水域的特有鱼类多达112种，占上游鱼类种数的42.9%，所占比例之高，超过国内其他任何地区或水系。① 这些特有种类是我国所独有的，它们长期生活于长江上游的水体生态环境之中，在形态结构、生理机能、生态习性等方面与栖息的水体生态环境高度相适应。就各大支流水系比较来看，赤水河现存特有鱼类密度高于其他各大流域（表1）。

表1　长江上游主要支流中鱼类和特有鱼类种类和密度②

河流	流域面积（平方千米）	鱼类（种）	特有鱼类（种）	鱼类密度（种/万平方千米）	特有鱼类密度（种/万平方千米）
雅砻江	128 444	107	37	8.3	2.9
岷江	133 000	157	51	11.8	3.8
沱江	27 860	133	37	47.7	13.3
赤水河	21 010	135	40	64.3	19.0
乌江	87 920	142	40	16.2	4.6
嘉陵江	160 000	157	36	9.8	2.3

一、长江上游流域地势地貌及气候状况

长江上游指的是河源至长江宜昌以上江段，流域范围涉及青海省、西藏自治区、甘肃省、四川省、陕西省、重庆市、湖北省、云南省、贵州省九省（直辖市、自治区），面积广阔，达105.4万平方千米。从地貌上看，山地与高原面积占土地总面积的80%以上，其中，山地占50%、高原占30%、丘陵占18%、平原仅占2%。长江上游地区整体上可以分为两个台阶。第一台阶包括青藏高原部分、川西高原、云贵高原。第二台阶地貌形态以中山为主，低山次之，无高山和高原。与第一台阶相比，地势大幅度降低，总体地貌是四面

① 曹文宣：《上游特有鱼类自然保护区的建设及相关问题的思考》，《长江流域资源与环境》，2000年第9卷，第2期，第131-132页。

② 吴金明等：《赤水河鱼类资源的现状与保护》，《生物多样性》，2010年第2期。

高、中间低。

长江上游流域地区主体上属于亚热带季风气候区，各地气候区域差异明显，气候垂直变化甚为显著。整体看温度上呈现出西北低、东南高的趋势。由于地形的差别，形成四川盆地、云贵高原和金沙江谷地等封闭式的高低温中心。从西向东大致分为江河源区气候、金沙江地区气候、四川盆地气候和三峡地区气候。江源地区气候主要的气候特征为严寒、干燥、日照强。此区域降水量稀少，年平均降水量在 150~500 毫米。金沙江气候区具有随海拔高度呈立体分布和干湿季节变化的气候特征。沿水平方向，金沙江地区可大致分为高原气候和中亚热带气候两大类。沿垂直方向，依据高差之别可以分为热带气候、亚热带气候、温带气候和高原气候。该区干湿季节明显，呈现出东南多西北少的特点，年平均降水量为 500~900 毫米。四川盆地气候区亚热带气候特征明显，年降水量一般 800~1 200毫米。盆地中部最少，向四周山地逐渐增多，西部山地为全省降水最多的区域。总体来看区域内气候温暖湿润。

河流径流量直接受降雨量影响。长江上游地区大部分区域属于亚热带季风性气候，故降水量主要集中在夏季，冬末春初为枯水期。区域内气候温暖多雨，7—9 月为暴雨盛期和汛期，水量约占年水量的 1/3 以上。10 月后降水量大减，1—3 月为枯水季节，直至 5 月以后，降水量才逐渐增多，径流量回升。具体来说，不同区域的降水量有所差别，岷江流域年降水量达 2 000毫米。降水量分布由西南向东北递减，一般在 600~700 毫米。大渡河、青衣江地带为多雨区，年降水量达 2 000毫米，一般在 1 200毫米。沱江年降水量在 900~1 000毫米。嘉陵江流域内降水量差异较大，上游年降水量为 650~1 000毫米，中下游年降水量一般在 1 000~1 200毫米。涪江上游雨量多而集中，属鹿头山暴雨区，年降水量达 1 300~1 600毫米，暴雨中心可达 2 000毫米以上，中游雨量较少，年平均多在 900 毫米左右，下游常年降水量为 1 000~1 100毫米。

二、长江上游各流域水文情况①

长江上游水系径流量丰富，各大干支流河川径流量达9 508亿立方米，约相当于长江河川径流总量的52%。由于地势地貌的影响，长江上游各大流域水文状况差异明显。长江上游流域从水系上划分包括：金沙江水系、川江水系、岷江水系、沱江水系、嘉陵江水系、乌江水系、赤水河水系。

1. 水文状况

（1）江源段水文状况　长江正源沱沱河源头位于青藏高原腹地唐古拉山脉，与南源当曲汇合于囊极巴陇，以下称通天河，自囊极巴陇东流278千米后与北源楚玛尔河汇合，此段为通天河上段。沱沱河和通天河上段流经青海省格尔木市和玉树藏族自治州，河谷形态以浅谷宽谷为主，一般海拔4 000~5 000米。楚玛尔河汇合口以下至玉树巴塘河口为通天河下段。

（2）金沙江水文状况②　金沙江是长江干流的一部分，又称渑水、泸水、淹水，从青海省玉树市境内的巴塘河口至四川宜宾这一江段称为金沙江，流经西藏的江达、贡觉、芒康，四川地区的德格、白玉、巴塘、德荣、德钦，云南地区的丽江，四川地区的攀枝花、巧家、雷波、屏山、昭通、宜宾等县市。金沙江支流众多，它们依次为雅砻江、牛栏江、普渡河、龙川江、水落河、渔泡江、黑水河、西溪河、硕多岗河、美姑河、小江、漾弓江、以礼河和普隆河（表2）。

表2　金沙江干流各站水文特征值

站名	河宽（米）	水深（米）	流速（米/秒）	流量（平方米/秒）	水位变幅（米）	平均水温（℃）	含沙量（克/立方米）
岗托	95	4.0	1.3	474	1.09	7.5	361
巴塘	175	3.8	1.7	1 053	1.32	8.9	491

① 此处主要是讲述长江上游的各大河流水系状况。

② 以下各大河流的基本情况，除特别说明外，主体内容均来源于《四川江河渔业资源和区划》，施白南主编，何学福等编写，西南师范大学出版社，1990年，第12-26页。

（续表）

站名	河宽（米）	水深（米）	流速（米/秒）	流量（平方米/秒）	水位变幅（米）	平均水温（℃）	含沙量（克/立方米）
石鼓	256	4.6	1.3	1 344	0.94	12.0	531
三堆子（攀枝花）					2.97		
龙街	229	9.0	2.1	3 988	3.11	16.1	814
巧家	285	6.2	2.6	4 054	2.49	17.1	1 310
屏山	197	12.7	2.1	4 595	3.50	18.4	1 720

金沙江干流从青海省玉树巴塘河口至云南省丽江石鼓为上段，从石鼓至四川省屏山县新市镇为中段，从新市镇至四川宜宾岷江口为下段。金沙江上下两个江段以石鼓为界，水文、地貌差异较大，进而影响上下两段的鱼类区系。甘孜藏族自治州一带以上流经高原，高原面辽阔完整，地势高亢，气候严寒干燥，河谷开阔而平浅，河床多砂砾堆积，水流滞缓而摆幅大。白玉、甘孜一线以南进入横断山区，河流深切于高山高原之中，岸高坡陡，水流异常湍急，流态紊乱。金沙江是一条典型的峡谷河流。从石渠到云南的金江街，区域内峡谷连绵不断，江面狭窄，坡陡谷深，属典型的高山深谷型河道。到了屏山新市镇以下进入四川盆地，河谷开阔，两岸为低山丘陵。金沙江以滩多弯急而著称，河流落差大，流速快，且水位差幅较大。金沙江径流主要是降雨和融雪形成。上游主要靠雪水补给，水温较低，至中下游以雨水补给为主，水温升高。

雅砻江是金沙江水系最大的支流，发源于青海省巴彦喀拉山南麓，主要流经四川省甘孜藏族自治州和凉山彝族自治州，于攀枝花市汇入金沙江。就地貌和水文特征，可将雅砻江分为上、中、下三段，上游河源至甘孜段，中游甘孜至理塘河口，下游理塘至攀枝花雅砻江大河湾。上游经过丘状高原区，河谷开阔，比降较小，各河一般 4 月随着大地转暖，冰融水致水位上升，5—6 月河水显著上涨，汛期为 7—8 月，10 月迅速减少，11 月进入枯水期并开始封冰。甘孜以下进入峡谷区，河水主要靠冰融补给，故而水温较低。甘孜、雅江间年平均水温仅4.8~8.5℃。甘孜以下以雨水补给为主，水温增高，泸宁至小得石之间水温达12.7~14.6℃。因安宁河带来的泥沙较多，河口含沙量较大。和金沙江相比，雅砻江水温偏低，流速和含沙量均较小。安宁河是雅砻江下游左岸最大支流，发源于冕宁拖乌北部羊洛雪山牦牛山的普萨冈。安宁河流经冕宁、德昌、米易、攀枝花，在攀枝花市小得石附近汇入雅砻江（表3）。

表3　雅砻江各段水文特征值

站名	河宽（米）	水深（米）	流速（米/秒）	流量（平方米/秒）	水位变幅（米）	平均水温（℃）	含沙量（克/立方米）
甘孜	133	1.8	1.4	297	0.61	4.8	160
雅江	98	5.7	1.5	698	1.57	8.5	205
泸宁	120	8.6	1.6	1 423	2.09	12.7	435
小得石（攀枝花）	161	6.9	1.7	1 660	2.04	14.6	559

（3）川江水文状况　川江指的是自四川宜宾至湖北宜昌江段。古名江水、外水，民国以后惯称为川江。川江主要流经四川盆地亚热带湿润季风气候区，水温较高，年平均为17.9~18.4℃。江水含沙量大，流域曲折地流经丘陵地区，江面较为开阔，滩沱相间，水流缓急交替，流态复杂，这为鱼类的生长繁殖提供了良好的条件。

按照地貌形态和水文特征可将其分为以下几个江段，宜宾至江津油溪场，此段流域内丘陵起伏，河谷开阔，曲流发育，江面宽500~800米；油溪场至涪陵段流经平行岭谷区，切岭成峡谷，入谷成沱，江面宽窄相间，漫滩较多，主要有猫儿峡、铜锣峡、明月峡、黄草峡等；涪陵至奉节白帝城段穿行于斜谷中，谷坡平缓宽坦，江面宽度一般为700~1 000米；白帝城以下至宜昌江段，横切七曜山、巫山山脉，形成雄伟险峻的大峡谷，包括瞿塘峡、巫峡和西陵峡，即为举世闻名的长江三峡，水流湍急，江面狭窄，水深最大可达600米，此段是许多重要经济鱼类的天然产卵场（表4）。

表 4　川江各段水文特征值

站名	河宽（米）	水深（米）	流速（米/秒）	流量（平方米/秒）	水位变幅（米）	平均水温（℃）			含沙量（克/立方米）
李庄（宜宾）	477	12.1	1.8	8 136	2.89	29.1	17.7	8.4	1 470
泸县	512	12.5	1.8	8 506	3.18				1 104
合江					3.18				
清溪场	357	28.3	1.9	13 458	5.51				1 240
朱家沱	540	10.4	1.9	8 767	3.59	27.7	17.9	6.6	1 210
寸滩（重庆）	637	9.77	2.32	11 390	5.76	28.8	18.4	7.1	1 340
忠县					5.71				
万县	485	18.8	1.8	13 165	8.36	28.1	18.3	8.1	1 200
奉节				17 900	11.26				
巫山	479	16.9	2.3	7517	12.18				1485

（4）嘉陵江水文状况　嘉陵江是长江左岸最大的支流，发源于陕西凤县东北秦岭南麓，向西南流经凤县，到略阳的两河口与来自甘肃天水的西汉水汇合，始称嘉陵江。西汉水发源于天水市秦州区南部齐寿山，经天水镇进入礼县，继而流经西和县、成县，在略阳县汇入嘉陵江。白龙江发源于甘肃省甘南藏族自治州碌曲县与四川若尔盖交界的郎木寺，流经甘南州迭部县、舟曲县，陇南市的宕昌县、武都区、文县，在广元市境内汇入嘉陵江。嘉陵江流经凤县、两当、徽县、略阳、宁强、广元、剑阁、苍溪、阆中、蓬安、南充、武胜、合川，于重庆市注入长江。嘉陵江有大小支流100多条，主要有西汉水、白龙江、西河、东河、渠江、涪江等。涪江和渠江是嘉陵江较大的两条支流。嘉陵江水系面积辽阔，峡谷与滩沱相间，气候温和，水量充沛，流域内农耕发达，人口稠密，饵料生物丰富，鱼类资源种类繁多，渔获量大，是长江上游重要的渔业江河之一（表5）。

表 5　嘉陵江水系水文综合资料

江段	站名	河宽（米）	水深（米）	流速（米/秒）	流量（平方米/秒）	水位变幅（米）	平均水温（℃）			含沙量（克/立方米）
嘉陵江	广元新店子	106	2.8	1.5	185	2.38				
	昭化					3.27				
	阆中金银台	209	3.2	1.1	821	2.06				
	南充					1.65				
	武胜	244	5.6	1.3	999	2.33	32.4	17.8	5.7	2 800
	北碚	142	19.5	2.0	2 192	5.31	34.1	18.7	6.0	
涪江	平武	83	2.0	1.7	133	0.88	20.0	11.0	2.7	1 110
	涪江桥	223	2.1	1.3	318	1.15	28.2	15.5	2.0	1 330
	三台	169	4.2	1.2	388	1.57				781
	射洪	271	3.7	1.1	496	1.54	34.0	17.4	1.6	1 210
	小河坝	307	3.2	0.9	550	1.56	35.0	13.5	6.0	1 220
渠江	达州苟渡口	311	6.5	1.1	617	5.05	33.5	18.3	1.8	867
	广安罗渡溪	230	6.2	1.1	674	5.13	34.4	18.9	6.6	1 180
南江	巴中	105	2.9	1.1	67	2.04	32.8	16.8	3.8	1 170
巴河	平昌风滩	211	4.4	1.6	339	3.55	35.0	16.7		912
州河	宣汉东林	93	5.0	1.7	163	4.69	35.0	17.5	3.9	1 363

昭化以上为上游，该河段位于秦岭及大巴山地区，多数河谷深切而狭窄，分布着适应高山急流生活的鱼类。昭化至合川为中游，该河段河谷两岸多为阶地，河床多漫滩。由于东河、西河两大支流分别于阆中、南部汇入，水量大增。且中游水流平缓，水生生物丰富，且此段曲流发达，河道迂回曲折，湾沱多，浅滩多，深槽与浅滩交替，在正常水位时，深槽深约 20 米，浅滩水深 1.5~2 米，河床多为砂砾和卵石组成，此段分布着许多鱼类的天然产卵场和幼鱼索饵场，多处深沱是鱼类良好的越冬地。本段的干支流是嘉陵江中鱼类资源丰富，渔业生产最为发达的区域。合川至重庆为下游，嘉陵江自北向南流经川东平行岭谷，形成嘉陵江小三峡，即沥鼻峡、温塘峡、观音峡。两岸壁立，

峡处江面不足200米，河床多石穴深潭，为多种鱼类的优良越冬场所。峡口的上下，由于经过洄水冲刷，形成许多特殊的圆形宽阔谷地，水深而且静，称之为“沱”，为静水产卵鱼类的产卵场。下游江段峡谷相间，滩、沱、峡、碚有规律地出现，阶地广泛分布，鱼类组成上有长江溯游而上的鲟鱼类、铜鱼类、长吻鮠、胭脂鱼等。

嘉陵江上游的支流白龙江整个流域山峦起伏，沿岸开阔区域不多，大部分地方都是高坡陡崖。白龙江有一定的鱼类产量，上游的渔业对象主要是裂腹鱼类，中下游主要是鲤鱼、白甲鱼和中华倒刺鲃等。

涪江是嘉陵江右岸最大的支流，发源于阿坝藏族自治州松潘县三舍驿，经平武、江油、绵阳、三台、射洪、蓬溪、遂宁、潼南、铜梁在合川汇于嘉陵江。从河源至武都麦地弯为上游，河道行径高山峡谷，江面狭窄，底质多为乱石和大卵石，河道滩多水流迅速，比降大。武都麦地弯至遂宁南北埝为中游，沿岸多为较开阔的平原，本段多处留有河道迁移的痕迹，旧河床成为与干流相通的深壕，成为许多鱼类的栖息地与索饵场。遂宁南北埝至合川为下游，沿岸多为浅丘区域。涪江中下游即武都以下，河流穿行于盆地与山岭之间，河谷宽阔，水流迂回，多浅滩，局部汊流，两岸河床高差较小，常发洪灾。河床多砂砾与卵石，间有基岩出露，河漫滩广泛分布。中下游江段两岸是发达的农业地区饵料丰富。其中，涪江的第二大支流关箭溪（关溅溪）又名琼江、安居河，发源于乐至，经遂宁、潼南在铜梁安居汇入涪江，此江曾经盛产缩项鳊。

渠江是嘉陵江水系左岸最大支流，发源于米仓山—大巴山南麓。渠江巴中大佛寺以上称为南江即为上游，横切米仓山—大巴山中山区，河谷狭窄，谷坡陡峻，河床多砾石，险滩甚多，水流湍急；大佛寺至渠县三汇镇称为巴河即为中游，中游江段主要流经低中山与丘陵区，深切河曲发育，谷坡多不对称，河床多石质，江面宽阔；三汇以下始称渠江即为下游，下游主要流经丘陵地区，水量丰富，广安以下滩多沱长，河谷比较开阔，河床多以砂砾质为主，有少量险滩。①

嘉陵江水系含沙量较大，尤以渠江为巨。嘉陵江干支流上游已深入黄土高

① 四川省渠县地方志编纂委员会编：《渠县志》，四川科学技术出版社，1991年，第253页。

原，干支流的中下游都是流经结构较为松散的紫色页岩、泥岩和砂岩地区，遭冲刷侵蚀。且流经地区多为传统人口密集区，农业较为发达，地面植被稀疏，水土流失严重。由于含沙量较大，嘉陵江沿岸采砂船很多，对鱼类的生存与繁殖带来不利的影响。

（5）岷江水文状况　岷江是长江上游左岸的一级支流，发源于松潘弓木贡岭（正源），干流由北向南流经汶川、都江堰、乐山，于宜宾汇入长江，干流长750千米，流域面积4.6万平方千米，岷江素以水量多、落差大著名。岷江重要的支流包括有上游的杂谷脑河，中游的大渡河、青衣江，下游的马边河等（表6）。

灌县（都江堰）以上为上游，该段为高寒山区，汶川附近至大小金川等地均为高原地貌，海拔高度在3 000~4 500米，河流落差大，河谷狭窄，水流湍急，河底多岩块和乱石等。河水水温低，每年11月至翌年3月为冰封期，4月开始解冻，镇江关年平均水温6.2℃，适宜急流冷水性鱼类栖息。

表6　岷江水系水文综合资料

江段	站名	河宽（米）	水深（米）	流速（米/秒）	流量（平方米/秒）	水位变幅（米）	平均水温（℃）	含沙量（克/立方米）
岷江	汶川姜射坝	79	1.9	2.0	229	0.68	10.4	516
	灌县紫坪铺	142	2.0	2.1	456	0.75	12.1	555
	彭山	258	3.5	1.0	489	1.26	16.8	727
	五通桥	247	11.7	1.4	2 414	1.79		465
大渡河	丹巴	82	6.5	1.7	762	1.88	10.5	285
	泸定	127	4.4	1.9	902	1.2	10.8	330
	石棉	153	3.7	2.5	1 266	1.09	12.7	408
	乐山铜街子	208	3.6	2.3	1 481	1.63	14.7	717
青衣江	雅安多营坪	151	2.5	2.3	407	1.80	13.5	796
	罗坝	193	3.9	1.5	396	1.22		
	夹江	248	4.1	1.5	556	2.05	14.9	556

都江堰至乐山为中游，水面宽 100~500 米，水深 1~2 米，河床多砾石、卵石，都江堰至彭山段为成都冲积平原，流经青神县的青神峡（平羌小三峡）长约 8 000米的峡谷河段后，板桥溪以下河道开阔，水流平缓，河漫滩发育，江面变宽，水流变深。乐山城南接纳大渡河汇入两岸构成较大面积的冲积平原，河床由卵石和泥沙构成，为流域的主要捕捞水域。此段水温明显增加，彭山年平均水温为 16. 8℃。

乐山至宜宾为下游，河谷宽 1 000~2 000 米，江面宽 200~400 米，为低山起伏丘陵区，地势起伏平缓，水流平稳，河道迂回曲折，沿河阶地、漫滩发育明显。岷江干流中下游为亚热带季风气候，气候温和，四季分明，雨量充沛。乐山一带降水较多，年降水量在 1 200毫米左右，此段也是岷江的主要渔业区。一直以来，岷江灌县即今都江堰以下江段渔业捕捞均较为发达。岷江上游水源的水源补给，除了雨水补给外，尚有高山冰雪融水补充，水温较低。中游虽然水温有所提高，但在中下游又汇入大渡河和青衣江，水温又有所下降。

大渡河是岷江水系的最大支流，发源于青海的果洛山南麓，上源大金川、小金川在丹巴汇合后始称大渡河。大渡河流经金川、丹巴、泸定、石棉、汉源、峨边，在草鞋渡与青衣江相汇注入岷江。河道全长 1 062千米，流域面积约 7. 74 万平方千米。丹巴以上为上游，长 171. 5 千米；丹巴至峨边为中游，长 3 820. 5千米；峨边以下为下游，长 126 千米。河道多岩石险滩，水流湍急，水温亦低。足木足至金川间年平均水温仅 7. 2~8. 5℃，泸定县境水温只有 11. 2℃，下游铜街子年平均水温 14. 7℃。大渡河下游的年平均水温要低于岷江和青衣江流域。

青衣江是岷江的重要支流之一，发源于巴郎山南麓，其上游主流为宝兴河（纳芦山河）和天全河（纳荥经河）两条支流于飞仙关汇合后始称青衣江，后经雅安、洪雅、夹江等地在乐山的草鞋渡与大渡河相汇，注入岷江，全长约 280 千米，流域面积 1. 33 万平方千米。雅安芦山县飞仙关以上为上游，长约 140 千米，河床较窄，江面宽约 50 米；飞仙关下至夹江千佛岩为中游段，长约 95 千米，河而较开阔，滩沱相间；千佛岩至河口为下游，河面宽坦，水流较平缓，岔道、漫滩较多。

（6）乌江水文状况　乌江是川江南岸最大的支流，古代称巴江，后称延江。其源有二，南源为三岔河，北源六冲河，习惯上以南源三岔河为乌江干流。

三岔河发源于贵州高原乌蒙山东麓威宁县，流经水城、纳雍、织金、六枝、普定、安顺、平坝、清镇等县市，在化屋基与六冲河汇合后称为鸭池河。东北流经黔西、修文、金沙、贵阳、安顺、息烽、遵义，至乌江渡后称乌江。往下仍向东北流，经开阳、瓮安、湄潭、余庆、凤冈、石阡至思南，以上为乌江中游。经印江、德江、沿河等县境，至沿河县城后，折西北方向进入重庆市境，经酉阳、彭水、武隆至涪陵汇入长江，以上为下游。

乌江上段三岔河为典型山区性河流，岩溶发育明显，有多处伏流段。乌江中游流经崇山峻岭穿行，上段夹行于苗岭山脉与大娄山脉之间，下段切穿大娄山、武陵山系而进入四川盆地东南缘，河谷狭窄，岩溶地貌明显，河道险滩多，多石灰岩溶洞。乌江下游江段是四川省雨季最长的地区。下游的水温冬季偏高，夏季偏低，年平均水温 17.8℃，这种水温为饵料和鱼类生长提供有利的条件。干流中适应深潭、急流和岩石地质环境生活的白甲鱼、岩原鲤、铜鱼、圆口铜鱼等数量较大，而白涛镇至河口段，河谷宽阔，流速较缓，鱼类组成和长江干流相似，有鲟鱼、中华倒刺鲃等分布。

（7）沱江水文状况　沱江发源于四川盆地西北边缘的九顶山，又名外江、中江，是长江上游左岸的一级支流。沱江有三源，左源绵远河，发源于茂县九顶山南麓，为主源，河长 180 千米；中源石亭江，河长 141 千米；右源湔江，河长 139 千米，三源于金堂县赵家镇汇合后始称沱江，经金堂、简阳、资阳、资中、内江、富顺，于泸州市注入长江。

总体来看，沱江河道比降较为平缓，弯曲度大，河曲甚多，河道边滩发育明显，滩沱相间。河流上、中、下游又有差异，上源河谷狭窄，水流湍急，河床比降大。河流进入平原后，河谷宽敞平坦，河床由砾石和砂组成，中下游除局部峡谷外，迂回绕行于海拔 250～450 米的丘陵地区，河床多为砂、卵石覆盖，有卵石漫滩和沙洲分布，简阳、资阳一带河谷最宽，沙洲卵石漫滩最多。

流域内水系主要的支流有上游的石亭江、湔江、青白江、毗河；中游的绛溪河、阳化河、球溪河、濛溪河、大清流；下游有釜溪河、濑溪河等。流域内属温湿气候区，气候温和，年平均气温 17.1℃，多年平均降水量 1 010毫米。沱江中下游沿岸农垦发达，耕地及城镇分布密集，饵料丰富，鱼类资源丰富，且渔业历史悠久。从其自身条件来说，是四川江河中渔产较高的河流。①

2. 水质状况

在传统农耕时代，江河的污染情况较少，水质状况良好。以成都府河水质为例，《华阳国志校补图注》："锦工织锦濯其江中则鲜明，濯他江则不好。"② 直到清代仍有"可供饮料者，以河水为佳，因源流来自灌县内之雪山"的说法，另有"所谓该处之水甘洌异常，不用沙滤"③ 的记载。虽然由于历代的毁林开荒会造成一定的水土流失，使得长江上游的水质、河道等受到一定影响，但对鱼类的生存尚不会显著影响。但在部分河流水域，传统时期的手工业发展如造纸、制盐业、矿冶业等以及生活污水的直接排放对于部分河流的水质有一定影响。如贵州地区开采朱砂和银矿的河流，"足浸溪而蚀趾……波涛为之尽赤"。④ 在部分经济较为发达，人口密度较高的河流如沱江、成都城内的护城河、金水河等存在此类污染情况，《芙蓉话旧录》："城内之金水河及护城河皆岁久淤浅，河身腹狭，两岸居民多倾弃尘秽，且就河边捣衣涤器，水污浊不能饮。"⑤ 民国五年（1916 年）樵斧编《自流井》一书对沱江水质较差的情况早有记载："饮料不佳。塘井之水，杂质甚多，河流之水，尤为秽浊……河水不可饮，饮必致病。"⑥ 川江沿岸亦是如此，日本人描述"不仅是宜昌市民，扬子江沿岸所有的人都把江水当作唯一的饮用水。除此以外，他们没有其他能获得饮用水的途径。江水浑浊不堪，尤其是江岸附近，常有粪水流入。当地人

① 四川省水利电力厅：《沱江志》（内部资料），1991 年，第 265 页。

② （晋）常璩著，任乃强校注：《华阳国志校补图注》卷三，上海古籍出版社，1983 年，第 153 页。

③ （清）傅崇矩编：《成都通览》，巴蜀书社，1987 年，第 7 页。

④ （清）田雯：《黔书》卷四，西南史地文献第十二卷，中国西南文献丛书，兰州大学出版社，2004 年，第 99 页。

⑤ （清）周询：《芙蓉话旧录》卷二《饮料》，四川人民出版社，1987 年，第 24 页。

⑥ （民国）樵斧编：《自流井》，聚昌公司，1916 年。

毫无顾忌在这些污水横流的地方取水。”① 当然有可能是雨季过后水质较为浑浊。上述材料主要谈到的是居民生活污水对河水的污染，致使其不能直接作为饮用水，推断对鱼类的生存应也会带来一定影响。城市及周边的水环境状况堪忧，但城外的江河尤其是乡村的水质则是较为清洁的。“走过架设在涪江上的大榆度桥时，只见江水清清，流水淙淙，碧绿如镜。”② 总的来看，早期城镇由于人口规模、产业形式的影响，水污染多是程度轻、规模小的有机物污染。且这种情况在传统时期是少数，对于生活在水中的生物生存情况危害不大。

长江上游水质的急剧变化发生在20世纪50年代以后的短短数十年内，水污染往往叠加了规模较大的生化污染，影响面大，且难治理。③ 近几十年来，在经历了大规模工业开发后，长江上游各大水系水质情况日益恶化。各大流域沿岸工农业的发展，农药、化学肥料等的应用，工业废水和城市污水日益增多，江河水质的污染日益严重。由于各大流域经济发展水平的差异及河流本身的水文情况，各大流域的污染程度、污染源亦有所不同。河流的水质情况大致分为清洁、未污染、轻度污染、中度污染和重度污染几大状态。总体来看，沱江水域污染最为严重，其次是嘉陵江、岷江，大渡河、青衣江、金沙江、长江干流水质状况相对较好，其中赤水河的水质情况则是长江上游各大支流中最好的。

沱江流域处于清洁和未污染状态的断面主要分布于中游地区，而上游和下游地区则处于中度污染和重度污染断面。沱江尤其是工矿密集的支流如九曲河、球溪河、小青龙河等河下游，水质污染十分严重。沱江流域水运繁荣，经济较为发达，人口密集，渔业历史悠久，鱼类资源丰富，但与此同时沱江的水污染又最为严重。在长期的鱼类资源捕捞过程中，沱江鱼类资源消耗较多，再加之水质的污染，这些因素对沱江流域的鱼类资源现存量带来影响。

---

① （日）中野孤山著、郭举昆译：《横跨中国大陆——游蜀杂俎》，中华书局，2007年，第50页。

② （日）中野孤山著、郭举昆译：《横跨中国大陆——游蜀杂俎》，中华书局，2007年，第79页。

③ 蓝勇：《中国区域环境史研究的四点认识》，《历史研究》，2010年第1期。

至20世纪80—90年代，长江上游地区主要支流的水质状况已不容乐观。以成都为中心的部分河流江段的水质则为三级。岷江上游灌县、彭山、五通桥化学污染严重，水质属二级。成都府河为轻度重污染，水质属三级。成都沙河水质属四级。[①] 上下游江段的成都、内江、自贡等地是四川省传统的工农业发达地区。岷江流域属于重度污染的断面主要分布于从都江堰市至乐山段的中游段，清洁和未污染断面主要分布于岷江的上游和下游段。都江堰以上江段、乐山下游江段受污染情况较好。这与岷江中游以成都为首的城市污染有很大关系。

嘉陵江各江段受污染的指数有差异，上游污染指数上游是0.73，中游是0.97，下游的重庆地区则为1.27。受污染指数越高说明水质情况越差。可见嘉陵江流域重庆江段水质状况最差。

乌江流域跨贵州、重庆两地，河道较长，上游贵州境内贵阳江段水质较好可达到二级水质标准，至遵义江段以下至沿河分布有众多的金属矿业水质污染严重，水质为劣五类，沿河至彭水、涪陵段水质为四类，可见乌江流域中游江段水质状况最差。

金沙江流域攀枝花以上江段包括丽江段水质基本处于清洁和未污染状态。攀枝花及其以下的昭通江段分布着众多工矿企业，重金属污染较为严重。水质的情况有一定的季节差异，一般而言，丰水期由于水量较大对污染物的稀释作用相对明显，水质状况较枯水期要好。水质的污染是工业化阶段影响鱼类生存的重要因素，水质污染对鱼类资源生存的影响短时期内亦很难恢复。水质的改善对鱼类资源的恢复是至关重要的。

从历史发展总的趋势来看，长江上游地区各大支流水量、水深皆呈现出下降趋势。以南河为例，直至民国时期人们仍可乘船由邛崃临邛镇，过新津至成都。南河上船筏水运之盛说明当时水流量之大，“南有大河，为岷江支流，水势汹涌，船舶云集，运输货物至省颇盛。”[②] 南河水运的便利也是水产品经由

---

① 四川省水利电力厅:《岷江志》(内部资料)，1990年，第123页。

② 邛崃市政协文史资料研究委员会编:《邛崃文史资料第21辑》(内部资料)，2007年，第237页。

此路运销供给成都的保障。关于长江上游水道的萎缩，蓝勇在《历史时期长江上游河道萎缩及对策研究》[①] 一文分析了长江上游各大干支流水系航道萎缩的情况。水域宽广，水深、水质状况良好，自然其中的水生生物丰富。反之，水域缩小，水深变浅，水质状况恶劣势必会影响水生生物的生存。从河道环境来说，长江上游河段流经山陵谷地之间，历史时期河床平面变动极小，鱼类的生存环境并未发生较大的变化。近几十年间由于人们利用水能，不断修建水利工程，很大程度改变了长江上游河道的水文状况，进而影响了鱼类资源的状况。

三、各流域饵料生物状况

水域中饵料的构成和数量必然会影响该水域鱼类生物量、质量及各种属之间比例。鱼类种群数量、生物量以及栖息于水域中所有鱼类的总生物量，很大程度取决于该水域鱼类种群食物的保障。[②] 由此可见，饵料资源对鱼类资源量及区系组成的影响较为显著。

长江上游各大江河的饵料生物种类较多，分布较为广泛，主要种属在许多江河基本都能见到。需要说明的是虽然饵料生物种类较多，但较之长江中下游，上游的饵料生物数量略显贫乏。这里所说的饵料生物主要包括浮游植物、浮游动物、底栖动物、水生维管束植物等。一般来说，各大河流之间，由于各江河水文状况和生态条件不同，其种类分布亦不均衡。同一条河流的不同支流，由于各河流的底质、水文、水质等诸多因素不同，饵料的种类和分布亦差别较大。即使是同一河流，由于河流地理条件的差异，中下游江段的饵料生物较多，上游较少，河源段最少。具体来说，几大河流的饵料生物情况如下[③]。

1. 沱江饵料生物情况

沱江由于流域内农业发达，人口密度较大，水流平缓，水中的无机盐和有机物含量丰富，故而沱江是长江上游水系中饵料生物种群最丰富、组成也最复杂的河流，其资源量亦是最多的，总计饵料生物有 335 种。

---

① 蓝勇：《历史时期长江上游河道萎缩及对策研究》，《中国历史地理论丛》，1991 年第 3 期。

② 李明德编著：《鱼类生态学》（第 2 版），中国科学技术出版社，2008 年，第 53 页。

③ 以上数据来源于施白南主编《四川江河渔业资源和区划》，西南师范大学出版社，1990 年。

大型水生维管束植物常见的有 49 种，除上游湍急的江段较少外，在中下游水流缓慢的河湾或河段均有成片分布。金堂以下河段，由于河床比降小，江水温度高，无机盐含量丰富，水中的光照条件好，这给许多水生生物的生长和繁殖创造了有利的条件。除了水生植物外，沱江流域的浮游植物的资源量也相当丰富。浮游植物不但种类多，种群结构复杂，而且密度也大。在数量上占绝对优势的是丝状绿藻，丝状绿藻从头年的 12 月到翌年 5 月间大量分布在水流较缓的河段、湾沱及浅滩。它的大量存在为一些在植物上产卵的鱼类（如鲤鱼）创造了良好的繁殖条件。浮游动物有 126 种，其中以轮虫和枝角类最多。底栖动物有 11 种 56 属，以适于在泥沙中生活的种类最多。根据沱江的饵料生物量进行推算，沱江渔业产量具有极大的潜力。

2. 嘉陵江饵料生物情况

嘉陵江饵料生物总资源量仅次于沱江，且底栖动物资源量甚至高于沱江，多以软体动物和寡毛类为主。嘉陵江饵料生物种类比较丰富，共有 221 种。水生维管束植物 31 种。浮游藻类 63 属，其中以绿藻最多，其次是硅藻和蓝藻。浮游动物有 88 种，底栖动物有 13 属 25 种。

各干支流上游均属山溪性河流，饵料生物种类较少，浮游生物贫乏，水生维管束植物亦少，以着生藻类和底栖无脊椎动物为主要饵料，故上游鱼类区系组成简单。中下游江段已属人口稠密的四川东部盆地区，农田和城镇的有机物质大量进入江河，水质肥沃，饵料生物种类繁多。螺、蚌、贝等底栖无脊椎动物和水生维管束植物均大量繁生。中下游河谷开阔，湾沱较多，加之河道梯级渠化，流速减慢，泥沙沉积，浮游生物和水生高等植物得以发展，故而中下游鱼类区系组成复杂。①

3. 岷江饵料生物情况

岷江饵料生物少于沱江，共有饵料生物 168 种，只有沱江的一半。岷江上游水源的补给，除了雨水补给外，尚有高山冰雪融水补充，水温较低。中游虽

① 四川省嘉陵江水系鱼类资源调查组：《四川省嘉陵江水系鱼类资源调查报告》（内部资料），1980 年，第 5 页。

然水温有所提高，但在中下游又汇入大渡河和青衣江，水温又有所下降。

岷江水生维管束植物25种，水生植物的资源量少，仅在一些个别江段河湾的滞水带或河滩沼泽有带状或者块状分布。岷江浮游动物有68种，在灌县以上江段浮游动物甚为稀少，中下游较为普遍。岷江常见的底栖动物有24属24种，为软体动物、水生昆虫和甲壳动物。岷江上游为高山峡谷水温低，饵料生物较为缺乏，应加大对冷水性裂腹鱼的繁殖保护。中下游水温升高，饵料较为丰富，鱼类资源丰富。

岷江支流大渡河，共有饵料生物112个属和种。青衣江共有饵料生物35种，其中浮游藻类23属，浮游动物5种，底栖动物1属6种。大渡河饵料生物88属24种，浮游藻类74属，浮游动物19种，底栖动物5种14属。

4. 金沙江饵料生物情况

金沙江共有饵料生物145种。其中水生植物维管束植物21种，其资源量在干流都比较缺乏，但在一些小支流或与河流相通的湖泊，水生植物却较为丰富，特别是在一些高原浅水湖泊中，水生植物的生长繁盛，资源量可观，如邛海。较为丰富的是低等藻类和底栖动物。浮游动物45种，且数量较少，且多分布在支流缓流和水草江多的江段，其他干流等处较稀少。底栖动物有27属19种，以水生昆虫群落组成最复杂。金沙江上游多为高原，河面开阔，水流速度较为平缓，流域内畜牧业发达，又有许多高原性湖泊和沼泽，这些水域内水生植物和藻类资源都较为丰富。

5. 长江干流饵料生物情况

长江干流饵料生物量不大，共有90种。其中浮游藻类17属，浮游动物52种，底栖动物1属20种。干流的浮游植物主要是硅藻类，其次是甲藻类。干流本身的浮游植物数量不多，支流冲击下来的藻类，又因水流急，食物流失较大，能被鱼类利用的数量更少，因而以藻类为主食的鱼类在干流中资源比在支流中要少。干流中浮游动物绝大多数为原生动物和轮虫，且数量不多，因此以浮游动物为主食的鱼类极为稀少。干流的底栖生物较为丰富。由此可见干流的鱼类组成是以底栖无脊椎动物为主要食物的种类占有明显优势。

各江河中各类饵料生物的总资源量最丰富的是沱江，其余各江河依次为嘉陵江、金沙江、岷江、青衣江、大渡河、长江干流和乌江。以上众多江河的上游江段多为崇山峻岭，水流湍急，河床中多乱石，这些江段中的饵料生物主要是着生藻类和水生昆虫，其中大部着生藻类都是丝状绿藻，有一部分蓝藻和硅藻。饵料生物是一些鱼类赖以生存的物质条件，其种类和数量都会给鱼类的生存和发展带来较大的影响。各江河饵料生物的丰歉度与鱼类产量更是密切相关。由于地势影响，长江上游河流上中下游三段水文与饵料情况都存在一定差异，在各个江段鱼类种类数量及分布也是有一定差异的。

河流的水文、饵料等情况会影响鱼类资源的分布。综合上述对水文和饵料的分析与介绍，应该说在大规模工业化过程之前，纵向来看鱼类资源的变化在较长的一段时间内，变化速率相对较小。而就在这近百年间，由于水文状况和饵料状况的改变，包括河流污染、水利工程兴修等因素的影响，使得鱼类资源分布情况发生了急剧的变化。

第五节　明清民国时期长江上游主要鱼类资源名实考辨

中国古代文献所载生物之同名异物、同物异名的现象很多，生物的迁移更增加了认知的不确定性。生活于水中的鱼类，非捕捞者不能得以进行长时间、近距离的观察，故而鱼类名实的考辨，自古以来即是一个难题。但名实之辨乃是进行古代鱼类研究的首要。

传统时期由于认知有限，文字所记的鱼类资源种类较少。明代屠本畯云："夫水族之多莫若鱼，而名之异亦莫如鱼；物之大莫若鱼，而味之美亦莫若鱼，多而不可算数穷推，大则难以寻常量度。"① 清代李渔《闲情偶寄》也发此叹"因知天下万物之繁，未有繁于水族者，载籍所列诸鱼名，不过十之六七耳。"② 故传统时期或是记载某些较特殊的鱼类，"鱼……实繁厥类，鳞鬣风

① （明）屠本畯：《闽中海错疏》序，中华书局，1985 年，第 1 页。

② （清）李渔：《闲情偶寄》卷五，浙江古籍出版社，1985 年，第 236 页。

涛，百种千名，研桑莫记。图赞所取，亦只以异。”① 或是由于著作本身性质的限制，只进行针对性的记载。如本草学著作就主要是记载有药理作用的鱼类。一般方志中所记每县只有几种至几十种，且多是些常见鱼类。如民国《达县志》中说：“按县境大水，前为州河，后为巴河，鱼类素称繁殖，业渔者亦多，而鱼之类别即鱼者亦不能多辨，兹惟取常识者记载之。”② 正是如此，本节中进行名实考辨的即是长江上游地区主要记载的鱼类，且尚不能尽全。

由于传统方志记载体系下的模糊性，鱼类的古今名实很难一一对应。以现代生物学界门纲目科属种体系来论，目、科之下是属、种，一个属下通常又包括若干种。古今名实的对应时常不能至“种”这一层级，但大致的“属”是可以确定的。加之现在很多省份基本都已编纂有现代鱼类志，如《四川鱼类志》《云南鱼类志》《贵州鱼类志》等，其中部分鱼类记载了俗名。本节中对于鱼类古今名实及其种属的确定主要是依据形态、习性等描述。同时辅助以部分现代鱼类志书中俗名的记载。另外还有图集类包括《中国淡水鱼类原色图集》也可以进行形态对照，为种属确定提供进一步的依据。

一、主要鱼类资源名实考

1. 鲟形目鲟科鲟属、白鲟属

白鲟，因其鼻长又名象鱼、剑鱼、箭鱼。民国《巴县志》：“剑鱼，俗名象鱼，以其鼻长，故名”。③ 同治《合江县志》：“鱌，似魟鱼而鼻长，其形似象，故名象鱼。”④ 民国《新修合川县志》：“象鱼，又名鲭，鼻长如象，俗名剑鱼，又名箭鱼，皆取其似也，其美在鼻，可为脍。”⑤

中华鲟，又名鳇鱼、黄鱼。《太平御览》：“黄鱼，《南中八郡志》曰江出

---

① （明）杨慎：《异鱼图赞》序，《杨升庵丛书》第 2 册，天地出版社，2003 年，第 91 页。

② 民国《达县志》卷十二物产，集成 60，第 161 页。“集成”是《中国地方志集成》的简称，后序号代表本方志在《中国地方志集成》中各自省份的册数，以下皆同。

③ 民国《巴县志》卷十九物产，集成 6，第 597 页。

④ 同治《合江县志》卷五十一物产。

⑤ 民国《新修合川县志》卷十三土产，集成 43，第 458 页。

黄鱼，鱼形颇似鳣，骨如葱，可食。郭义恭《广志》曰犍为郡僰道县出臑骨黄鱼。”①

达氏鲟，又名鮥子鱼、辣子鱼、青鲔。嘉庆《直隶泸州志》：“鮥子鱼，按鲔一名鮥，肉色白，味不如鳣，今俗呼辣子鱼，盖辣即鮥转音之误。”② 民国《泸县志》：“鮥子鱼，今俗呼辣子鱼，盖辣即鮥，转音之误。”③ 光绪《大宁县志》：“青鲔，即鲔也，陆玑诗云：鲔似鳣而青黑色，头小而尖，今溪河所出者，是名青鲔。”④ 这里应指的是达氏鲟，以颜色得名。我国鱼类学家施白南先生有专文《我国早期有关鲟鱼类记述的研究》，辨析了古代文献中鲟鱼的名与实。

2. 鳗鲡目鳗鲡科鳗鲡属

鳗鲡，又名蛇鱼、白鳝、青鳝。“白鱓，原名鳗，体长为圆筒状，尾稍扁，多黏液，鳞纹细，而口阔，脊背苍黑色，腹部白黄色，味鲜，有滋补效。”⑤ “鳝，腹白背青，俗呼白鳝。”⑥ “白鳝，一曰蛇鱼，象形也，善穿深穴”。⑦ 道光《新津县志》对鳗鲡的得名有这样的记载：“鳗鲡似鱓而腹大，俗谓之白鱓，无鳞，腹白而大，背脊色，此鱼有雄无雌，以影漫鳢，则子皆附鳢之鬐鬣而生，故谓之鳗鲡。”⑧ “青鱓，产河流深处，形似黄鳝，惟多浅鳍。”“白鱓，产地、形状具似青鱓，惟色较白，味最鲜美。”⑨ “鱓，有青、黄、白三种”。民国《新繁县志》：“青鱓，盖鱓鱼之一种，青似蛇，无鳞异于黄鳝者，以背有鳍。”⑩

鳗鲡又名白鳝、青鳝、蛇鱼等。蛇鱼是因其形状似蛇。白鳝、青鳝主要取

---

① （宋）李昉等撰：《太平御览》卷九百四十，中华书局，1960 年，第4 175页。

② 嘉庆《直隶泸州志》卷五食货志物产。

③ 民国《泸县志》卷第三食货志，集成 33，第 93 页。

④ 光绪《大宁县志》卷一地理物产，集成 52，第 59 页。

⑤ 民国《新修合川县志》卷十三土产，集成 43，第 458 页。

⑥ 光绪《黔江县志》卷三鳞介属，集成 49，第 88 页。

⑦ 光绪《巫山县志》卷十三物产，集成 52，第 355 页。

⑧ 道光《新津县志》卷二十九物产，集成 12，第 639 页。

⑨ 民国《名山县志》卷四物产，集成 64，第 262 页。

⑩ 民国《新繁县志》卷三十二物产，集成 12，第 299 页。

其颜色。因为青白鳝和黄鳝形似，故以为其是“鱓鱼之一种”。鳗鲡之名则是根据传统文献中对其繁殖方式的解释而来。一般来说文献中多将白鳝、青鳝、黄鳝记载在一处，区别他们的主要特征即在于颜色的差异。

3. 鲑形目鲑科哲罗鱼属

虎嘉鱼又名鱼虎，是肉食性凶猛性鱼类，以小型鱼类为食，在《太平寰宇记》中已有记载，其后另有猫鱼、猫子鱼、虎鱼之名。《听雨楼随笔》：“虎鱼，性食鱼，群鱼畏之如虎”①，是以其食性为名。民国《灌县志》：“猫鱼，头似猫，齿锐，能食鱼，肉美，漩口乡山溪涧有之。”② 民国《汶川县志》载：“猫鱼，头似猫，口有齿，甚锐，独刺，肠胃一贯，常捕食鱼类。”③ 释意其以头部形似猫为名乃是望文生义，推测应是以其食鱼的食性为名。

4. 鲤形目

（1）胭脂鱼科胭脂鱼属　胭脂鱼又名火烧鳊、黄鲌、胭脂鲌等，皆是以其颜色为名。《异鱼图赞笺》卷三：“火烧鳊，又一种火烧鳊，头尾俱似鲂，而脊骨更隆，上有赤鬣，连尾如蝙蝠之翼，黑质赤章，色如烟熏，故名，其大有至二三十斤者。”④《本草纲目》：“又有一种火烧鳊，头尾俱似鲂，而脊骨更隆，上有赤鬣连尾如蝙蝠之翼，黑质赤章，色如烟熏故名，其大有至二三十觔者。”⑤ 光绪《重刊广安州志》：“黄鲌，无大小，似青波，黄色一种，两边从头至尾红甲各一条，鲜如胭脂，名胭脂鲌。”⑥

（2）野鲮亚科　墨头鱼属，又名黑头鱼、墨鱼、墨鲈，乃是因头部有明显的黑斑而闻名。“墨头鱼，墨鲈类鱓，出以三月，渔火夜伺其来勃，好事相传墨沈攸漏。墨头鱼属嘉州出，形状类鱓子，长者及尺，其头黑如墨，头上有白子二枚，又名北斗鱼，常以二三月出，渔人以火夜伺叉之，惟郭璞台前乃

① （清）王培荀著，魏尧西点校：《听雨楼随笔》，巴蜀书社，1987年，第361页。
② 民国《灌县志》卷七物产，集成9，第264页。
③ 民国《汶川县志》卷四物产，集成66，第522页。
④ （明）杨慎原本，（清）胡世安笺：《异鱼图赞笺》卷三，北京：中国书店，1985年。
⑤ （明）李时珍著：《本草纲目校点本》第四册，人民卫生出版社，1981年，第2 444页。
⑥ 光绪《重刊广安州志》卷十一方物志。

有，世传璞者书台上，鱼吞洗砚之墨所化或名墨鲈。”① 民国《乐山县志》：“黑头鱼，俗名墨鱼，产大佛沱。”② 民国《重修丰都县志》：“观音桥下湍流，相传易太守洗砚于此，鱼尽变成墨色，味亦美”。③

唇鲮属，又名泉水鱼，油鱼。民国《犍为县志》载：“泉水鱼，出泉水石洞中”。④ 泉水鱼以其生存环境为名。因其腹内多膏脂，又名油鱼。民国《重修丰都县志》：“泉子鱼，土人呼为油鱼，谓其自带油，润也，出崇德乡韩家沱，沱水由山穴流出，鱼亦墨色，味亦美，然必夏水涨始出。”⑤ 光绪《珙县志》、同治《高县志》载有油鱼。光绪《盐源县志》：“油鱼，形如鳅鱼，煎不用油而油自出。”⑥ 民国《甕安县志》：“油鱼出荆里，其大止如银鱼，白水煮之油浮于釜，味极佳，但甚少。”⑦ 油鱼，以其富含油脂而得名。

华鲮属，又名青鳙、青鲬、青龙棒、青堰子鱼等。同治《璧山县志》载：又名“青堰子鱼，出址滩，上下俱无头，类鳅，身似鲤而无鳞，多肉少骨，重只几两，味极脆美。”⑧ 民国《四川宣汉县志》：“青鳙，似鲤，而翅尾不赤，额青色。”⑨

（3）裂腹鱼亚科 裂腹鱼属，又名丙穴鱼、细鳞鱼、嘉鱼、雅鱼、拙鱼等。丙穴鱼，其穴向丙，故名。嘉鱼与丙穴鱼常常被同时提及这两个名称使用历史悠久而且范围极广，是带有一定文化内涵的名称。⑩ 拙鱼，《本草纲目》

---

① （清）胡世安撰：《异鱼图赞补》，四库全书子部九谱录类三。

② 民国《乐山县志》卷七物产，集成 37，第 814 页。

③ 民国《重修丰都县志》卷九物产。

④ 民国《犍为县志》物产，集成 41，第 340 页。

⑤ 民国《重修丰都县志》卷九物产。

⑥ 光绪《盐源县志》，集成 69，第 677-737 页。

⑦ 民国《甕安县志》卷十四农业，集成 25，第 195 页。

⑧ 同治《璧山县志》卷二舆地志物产，集成 45，第 35 页。

⑨ 民国《四川宣汉县志》卷四物产志，方志丛书四川省 23，第 517 页。“方志丛书”是中国方志丛书的简称，后面序号代表其在该省份中的册数，以下皆同。

⑩ 关于“嘉鱼”之名，有拙文《从文化概念到科学概念——中国古代嘉鱼的名实及分布演变研究》（《中国历史地理论丛》，2014 年第 4 期）进行了专门论述，在此不赘述。

载：“蜀人呼为拙鱼，言性纯也”。① “嘉鱼，细鳞，似鳟鱼，蜀中谓之拙鱼”②。《四川省雅安县地名录》《雅安通览》皆载“雅鱼”得名的原因乃是因产于青衣江上游和周公河（即雅河）内最为有名。

重口裂腹鱼，又名重口，《听雨楼随笔》记载：“重口鱼，上下两口似吕字，出雅河。”③ 因其吻部的形状而得名。

阳鱼，应是裂腹鱼属，又写作洋鱼、羊鱼、杨鱼。《水经注》：“鱼复溪中有鱼，其头似羊，丰肉少骨，美于余鱼。”④ 沿用“其头似羊”说法的还有《食物本草》，“羊头鱼，产四川云阳县巴乡村溪中。鱼似羊头。多肉少骨，美于他鱼。（羊头鱼），味甘无毒。主补中益气，厚肠胃，除风热，消痰涎，利肺气”。⑤ 近代云阳县文人刘孟伉有诗《山农黄承万送羊鱼》赞美羊鱼，“犬吠一声惊客到，为有山农送小鲞。谢子殷勤致玉鲜，盘中未许诮无盐。年不食羊鱼美，更拾松柴手自煎。淞江鲈美欲何如，张翰风流苦忆吴。何似羊鱼风味好，祗今谁读郦元书。道元博物拟道将，尝将名产注经桑。羊鱼味美元非妄，只是其头不似羊。羊鱼何以异常鱼，细口无鳞不似鲈。还有一般征别处，峡源清水是家居。江郊客馔重肥鮀，持比羊鱼未足多。”⑥ 其明确指出“羊鱼”头不似羊。文中还指出“羊鱼”的生存环境即“峡源清水”，这说明“羊鱼”喜于生活在山地极为清澈的水流中。《湖北通志》梳理了多处方志对“阳鱼”的记载，明确指出应当写作“阳鱼”，而非“洋鱼”和“杨鱼”，并提出了得名的原因，“阳鱼，《房县志》作洋鱼。长乐、恩施诸志同兴山、巴东二志作杨鱼。《鹤峰州志》作阳鱼。案此鱼必待阳气发动始出，亦春鱼之类。其字正当从《鹤峰志》作阳，谓之洋鱼、杨鱼者皆以同音而误。又此鱼出洞穴中与

① （明）李时珍著：《本草纲目校点本》第4册，人民卫生出版社，1981年，第2 437页。

② （宋）祝穆撰，祝洙增订：《方舆胜览》卷五十一，中华书局，2003年，第907页。

③ （清）王培荀著，魏尧西点校：《听雨楼随笔》，巴蜀书社，1987年，第360页。

④ （北魏）郦道元著，陈桥驿校证：《水经注校证》卷三十三，中华书局，2007年，第776页。

⑤ （元）李杲编辑，（明）李时珍参订、（明）姚可成补辑，郑金生等校点：《食物本草》，中国医药科技出版社，1990年，第212页。

⑥ 刘孟伉著，云阳县政协文化建设委员会、云阳县人民政府地方志办公室编：《冉溪诗话》，1999年版。

江湖陂池所产绝异。故房县及宜、施各属山县皆有之。《长乐县志》言其雌者腹内有虫，如鳖状，误食毒人，此积阴之所结，故惟雌者有之。"① 其指出此鱼乃是春季随“阳气发动”始从洞穴游出，故应为“阳鱼”。

(4) 鲤亚科 原鲤属岩原鲤，民国《简阳县志》:“鲤，有白甲黑甲二种，又沱江多石一种，名岩鲤，居石穴。"② 岩鲤是以类比鲤鱼的方式来描述岩鲤。

鲫鱼属有面条鲫，又称面肠鱼、面鱼，因腹中有“面肠”而得名，“面肠”实质是鲫鱼腹中的寄生虫。《滇海虞衡志》:“面条鲫，出东川巨者重一二斤，满腹如切面细条，盘之无肠，面条即肠也，治鱼出其肠，亦蠢蠢动，如寄居虫，烹之面条亦可食，此水族从来未见者，曰面条鲫一曰面肠鱼。"③ 民国《昭通县志稿》载:“面肠鱼，形圆腹大，中有面肠一条或二条，色白软动而生，产南乡。"④

由鲫鱼演化而来的金鱼，名称不一。“金鱼，又名龙眼鱼。”以其眼睛似龙眼而得名。民国《四川宣汉县志》:“金鱼，有龙眼，龙眼乃以药力造成者，具法用鸡蛋壳研为细末，鱼秧时即撒食之，经宿而成。"⑤ 道光《忠州直隶州志》:“鲫，又一种色赤者名金鲫，蓄之池中可以供玩。"⑥ 民国《华阳县志》:“金鱼，金鲫鱼也。按鲫鱼有此红者，此其变种而。"⑦ 以其与鲫鱼同种，体呈金色，称为金鲫鱼。同治《增修酉阳直隶州总志》:“金鱼，俗名红鱼，多畜池沼盆中，色赤有龙眼者，有双尾、三尾、四尾者。"⑧ 以其外形颜色称为红鱼。

(5) 鲄亚科 铜鱼属，包括长条铜鱼和圆口铜鱼两种。传统时期的记载

---

① 民国《湖北通志》舆地卷二十四物产，集成3。裂腹鱼其卵有毒，误食之会中毒。

② 民国《简阳县志》卷十九食货篇物产，集成27，第540页。

③ (清) 檀萃:《滇海虞衡志》卷八《志虫鱼》，西南民俗文献第五卷，兰州大学出版社，中国西南文献丛书，2004年，第66页。

④ 卢金锡撰：民国《昭通县志稿》卷之九物产志第九，昭通新民书局，民国二十七年（1938年）铅印本，藏于中国国家图书馆。

⑤ 民国《四川宣汉县志》卷四物产志，方志丛书四川省23，第517页。

⑥ 道光《忠州直隶州志》卷四物产。

⑦ 民国《华阳县志》卷三十四，集成3，第16页。

⑧ 同治《酉阳直隶州总志》卷十九物产志，集成48，第753页。

并未完全将二者进行分别，又名水鼻子鱼、出水烂、圆口等。民国《新修合川县志》："水鼻子鱼，鳞细而多刺，味极鲜美，口圆，俗呼为圆口。味尤佳，惟出水不耐久，故名出水烂。"① 以其性状不能长期保存，名其为"出水烂"，以其口圆名为"圆口"。

蛇鮈属，又名船钉、船丁子。同治《增修酉阳直隶州总志》："船丁子鱼，形如丁，能倒植沙中，故名。"② 民国《万源县志》："船钉鱼，形似得名，多肉而美。"③ 民国《合江县志》："船丁子鱼，形如船丁"。光绪《重刊广安州志》："扑船成群，一名船钉子。"④

杜父鱼，《异鱼图赞》载："李时珍云溪涧小鱼，渡父所食故名。见人则以喙插入泥中，如船矴也。" 民国《华阳县志》："船矴鱼，《本草拾遗》杜父鱼一名船矴鱼，长二三寸，其尾岐，其色黄黑有斑，李时珍曰杜父当作渡父，溪涧小鱼，渡父所食也。"⑤ 民国《重修彭山县志》："杜父，俗名船矴子"。⑥ 民国《简阳县志》："杜父鱼，俗名黄蜡丁，又名黄勒丁。"⑦ 民国《灌县志》："黄辣鱼，似黄颡鱼，而颔下有刺，能蜇人或以为即杜父鱼俗称黄辣钉。"⑧ 船钉子鱼与杜父鱼、黄辣丁鱼皆属上游江河中体型较小，产量较大的鱼类。

似䱻属，"沙勾，形似白鲹，体较长大，口阔目巨，常在沙而游泳故名。" 沙沟（花䱻）。

唇䱻属，俗名土风鱼，民国《乐山县志》："土凤，似鲨而大，味则较劣。"⑨ 民国《夹江县志》载土缝。民国《绵阳县志》："土鲋鱼，杜父鱼、吐哺鱼。"

---

① 民国《新修合川县志》卷十三土产，集成43，第457页。
② 同治《酉阳直隶州总志》卷十九物产志，集成48，第753页。
③ 民国《万源县志》卷三食货门物产，集成60，第384页。
④ 光绪《重刊广安州志》卷十一方物志。
⑤ 民国《华阳县志》卷三十四物产，集成3，第16页。
⑥ 民国《重修彭山县志》卷三食货篇，集成40，第78页。
⑦ 民国《简阳县志》卷十九食货篇物产，集成27，第540页。
⑧ 民国《灌县志》卷七物产，集成9，第264页。
⑨ 民国《乐山县志》卷七物产，集成37，第814页。

颌须鮈属，民国《温江县志》：“黑线鱼，身直而长，细鳞背白，有黑纹如线。”① 民国《华阳县志》② 民国《乐山县志》：“黑线鱼，似白鲦而腹大，背青黑色，以腰际有一条黑线得名。”③

（6）鮠亚科　倒刺鲃属中华倒刺鲃鱼，又名清波、青波（薄），青鱼。文献中提到清波鱼多是谈及其颜色，即“色青”，这也是其得名的原因之一。描述其外表特征时，多是采用类比的方式即“似鲤”。“色青，因以名之。”④“清波，形似鲤，而色微青，有光滑，肉腻味鲜，刺不杂碎。”⑤“清波，似鲤，长一二尺，鳞青尾黑。”⑥ 又有写作“清薄”，如“新乡产清鱄，青鱄，色青而质薄也。”⑦ “青薄，似鲢而青，体薄味美。”⑧ 有将清波鱼呼为“青鱼”。“清波，一名青鱼，鲫之变种”。⑨ “青鱼，即清波”。⑩ “清波，一名清鱼”。⑪“青鱼……曰五侯鲭，俗呼清波鱼。”⑫ 所谓的“四大家鱼”青、草、鲢、鳙中的青鱼，属于鲤形目雅罗鱼亚科青鱼属，虽然同呼为“青鱼”，但二者并不是同一种鱼。也有将其二者区别开的，如同治《高县志》卷五十同时载有“清波、青鱼”。

金线鱼属，因身有金线而得名。《徐霞客游记》：“金线鱼，鱼大不逾四寸，中腴脂，首尾金一缕如线。”⑬《滇中琐记》载：“金线鱼，鱼大者仅三四

---

① 民国《温江县志》卷十一，集成 8，第 579 页。
② 民国《华阳县志》卷三十四物产三，集成 3，第 16 页。
③ 民国《乐山县志》卷七物产，集成 37，第 814 页。
④ 民国《灌县志》卷七物产，集成 9，第 264 页。
⑤ 民国《新修合川县志》卷十三土产，集成 43，第 457 页。
⑥ 民国《丹棱县志》卷四，集成 38，第 720 页。
⑦ 光绪《威远县志》卷二食货志物产，集成 24，第 901 页。
⑧ 民国《长寿县志》卷十三，集成 7，第 226 页。
⑨ 民国《名山县志》卷四物产，集成 64，第 262 页。
⑩ 民国重修《彭山县志》卷三食货篇，集成 40，第 78 页。
⑪ 民国《苍溪县志》卷八，集成 57，第 60 页。
⑫ 咸丰《邛嶲野录》卷十五，集成 68，第 172 页。
⑬ （明）徐霞客著，朱惠荣校注：《徐霞客游记校注》卷六上《滇游日记三》，云南人民出版社，1985 年版，第 717 页。

寸，细鳞修体，脊有一线如金色，故以名。”① 民国《滇池游记》亦载：“金线鱼一种，春时出金线洞，入秋较肥，最大者长五六寸，小口细鳞，背有灰黑点，背腹相搂处自首至尾有金线一缕，故名。”

白甲鱼属，以鳞甲为白色得名。民国《四川宣汉县志》：“白甲，亦鲤也，但翅尾不赤，甲作白色。”民国《万源县志》：“鲤，有白甲、黑甲两种，邑产多白甲。道光《城口厅志》：“鲤，厅产有赤翅红尾金甲者，又有翅尾不赤而色白者，名白甲鲤”。“白甲，亦似鲤而甲极白，三四月多有之。”民国《巴县志》：“鲤鱼，鲤有数色也，县所有者惟赤甲、白甲二种。”咸丰《隆昌县志》：“白甲鱼，细鳞如银，身如鲤，全身腹较紧，嘴微阔耳。”“白甲鱼似鲤，白鳞。”鲦鱼应指的是白甲。同治《恩施县志》：“鲦，一名白甲鲤。”同治《咸丰县志》：“白甲鱼一名鲦鱼。”

鳊鱼属，民国《长寿县志》卷四物产：“扁鱼，扁扁也，其身扁故名。”民国《广安州新志》：“鲂鱼，一曰鳊，小头缩项窄脊，阔腹，扁身，细鳞，色青白，腹内有脂，味腴美，古以其头方，故曰鲂。”

（7）雅罗鱼亚科　鯮鱼属，“马脑鬃鱼，渔人谓获之不祥，无人食之者，头如马鬃。”② 光绪《重刊广安州志》：“鯮鱼，口眼大似峭口白色，四须短者箭杆鯮，须长者马嘴鯮。”

鳡鱼属，又名鳡棒，“鳡棒，嘴尖锐，身黑，最有力，不常出，出则主雨。”③ 同治《宜昌府志》：“鳡，即鳏鱼。”

草鱼属，民国《长寿县志》：“草鱼，形长身圆肉厚而松，以草饲之，故名”。④ “草鱼，食草。”以其食草得名。

青鱼属，“青鱼，字一作鲭，以色而名。”⑤ 青鱼是以其颜色为名。“青鱼，

---

① （清）杨琼：《滇中琐记》，方国瑜主编：《云南史料丛刊》第十一卷，2001年，云南大学出版社，第283页。

② 民国《合江县志》卷二食货，集成33，第412页。

③ 民国《简阳县志》卷十九食货篇物产，集成27，第540页。

④ 民国《长寿县志》卷十三物产，集成7，第226页。

⑤ 同治《酉阳直隶州总志》卷十九物产志，集成48，第753页。

李时珍曰青亦作鲭，以色名也。”[①]

鳍属，“鮆，《说文》刀鱼也，饮而不食。《本草纲目》状狭而长，薄如削木片，亦如长薄尖刀形，细鳞白色，今县产者俗呼刀片子，不中食。”[②] 民国《新修合川县志》：“薄刀片，一名鮤鱼，体扁而色白，如薄刀然，鳞细多刺。”[③] 民国《乐山县志》：“鲂鱼，腹扁如刀，味劣多刺。”[④] 民国《武胜县新志》：“薄刀片，古名列鱼，体扁色白，鳞细，刺多。”[⑤]

鱵鱼属，民国《汶川县志》：“麻鱼，长数寸，色苍褐，身有黑斑，故名。”[⑥] 民国《灌县志》：“麻鱼，长三四寸，色苍褐色而有黑点，俗称麻鱼子。”[⑦]

赤眼鳟属，名赤眼鱼、红眼鳟。同治《会理州志》：“鳟，别名曰赤眼鱼，似鲜而小，赤脉贯目，身圆而长，鳞细于鲜，青质赤章，能食蚌螺，善于遁网。”[⑧]

（8）鲌亚科　餐属，又名白鲦鱼、白跳鱼、白小，《正字通》云：状若条然，故今俗呼则为餐鲦子矣。民国《温江县志》：“白鲦，一名白漂鱼，长数寸，形狭而扁，状如柳叶，鳞细而整，洁白可爱，好群游水面。”[⑨] 光绪《黔江县志》：“白鱼，俗呼白漂。”[⑩] 《绵竹县乡土志》：“白跳鱼，惟脊有小鳞，腹无鳞，色白，最大者不过三指，喜自掷于水上，故名。”[⑪] 民国《绵竹县志》：“白跳，似鲤鱼，长三四寸，腹部白色，好游泳水面，体甚活泼。”[⑫] 民

---

① 民国《南川县志》卷四食货物产，集成 49，第 444 页。
② 民国《新繁县志》卷三十二集成 12，第 298 页。
③ 民国《新修合川县志》卷十三土产，集成 43，第 457 页。
④ 民国《乐山县志》卷七物产，集成 37，第 814 页。
⑤ 民国《武胜县新志》卷十一食货志，集成 59，第 621 页。
⑥ 民国《汶川县志》卷四物产，集成 66，第 522 页。
⑦ 民国《灌县志》卷七物产，集成 9，第 264 页。
⑧ 同治《会理州志》卷十物产，集成 70，第 265 页。
⑨ 民国《温江县志》卷十一，集成 8，第 579 页。
⑩ 光绪《黔江县志》卷三物产，集成 49，第 88 页。
⑪ （清）田明理：《绵竹县乡土志》物产类，光绪三十四年（1908 年），藏于中国国家图书馆。
⑫ 民国《绵竹县志》卷八物产，集成 22，第 608 页。

国《四川宣汉县志》："白条，一呼白跳，形长狭而小若条然，古名鲦，又名白小，沙滩浅水浮游跳跃。"①

红鲌属，又名红梢鱼。同治《璧山县志》："红梢鱼……色白，尾赤，有大至数斤者。"② 民国《丹棱县志》："红梢，鳞细而白，形似鲦鱼，惟尾赤色。"③ 民国《合江县志》："红梢鱼，尾色赤。"④ 鲦鱼即白鲦鱼，二者同属鲌亚科，形似。

银飘鱼属，称之为红鱼，民国《江津县志》记载："红鱼，邑之十全镇，大江中有洲名中坝，伏夏泛涨时产红鱼，长可一二寸，色淡红，状如鲨鳝而扁小，煮食之，味甚美，过时则无也"。⑤ 据熊天寿推测应为鲤科鲌亚科银飘鱼属。

白鱼属，程海白鱼。"白鱼，出陈（程）海，似鲤，而色白。"⑥ "白鱼，北胜陈海，白鱼，《一统志》白鱼出云南北胜州陈海，状如鲤而色白。"程海白鱼体呈银白色，个体不大，数量多，在程海总鱼产量中约占二成，是该湖的重要经济鱼类。

（9）平鳍鳅科　腹吸鳅亚科，原缨口鳅属，"石网鳅，头大尾小，秋后每于乱石滩头得见，故名。"⑦ 道光《德阳县志》："石缸鳅，头似鲢而小，身黄色黑斑，好藏石缝，大者长五六尺。"⑧ 道光《城口厅志》："厅境有泥鳅、网鳅二种，网鳅产山溪，身淡红色与泥鳅别种。"⑨ 民国《华阳县志》："石网鳅，色斑褐，形似白鲦，无鳞，一名沙网鳅，不中食。"⑩ 民国《四川宣汉县

① 民国《四川宣汉县志》卷四物产志，方志丛书四川省23，第517页。

② 同治《璧山县志》卷二舆地志物产，集成45，第35页。

③ 民国《丹棱县志》卷四，集成38，第720页。

④ 民国《合江县志》卷二食货，集成33，第412页。

⑤ 民国《江津县志》卷十二土产，集成45，第807页。

⑥ （明）陈文修，李春龙、刘景毛校注：《景泰云南图经志书校注》卷一云南府，云南民族出版社，2002年，第253页。

⑦ 民国《郫县志》卷一物产，集成8，第627页。

⑧ （清）吴经世修：道光《德阳县志》，道光五年（1825年）刻本，藏于中国国家图书馆。

⑨ 道光《城口厅志》卷，集成51，第821页。

⑩ 民国《华阳县志》卷三十四物产三，集成3，第16页。

志》："别有冈鳅，产山溪中，淡红色。"① 民国《丹棱县志》卷四："石杠鳍，形似泥鳅，相似身圆，色黄尾赤，长二三寸，惟生石底河中藏石下，暑月水暴涨，钓不用钩可得。"②

平鳍鳅亚科，石爬子、石巴子、石爬鱼、爬滩鱼、石疤子等应指的是平鳍鳅亚科多属，包括四川华吸鳅、西昌华吸鳅等。民国《新繁县志》："石巴子，头大尾小，腹平，背有须，巴于石上，故名。"③ 民国《温江县志》："石爬鱼，身首皆扁，嘴在项下，惯爬石上，故名。"④ 民国《华阳县志》："石巴子，《遵义府志》'今溪中石斑鱼，黄腹黑背无鳞，腹平如掌，长不过二三寸，附石而行。'按，今俗石巴子，审其形即此鱼也。斑与巴方音之转，又此鱼好缘石壁，干则礓于其上，蜀俗谓缘附曰爬，故亦称石爬子。"⑤ 此处指出《遵义府志》所载的"石斑鱼"即是蜀中所谓的"石巴子""石爬子"，乃是同一种鱼的不同名称。民国《达县志》："爬滩鱼，鱼小无鳞，腹平，喜爬滩石上，故以为名。"⑥ 道光《德阳县志》："巴石子，脊圆乌，白色腹扁，喜缘跗石崖上。"⑦ 光绪《荣昌县志》："石首鱼，色黑体扁，头尖似石，长二寸许，出清江滩，俗名石疤子。"⑧ 民国《四川宣汉县志》："爬石板，亦无鳞鱼也，身黑而短促，腹白而扁平，仰贴石上如然，童子报石以筛承之即得。""石鳖鱼，状似鲇鲰而小，上春时出石间，庖人取为奇味。"⑨ 民国《桐梓县志》："石班（斑）鱼，按此鱼无鳞、黑背、黄腹，腹平如掌，长二三寸，附石而行，五六月渔人照火于石上捉之。"民国《贵州通志》、光绪《遵义府志》有类似记载。依据所描述的体长及外表体征，加之所提到的"五六月捕鱼者照以火于石上

---

① 民国《四川宣汉县志》卷四物产志，方志丛书四川省23，第517页。
② 民国《丹棱县志》卷四，集成38，第720页。
③ 民国《新繁县志》卷三十二物产，集成12，第299页。
④ 民国《温江县志》卷十一，集成8，第579页。
⑤ 民国《华阳县志》卷三十四物产，集成3，第16页。
⑥ 民国《达县志》卷十二食货门物产，集成60，第161页。
⑦ （清）吴经世修：道光《德阳县志》，道光五年（1825年）刻本，藏于中国国家图书馆。
⑧ 光绪《荣昌县志》卷之十六物产，集成46，第243页。
⑨ 民国《四川宣汉县志》卷四物产志，方志丛书四川省23，第517页。

捉之”，四川华吸鳅繁殖期为5月，其在急流石滩上产卵，受精卵附着于石上发育，[①] 渔民正是利用其产卵之机捕之，推测所说的“石斑鱼”即是平鳍鳅亚科华吸鳅属的四川华吸鳅。“以巴鱼为特产，长寸许，腹扁平，贴水石上，取者举石，承以竹篮，鱼自跳入，味疏脆。巴鱼，身小而扁，倚石而行。”[②] 此处“巴鱼”应指的是中华爬岩鳅。巴鱼为巴河特产，一般体重10~20克，最大不过50克，体扁平，背部黑褐色，腹部浅黄，鳍尾短小，游速迟缓，常趴在浅滩卵石下，以石上附着的藻类为食。

另外，还有双眼鱼、石宝鱼等名。道光《綦江县志》：“双眼鱼（穿洞）”。民国《綦江县续志》卷二物产记载“比目鱼，产安里穿洞，前志作双眼鱼即此，其水发源于黔境，至邑梨园坝泻入，长二三寸许，仅一目，如侧面形，两鱼合体始能游泳，若移畜之辄死。或云产羊义滩，味薄过此，为他鱼所噬。”所载的“双眼鱼”和“比目鱼”，形态形似，且皆是产于穿洞，应是同一类鱼。这里的比目鱼应是借用比目鱼之名。据考证产于穿洞地区溪河中的“比目鱼”，是为平鳍鳅科中的鱼类四川华吸鳅，在綦江河及其支流有分布。[③] 民国《长寿县志》：“石宝鱼，产龙溪石缝中，长寸许，紧黏石上，取者警以鞭，用网盛之，稍缓即失，若拭以手不能得也。”[④] 石宝鱼与石巴子等音相近，加之习性的描述应是平鳍鳅科的鱼类。

（10）鳅科　条鳅属，红尾条鳅，俗名红尾子。[⑤] 民国《汶川县志》：“红尾鱼，体苍褐色，尾红，故名。”[⑥] 民国《灌县志》：“红尾鱼，体小而直，仓褐色尾红，俗称红尾子”。[⑦] 光绪《珙县志》亦载有红尾鱼。

泥鳅属，“鳝，土人以其入秋最多故名。”[⑧] 光绪《黔江县志》：“鳅鱼，

---

① 丁瑞华主编：《四川鱼类志》，四川科学技术出版社，1994年，第439页。

② 民国《巴中县志》第一编物产，集成62，第839页。

③ 熊天寿：《重庆市古代的鱼类记载概述》，《重庆水产》，1990年3期。

④ 民国《长寿县志》卷十三物产，集成7，第226页。

⑤ 湖北省水生生物研究所鱼类研究室编：《长江鱼类》，科学出版社，1976年，第164页。

⑥ 民国《汶川县志》卷四物产，集成66，第522页。

⑦ 民国《灌县志》卷七物产，集成9，第264页。

⑧ 乾隆《潼川府志》卷四土地部土产。

生江中者沙鳅，生田中者泥鳅。”① 《同治增修酉阳直隶州总志》：“鳅鱼，生江中者沙鳅，生田中者泥鳅”②，这是以其生存环境命名。还有阁鳅，民国《长寿县志》：“阁鳅，产龙溪上游，形如鳅，而头尾异，味极鲜美，藏水底石缝中，如阁然。”③

（11）鲢亚科　鳙属，以其头部味美而得名，又名大头鱼、肥头。道光《江北厅志》：“鳙，状如鲢，色黑而头大。鲢之美在腹，鳙之美在头，故呼为肥头。”④ 道光《忠州直隶州志》有同样的记载。

（12）鲃亚科　鱲属，桃花鱼“桃花鱼，长四五寸，肉薄多刺，身有红绿斑纹，好群游水面。”⑤ 此处所指的桃花鱼有可能是鱲属，属鲤形目鲤科，鲃亚科，鱲属。鱲属中的宽鳍鱲鱼俗名桃花鱼、桃花板、桃花郎。⑥ 民国《西昌县志》：“桃花鱼，产于山谷溪流，每岁桃花开时始是，因有桃花色，故名，长数寸，无大者。”⑦ 民国《郫县志》：“桃花鱼，状如鲫鱼，色微近赤，鳞细有花，又三月水发多有之，故名桃花鱼。”⑧ 以其多产于桃花开时，故名桃花鱼。

（13）鮰亚科　鮰属，云南鮰，俗名油鱼。民国《重修丰都县志》：“土人呼为油鱼，谓其自带油，润也，出崇德乡韩家沱，沱水由山穴流出，鱼亦墨色，味亦美，然必夏水涨始出。亦有一种冬时始出，肥腻尤胜油鱼，土人俱以泉子名之。” 民国《桐梓县志》：“俗呼油鱼，腹内多油。”⑨

圆吻鮰属，圆吻鮰，地方名红翅鱼。乾隆《永北府志》卷之五山川载

---

① 光绪《黔江县志》卷三物产，集成 49，第 88 页。

② 同治《增修酉阳直隶州总志》卷十九物产志，集成 48，第 753 页。

③ 民国《长寿县志》卷十三物产，集成 7，第 226 页。

④ 道光《江北厅志》卷三食货物产，集成 5，第 496 页。

⑤ 民国《丹棱县志》卷四，集成 38，第 720 页。

⑥ 马口鱼亦名桃花鱼、桃花板。宽鳍鱲鱼与马口鱼生活习性相似，两种鱼经常群集在一起，喜欢嬉游于水流较急、底质为砂石的浅滩。江河的支流中分布较多，而深水湖泊中则少见。丁瑞华主编：《四川鱼类志》，四川科学技术出版社，1994 年，第 125-129 页。

⑦ 民国《西昌县志》卷二产业志，集成 69，第 54 页。

⑧ 民国《郫县志》卷一物产，集成 8，第 627 页。

⑨ 民国《桐梓县志》卷十食货志，集成 37，第 264 页。

“红翅鱼”。

5. 鲇形目

(1) 鲿科　黄鲿鱼属，又名黄勒（蜡、辣、刺、鳓）钉（丁）、黄鲴鱼、黄蜡鲇。民国《犍为县志》：“黄勒丁，赤黄色，尾及两腮皆有刺如钉。”① 光绪《荣昌县志》：“黄鳓钉，黄色无鳞，尾如钉，触之甚利，故名。”② 民国《郫县志》：“黄鳓钉，赤黄色无鳞，尾如……腮旁有二刺如钉，触之刺手酷利，因名黄鳓钉。”③ 民国《新繁县志》载：“黄鲴鱼，县人呼为黄蜡丁，《本草纲目》鱼肠肥曰鲴，此鱼肠腹多脂，渔人炼取黄油然灯甚腥也，南人讹为黄姑，北人讹为黄骨鱼。”④ 黄勒（蜡、辣、刺、鳓）钉（丁）等是以其形状及扎人之特点得名。黄鲴鱼，是以其体内富含脂肪得名。民国《四川宣汉县志》：“铜鱹，亦黄牯头类也，身较长，色似古铜，故名。”⑤ 民国《沿河县志》：“黄鱼，俗名黄蜡鲇，似鲇而小。”⑥ 民国《息烽县志》：“黄鲴鱼，今按采访册有黄腊丁之名。此名盖亦习闻于他县人之口。然故籍皆鲜见，兹请以黄鲴鱼正之。”⑦ 道光《思南府续志》：“鲇鱼，无鳞，头扁眼小口阔，齿如刺，满生下，有重至数十斛者，有青鲇、黄鲇，黄者味胜鲫，重不满斛。”⑧ 民国《桐梓县志》：“鲿鱼，一名黄颊鱼俗名黄蜡钉，色黄无甲，前两翅如蜂锥手，大者名黄疙疤。”⑨ 道光《思南府续志》：“黄鱼，无鳞，俗名黄蜡鲇，似鲇而小。”⑩

鮠属长吻鮠，又名江团、肥鮀（豚）、水底羊（扬）、江鳗、鳛鱼、鮰（洄）鮀子、肥鮀子、廻沱鱼。民国《乐山县志》“江团，一名水底羊，无鳞

---

① 民国《犍为县志》物产志，集成 41，第 340 页。
② 光绪《荣昌县志》卷之十六物产，集成 46，第 243 页。
③ 民国《郫县志》卷一物产，集成 8，第 627 页。
④ 民国《新繁县志》卷三十二物产，集成 12，第 299 页。
⑤ 民国《四川宣汉县志》卷四物产志，方志丛书四川省 23，第 517 页。
⑥ 民国《沿河县志》卷十三风土，集成 45，第 661 页。
⑦ 民国《息烽县志》卷十六物产，集成 43，第 152-154 页。
⑧ 道光《思南府续志》卷之三食货志土产，集成 46，第 121 页。
⑨ 民国《桐梓县志》卷十食货志，集成 37，第 264 页。
⑩ 道光《思南府续志》卷之三食货志土产，集成 46，第 121 页。

而肥美，然易败。”① 推测得名“水底羊”应是根据其生活在水中，味鲜美，营养价值高，可比拟于陆地之羊肉。《富顺县乡土志》：“水底扬，细目巨口无鳞，身似江豚而长，肥鲜特甚于他鱼也，以其潜伏于水底时多故名。”② 民国《富顺县志》：“肥鮀，无鳞，类鲢鱼，头吻皆尖，骨少于鲢，而脆美过之，其产于海螺堆者，土人名水底羊，味尤胜。”③

江鳗，民国《犍为县志》物产记载：“江鳗，俗作江团，嘉州至峡口下犍为境仍有之，桃涨出水，味美极鲜，府志陈宗源《青衣江打渔歌》云：何必秋风起归思，江鳗味美比鲈鱼。”④ 江团像鳗鱼一样没有鳞片，表面光滑有黏液，因此得名江鳗是从其外形的角度来命名的。

肥鮀，民国《华阳县志》：“肥豚，俗呼肥鮀……与名河豚，鳜名水豚一例，按李时珍曰豚言其味美也。”⑤

鳛鱼，光绪续修《叙永永宁厅县合志》载：“鳛鱼，《山海经》其形似雀，有十翼，今赤水河丙滩夹子口产此鱼。今俗呼江团鱼。”赤水河流域惯将江团鱼呼为“鳛鱼”，以其产地鳛水为名。“鳛鱼”应是江团鱼最为地方化的称呼之一，使用区域狭窄。此名主要集中在赤水河流域，其他区域基本不见记载。

洄沱子，廻沱鱼等，是以其常出于洄水沱而得名，根据其习性及形态描绘可知是江团。光绪《巫山县志》：“鮰，鼻短于鲟，无鳞，作脍如雪，无细刺，最美，邑俗呼鮰鮀子。”⑥ “鮠，《本草》鮠生江淮间无鳞，亦鲟属也。惟鼻短口亦在颔下，每于回流中取之，故俗称洄沱子。”道光《南部县志》：“廻沱鱼，《通志》蓬州石梁沱出廻沱鱼。”⑦

鳠属，又名石扁头，道光《思南府续志》：“黄鱼，无鳞，俗名黄蜡鲇，

① 民国《乐山县志》卷七物产，集成 37，第 814 页。

② （清）陈运昌等纂修：民国间抄本《富顺县乡土志》，中国国家图书馆地方志和家谱文献中心编：《乡土志抄稿本选编 11 册》，线装书局，2002 年，第 123 页。

③ 民国《富顺县志》卷之五食货，集成 30，第 303 页。

④ 民国《犍为县志》物产志，集成 41，第 340 页。

⑤ 民国《华阳县志》卷三十四物产，集成 3，第 16 页。

⑥ 光绪《巫山县志》卷十三物产，集成 52，第 355 页。

⑦ 道光《南部县志》卷之五食货志物产，集成 57，第 423 页。

似鲇而小，一种石扁头，色青亦鲇类。”①

（2）鮡科　石巴子鱼，石爬鱼、石爬鲶等，民国《灌县志》：“石爬鱼，身首皆扁，嘴在项下，常附石而居，俗称石爬子。”② 石爬鲶属于鲇形目鮡科。“石爬”突出其生存习性，“鲶”则是根据其形态类似鲶鱼，正符合了其属种的归属。

6. 鲈形目

（1）鲈亚目　鳜属，又名桃花鱼、母猪壳鱼。民国《长寿县志》：“鳜鱼，桃花鱼，古名厥。李时珍曰厥，撅也，身不能屈曲，如僵撅然，形扁腹阔口大鳞细，与松江之鲈同状，出水數刻即绥。桃花开时始有之，故名桃花鱼。”③ “鳜，形阔腹，大口，鳞有黑斑，俗称桃花鱼。”④ “鳜，一名桃花鱼。”⑤ 民国《四川宣汉县志》：“桂花鱼，一名母猪鱼，古之鳜也。”⑥ 同治《增修酉阳直隶州志》：“鳜鱼，一名石桂鱼，俗名母猪壳。”⑦

鮈鲫属，“墨线鱼，身直而长，细鳞，背有黑纹如线。”⑧ 墨线鱼，不甚大，身直而长，细鳞，背有黑文如线⑨。以其外形特征而得名。墨线鱼之名抓住了主要特征，背有黑线。

（2）攀鲈亚目　鳢科鳢鱼属，道光《新津县志》：“鳢鱼，今乌鱼也，俗呼七星鱼，额有七星，每夜朝北斗，故名。”⑩ 民国《江津县志》：“乌鳢，俗名乌鱼，本草经名鳢鱼，又名鲖鱼，李时珍曰鳢首有七星，夜朝北斗，有自然之礼，故谓之鳢。”⑪

---

① 道光《思南府续志》卷之三食货志土产，集成46，第121页。
② 民国《灌县志》卷七物产，集成9，第264页。
③ 民国《长寿县志》卷十三物产，集成7，第226页。
④ 光绪《资州直隶州志》卷八食货志物产，集成25，第255页。
⑤ 嘉庆《汉州志》卷三十九，集成11，第405页。
⑥ 民国《四川宣汉县志》卷四物产志，方志丛书四川省23，第517页。
⑦ 同治《增修酉阳直隶州总志》卷十九物产志，集成48，第753页。
⑧ 民国《灌县志》卷七物产，集成9，第264页。
⑨ 民国《丹棱县志》卷四，集成38，第720页。
⑩ 道光《新津县志》卷二十九物产，集成12，第639页。
⑪ 民国《江津县志》卷十二土产，集成45，第807页。

7. 青鳉目

万年鲹即青鳉鱼，属青鳉目青鳉属。民国《新修南充县志》：“万年鲹，一名麦鱼，长不过一寸，群居田池中之小鱼也。”① “本区内最小之鱼类，莫过于万年鲹，该鱼体长不及一寸，常成群浮游于水面，在稻田及溪流中常见之，本地人以虽万年亦长不大，故以万年鲹称之”②。

二、部分非鱼类资源名实考

1. 两栖类

大鲵属，有人鱼、娃娃鱼、孩儿鱼、哇哇鱼等俗名。人鱼，“形体似人”。娃娃鱼，“声如小儿”。如民国《汉源县志》载：“娃娃鱼，有声如娃娃，故名”，以其声似孩儿得名。

山溪鲵属，道光《绥靖屯志》：“羌活鱼，《金川琐记》羌活遍地有之，走卒辈山行渴甚，辄折取啖，云清凉如蔗浆……根下每有水潭藏羌活鱼一二，其形如鲵鱼，有四足，长仅四五寸，土人云可治心痛症，市得数尾，亦不敢妄试。”③《听雨楼随笔》：“羌活鱼，羌活根下有水湛然，中有鱼游泳，理不可解，亦难得。”羌活是重要的中药材，羌活鱼属山溪鲵属。

蝌蚪，滇东北昭通地区、黔西地区均食用之，称之为大头鱼、棒头鱼。与其临近的川南宜宾地区亦食用之。民国《昭通县志稿》：“大头鱼，一名蝌蚪，无鳞，头大尾细，大者变蟆，小者变蛙，产汙水中，可治天泡病症。”④ 民国《大关县志稿》：“大头鱼，一名蝌蚪”，又有“棒头鱼”的名称⑤。贵州人余上泗有竹枝词记载了这种现象：“一样撩群拖细网，田间争漉棒头鱼”。其下

---

① 民国《新修南充县志》卷十一物产脊椎动物，集成 55，第 489 页。

② 国立中央研究院动物研究所：《北碚动物志》第四章动物 11，《地理》，1945 年第 5 卷第 3-4 期。

③ 道光《绥靖屯志》卷四田赋物产。

④ 卢金锡撰：民国《昭通县志稿》卷之九物产志第九，昭通新民书局，民国二十七年（1938 年）铅印本，藏于中国国家图书馆。

⑤ 云南省大关县地方志编纂委员会整编：民国《大关县志稿》，大关县党史县志办，2003 年，第 58 页。

注："田间蝌蚪，号棒头鱼，苗妇网而食之。"①

2. 水母类

桃花鱼一名多物，其中所指包括有无脊椎动物桃花水母。同治《忠州直隶州志》载："其鱼于桃花开时，产于治之云根驿外积水潭中，其形如白桃花。"② 民国《乐山县志》："桃花鱼，形小味美备五色，三月水浸可得。"③ 此处所说的"桃花鱼"应为桃花水母。桃花水母为世界稀有动物，多生活在与河流、湖泊隔绝的小水潭、小沟渠或人工水池中，出现时间一般较短，故难于发现。1907 年，日本人井川正方在湖北宜昌附近长江沿岸采得淡水水母，日本学者丘浅次郎将其定名为宜昌桃花水母，这是首次对于长江上游的水母的科学记载。另外还有其他水母品种，如秭归水母、乐山水母，也陆续被发现和定名，它们和宜昌桃花水母一样，也多有"桃花鱼"之名。由于水质的污染和水域的破坏，以上诸种桃花水母的生存已经岌岌可危。笔者曾在嘉陵江边北碚段访问渔民，其也回忆起几十年前在江边看到桃花水母的情景。

三、命名方式

翻阅清至民国时期长江上游地区的物产记载可以发现，长江上游地区鱼类名称的命名有以形态为名、以产地为名、以纹色为名、以部分器官体征为名、以习性为名等多种命名方式，其中以视觉感知的名素为多。

1. 以形态为名

同治《会理州志》："筩筩鱼，无鳞而圆，身色乌黑，俗呼为棒棒鱼。"④ 咸丰《邛嶲野录》："筩筩鱼，按米易县所产无鳞，圆身，俗呼棒棒鱼，未知是否。"⑤ 应是根据其"身圆"，形状为圆柱形而得名。同治《咸丰

---

① 贵州省毕节地区地方志编纂委员会：《大定府志》，中华书局，2000 年，第1 168页。

② 同治《忠州直隶州志》卷四物产。

③ 民国《乐山县志》卷七，集成 37，第 814 页。

④ 同治《会理州志》卷十物产，集成 70，第 265 页。

⑤ 咸丰《邛嶲野录》卷十五方舆类物产，集成 68，第 172 页。

县志》："铜钱鱼形似铜钱，一名石把，好在石上。"① 以形为名，"扒齿鱼，形如扒齿。"② 民国《贵州通志》："桃花鱼，桐梓县北新站溪中出之，头沁红，形如桃花瓣。" 又有白鲦鱼，"状若条然"。③

2. 以产地为名

临江鱼以产于临江溪而得名，"临江鱼，亦名武阳鱼，出临江溪，洁而美，食品最珍"。④ "临江鱼，出临江溪。"⑤ "临江河……每岁春水发时，产细鳞鱼，长寸许，味鲜美，人称为临江鱼。"⑥ 武阳鱼亦是以产地得名。晋郭义恭《广志》已有武阳鱼的记载。《酉阳杂俎》《太平御览》《蜀中广记》等文献中均有记载："《广志》曰武阳小鱼，大如针，号一斤千头，蜀人以为酱也。" 武阳县，秦县名。汉代置武阳县属犍为郡，后汉时期是犍为郡治所。武阳鱼和临江鱼指的应是同一种鱼。此鱼个体极小，味鲜，蜀人以之为酱。

蒲鱼，以出产于郫县蒲村为名。《异鱼图赞》："《魏武食制》云，蜀有蒲鱼，其形如粥，出于郫县蒲村之麓，杜诗鱼知丙穴由来美，酒忆郫筒不用沽。注引沔南丙穴。沔去郫千里，不应远取，盖即此鱼也，其鱼亦出于穴。"

南川九递山（即金佛山）下有九递鱼，《异鱼图赞补》："南川九递山下有水潴，为池中产异鱼，人不敢取名，取名九递鱼。"

湔水鱼因产于湔水而得名。"湔水鱼，湔水在威州治内玉垒山下石峡出泉滴注，洞中碧澄莹澈，有鱼长七八寸者，队游其中不增不减，相传为神鱼，人不敢食，上有古木盘根，苍翠蔚然，虽溽暑如秋。"⑦

磨盘鱼因产于磨盘滩得名，"磨盘滩，在县南六十里，中产嘉鱼，长寸

---

① 同治《咸丰县志》卷之八食货物产，方志丛书湖北省 30，第 285 页。

② 卢金锡撰：民国《昭通县志稿》卷之九物产志第九，昭通新民书局，民国二十七年（1938年）铅印本，藏于中国国家图书馆。

③ 民国《贵州通志》风土志五物产，集成 9，第 174 页。

④ 民国《乐山县志》卷七物产，集成 37，第 698 页。

⑤ （明）李采、（清）张能鳞撰，毛郎英标点：《嘉定州志》卷五物产志，《明清嘉定州志》（内部资料），2008 年，第 99 页。

⑥ 民国《乐山县志》卷七物产，集成 37，第 698 页。

⑦ 嘉庆《四川通志》卷之七十四、七十五。

许，方额细鳞，额正中有红点，味极鲜美，立夏前后涌出波面，渔人争取之，俗名磨盘鱼。”① 磨盘鱼属鲹科鱼类，肉嫩而肥味美，制成干鱼味更佳。“磨盘鱼，磨盘滩，一名金鮈。”②

瓦鱼产于雅安瓦屋山而得名，《异鱼图赞补》：“瓦鱼，娃娃鱼即鲥鱼，出雅州河中。四足，能上树作儿啼，故俗以娃娃呼之。瓦屋山溪中，有名瓦鱼者，味极美。”《听雨楼随笔》与之记载一致。以产地得名的鱼名一般仅在小区域范围内流行，当然，小区域范围的鱼名也有少数得以广泛流传和为人所知晓的，如“雅鱼”。

3. 以纹色为名

民国《昭通县志稿》：“米汤鱼，形与鲤同，色灰白，如米汤故名。”③ 民国《贵州通志》：“花鱼，俗名苗婆鱼，身有黑花，亦类鲢鱼杂小无数，苗溪多有之，故名。”④ 民国《广安州新志》：“鲦，白鲦，形长圆若条，极肥美，俗名麻钩，一名棉花条，长五六寸。”⑤ 光绪《重刊广安州志》：“一曰白鲦，长三四寸，圆若小竹筒，味肥美，无刺而以膏自煎，一名棉花条。”⑥ 白鲦鱼体长圆若条，呈白色，故又名棉花条。墨线鱼、金线鱼亦是以纹色为名。

4. 以局部器官体征为名

民国《姚安县志》：“刺头鱼，出紫贝武河中，首有刺如针，出肤半寸，小者亦二三分，土人云：此鱼游泳之处，群鱼四散，盖避其触也；人有不知而误扑者，亦往往被伤。”⑦ 刺头鱼即安思鱼。姚安县一泡江中之安思鱼，背有芒刺，触之剧痛，但味极鲜，即此。驼背鱼，“驼背鱼，出黑龙潭，脊起如

---

① 光绪《铜梁县志》卷一地理志，集成42，第608页。

② 光绪《铜梁县志》卷三食货志物产，集成42，第638页。

③ 卢金锡撰：民国《昭通县志稿》卷之九物产志第九，昭通新民书局，民国二十七年（1938年）铅印本，藏于中国国家图书馆。

④ 民国《贵州通志》风土志五物产，集成9，第174页。

⑤ 民国《广安州新志》卷十二土产志，集成58，第696页。

⑥ 光绪《重刊广安州志》卷十一方物志。

⑦ 民国《姚安县志》第五册物产，《楚雄彝族自治州旧方志全书姚安卷下》，云南人民出版社，2005年，第1 660页。

蛋，眼如朱砂，潭鱼种类多此鱼，亦间出，人不敢犯。”① 以其背驼，故名驼背鱼，民国《续遵义府志》：“白浆鱼，乡土志遵义通平里上坪沟有洞，鱼初出时剖之有曰白浆，相传不可食，食之生病。游行至下坝五凤庄始可食。每涨水初次鱼即出洞，二次水涨鱼必由旧路回洞，年以为常，居人于回洞时沿溪设网捕之。”② 白浆鱼此名在其他区域基本未见，区域性明显。民国《郫县志》：“黄鳓钉，赤黄色无鳞，尾如鲇，腮旁有二刺如钉，触之刺手酷利，因名黄鳓钉。”③ “红翅鱼” 应是圆吻鲴，分布于程海，胸鳍、腹鳍和臀鳍呈淡红色。

5. 以习性为名

生物习性包括食性、所出时节、生存环境等特征。人们根据长期观察所得经验给来鱼命名。以生存环境为名，民国《郫县志》：“沙甕鱼，鳞细而白，每在浅水沙中，故名。” 民国《温江县志》：“俗名沙甕鱼，居沙沟中，吹沙而游，咂沙而食。”④ 民国《乐山县志》：“鲨沤鱼，又名吹沙，黄皮黑斑，生溪涧中，长四五寸，吹沙而游，咂沙而食，味佳。”⑤ 此种鱼类生存于砂质河道。民国《南川县志》：“吹沙鱼，吾邑小溪中有之，以多沙故。”⑥ 民国《郫县志》：“石网鳅，头大尾小，秋后每于乱石滩头得见，故名。” 此种鱼类应是喜生存于石头河道。《绵竹县乡土志》：“白跳鱼，惟脊有小鳞，腹无鳞，色白，最大者不过三指，喜自掷于水上，故名。”⑦ 白跳鱼，属浅水层鱼类，以其惯喜于在水面跳掷而得名。“本区内最小之鱼类，莫过于万年鲹，该鱼体长不及一寸，常成群浮游于水面，在稻田及溪流中常见之，本地人以虽万年亦长不

---

① （清）刘慰三撰：《滇南志略》卷一云南府，《云南史料丛刊》第十三卷，2001 年，云南大学出版社，第 61 页。

② 民国《续遵义府志》卷十二物产，集成 34，第 511 页。

③ 民国《郫县志》卷一物产，集成 8，第 627 页。

④ 民国《温江县志》卷十一，集成 8，第 579 页。

⑤ 民国《乐山县志》卷七物产，集成 37，第 814 页。

⑥ 民国《南川县志》卷四食货物产，集成 49，第 444 页。

⑦ （清）田明理：《绵竹县乡土志》物产类，光绪三十四年（1908 年），藏于中国国家图书馆。

大，故以万年鲹称之”。[①] 以其体小长时间不宜长大故称之为万年鲹。[②] 生活于急流中的石巴鱼，身具吸盘，为了抵住水流冲击，故多附着于石上，同治《咸丰县志》：“铜钱鱼形似铜钱，一名石把，好在石上。”[③]

以所出时节为名，如谷花鱼是指稻谷扬花时节即生。民国《姚安县志》：“谷花鱼，亦小，产稻田中，人均喜烹食之。”[④] 光绪《丽江府志》：“土王鱼，出刺是坝之母别平村，似鲫非鲫，长三四寸许，膏腴满腹，烹不需油，骨少脂多。名土王鱼，其味之美，滇中罕有。平素不见，惟土王用事之日乃出洞，丽所产鱼，皆以此为冠。”[⑤] 形如扒齿的扒齿鱼，“好至杏花开时又谓杏花鱼。”[⑥] 民国《甕安县志》：“桃花鱼出江界河溪洞中，岁二月桃始华则水涨而鱼出，百十成队，大者可三寸许，肉肥白，有异味，桃花谢即不复有，故名。”

当然，以上列举的鱼名多是因为单一因素而得名。也有因多种原因而得名者。如石扁头其名，即是因其头部扁平，另外石扁头常依附于石上。故合而称之为“石扁头”。梳理文献发现，中国古代长江上游鱼类名称包括有普遍性名称和地方性名称两大类。长江上游古代鱼类名称的命名和使用有以下特点：

（1）一般来说，使用范围较广的普遍性名称其得名解释多源于传统文献，主要来源文献种类多样，包括有小学类《说文》，儒家类《尔雅》《通雅》《草木鸟兽虫鱼疏》，药学类《本草纲目》等，地方志多沿用其解释，对其引用常有如“李时珍曰”引出。地方性名称则具有一定的地域使用范

---

① 国立中央研究院动物研究所：《北碚动物志》第四章动物 11，《地理》，1945 年第 5 卷第 3-4 期。

② 民国《甕安县志》卷十四农业，集成 25，第 195 页。

③ 同治《咸丰县志》卷之八食货物产，方志丛书湖北省 30，第 285 页。

④ 民国《姚安县志》第五册物产，《楚雄彝族自治州旧方志全书姚安卷下》，云南人民出版社，2005 年，第 1 660页。

⑤ 光绪《丽江府志》卷三食货志物产，丽江市古城区政协委员会，2005 年。

⑥ 卢金锡撰：民国《昭通县志稿》卷之九物产志第九，昭通新民书局，民国二十七年（1938 年）铅印本，藏于中国国家图书馆。

围差异。

（2）鱼类名称的区域独特性则体现在部分鱼属仅在长江上游有地理分布，是长江上游的特有种，自然此类名称别地罕有。或者说鱼属分布范围较为广泛，但此名称主要在某片区域使用，此类鱼的名称则同样带有明显的区域性色彩。这种区域独特性还表现在：同一种鱼在不同的区域所使用的名称差异。如长吻鮠（江团），在赤水河流域则称之为“鳛鱼”。

（3）遍观传统时期的鱼类俗名，少见有以政区名称来命名的鱼类。而现代鱼类命名依据拉丁命名法，中文学名中以政区及首次发现地命名者多。名称的沿用上也有差异，有些鱼类的名称使用的时间很短，现今的俗名中多已不这么称呼。但虎鱼、墨头鱼、岩鲤等名称则长期沿用至今。传统时期鱼类名称所表示的类属特征不明显。其命名意在标识，而不是定义或解释。传统时期鱼类的命名总是较能抓住其独特之处或主要特征，更为形象、生动（表7）。

表7　长江上游鱼类俗名命名类型举例

命名类型	名称举例	数量（种）
形态为名	船丁子鱼、蛇鱼、桃花鱼、薄刀片、刀片子、水鱴子、青薄	7
纹色为名	白鱼、白甲、白鳝、青鳝、胭脂鱼、青鲔、墨线鱼、黑线鱼、金线鱼、红鱼、麻鱼、麻鱼子、青鱼、细鳞鱼、粗鳞鱼、火烧鳊、青波鱼、花鱼、青薄、黄鲇	20
部分器官体征为名	短头鱼、长唇鱼、红梢鱼、青鲉、墨头鱼、象鱼、面条鲫、重口鱼、刺头鱼、肥头、红尾子、圆口、马脑鬃鱼、龙眼鱼、剑鱼、箭鱼、驼背鱼、臑骨鱼、七星鱼、白浆鱼、石扁头	21
习性等内在特征为名	万年鲹、出水烂、油鱼、猫子鱼、虎鱼、谷花鱼、杏花鱼、桃花鱼、土王鱼、白浆鱼、沙鼗鱼、沙鳅、阁鳅、草鱼、沙勾、阳鱼、嘉鱼、拙鱼、石巴子、石爬子、洄沱鱼、石扁头、白跳鱼、岩鲤	23
产地为名	临江鱼、武阳鱼、蒲鱼、湔水鱼、磨盘鱼、九递鱼、瓦鱼、鳛鱼、雅鱼、泉水鱼、蓁鱼、五筒溪鱼	12
类属为名	岩鲤、面条鲫、青鲔、沙鳅、白甲鲤、黄蜡鲇、黄鲇、青鲇、石爬鲶	8
语音之讹为名	辣子、黄鱼、洋鱼、羊鱼	4

第一章

从直观感觉到科学调查

——明清民国时期长江上游主要鱼类资源的认知

明清时期长江上游地区对鱼类资源的认知以中国传统文献为记载媒介，其中以方志为主要载体。在认知方式上，以直观感觉、经验性认知为主。民国时期，除了传统的方志认知体系外，伴随着西方科学调查方法的传入，对鱼类的认知逐步进入科学调查阶段。

第一节　明清民国时期长江上游流域的鱼类认知

传统方志记载体系下，人们对鱼类的认知主要侧重于繁殖方式、类别、生物习性、种属之间关系、药性及毒性。由于认知方法的差异，传统时期对鱼类的认知多是经验性的、感观性的，内容上侧重鱼类名实的考辨及实用性知识。从科学性来说，虽然不尽准确，但在某些方面已经达到一定水平。尤其是民国时期，随着西方生物学知识的传入，部分民国方志吸收了养分，鱼类的记载增加了一些科学的成分。民国时期处于由明清的传统直观经验性认知向现代科学调查性认知转变的阶段。但总体来说并未改变长江上游地区所呈现出的传统生物认知格局。与同时代沿海地区方志记载相比，现代生物学因素和成分则要少。

一、繁殖方式的认知

人们在长期的观察过程中对鱼类的繁殖及生存习性等相关知识有了一定掌握。唐《食疗本草》认为：“凡鱼生子，皆粘在草上及土中。寒冬月水过后，亦不腐坏。每到五月三伏时，雨中便化为鱼。”明清时期是中国传统生物认知的顶峰时期，对于鱼类对水环境的要求以及鱼种的多样性都有了一定的认识，“曹植曰咸水之鱼不入江，淡水之鱼不游海，物违其性则死矣。按鱼鳞物之总名也，万物之类莫繁于鱼，雄鲸雌鲵大者长数千里，武阳小鱼如针，一觔千头。”① 明《草木子》明确指出鱼类属于卵生：“虫鱼之子，与草木之子一生

① （清）陈大章著：《诗传名物集览》卷六，中华书局，1985 年，第 142 页。

即千百者，以其为物至微至贱也。鳞虫皆卵生也，独海鲨胎生，故其为鱼也最巨”。①

但由于传统时期水中生物观察的受限，对鱼类的繁殖与遗传相关问题认识并不够科学，尤其是对一些繁殖上较为特殊之鱼种，如历来对鳝鱼的遗传方式皆有附会之说。东晋葛洪《抱朴子》中已有载，明代《异鱼图赞》沿用此说，“鳝鱼，土龙之属，荇茎、苓根化而为鳝。”② 这是植物化鱼的一种传说。植物、动物化鱼之言，可以说是对鱼类与其他存在物之间关系的一种幻想。③ 荇茎生水中，苓根亦喜近水，加之根系细长，如土龙钻地。鳝鱼其形细长，且惯在浅水泥沼中生存，这种水域一般水生植物也多，故而有此类的传说。另外还有说鳝鱼是死人发所化。南朝宋《异苑》云：“死人发所化”。诸类说法皆是化生之说的谬传。推测与鳝鱼其形长似发的特征有关。关于鳝鱼的繁殖问题一直以来诸多说法皆不甚科学。方志对鱼类的记载则多沿袭传统文献。直至民国长江上游诸多方志仍沿袭、传抄前代文献的附会之说，如《郫县志》沿引《异苑》《淮南子》中关于鳝鱼繁殖的说法。此类例子不胜枚举。

关于鳗鲡的繁殖方式，与黄鳝一样，有着同样的附会之说。民国《南川县志》：“白鱓，本草名鳗鲡，又名蛇鱼，许慎《说文》鲡与鳢同，赵辟公《杂录》此鱼有雄无雌，以影漫于鳢，则其子皆附于鳢鬐而生，故谓之鳗鲡，与许说相合。”④ 鳗鲡是降河洄游性鱼类，成熟后的鳗鲡洄游到大海，在海中产卵繁殖。雌鳗鲡的性腺发育成熟是在降河洄游入海后完成的，在淡水中雌鱼的性腺不明显，古人误以为“有雄无雌”，进而才有“以影漫于鳢”，故名鳗鲡的说法。

我们以金鱼为例来看当时人们对鱼类遗传因素问题的认识。清代四川方志中对于金鱼与鲫鱼之间的关系已经有了比较正确的认知。金鱼原系金鲫鱼变异而来，而金鲫鱼又由野生鲫鱼演变，在长期的人工培育过程中逐渐演变而成。

---

① （明）叶子奇撰：《草木子》卷一下观物篇，中华书局，1959 年，第 13 页。

② （明）杨慎撰：《异鱼图赞》卷三，《杨升庵丛书》第 2 册，天地出版社，2003 年，第 952 页。

③ 陶思炎：《中国鱼文化》，东南大学出版社，2008 年，第 87 页。

④ 民国《南川县志》卷四食货物产，集成 49，第 444 页。

道光《忠州直隶州志》："鲫，又一种色赤者名金鲫"。[①] 民国《江津县志》："金鱼，池盆之玩畜，非食品也。按金鱼确为人造种，取鲤、鲫等将产卵之鱼数头畜一池，另以大红雄虾与之同养，其孵化即成金鱼，初出黑，久乃渐红。"[②] 民国《华阳县志》："金鱼，金鲫鱼也。按鲫鱼有此红者，此其变种耳。"[③] 但也有其他说法，如民国《新修南充县志》："金鱼，由鲤经人为淘汰所得之变种，体小鳞细，色赤黄不等，眼大突出尾岐而长花园盆池中，多养之以供观赏。"[④] 此处对金鱼品种的产生有一定错误认知。金鱼乃是由鲫鱼人工培育而成，并非鲤鱼。

鱼类繁殖是在水中进行，不易观察。这也造成长期以来对于鱼类繁殖方式认知的滞后性。民国时期由农林部淡水鱼类养殖场编写的《保护亲鱼浅说》一文从什么是亲鱼、为什么要保护亲鱼，哪些是重要的亲鱼，怎样保护亲鱼等几个方面阐述保护亲鱼的重要性。其中第二部分"鱼苗是从哪里来的呢?"就指出了传统时期人们对鱼类繁殖的误解："有些人以为是草籽或泥土化生出来的，老实说，这种见解是完全错误的。我们要知道，许多亲鱼的卵子和精液都能在水中互相交配（即受精），受精鱼卵偶尔黏着在水鸟的脚或翅膀上，便由水鸟传播种子到山上或无鱼的池塘里，就明白绝没有化生的道理。"[⑤] 可见传统时期人们对于鱼类的繁殖存在一定误解。

梳理方志不难看出，人们对鱼类的产卵繁殖关注不多。所提及其产卵时间之类也都是为了能够更好地进行捕捞。而且对产卵季节如鱼群的集群现象、飞跃腾空的现象均未能有较为正确的认识。对亲鱼产卵重要性认识的不足影响到了对鱼类资源的保护。长期以来捕获亲鱼都是人们用以提高产量的重要途径。

---

① 道光《忠州直隶州志》卷四物产。

② 民国《江津县志》卷十二土产，集成 45，第 807 页。

③ 民国《华阳县志》卷三十四物产三，集成 3，第 16 页。

④ 民国《新修南充县志》卷十一物产脊椎动物，集成 55，第 489 页。

⑤《保护亲鱼浅说》，鱼类养殖推广丛书第一种第一号 民国三十年（1941 年），农林部淡水鱼类养殖场编印，第 1–8 页。

二、鱼类分类的不同标准

传统时期多有将非鱼类之物归为鱼类的情况。中国古代对于鱼类的定义是基于其生存环境，即生于水中者为鱼。明代《草木子》："鱼，水族也。"其书《观物篇》中亦有："鱼，有骨在内者，有骨在外者，有多骨者，有少骨者，有无者，万不同也。然其所同者，盖水也。"① 叶子奇认为鱼类之间鱼骨的多少是有差异，鱼类之间的区别也很多，但是本质的一点是相同的，即其生存环境是在水中。故而很多非鱼类的动物被误认为是鱼类。比如两栖类的大鲵、山溪鲵以及淡水水母类的桃花鱼等。

民国时期有人专门撰文《非鱼的鱼》，文章指出，谈到"鱼"之一字，在许多人心目中包括的动物极其广泛，从低等的动物到很高等的动物，都称其为鱼。事实上有世人称为"鱼"的许多动物，在严格的观点上，并不属于鱼类。如乌贼鱼、鲸鱼等……此外尚有许多俗称"鱼"而不是鱼的，如爬虫类鳖称为甲鱼，腔肠动物中有一种淡水水母俗称为"桃花鱼"……蛙类的蝌蚪，又称棒头鱼……不过这些东西之得名为鱼，是因为都是水产动物。② 此文从侧面折射了传统时期人们对于鱼类的主流认知。在传统的方志记载体系下，多将鱼类和一些并非鱼类的动物归入其中，统称之为"鳞介类"。民国《绵阳县志》已经具备了比较完备的科学分类知识，其将两栖类与鱼类已经分开了，是一大进步，物产分为"两栖类""鱼类"，鱼类归属于脊椎动物类。但可惜的是此方志仅仅局限于对鱼类名称的表述，却无对鱼类本身习性性状的描述。

人们根据感观从其生物特征进行了粗略分类，多停留在"有鳞"与"无鳞"这一层次上。民国《温江县志》对于鱼的描述及其分类相对细致，分为鳞属、细鳞属、无鳞属三大类。鳞属包括"鲤、鲫"等，细鳞属包括"鳝、鲤、黄颡鱼、石爬鱼等"，无鳞属包括"龟、鳖、蟹、虾"之类。实质上这里的分类已经对应现代"水产"的概念。③ 民国《犍为县志》有"无鳞属"一

① （明）叶子奇撰：《草木子・观物篇》卷一（下），中华书局，1959 年，第 14–15 页。

② 佚名：《非鱼的鱼》，《水产月刊》，1948 年第 3 卷第 8 期，第 58 页。

③ 民国《温江县志》卷十一，集成 8，第 579 页。

类，包括“江团、黄蜡丁、鳅鳝等”。在部分民国方志中引入了两栖类和硬骨鱼类的概念。民国《重修广元县志稿》载有两栖类的鲵鱼，另有一类硬骨鱼类，“此类骨由硬骨构成，鳞片普通，成覆瓦状”。① 民国《达县志》：“鱼类，为冷血卵生，以鳃呼吸，为脊椎动物中最繁殖者。”② 对鱼类的整体认知已经达到了一定高度。《昆明县地志资料》：“鱼类有硬骨之鲤、鲋、鲦、鳝”等。③

以其生存环境的差异可分为田鱼、塘鱼、河鱼等类别。民国《彭山县乡土志教科书》载：“水产鳞介府、南二江最多，其次溪沼田塘所在亦产。”④ 不同的水域所产的鱼类品种有一定差异，民国《泸县志》：“江沱以鲢、鲤为多，田塘以鲤、鲫为多”。⑤ 不同水域的鱼类，获取方式也有差异，《江津县乡土志》：“一曰鱼，江津有河鱼（河中网取），田鱼、塘鱼（均于田、塘中加意护养）”。⑥ 清代《巴县档案》中多有家鱼、野鱼之别。这亦是以鱼类生存环境即人工养殖与自然生长进行区分。

三、对种属之间关系的认知

传统时期对鱼类记载并无科目属种的概念，多停留在种这一概念上。人们往往根据其形态的相似进行类比，或者称之为某“类”，往往这种类比透露出了其种属之间的内在关联。

1. 似　鲤

鲤鱼是被类比最多的鱼类。一般而言，“似鲤”的鱼类多属鲤形目，如白甲鱼、岩鲤、中华倒刺鲃、鲫鱼等。

---

① 民国《重修广元县志稿》第一编第十一卷，集成 19，第 270 页。

② 民国《达县志》卷十二食货门物产，集成 60，第 161 页。

③ 昆明县劝学所：《昆明县地志资料》，民国十年（1921 年），藏于云南省图书馆。

④ 徐原烈著：民国《彭山县乡土志教科书》第三十六课水产，民国十二年（1923 年）铅印本，成都昌福公司出版，藏于中国国家图书馆。

⑤ 民国《泸县志》卷第三食货志，集成 33，第 93 页。

⑥ 民国《江津县乡土志》，姚乐野、王晓波主编：《四川大学图书馆馆藏珍稀四川地方志丛刊》（三），巴蜀书社，2009 年，第 94 页。

白甲鱼属鲤科鲃亚科，其形似鲤鱼，与鲤鱼的区别在于鳞片更大，其次鳞甲更白。乾隆《合州志》：“白甲，似鲤而鳞大。”① 民国《新修合川县志》：“白甲，亦似鲤而甲极白。”② 道光《重修昭化县志》：“白甲鱼，似鲤，白鳞。”③ 民国《郫县志》：“白甲鱼，细鳞如银，身如鲤。”④

岩鲤属鲤科鲤亚科，形似鲤鱼。民国《长寿县志》：“鲻鱼，似鲤而黑色，身圆头扁，骨软，长者尺余，其子满腹，有黄脂，邑人呼为岩鲤。”⑤ 民国《新修合川县志》：“岩鲤，似鲤，头小腹阔扁身，细鳞肉腻味鲜。”⑥ 道光《江安县志》：“岩鲤，似鲤而肥嫩。”⑦

中华倒刺鲃属鲤科鲃亚科，形似鲤鱼，而鳞片较大。道光《新津县志》：“清波，亦似鲤，而甲片较大，身黑如墨鱼。”⑧ 民国《新修合川县志》：“清波，形似鲤，而色微青。”⑨ 民国《华阳县志》：“清波鱼，似鲤，青尾巨鳞。”⑩ 民国《丹棱县志》：“清波，似鲤，长一二尺，鳞青尾黑。”⑪ 民国《新繁县志》：“清波鱼，县产者尾青似鲤，嘴曲向下，大者二三斤。”⑫ 民国《武胜县新志》：“清波，形如鲤，刺不杂碎。”⑬

鲫鱼属同鲤鱼属一样，皆属于鲤亚科，且形似鲤鱼。“鲫鱼，形似鲤，而体薄，少肉。”草鱼属鲤科雅罗鱼亚科，似鲤鱼，民国《新修合川县志》：“草鱼，亦似鲤”。民国《昭通县志稿》：“草鱼，形如鲤而鳞细，味微苦，肉厚，

---

① 乾隆《合州志》卷五食货物产，本衙藏版。

② 民国《新修合川县志》卷十三土产，集成 43，第 457 页。

③ 道光《重修昭化县志》卷二十二物产，集成 19，第 678 页。

④ 民国《郫县志》卷一物产，集成 8，第 627 页。

⑤ 民国《长寿县志》卷十三物产，集成 7，第 226 页。

⑥ 民国《新修合川县志》卷十三土产，集成 43，第 457 页。

⑦ 道光《江安县志》，民国傅氏藏园抄本，《重庆图书馆藏稀见方志丛刊》第 29 册，国家图书馆出版社，2014 年，第 528 页。

⑧ 道光《新津县志》卷二十九物产，集成 12，第 639 页。

⑨ 民国《新修合川县志》卷十三土产，集成 43，第 457 页。

⑩ 民国《华阳县志》卷三十四物产三，集成 3，第 16 页。

⑪ 民国《丹棱县志》卷四，集成 38，第 720 页。

⑫ 民国《新繁县志》卷三十二物产，集成 12，第 299 页。

⑬ 民国《武胜县新志》卷十一食货志，集成 59，第 621 页。

生殖最蕃，产李家鱼塘。”① 鲤科鲌亚科的白鱼亦形似鲤鱼，《景泰云南图经志书》：“白鱼，出陈（程）海，似鲤，而色白。”② 关于鲫鱼形似鲤鱼的原因，同治《酉阳州总志》解释为：“鲫，鲤鱼产子，初次为鲤，二次为鲫，故鲫形似鲤。”③ 很明显，这种解释是不科学的，但也揭示出了鲤鱼与鲫鱼二者之间的亲缘关系。

2. 似（鲢）鲇

一般而言，“似鲇”的鱼类多属鲇形目。民国《巴县志》：“按吾县所称为肥鮀者，口腹俱大，背黄腹白，身黄无鳞，当是鳠鮠之属。”④ 此处点明了江团属于鲇形目，是“鳠鮠”之属。道光《新津县志》：“江团，形如鲢，腹黄背青，尾似鲇。”⑤ 需要说明的是这里的“鲢鱼”，应是鲇鱼。光绪《增修仁怀直隶厅志》卷之八艺文陈熙晋《咏风俗》：“江鮰状似鲇”。还有将江团和鲢鱼互为比较的记载，民国《新修合川县志》：“鲢鱼，鱼之有肚者，形似江团。”“江团，鱼之有肚者，形似鲢。”⑥

民国《新修南充县志》：“黄蜡丁，一名黄刺，骨似鲢而小，刺强锐，背脊黄而腹微白，煮食味鲜。”⑦ 民国《武胜县新志》：“黄蜡丁，形似小鲢，鳍刺锐健。”⑧ 此处的“鲢鱼”应是鲇鱼，同属鲇形目，体表光滑无鳞。民国《灌县志》：“黄颡鱼，身尾似鲇。”⑨ 民国《沿河县志》：“黄鱼，俗名黄蜡鲇，似鲇而小。”⑩ 道光《思南府续志》：“黄鱼，无鳞，俗名黄蜡鲇，似鲇而小，

---

① 卢金锡撰：民国《昭通县志稿》卷之九物产志第九，昭通新民书局，民国二十七年（1938年）铅印本，藏于中国国家图书馆。

② （明）陈文修，李春龙、刘景毛校注：《景泰云南图经志书校注》卷一云南府，云南民族出版社，2002年，第253页。

③ 同治《增修酉阳直隶州总志》卷十九物产志，集成48，第753页。

④ 民国《巴县志》卷十九物产，集成6，第597页。

⑤ 道光《新津县志》卷二十九物产，集成12，第639页。

⑥ 民国《新修合川县志》卷十三土产，集成43，第458页。

⑦ 民国《新修南充县志》卷十一物产脊椎动物，集成55，第489页。

⑧ 民国《武胜县新志》卷十一食货志，集成59，第621页。

⑨ 民国《灌县志》卷七物产，集成9，第264页。

⑩ 民国《沿河县志》卷十七风土，集成45，第661页。

一种石扁头，色青亦鲇类。”此处所说的“石扁头”是鲇形目鲿科鳠属大鳍鳠。道光《思南府续志》：“鲇鱼，无鳞，头扁、眼小、口阔，齿如刺，有重至数十斛者，有青鲇、黄鲇，黄者味胜。”①

3. 似鳍（鳅）、似鳝

所谓的鳅、鳍，是常被鳅科鱼类类比的对象，在这里可以理解为鲤形目鳅科。咸丰《天全州志》：“鳍，形似泥鳅而味极美，俗名石刚鳅，亦无鳞。”② 民国《万源县志》：“魟鳅，似鳍。”③ 民国《丹棱县志》：“石杠鳍，形似泥鳅。”④ 民国《四川宣汉县志》：“沙鳍，一名磨沙钻，古名鮀，吹沙小鱼也，似鳍短而肥。”⑤ 民国《长寿县志》：“阁鳅，形如鳅，而头尾异。”⑥ 民国《新繁县志》：“青鳝，盖鳝鱼之一种，青似蛇，无鳞异于黄鳝者，以背有鳍。”⑦ 因为青白鳝和黄鳝形似，故以为其是“鳝鱼之一种”。

4. 似　鲫

鲫鱼是常见鱼类，也是常被类比的对象。同治《会理州志》：“马鱼，形略似鲫”。⑧ 民国《四川宣汉县志》：“斑鱼，长不盈尺，似鲫多骨，褐黑有斑，食之间有味苦者。”⑨ 民国《郫县志》：“桃花鱼，状如鲫鱼，色微近赤，鳞细有花。”⑩ 光绪《铜梁县志》：“鳊鱼，形似鲫，而腹较圆阔。”⑪ 道光《德阳县志》：“青波鱼，似鲫鱼而长，比鲤而宽。”⑫ 光绪《丽江府志》：“土王鱼，出剌是坝之母别平村，似鲫非鲫，长三四寸许，膏腴满腹，烹不需油，骨少脂多，名土王鱼。其味之美，滇中罕有。平素不见，惟土王用事之日乃出

① 道光《思南府续志》卷之三食货志土产，集成46，第121页。
② 咸丰《天全州置志》卷二，集成65，第565页。
③ 民国《万源县志》卷三食货门物产，集成60，第384页。
④ 民国《丹棱县志》卷四，集成38，第720页。
⑤ 民国《四川宣汉县志》卷四物产志，方志丛书四川省23，第517页。
⑥ 民国《长寿县志》卷十三物产，集成7，第226页。
⑦ 民国《新繁县志》卷三十二物产，集成12，第299页。
⑧ 同治《会理州志》卷十物产，集成70，第265页。
⑨ 民国《四川宣汉县志》卷四物产志，方志丛书四川省23，第517页。
⑩ 民国《郫县志》卷一物产，集成8，第627页。
⑪ 光绪《铜梁县志》卷三食货志物产，集成42，第638页。
⑫ （清）吴经世修：道光《德阳县志》，道光五年（1825年）刻本，藏于中国国家图书馆。

洞，丽所产鱼，皆以此为冠。”① 此鱼产于拉市海附近。

除了上述几种常见被类比的现象外，另有将形似之鱼通过类比的方式进行记载。光绪《重刊广安州志》：“鲭，青鱼大曰鳠，似鲤身圆曰青湧，少扁曰青波，背一刺逆之，螫人甚痛。”② 民国《姚安县志》：“细鳞鱼，出连水，鳞细似鲈，味美于鳜，形狭而长似鲦，鲠少肉厚似鲩。”③ 或者有直接将相似的二者进行类比记载。光绪《重刊广安州志》：“草鱼，似青波，头坚硬，无大小。”光绪《重刊广安州志》：“马甲，似白甲。”民国《丹棱县志》：“红梢，鳞细而白，形似鲦鱼，惟尾赤色。”鳅、鳝常被一起提及，同属于低端鱼类，且均属于无鳞鱼，故将二者进行比较记述，民国《昭通县志稿》：“鳅鱼，似鳝而短无鳞。”④

可以看出鲤鱼是被进行类比的主要对象，类比为鲤鱼的此类鱼基本属于鲤形目。其次是“似鳅”，基本属鳅科鱼类。另外，似（鲢）鲇基本属于鲇形目鱼类。

四、鱼类生物习性的记载与认知

人们对鱼类生物习性的掌握，包括鱼类生活的水层、水温、食性、周围环境、产卵洄游等，相较了解其体表特征，可能需要更多的观察与认知。需要说明的是，虽然中国古代不乏对鱼类习性深层次原因的一个认知，但总体来看，取得较大进展的依然是在晚清民国时期。

晚清民国时期，随着近代西方生物认知的传入，对鱼类的生物认知亦有进展。而这其中又属对鲤鱼的认知最为细致。方志或乡土志多以鲤鱼为说明对象，并对其形体构造进行科学描述，并对其各部位之主要功能解释：“孝泉

---

① 光绪《丽江府志》卷三食货志物产，丽江市古城区政协委员会，2005年。

② 光绪《重刊广安州志》卷十一方物志。

③ 民国《姚安县志》第五册物产，《楚雄彝族自治州旧方志全书姚安卷下》，云南人民出版社，2005年，第1 660页。

④ 卢金锡撰：民国《昭通县志稿》卷之九物产志第九，昭通新民书局，民国二十七年（1938年）铅印本，藏于中国国家图书馆。

鲤，鲤鲭类。鲤色有各种，可供食品者惟黑色鲤，体被鳞由头、胴、尾三部而成，口大，口边有须，其上方有鼻孔二，眼后方纵裂之处曰腮孔，用以排泄其所入之水。自眼后方至腮孔之部分曰腮盖，其内部有腮为呼吸之用。鲤之能游泳于水中以其鳍甚多。脊部曰脊鳍，体之后端曰尾鳍，胴部前方两侧曰胸鳍，后方之二曰腹鳍，肛门之后曰臀鳍。其游泳以脊鳍与臀鳍保全体直正，尾鳍用以为楫。胸鳍与腹鳍左右并动打水以其行。其胸腹两鳍如蛙等之有之四肢也，惟因适于水中生活故异形耳。”① 光绪《元谋县乡土志》：“鱼中之脊椎动物也。种类甚多。通常分头、胸、尾三部。眼大嘴小，唇有须，以司感觉。体被多类之鳞，成覆瓦状以保护身体。胸、腹、脊、尾均生有鳍，专用全身之波动，与鳍之运行以游泳水中。”② 其对鱼类触须、鳞、鳍的功用均有介绍。一般而言由于乡土志与方志文献侧重点的差异，乡土志具有教科书的功能，部分乡土志有对鱼类的器官功能进行介绍。民国《新修南充县志》：“鲤鱼，体呈纺锤形，皮面被鳞如屋瓦，口侧有须，躯有鳍，以供游泳。”③

在侧重于介绍地方物产丰富程度的地方志物产志中，也偶能见此类详细的说明性记载。民国《温江县志》：“鲤，眼大而明，能于水中见物，口旁有须四，内有腮四片，色赤腹肥，尾细。全体有滑鳞，有胸鬐、腹鬐、脊鬐、臀鬐、尾鬐，荡漾水中，故沉浮上下一如其意，肉味极美，惟此鱼最佳。”④ 这里所说的“鬐”应该就是“鳍”之误。民国《犍为县志》：“鲤，赤色，口旁有四须，有胸鳍、腹鳍、脊鳍、臀鳍、尾鳍。”⑤ 为什么对于鲤鱼的描述在民国时期的方志中较之其他种属的鱼会相对更科学？笔者认为这既是对传统时期鲤鱼传统地位的一种延续，同时也是一种知识积累的必然。在鲤鱼为诸鱼之首的传统知识体系中，加之其存在的广泛性，人们对鲤鱼的认知经验较为丰富。还有对鳝鱼的认知，民国《新修合川县志》：“鱓，一作鳝，腹黄脊褐，似鳗，

① （清）田明理：《绵竹县乡土志》物产类，光绪三十四年（1908年），藏于中国国家图书馆。

② 光绪《元谋县乡土志》格致第三十课，杨成彪主编：《楚雄彝族自治州旧方志全书楚雄卷上下》，云南人民出版社，2005年，第401页。

③ 民国《新修南充县志》卷十一物产脊椎动物，集成55，第489页。

④ 民国《温江县志》卷十一，集成8，第579页。

⑤ 民国《犍为县志》物产志，集成41，第340页。

而细长，头部下有腮孔二，内有腮，腹中有肺，或谓之气囊。”① 对鳝鱼的内部结构认知已经较为准确。鳝鱼、泥鳅适应于缺水的环境，离水不易死亡，其腹中并无肺，而是借助口腔及喉腔的内壁表皮辅助呼吸。

鳜鱼有雄雌之别，其体征也有一定差异。道光《德阳县志》：“鳜，《东壁》云鳜生江湖，扁形阔腹，大口细鳞，有黑斑、彩斑，色明者为雄，晦者为雌。”② 民国《南川县志》：“鳜，有黑斑、彩斑，色明者为雄，稍晦者为雌。”③ 民国《遂宁县志》：“鳜，鳞鬣皆圆，皮厚而肉紧，特异常鱼，其斑纹鲜明者雄也，稍晦昧者雌也。”④ 这种细微差异的认知是在长期的利用开发中获得的。

从对鱼类的认知上看，掌握知识最多的当属渔民。渔民以捕鱼为生，常年与其打交道，对鱼类的习性、形态等认识较为准确。渔民依据自己的经验对于不同种属的鲟鱼如中华鲟和达氏鲟有自己的区分方法，如道光《仁怀直隶厅志》就记载了当时渔民对二者之间的区别方法，“每鱼十节，土人谓之九黄十鮥”。⑤ 除了不同种属外，对于不同年龄段的胭脂鱼亦有区分，呼之以不同的名称，如青胴、黄排、粉排、血排（红排）等。“青胴”一般指的是体呈棕黑色的未性成熟个体，“黄排”“粉排”“血排”（红排）等是指处于不同发育阶段的性成熟个体。传统时期对鱼类的认知属于经验性知识体系，在知识的传承上都是口口相传，未建构起系统的科学体系。

对鲟鱼产卵洄游的认知早在《水经注》中即有记载：“僰道县在南安东四百里，拒郡百里……滨江有兵栏，李冰所烧之崖有五色焉，赤白照水玄黄。鱼从僰（一作楚）来，至此而止，言谓崖屿，不更上也。”⑥ 又有《异鱼图赞》：

① 民国《新修合川县志》卷十三土产，集成 43，第 458 页。

② （清）吴经世修：道光《德阳县志》，道光五年（1825 年）刻本，藏于中国国家图书馆。

③ 民国《南川县志》卷四食货物产，集成 49，第 444 页。

④ 民国《遂宁县志》卷八物产，集成 21，第 363 页。

⑤ 道光《仁怀直隶厅志》卷之十五物产，集成 39，第 250 页。

⑥ （晋）常璩著，任乃强校注：《华阳国志校补图注》卷三，上海古籍出版社，1983 年，第 139 页。（北魏）郦道元著，陈桥驿校证：《水经注校证》卷三十三《江水》，中华书局，2007 年，第 770 页。

“鱏鳇，鱏鳇逆流不过锁江（在叙州），滩崩秭归，又隔巫阳，鱼官空设，玉板不尝（黄鱼一名玉板）。”① “鱼从楚来”“鱏鳇逆流”是说中华鲟自长江下游上溯至金沙江。“至此而止”“不过锁江”应是描述的中华鲟鱼溯江于此产卵。古人不知究竟，附会说鲟鱼是因畏惧崖壁倒影在水中的颜色而不敢前进。鲟鱼溯江洄游只沿金沙江而上，一般不进入岷江中游以上，因此在成都一带只好“鱼官空设，玉板不尝”。

明代《草木子》载：“鲦浮水面，鮠沈水底，鲫游水中。”② 通过观察，人们已经认识到鱼类生存有不同的水层区别。不同的水层适用于不同的渔具，这点渔民深有体会。白跳“喜自掷于水上”③，万年鲹“常成群浮游于水面”，此类皆属于上层鱼类。④ 除了水层以外，不同鱼类对水温的要求也有差异。以裂腹鱼为例，“官渡河，在县东一百四十里，为水界滩，上下顿异寒温，渔者有‘嘉鱼不下滩、鲤鱼不上滩’之谚，盖嘉鱼恶热、鲤鱼恶寒也。”⑤ 这里的“嘉鱼”应是裂腹鱼属，属冷水鱼类，喜寒，而鲤鱼属于温水型鱼类。对于不同水温的要求，造成了小区域分布的差异。民国《云阳县志》：“汤溪，一曰五溪，源出大宁县（今巫溪县），西内团城山山半崖穴出泉，悬流下注，峡高泉冷谓之阴河，中产羊鱼，鱼性喜寒。”⑥ “羊鱼”亦是裂腹鱼属鱼类，此处直接说明了鱼类习性与生存环境的关系。道光《石泉县志》：“细鳞鱼，石泉水力至健，应此鱼能存紧水，别种绝无。”⑦ “紧水”指的是水流急且水温不高，裂腹鱼属的“细鳞鱼”更适于在此水流环境中生存。同治《宜昌府志》记载建始县有愁门山：“两山相对，水流其中。门以上水皆冷，门以下水皆暖。有

---

① （明）杨慎撰：《异鱼图赞》卷一，《杨升庵丛书》第 2 册，天地出版社，2003 年，第 926 页。

② （明）叶子奇著：《草木子》卷一下观物篇，中华书局，1959 年，第 17 页。

③ （清）田明理：《绵竹县乡土志》物产类，光绪三十四年（1908 年），藏于中国国家图书馆。

④ 国立中央研究院动物研究所：《北碚动物志》第四章动物 11，《地理》，1945 年第 5 卷第 3-4 期。

⑤ 光绪《梁山县志》卷一舆地山川，集成 54，第 45 页。

⑥ 民国《云阳县志》卷三山川上，集成 53，第 44-45 页。

⑦ 道光《石泉县志》卷之三食货物产，集成 23，第 249 页。涪江上游的北川曾名石泉，因与陕西的石泉县同名，后在民国时期改名为北川县。

谣云：方潭河下波涛喧，白甲杨鱼浪里翻。白甲春水随上下，杨鱼终不过愁门。"① 这里所说的"杨鱼"应是俗称的"洋鱼""阳鱼"，即裂腹鱼属，属冷水性鱼类，喜寒。白甲鱼在春季有集群溯河上游的习性，故而此处记载"春水随上下"。

在长期的利用过程中，人们对鱼类的食性及生存环境、繁殖能力等内在习性也有一定的认知。鲶鱼属肉食性鱼类，喜栖息于河底。民国《新修南充县志》："鲶，栖于河之泥底，以小鱼及他物之尸体食。"又有"鳢，俗名乌鱼，口阔有小锐齿，塘堰中最多，常夜出觅食小鱼。"② 乌鱼也属于凶猛的肉食性鱼类。鳗鲡亦是肉食性鱼类，"白鳝，夏涨时多有之，食浮尸。"③ 民国《达县志》记载鲫鱼："喜偎泥土中，故池堰多产之。"④ 民国《新修合川县志》记载乌鱼："常藏泥中，生育颇繁。"对繁殖能力等问题也有一定的认知，鲤鱼、乌鱼等繁殖能力均较强，对环境的适应能力亦较强。民国《新修合川县志》："鲤鱼，其种易繁。"⑤ 民国《新修南充县志》亦谈到鲤鱼："其种易繁，供食用。"⑥

一些地名遗存也可以反映出人们对鱼类的认知。长江上游地区有多处"鲇鱼洞""鲶鱼洞"的地名，说明当地百姓已经掌握鲇鱼有入洞越冬的习性。"鲇鱼洞，位于水田乡东北部的关河两山之间，石灰岩，这段河中多鲇鱼，故名。"⑦ 如嵩明县的鲇鱼洞亦是石灰岩溶洞，位于嵩明县四营乡罗帮村与黑山村之间的大石洞，不远处为牛栏江支流杨林河，河对岸为嘉丽泽农场。洞内水质清冽，盛产鲇鱼而得名鲇鱼洞。⑧《贵阳府志》载："石谱山，平地突起，内

---

① 同治《宜昌府志》卷之二疆域山川，方志丛书湖北省4，第66页。

② 民国《新修南充县志》卷十一物产脊椎动物，集成55，第489页。

③ 民国《万县乡土志》卷八物产录，民国十五年（1926年）出版，万县嘉惠印刷馆，藏于中国国家图书馆。

④ 民国《达县志》卷十二食货门物产，集成60，第161页。

⑤ 民国《新修合川县志》卷十三土产，集成43，第457页。

⑥ 民国《新修南充县志》卷十一物产脊椎动物，集成55，第489页。

⑦ 盐津县人民政府编：《云南省盐津省地名志》（内部资料），1985年，第182页。

⑧ 中国人民政治协商会议云南省嵩明县委员会：《嵩明文史资料》第9辑（内部资料），2004年，第180页。

有泉，隆冬不涸，产鲇鱼，俗称鲇鱼洞。”[①] 鲇鱼有入洞越冬的习性，故称之为鲇鱼洞。除此之外，另有杨（阳、洋）鱼洞、花鱼洞、油鱼洞、嘉鱼洞等皆是人们观察此类鱼的生活习性所总结出来的。

渔民在捕鱼过程中，总结出的渔谚反映了渔民对鱼类生活习性的认知和掌握。嘉陵江流域的渔谚“七上八下九归沱，十冬腊月钻岩壳”是对鱼类越冬习性的最好概括。10 月中旬，鱼类纷纷由支流向干流越冬场洄游，也就是“归沱”，此时在洄游通路上捕捞作业称“捕退鳅”。立春以后随着水温回升，鱼类纷纷离开越冬场分散觅食或上溯产卵场，渔民称之为“散塘”。[②] 以嘉陵江流域的重要经济鱼类铜鱼为例，嘉陵江流域的渔民掌握铜鱼的昼夜活动规律，用在了捕鱼的活动中。在不同的时节铜鱼觅食的时间不一。秋冬季节，铜鱼多在拂晓加强觅食活动，春季则多在黄昏时节，半夜后则很难捕获了。渔民根据这个活动规律，总结有渔谚：“春打黄昏，冬打五更”。[③] 传统时期对鱼类食性、生存环境等的认知是经验性知识。这种知识的来源既有上承前代文献，又有来源于渔民的经验性所说。

五、对鱼类的药性及毒性认知

侧重于记载鱼类的食用或药用功能是中国传统生物记载的一大特点，即是否能食用、怎么食用、食用之后有何效果。将某些鱼类的部分器官或鱼肉加工利用作为药材是中国传统中医药学历来皆有之发明。我国很早就开始注意某些鱼类的药用功能，如唐代《食疗本草》、元代《饮膳正要》、明代《本草纲目》等，这些传统的经验历代沿袭下来。传统时期人们所用于药用的以鲫鱼、乌鱼、青鱼、鳝鱼等常见鱼类为主，分布区域相对较小的鱼类也有为人们所利

---

① 贵阳市地方志编纂委员会办公室校注：道光《贵阳府志校注》，贵州人民出版社，2005 年，第 710 页。

② 四川省嘉陵江水系鱼类资源调查组：《四川省嘉陵江水系鱼类资源调查报告》（内部资料），1980 年，第 65 页。

③ 四川省长江水产资源调查组：《四川省长江水产资源调查资料汇编》（内部资料），1975 年，第 125 页。

用，如滇池流域的金线鱼。

1. 药用性鱼类

在明代地方药学著作《滇南本草》中记载了部分药用性的鱼类。

《滇南本草》是明代云南人兰茂编著的一本药学书籍。其中记录数种有药用性质的鱼类，如花鱼、乌鱼、金线鱼、白鱼、鳝鱼。① 兰茂作为医药学家，对部分鱼的药理性质知晓颇深，所记载的是当时云南地区惯用以治疗疾病、保健身体的鱼类。

花鱼，“味甘，性平，无毒主治补肾添精，养肺、止咳。食之令人肌肤细腻而补诸疮，最效。烧灰服之，治痃疾冷症。”

乌鱼，“味甘，（性）平，无毒主治补中调元，大补气血，治妇人干血（劳）症，煅为末服之，又煮茴香食，治下元虚损。”

金线鱼，“滇中有名，出昆池中，多生石洞有水处，晋宁多有之。味甘甜美，性平、温，无毒。主治润五脏，养六腑，通津液于上窍，治胃中之冷痰。食之，滋阴调元，暖肾添精，久服轻身延年。”

白鱼，“白味辛，性寒，无毒，治痈疽疮，肿毒，癞，同大蒜食之，效。”

鳝鱼，“其性大补血气，舒筋壮骨，久服肥胖”。

“花鱼”应是鳅科的花斑条鳅，与之类似还有云南条鳅。“白鱼”指的应是鲤科大头白鱼。除本品以外，民间还以同属动物中的其他 3 种白鱼作药用，药性相似，有小白鱼、桃花白鱼、抗浪鱼。

巴蜀地区方志中也有关于鱼类药用价值的零散记载。虽未如《滇南本草》在地方性医药专书中有专门记载，但人们对其的利用仍是较多的。这首先当是中华鲟，其浑身是宝。中华鲟鱼肉味美，营养价值极高，可资补虚，对治疗贫血、营养不良有很好的效果。如与白术、山药、陈皮同煮食，补益力量更大。中华鲟鱼肉煎汤服食，尚可治疗血尿等症。唐孟诜《食疗本草》即见有“主

① （明）兰茂、于乃义、于兰馥整理主编：《滇南本草》，云南科学技术出版社，2004 年，第 859、864 页。

血淋，可煮汁食之”的记载[①]。《本草纲目》载：“肉甘平，利五脏，肥美人。”[②] 另外，鱼肝对皮肤诸种疥疮有良好的治疗作用，据称淡食尤良。鱼卵不仅味美而且可杀治肠内的寄生虫。[③]

传统医药文献多记载青鱼胆能明目。《食疗本草》：“（青鱼）胆，益人眼，取汁注目中，主目热。”青鱼胆有消炎的功效，但实质上青鱼胆有毒，故剂量不能过大，否则会引起中毒。[④] 民国《西昌县志》：“青鱼，邛海及安宁河中均产之，其胆可入药。”[⑤]

乌鱼可做药品，有祛湿利尿等功效。民国《合江县志》：“乌鱼，食鱼虾，味平常，常供药品。”[⑥] 民国《江津县志》：“乌鳢，俗名乌鱼，溪田中多有之，诸鱼之胆皆苦，鳢胆甜，喉症必要之药。”[⑦]

鳝鱼血有一定药效，民间依然有沿用此法。民国《阆中县志》：“惟鳝有谓其血能解蝎毒，故向来行销，现因道路不便贩者遂绝。”[⑧] 道光《江北厅志》：“鳝，是处皆有之，尾血疗口眼歪斜，滴耳治耳痛。”[⑨] 除此以外，对治疗皮肤病也有药用，“有谓以黄鳝加尖耳根（此处应指的是折耳根，川渝地区惯食用）蒸食之，可治疮疖，惟其效果如何，尚待确认。”[⑩] 贵州息烽县亦有将鳝、鳝入药，“鳝，其售于市者则取以备药用”，“鳟，入药者俚医取用为多。”[⑪]

白鳝有滋补效，《万县乡土志》：“性滋阴，病家最重，价颇不贱。”[⑫] 民

---

① （唐）孟诜原著：《食疗本草译注》卷中，上海古籍出版社，2007 年，第 139 页。

② （明）李时珍著：《本草纲目校点本》第四册，人民卫生出版社，1981 年，第2 458页。

③ 蔡铁勇：《食物保健大全》，河北人民出版社，1992 年，第 283 页。

④ 伍汉霖主编：《中国有毒及药用鱼类新志》，中国农业出版社，2002 年，第 490 页。

⑤ 民国《西昌县志》卷二产业志，集成 69，第 54 页。

⑥ 民国《合江县志》卷二食货，集成 33，第 412 页。

⑦ 民国《江津县志》卷十二土产，集成 45，第 807 页。

⑧ 民国《阆中县志》卷之十六物产志，集成 56，第 695 页。

⑨ 道光《江北厅志》卷三食货物产，集成 5，第 496 页。

⑩ 国立中央研究院动物研究所：《北碚动物志》第四章动物 11，《地理》，1945 年第 5 卷第 3-4 期。

⑪ 民国《息烽县志》卷十六物产，集成 43，第 152-154 页。

⑫ 民国《万县乡土志》，藏于中国国家图书馆，万县嘉惠印刷馆。

国《四川宣汉县志》："味浓美，富滋养料，食之补阴，县人珍视之。"[①] 还有白带鱼，民国《中江县志》："白带鱼，状类鲫而腹较大，中有物如带，故名。味腴美，能疗妇人疾。"[②]

鲫鱼有诸多药效。以莼菜制鱼羹在唐代流行，《食疗本草》："鲫鱼，和莼作羹食，良。其子调中，益肝气。"[③] 鲫鱼还有开胃之功效，民国《江津县志》："鲫鱼，盖鱼之小者，邑人以其味甘且有开胃之功，恒食之。"[④] 另外，鲫鱼可制成药膏，有治疗皮肤疾病的功效。明代《普济方》载有鲫鱼膏的配方。民国《四川宣汉县志》："鲫壳，长不过尺余，可入药，如鲫鱼膏也。"[⑤] 民国《简阳县志》亦载："鲫，其脊隆，冬月肉厚，子多酱，家以之熬曰鲫鱼膏。"[⑥] 民国《富顺县乡土志》："鲫，熬为膏。"晚清时期梓潼县的陈氏鲫鱼膏家喻户晓。[⑦]

两栖类娃娃鱼其皮可以治疗烫伤。民国《四川宣汉县志》："娃娃鱼，剥去其皮，肉白而细，略似小儿，其皮研为细末可治烫火伤。"[⑧] 医学研究表明，由于大鲵常年生活在湿冷的环境中，体表的黏液中富含的物质具有抑制细菌，促进细胞生长的功效，对治疗烫伤效果较好，[⑨] 故此处所说的"皮研为细末可治烫火伤"是可信的。另外，山溪鲵（俗名羌活鱼）也有药用功能，在谈其分布时关于其药用有详述。除此以外，动物制造鱼骨可制为药品，鳖甲亦可制为药品。[⑩]

---

① 民国《四川宣汉县志》卷四物产志，方志丛书四川省 23，第 517 页。

② 民国《中江县志》卷之二舆地物产，集成 21，第 663 页。

③ （唐）孟诜原著：《食疗本草译注》卷中，上海古籍出版社，2007 年，第 134 页。

④ 民国《江津县志》卷十二土产，集成 45，第 807 页。

⑤ 民国《四川宣汉县志》卷四物产志，方志丛书四川省 23，第 517 页。

⑥ 民国《简阳县志》卷十九食货篇物产，集成 27，第 540 页。

⑦ 中国人民政治协商会议梓潼县委员会文史资料研究委员会编：《梓潼县政协文史资料第 8 辑》（内部资料），1990 年，第 196 页。

⑧ 民国《四川宣汉县志》卷四物产志，方志丛书四川省 23，第 517 页。

⑨ 张德林：《鲵鱼皮外治烧烫伤》，《四川中医杂志》，1983 年第 1 期。

⑩ （清）刘肇烈纂修清末抄本《金堂县乡土志》，中国国家图书馆地方志和家谱文献中心编：《乡土志抄稿本选编 10 册》，线装书局，2002 年，第 252-254 页。

山溪鲵别名羌活鱼、杉木鱼（四川）、雪鱼（云南），属两栖纲有尾目小鲵科，主要分布在四川西部山区、甘肃南部、云南西北部、西藏东部横断山区等。其分布的小区域主要是海拔 1 500~4 000米的中山或高山的浅水溪流中，一般溪水流量不大，清澈见底，溪底多为粗沙。羌活鱼因为常采于羌活或杉树根下的缘故而得名。羌活本身是重要的中药材，具有祛风除湿、止痛的功能，羌活鱼去其内脏后晒干或晾干研为末，浸酒服用，有恢复病后虚弱，强壮身体，去瘀生新，补血等功效，对治疗疮疥、腰痛、骨痛、关节痛等疾病有疗效。①

2. 有毒性鱼类

有毒性鱼类依据其毒理不同又可以分为胆汁毒性、刺毒性、卵毒性等。人们在日常生活中积累了一些经验，如《双流县乡土志》言双流县鱼多，“亦非尽可食者。鲤系食品上乘，而脊筋黑血则有毒。鳜虽无毒而误鲠则害人，多食鲈则旧疾发，患疳痢者食鳊则死，凡此之类不胜枚举。故《左传》曰河鱼腹疾言食鱼多者易致腹疾也旨哉言乎。虽然鱼之为物不必言不食。”② 其中青鱼、草鱼、鲢鱼、鲫鱼、鲤鱼等常见鱼类皆属于胆汁毒性。

刺毒性鱼类，由背鳍刺和胸鳍刺及外包皮膜中的毒腺组织构成，为淡水毒鱼中毒性较强者，被刺后立即发生剧痛、灼热之感。但刺毒鱼的毒液一般都不大稳定，易被热度和胃液所破坏，所以刺毒性鱼类完全可供食用。我国刺毒性鱼类海洋鱼所占比例较大，长江上游地区分布的淡水刺毒鱼类最典型的即是鲇类、鳜类和鮠类。道光《茂州志》：“黄蜡丁，有毒。”民国《南川县志》：“角鱼，形较鳟鱼短，较鳍鱼长，大者尺余，重斤许，头有角，刺人出血，俗名刺黄牯。”“鳜鱼，有髭鬣，刺人。”③ 道光《城口厅志》：“鳜鱼背有刺，其刺数月难愈合。”④

① 何业恒编著：《中国珍稀爬行类两栖类和鱼类的历史变迁》，湖南师范大学出版社，1997 年，第 97 页。

② 佚名：《双流县乡土志》民国间抄本，《重庆图书馆藏稀见方志丛刊》第二十九册，中国国家图书馆出版社，2014 年，第 21 页。

③ 民国《南川县志》卷四食货物产，集成 49，第 444 页。

④ 道光《城口厅志》卷，集成 51，第 821 页。

卵毒性鱼类，如鲇鱼、马鱼等。《食疗本草》：“鲇，无鳞，有毒，勿多食。”① 鲇鱼产卵繁殖期的鱼卵含有毒素，虽能为热所破坏，但要在120℃加热半小时方可使其毒性完全消失。② 《滇志》：“马鱼，食之必去其子”。③ 同治《会理州志》：“马鱼，形略似鲫，肉稍粗味亦不佳，柳花落水马鱼啖之，其子不可食。”④ 马鱼即是云南光唇鱼，肉可供食用，卵有毒，尤其以产卵期毒性最大，这是雌鱼为了保护自身和防止已产出的卵为其他动物吞食而产生的一种适应性。误食此种鱼类的卵会引起中毒，症状为腹胀、腹痛、恶心头昏等，须及时治疗。⑤ 裂腹鱼属卵亦有毒。关于此点记载不多，“杨鱼，出县东夏阳河杨鱼洞，有毒。”⑥

明清时期长江上游以方志为中心的鱼类记载中未建立系统的分类学观念，而是以个体为记载单位，只有“种”一个层次，对种属之间的联系与差异及相互之间的演变关系探究甚少，没有属、科、目的概念，没能形成完整系统的分类体系。即使有分类，也极为粗略，且分类标准主要是一些外在特征包括体型、外观、鱼鲠的多寡、鱼鳞的大小等，所获得的多是些经验性、感性的认知。认知的内容上，侧重于鱼类名实的考辨及捕捞、药效、味道等实用性知识，用语上多采用类比的方式，指向性不够明晰。获得认知的手段上，明清时期中国鱼类资源的记载来源是以文献传承及考证为主，当然不排除有少量的实地调查，如李时珍著《本草纲目》亦是“尝百草”。需要说明的是这种实地的调查在传统时期毕竟所占比重极小，而且这种观察是直接观察，主要是依据五官的感受，属经验性认知。在部分民国方志中开始出现近代生物学因素，包括引入两栖类、硬骨鱼类、脊椎动物等概念，并试图对鱼类的身体构造做科学性的解释。出现这些近代生物学因素的方志一般是在经济、文化较为发达的区

① （唐）孟诜原著：《食疗本草译注》卷中，上海古籍出版社，2007年，第134页。

② 伍汉霖主编：《中国有毒及药用鱼类新志》，中国农业出版社，2002年，第176页。

③ （明）刘文征撰，古永继校点：天启《滇志》滇志卷之三地理志之一物产，云南教育出版社，1991年，第121页。

④ 同治《会理州志》卷十物产，集成70，第265页。

⑤ 伍汉霖主编：《中国有毒及药用鱼类新志》，中国农业出版社，2002年，第159页。

⑥ 光绪《兴山县志》卷十四物产志，方志丛书湖北省23，第222页。

域，如《绵阳县志》《温江县志》等，另外具有教科书性质的部分乡土志也呈现出这种趋势。但总体来看，晚清民国时期长江上游大部分的方志依然沿用传统的名物知识体系。近代伴随着西方科学生物调查方法的传入，长江上游地区对鱼类的认知经历了由传统经验性的直观感觉到学理性科学调查的转变。

第二节　近代中外长江流域鱼类资源调查记载的初步研究

1934年，鱼类学家方炳文在《中国鱼类概说》一文中将中国鱼类研究的历史分为三个时期：第一时期为不合科学时期；第二时期为外国人研究时期；第三时期为中国人研究时期。① 这里的“不合科学时期”主要指的是传统本草学、方志类等著作中鱼类资源的记载模式。此种分期说明除了研究主体以外，实质上近代以来中国鱼类资源的研究更多的是方法上发生的变化。本节意在通过系统研究近代以来西方科学调查法传入后，中外对长江流域鱼类资源记载情况，探讨这种近代科学调查方式对中国自身鱼类记载所产生的影响及两者之间的互动关系。

梳理传统本草、方志类等文献中对鱼类资源的记载我们发现，传统时期对鱼类记载多是直观性、经验性和感性的认知；记载内容上侧重于鱼类名实的考辨及实用性知识，并未建立在现代科学解剖学与分类学的基础上。正是由于这些原因，传统时期鱼类资源的记载是粗线条的，对鱼种之间的区别与联系的描述不甚清晰。故而这一时期的记载呈现出个体、点状的分布状态，对种属之间的差异与联系探究较少，未能形成如西方科学中的目、科、属、种层级式的系统分类学体系。近代以来，伴随着西方生物科学调查法的传入，中国对长江流域鱼类资源的记载发生了较大变化。

---

① 方炳文讲，林文记：《中国鱼类概说》，《科学》，1934年，第18卷第7期，第970页。

一、近代外国对长江流域鱼类资源调查与记载

西方人很早即开始注意我国的鱼类资源，1655 年，西方就有作品精确记载了我国的鱼类 42 种。① 瑞典的奥斯贝克从我国旅行回去后所著的游记也记有中国的鱼类。建立在科学调查法基础上的鱼类研究，在中国本土则起步很晚。清末国门大开，西方国家纷纷趁机进入，大肆进行资源的调查与掠夺。就长江流域鱼类资源的调查而言，英美国家最早，其次是日本，中国的调查则是在 20 世纪 20 年代后。

（一）欧美等国的调查研究

1. 英　国

1862 年，英国“扬子江上游探险队”的托马斯·布莱基斯顿在湖北咸宁附近记述了白鲟。其描述道，“体长 3 英尺，嘴部呈钟形，向外突出，鼻子或触角伸出头部 12 英寸”②，并绘有白鲟整体及部分的素描图。这次调查所采以蕨类植物标本为主，鱼类标本不多，所记载的鱼类较少。

第二次鸦片战争后，英国领事馆官员郇和（Robert Swinhoe）在上海收集动物标本，其中的鱼类标本由英国自然博物馆的冈瑟（Gunther A.）进行了记载。③ 此次报告共记载有 59 种鱼类，其中新种 16 种，对新种皆有具体描述，非新种多只记载其名称，但未附有图片。

英国人安德森（Anderson J.）1868—1875 年随英国探路队由缅甸进入云南。在腾越采得大量的动物标本，这是外国人在云南进行的第一次动物采集。他们采集获得鱼类、爬行动物等标本，其中鱼类 22 种，3 种标本绘有图形。④ 该报告记载较为简略，除了新种有具体详细描述外，其他的种属皆只有

① 伍献文：《三十年来中国的鱼类学》，《科学》，1948（9），第 261 页。

② （英）托马斯·布莱基斯顿著，马剑、孙琳译：《江行五月》，中国地图出版社，2013 年，第 70 页。

③ Gunther. A. Report on a Collection of Fishes from China. Ann. Mag. Nat. Hist，1873，4（Ⅻ）：377-380。

④ Anderson John. Anatomical and Zoological Researches：Comprising an Account of the Zoological Results of the two Expeditions to Western Yunnan in 1868 and 1875. London，1878（Ⅰ）：861-869.

标本数量、长度及采集地的介绍。

英国博物学家帕拉特（A. E. Pratt）1887 年在长江流域进行动物采集，最初在九江一带收集到鳜鱼的标本。1892 年前往川滇、川藏、川陕交界地带进行标本采集。对此次调查 Gunther A. 进行了记载。其考察报告附在 *To the snows of Tibet through China* 一书的文尾。报告带有较浓的鱼类生物学研究意味，不仅有相近鱼类之间的比较，并且每种鱼多标注有标本采集地点，包括宜昌、九江等，部分地点并附有海拔高度的说明。更难得的是此报告另配有鱼类的整体及细节图。该报告共计载鱼类 44 种，13 种记为“新种”，多属鳅科鱼类，其中有包条鳅、中华沙鳅等，均有具体的形态描述。①

19 世纪末到 20 世纪初，侨居上海的英国博物学者斯特扬（F. W. Styan）前往宁波收集鱼类标本。其后由英国自然博物馆的包兰格（Boulenger G. A.）发表。② 此次调查种类较少，以鲤科鱼类为主，该报告仅介绍新种 4 种，均有具体性状描述，且结合前人的调查进行对比研究。该报告附有图片，且有局部解剖图。

2. 法　国

法国在华进行鱼类资源收集的以传教士居多。其中最出色的当属谭卫道（David A.）。1868—1870 年谭卫道先到天津，随后由天津乘船前往上海，其间途经镇江，采得 60 余种鱼类标本。③

1868 年，法国传教士（Pierre Heude）来华，自备船只在长江下游及中游的洞庭湖、鄱阳湖，汉水流域，淮河流域收集过许多鱼类、龟类及介壳类动物标本。他在上海徐家汇博物馆贮藏和展览他搜罗的标本。其在徐家汇博物馆的动物标本，后来由苏柯仁（Arthur De C. Sowerby）进行了研究，发表在《中国

---

① Pratte A. To the Snows of Tibet Appendix Ⅱ，LONGMANS，GREEN，1892. 238-250.

② Boulenger G. A. Description of new Freshwater Fishes Discovered by Mr. F. W. Styan at Ningpo，China. Proceedings of The Zoological Society of London，1901. 268-271.

③ David A. Abbe David's Dairy：being an Account of the French Naturalist's Journeys and Observations in China in the years 1866 to 1869. Harvard University Press，Cambridge，1949.

的科学和美术杂志》等刊物上，有一篇名为 *The Yangtze Beaked Sturgeon*。① 此篇文章是针对长江白鲟的完整研究报告。作者在篇首说："扬子江白鲟是所有中国令人印象深刻的鱼类中的首位了。扬子江白鲟属于匙吻鲟科鱼类，在世界上仅存2属2种，一是中国的白鲟，二即是分布于北美密西西比河的匙吻鲟，二者皆属于鲟鱼类。"该文另附有白鲟图。

3. 俄　国

俄国普塔宁（G. N. Potanin）、贝雷佐夫斯基（M. Berezovski）1892年前往四川龙安府、松潘等地考察。Gunther A. 对其所采集藏于帝国科学院动物博物馆的标本进行了记载，共计32种，其中鳢科1种，鲇科7种，鲤科14种，平鳍鳅科2种，鳅科7种以及黄鳝。② 在标本记述之前，Gunther A. 对此前俄国人在四川、甘肃两地采集标本的情况进行了回溯。并且指出此区域鱼类种属的地理分布上属于中亚高原和长江下游的混合区系。

4. 美　国

美国对长江流域鱼类资源的调查可以说是后来居上。美国传教士格拉函（J. Graham）1904—1914年，从云南给英国自然博物馆送去大量的淡水鱼类标本，经该馆鱼类室的瑞甘（C. T. Regan）鉴定研究，共有26个种，有19个新种。③ 报告对标本数量、采集地及具体性状均有记载。

1912—1921年，美国人安德思受美国博物馆之托，率中亚考察团采集动物标本，考察前后十年汇作《中亚考察记》。美国鱼类学家倪科斯（J. T. Nichols），全面研究了美国纽约自然博物馆中亚考察队收集的中国淡水鱼类标本。发表了不少研究成果，在此基础上，进一步参考以往的研究文献，

① Arthur De C. Sowerby. The Yangtze Beaked Sturgeon, The China Journal of Science and Arts, 1925, (2): 86-88.

② Gunther A. Report on the Collections of Reptiles, Batrachians and Fishes made by Messrs. Potaninand Berezowski in the Chinese Province Kansu and Sze-chuan. Ann. Mus. Zool. Acad. Sci. St. Petersbourg, 1896, (Ⅰ): 199-209.

③ Regan, C T: 1904—1914年在 *Annals and Magazine of Natural History* 上陆续发表数十篇报告。可参见 http://www.biodiversitylibrary.

于 1943 年出版了《中国淡水鱼类》（*The Fresh-water Fishes of China*）。[①] 该书是一本集大成的著作，每种鱼的介绍主体上分为标本采集地、性状描述及评论三部分。且利用解剖学对相近的种类进行细节比较，所配图片均为彩色图片，计 143 幅。

5. 其他西方国家

除了英、法、俄、美等国外，瑞典、德国等国亦有对长江流域鱼类资源的调查。1909 年德国 Pappenheim 前往峨眉山、峨边县、打箭炉等地采集动物标本。Pappenheim 和克赖恩堡（Kreyenbarg. M）进行了记载，共计 60 种鱼类。[②] 瑞典传教士亦收集长江鱼类标本，藏于斯德哥尔摩自然博物馆，20 世纪 20 年代瑞典 Rendahl H. 对这些标本进行了记载与研究。

应该说英美等国入侵我国，对所采集的长江流域鱼类标本进行整理鉴定和研究，从科学研究的角度说，这对中国鱼类研究具有开创性，为认识我国长江流域的鱼类组成奠定了基础，保留下来的很多文字和图片资料为后来中国的学者了解中国长江流域鱼类的分类、分布及区系组成等起到一定借鉴作用。更为重要的是，这种建立在实地标本采集及解剖学基础上的研究方法传入，对于我国自主的科学调查研究有着重要的促进作用。

（二）日本的调查研究

日本对长江鱼类资源的调查较之于欧美国家为少且时间较晚。1929 年，日本东京帝国大学教授岸上镰吉（K. Knshimauye）对长江流域的鱼类曾进行过调查。1934 年，木村重（Kimura S.）在所写的报告中提到，长江流域及其附近的鱼类数量总计大约 270 种，其所采集标本共计 28 科，63 属，88 种鱼，其中有 11 个新种。[③]

---

① J. T. Nichols. The Fresh-water Fishes of China. New York: The American Museum of Natural History, 1943.

② Kreyenbarg. M and Pappenheim. Ein Beitrag Zur Kenntnis der fische des Jangtze und seiner Zurfusse, Sitzber. Gesellsch. Naturf. Freunder. Berlin, 1908: 95-109.

③ （日）木村重：《故岸上理学博士一行采集扬子江鱼类报告》，《上海自然科学研究所丛报》，1934 年，第 3 卷第 9 期，第 191-212 页。

木村重所记包括每种鱼的中文名、日本名及拉丁文名，并具体描述其大小、形态、分布范围、产量、繁殖、食用情况。其所记分布范围不仅局限于中国大陆，甚至包括中国台湾、日本、朝鲜、西伯利亚、欧洲等范围，如对鲤鱼的记录“鲤鱼，长江中下游最多，分布东洋、欧洲”。对某些鱼类另配有图片，共 10 幅。在报告的结尾部分附有简短的总结“地理分布”及“长江鱼类研究历史概略”。日本对中国长江鱼类的记载已上升到地理分布的层次，并非简单地对名实进行考证或是记录。但总体来说该报告生物学研究意味不明显，并未对相似种之间进行比较与分析，其重点在于资源种类的记载及经济开发。

另外该报告中的错误也是很明显的。如记录虎嘉鱼时，其认为古代诗文中的“丙穴鱼”即虎嘉鱼。很明显，“丙穴嘉鱼”与虎嘉鱼不是同一种鱼。实质上中国古代“嘉鱼”是某类鱼的泛称，主要包括有裂腹鱼属、多鳞铲颌鱼、卷口鱼属几类，并不是单指某种鱼。虽记载有误，但从其引用“丙穴嘉鱼”之言可以看出，日本的调查记载与中国传统文化的联系相对较为紧密。

二、近代中国对长江流域鱼类资源的调查研究

随着西方科学调查法的传入，中国自行的鱼类研究进入科学调查阶段。1927 年，我国著名动物学家寿振黄和美国鱼类学家 Evermann 合作，对采自我国上海、松江、南京、杭州、宁波、温州及梧州等地的 128 尾鱼类标本进行了研究，其中有 100 余尾标本取自于长江流域。所发表的《中国东部鱼类及新种描述》一文整理出 55 种，其中包括 7 个新种。这是第一篇由我国动物学家为主，经过科学调查之后专门针对中国内陆水域鱼类研究的论文。①

近代以来中国自行的调查研究以南京中国科学社生物研究所、北平静生生物调查所、中国西部科学院三大研究机构为主体。它们在长江流域鱼类资源的调查研究方面发挥了重要作用。

① 寿振黄发表此文后的第二年成为静生生物调查所的一员，为了便于叙述此处将本次调查归属于北平静生生物调查所范围。Fishes from eastern China，with descriptions of new species. Proceeding of the California Academy of Science，1924 年，第 16 卷第 4 期，第 97-122 页。

1. 南京中国科学社生物研究所

1929—1931 年，南京中国科学社生物研究所秉志（农山）派人入川采集动植物标本。此次采集除了中国科学社生物研究所的调查成员外，西部科学院亦派遣学员跟随学习采猎剥制技术。1930 年的考察采集的鱼类有 98 种，标本共计 2 700个。[①] 张春霖、方炳文、伍献文等人对标本做了记述。[②] 1931 年伍献文、王以康对采集于长江上游地区的鱼类标本进行了记录。[③]

1933 年，中国科学社张春霖《南京鱼类之调查》共计载鱼类 48 种，该报告并无鱼类分类的介绍，且并无种属之名，无拉丁学名，仅有属种名称且多为俗名，另外未附图片。如果没有可量性状和可数性状等信息，这段描述很可能被认为是古籍中一段关于鱼类的记载。较为进步的是，该书对大部分的鱼类形态都做了比较详细、科学的描述。[④]

2. 北平静生生物调查所

北平静生生物调查所在长江流域以获得植物标本成绩最为卓越，采集的动物标本较之植物为少。具体来说，1932 年，北平静生生物调查所常麟春、蔡希陶等作为"云南生物采集团"的成员前往雷波、大小凉山等地，进行动植物标本采集。此次采集亦包括鱼类标本若干，存于静生生物调查所。1933 年春，该采集团赴滇南之宁海、通海、江川、昆阳、蒙化、景东等地采集，于夏间转赴滇西之剑川、丽江等地采集，所获鱼类标本甚多。[⑤]

3. 中国西部科学院

中国西部科学院在长江上游地区鱼类资源调查方面做了较多工作。1933—1934 年，北碚中国西部科学院在嘉陵江流域北碚至合川段，采集大量鱼类标

---

① 中国科学社生物研究所入川采集队返都，《科学》，1931 年，第 15 卷第 3 期。

② Wu. H. W. Notes on some fishes collected by the Biological Labortory. Contr. Biol. Lab. Sci. Soc. China, 1930, 6 (5): 45-570. On some fishes collected from the upper Yangtze valley. Sinensia, 1930, 1 (6): 65-85. Fang. P. W: On some Schizothoracid fishes from western China preserved in the Nationl Research Institute of Biology Academia Sinica. Sinensia, 1936, 7 (4): 421-458.

③ Wu.H.Wand Wang.K.F.On a collection of fishes from upper Yangtze valley.Contr.Biol.Lab.Sci.Soc.China, 1931, 7 (6): 221-237.

④ 张春霖：《南京鱼类之调查》，《科学的南京》，中国科学社，1933 年，第 195-206 页。

⑤ 胡宗刚：《静生生物调查所史稿》，山东教育出版社，2005 年，第 69-73 页。

本，由张春霖、施白南写成《四川嘉陵江下游鱼类之调查》调查报告。该报告列举鱼类共8科，48种，包括“鳣科、鲤科、鲶科、鳝科、鳗科、鳢科、弹涂科、鳜科”，记载了新种“卢氏鲶”，且配有图片。[①] 该报告所列鱼类名录有中文名与拉丁文名，但中文名多是俗名而非学名。所列的8个科应即是对应现代系统鱼类学中“目”的概念，从这个角度来说，该报告的分类是较为科学的。该报告对新种进行了详细的解剖学描绘。除了从生物学角度进行记载外，该报告对每种鱼类的产量、价格以及部分鱼类的食用方法或情况作了记载。

1933年，北碚中国西部科学院《四川嘉定峨眉鱼类之调查》，共5科35属37种，其主要记载了鲤科、鲶科、乌鱼科（鳢科）、弹涂科、鲈科5个科属，所列的科应亦是对应现代系统鱼类学中“目”的概念。所列名称包括其学名、俗名及拉丁名称。记载新种“峨眉旁皮”，并做了比较详细的描述，未附有图片。[②] 本篇报告在学名记载上比较随意，多是学名、俗名混杂其间。

1935年，中国西部科学院在雷马峨屏一带进行了生物资源调查。包括兽类、鱼类、两栖类、爬虫类、鸟类五大部分，报告的第二部分即是对雷波、马边、峨边、屏山一带鱼类资源的记载。[③] 报告以县为单位进行分别阐述，所记鱼类主要是该地区的“普通十余种之食用鱼类”，对此该报告进行了说明：“全区所产鱼类不下四十余种，其详细定名及形态之研究，将来有专刊发表。”相较于其他报告而言，《雷马峨屏调查记》侧重于渔业经济及鱼类资源的开发。应该说这与当时重视西康地区开发的大背景有关。

除了上述三大研究机构进行了鱼类调查以外，张孝威也做了鱼类资源调查

① 张春霖，施怀仁：《四川嘉陵江下游鱼类之调查》（由重庆至合川），《中国西部科学院生物研究所丛刊》第1号，1944年1月。

② 施怀仁，张春霖：《四川嘉定峨眉鱼类之调查》，《中国西部科学院生物研究所丛刊》，1934年，第1-11页。

③ 常隆庆，施怀仁，俞德浚：《四川省雷马峨屏调查记》，《中国西部科学院特刊》第1号，1935年，第84-88页。

研究工作，著有《四川西部西康东部的鱼类研究》。① 中央研究院伍献文1940—1948年在北碚合川等地采集鱼类标本，部分标本存于重庆市博物馆。抗战期间，长江中下游沦陷区的试验研究基本处于停滞状态，内迁的水产科学家在极度困难的条件下从事水生物学的研究，做出了一定成绩。故这一时期的水产科学调查区域上主要集中于长江上游地区。

在生物工作者的努力下，长江流域鱼类学研究取得较大进展，编制出了较为系统的鱼类名录及索引。其中有1929年张春霖编著《长江鱼类名录》，1935年施怀仁（即施白南）编著《四川鱼类名录》。② 两个名录皆是对鱼的名称及标本采集地进行了罗列，并没有详细说明与研究。《长江鱼类名录》所列鱼类共计84种，《四川鱼类名录》所列共计167种。两者比较而言，其一，《长江鱼类名录》中多是用传统俗名，如“*Cyrinocheilus roulei* 水密子（嘉定）”。其二，《长江鱼类名录》无纲目科属概念，《四川鱼类名录》中以科来进行分类罗列。最为系统全面的名录当属朱元鼎1931年*Index Piscium Sinensium*（《中国鱼类索引》）一书。该书总结了1930年以前中国鱼类的研究成果，整理出中国鱼类40目213科584属1 533种。除了名录以外，鱼类资源调查同样推动了国内鱼类学研究发展，各区域开始编写一批鱼类志，限于篇幅，本书不在此赘述。

近代西方鱼类资源调查法、鱼类资源分类体系与名称记载方式的传入，使得中国鱼类资源的记载与认知发生了变化。在这一阶段，中国学者对鱼类研究的主要内容及方法有了系统认识。1936年张春霖先生在《中国鱼类研究谈》中提道：“在中国作鱼类研究，窃以为有四个方面，均关切要，即分类，解剖，鱼类化石及经济鱼类学是也。关于分类学研究，在中国刻不容缓……至于研究方法，或就一地详细调查其种类，各目各科各属各种，全数记载无遗，或

---

① Chang H. W. Notes on the fishes of western Szechwan and Eastern-Sikong. Sinensia，1944，15：27-60.

② 张春霖：《长江鱼类名录》，《科学》，1929年，第14卷第3期，第398-407页。施怀仁：《四川鱼类名录》，《国立北京大学自然科学季刊》，1935年，第5卷第4期，第425-436页。

就一科一属，详细比较其异同，以定各属种之位置，尤以后法研究，较有兴趣。”① 其对鱼类分类学的重要性有了清晰认识。

需要说明的是，中国自行的长江流域鱼类资源的研究虽然在这一阶段取得较大成绩，但仍有缺憾。这种变化与演进有一个逐步发展的过程。在鱼类资源科学调查开展的同时，传统文献记载也在进行着，从西南地区较多地方编纂的民国县志可以看来，依然是沿袭传统记载方式，很难见到近代科学的影子。

三、近代中外长江流域鱼类资源调查记载的差异

传统时期中国鱼类资源的记载有着一套独特的体系。近代西方科学调查法、生物分类体系与名称记载方式的传入，使得鱼类资源的记载与认知方式发生了巨大变化。近代科学调查法传入后，中外长江流域鱼类资源的记载是有差异的；欧美等国与日本的调查科学信度及侧重点亦有不同之处。从调查研究的科学性水平来说，英美国家领先，日本居中，中国自行的研究取得较大进展，但整体水平略显不足。

1. 近代中国长江流域鱼类资源调查记载的特点

近代以来西方国家纷纷进入长江流域，展开对鱼类资源的调查，受其影响，中国自行的调查研究也逐渐开展。和国外相比，中国的自行调查有着一些不同之处。

首先，中国的调查以研究机构为主导，从采集团队人数的多寡看，国外一般由一两个采集员和一些勤杂人员组成，队伍相对较小，而国内的研究机构一般队伍较为庞大。如 1930 年夏，南京中国科学社生物研究所与北平静生生物调查所等单位组成川康植物采集团进入西部采集，采集团共计约 100 余人。由于调查规模较大，西方学者历时数年方见成效，国内研究机构较短时间内即可获得不错成绩，大大加强了对长江流域鱼类资源的调查力度。

其次，此阶段中国自行的鱼类资源调查是在浓厚的爱国背景之下进行的，从自主进行生物资源研究这个角度上说具有重要意义。这其中尤以阻止日本岸

① 张春霖：《中国鱼类研究谈》，《水产月刊》，1936 年，第 3 卷第 10 期，第 82 页。

上镰吉的事件最为明显。当时正值日本欲大规模侵华之机，日本岸上镰吉考察队意欲前往长江上游地区调查鱼类。1930 年岸上考察队刚离开上海，中国科学社生物研究所所长秉志急电在重庆的中国科学社社员，请他们设法阻止岸上等人的西进，一面组织采集人员，以便赶在日本人之前到四川一带调查采集。生物研究所的人员事后回忆与岸上镰吉等人较量这件事情，他们认为就国际竞争这件事来说，“胜过日本人，不能不算为可以自慰的一件事。”①

更为重要的是，中国自行调查时期对鱼类的记载有融合中西的特点，古籍对鱼类的描述体例对当时的科学记载有一定的影响，人们对鱼类进行科学调查之初，也是通过参考古籍来确定鱼类的中文学名。在当时的生物学界，生物的中文命名具有一定规则。1927 年，吴冰心（吴家煦）指出此项规则如下：“吾国地大物博，生物种类至多，苟得无数博物家搜罗探讨，有助于生物学之进步者不尠。然为国人研究计，生物之本国名称，亟宜厘定，俾初学及中等学校得以应用。定名之法，当遍查各种古书及通志、府志、县志所有名称，择其普遍而雅驯者用之。其无名可考者，仿照林尼亚氏双名制，妥造新名。俾阅者一见其名，即知其隶属于某种某属，便莫甚焉。”② 在遇到无传统名称可参考时，人们又试图采用西方的分类体系及名称记载等方式，传统与科学在这一转型的阶段中并存。研究方法上，虽然中国开始采用科学调查法，但此阶段的研究更多地停留在种属介绍与鉴定上，科目属的概念比较淡薄，对分类学中种属之间的异同研究较少。同时对鱼类资源的种属地理分布与成因亦谈及不多。

2. 近代中外长江流域鱼类资源调查记载之比较

近代进行长江流域鱼类资源调查的中外国家，由于调查背景、人员组成、学科发展情况等诸多原因，其调查的侧重点及科学信度是有差异的。

从鱼类分类学的角度看，英国冈瑟（Gunther A.）及美国倪科斯（J. T. Nichols）对鱼类资源的记载都带有浓厚的鱼类分类学研究意味。日本对长江流域鱼类资源不仅关注较少，且木村等人的记载侧重于资源的开发，对种

---

① 黄伯易：《旧中国西部惨淡艰危的科学活动》，文史资料选辑第 1 辑，文史资料出版社，1985 年，第 115-124 页。

② 吴冰心：《博物小言》，《博物学杂志》，1927 年，第 2 卷第 2 期，第 7 页。

属之间的关系谈及甚少。中国自行的鱼类资源调查应该说较传统时期的鱼类记载科学性大大提高，但多停留在资源调查的角度，尚未上升到分类学的高度，处在一个传统与科学的转型时期。总体来说，就调查研究的科学性水平而言，英美国家领先，日本居中，中国自行的研究取得较大进展，但整体水平略显不足。

从各调查报告中鱼类名称记载情况来看，海外国家与中国传统文化联系的紧密程度亦是有差异的。中国传统时期所使用的鱼类俗名可以说是一种本土和地方文化的体现，拉丁学名是西方科学文化外来产物。西方国家在对长江流域鱼类进行记载时基本未见有中国俗名，一般均只有拉丁学名。但在日本的调查报告中不仅引用中国诗文，而且皆记载中文俗名，融合了较多中国传统及地方文化的因素。在木村重的报告中有明白的表示："本报告对各种鱼类进行分类记载，对其分布情况和应用方面进行了记录。鱼类的中国名称是根据地方称呼而来。"① 中国自行的科学调查记载一般是既有俗名，又有拉丁学名，有时甚至只有俗名记载。

总而言之，近代以来中国长江流域鱼类资源的记载经历了一个由传统时期的名实之辨向科学调查转型的过程。这个转型过程不是自发完成的，一定程度上受到了外界力量的影响。无独有偶，不仅鱼类资源如此，应该说近代以来，中国生物学领域都有着这样一个转变过程。近代随着西方生物学的传入，中国生物学开始突破传统的训诂释义和偏重实用的医药学、农学框架，逐步转向以实验为基础的生物学系统研究。同时我们也要看到，西方所做的鱼类资源调查工作同样不是完美的，其中错误之处不胜枚举。这种错误的记载也给我们后来中国学者自行的研究带来了误导。我们应该理性、全面地看待西方近代科学对中国传统科学体系所带来的影响及二者之间的互动关系。需要说明的是，对于分布区域相对特定的鱼类，传统时期其名称带有浓重的区域性色彩。同样，在对鱼类的近代化科学命名中，一些鱼类会以其首先发现的地点或其主要生存的

① （日）木村重：《故岸上理学博士一行采集扬子江鱼类报告》，《上海自然科学研究所丛报》，1934年，第3卷第9期，191页。

区域作为其名称的组成部分，如川陕哲罗鲑（虎嘉鱼）就主要分布于四川、陕西地区。另外，还有沱江流域湔江的特有种成都鱲、彭县似䱻。可见，在传统鱼类俗名体系和近代鱼类命名体系中，地域因素都是影响某一物种得名的十分重要的因素。

第二章

明清以前长江上游流域鱼类资源的开发与利用

巴蜀时期，渔猎是人们的主要生计方式之一。开明王朝时期，成都平原附近“平阳山（今天回山）亦有池泽，蜀之鱼畋之地”。[①] 蓝勇教授谈道：“早期的巴人是以渔猎射猎为主的民族，或沿水而居，捕鱼为生，或靠山为居，射猎为事。”[②] 秦汉时期长江上游地区经济开发程度不高，渔猎采集依然是人们重要的获取食物的方式。同时水利事业的推进使得四川盆地、滇池周边渔业养殖有了一定程度的发展。鱼类资源的丰富，使得洪水暴发之际，有时甚至会带来“鱼害”。唐宋时期，随着巴蜀地区经济的发展，长江上游的鱼类资源得到进一步开发。由于经济发展水平和自然环境的差异，这一时期的渔业开发也呈现出一定的区域差异。

第一节　秦汉至南北朝时期巴蜀地区鱼类资源的开发

正如吕思勉先生所说，秦汉时期“渔、猎、畜牧、种树之利，皆较田农为饶”[③]。虽然农耕在秦汉时期已是民众主要的生计方式，但采集与渔猎在经济生活中仍占有重要地位。汉晋南北朝时期，长江上游地区森林覆盖率高，气候温暖湿润，动植物资源丰富，渔猎活动仍是民众重要的经济活动之一。《汉书·地理志》载，巴、蜀、广汉“江水沃野……民食稻鱼，亡凶年忧”。[④] 鱼与稻一样是当时人们惯食的食物。《华阳国志》载：“（巴郡）桑、蚕、麻、纻、鱼、盐、铜、铁、丹……皆纳贡之。”[⑤] 渔业被放在仅次于农业、纺织业的第三位，可见其重要地位。

由于区域经济发展水平和地理环境的差异，不同的区域渔业发展活动亦有

① （晋）常璩著，任乃强校注：《华阳国志校补图注》卷三，上海古籍出版社，1983 年，第 129 页。

② 蓝勇等著：《巴渝历史沿革》，重庆出版社，2004 年，第 46 页。

③ 吕思勉：《秦汉史》下，北京联合出版公司，2014 年，第 522 页。

④ （东汉）班固著：《汉书·地理志》卷二十八下，中华书局，1962 年，第 1 645页。

⑤ （晋）常璩著，任乃强校注：《华阳国志校补图注》卷一，上海古籍出版社，1983 年，第 5 页。

差异。秦汉至南北朝时期，四川盆地东部、东北部及僰道以南地区属于半农半渔猎的状态，渔业应是重要的生产活动之一。这一时期有意识的渔业开发活动（包括自然捕捞和人工养殖）主要集中于川西成都平原周边地区，由于养殖主要是在稻田和水利设施陂塘中，故养鱼业地理分布与水田农业地理布局具有一致性。①

汉晋南北朝时期，长江上游地区的渔业包括自然捕捞和养殖两大类型。不仅自然水域中鱼类资源极为丰富，洪水暴发时甚至出现“崩江多鱼害”的情景。② 同时巴蜀渔业发生了质的飞跃，从单纯地自然捕捞开始了人工养殖③。正如《华阳国志·蜀志》记广都县（今双流）既有养殖的“渔田之饶”，同时江中又有捕鱼的“鱼漕梁”。④ 综观所载，汉代巴蜀地区鱼池、渔田数量众多，与出土文物相印证，反映了汉代巴蜀地区养鱼业的发展以及渔业在农业生产部门中占有重要的地位。需要说明的是当时巴蜀渔业仍以自然水域捕捞为主，人工养鱼为辅。管理机构设置上，汉政府曾下令在水利和养鱼业较发达的郡县，设官管理。《后汉书·百官志》云：“有水池及渔利多者，置水官，主平水收渔税。”这一举措被认为是后世设置河泊所收税的开始。当时蜀郡、广汉郡皆设有都水官，负责水利及征收渔税相关事宜。都水官的设置，反映了汉代巴蜀渔业的迅速发展。

秦灭巴蜀后，推行了一系列经济措施，包括水利工程的兴修，由此出现了一大批陂池水田，在极大地促进巴蜀地区农业发展的同时，也为渔业的发展提供了得天独厚的条件。秦蜀守李冰“壅江作堋”，修建了举世闻名的都江堰水利工程，又疏浚郫、检两江以及成都北部的洛、绵两水。汉代也兴修了不少水

---

① 郭声波：《四川历史农业地理》，四川人民出版社，1993 年，第 378 页。

② （晋）常璩著，任乃强校注：《华阳国志校补图注》卷三，上海古籍出版社，1983 年，第 175 页。

③ 巴蜀地区人工养鱼起始于何时，尚无定论。但应该说两汉时期，巴蜀地区的人工养鱼已有一定程度的发展。

④ （晋）常璩著，任乃强校注：《华阳国志校补图注》卷三，上海古籍出版社，1983 年，第 158 页。

利工程，景帝时蜀郡文翁“穿湔江口，灌溉繁田千七百顷”①，又在武阳“藉江为大堰，开六水门，用灌郡下。”② 东汉在广都（今双流区）境开凿望川源，引取郫江水灌广都田。汉灵帝熹平中，在今绵竹县境绵水上修堰开渠，使“五稼丰茂”等。东汉盆地西部区域进入以水田农业为主体的园林池泽多种经营时期。整个四川盆地尤其是西部开始了水田化的过程。③ 陂池水田成为发展人工养鱼业最为重要的水域。都江堰的修建，形成一片大面积水域，扬雄《蜀都赋》：“尔乃其俗，迎春送冬。百金之家，千金之公，干池泄澳，观鱼于江。”④水域干涸之际，游鱼纷乱，成为当时达官贵人的游乐项目之一。

关于两汉时期巴蜀地区渔业养殖的发展，这在文献中也有不少记载。首先是成都平原地区，《华阳国志·蜀志》记载蜀地陂池众多，所谓“陂池”，《说文》曰：“陂，曰池也”，又言：“陂者……曰池障也。”段玉裁注“陂”曰：“陂，言其外之障；池，言其中所蓄之水。”陂池水塘是人工养鱼的理想场所。秦灭蜀后，张仪筑成都城，取土成池，“益州，初张仪筑城取土处，去城十里，因以养鱼，今名万顷池是也。”⑤ 这是四川人工养鱼的最早记载。《水经注·江水》亦云李冰“凿山崖度水，结诸陂池，故盛养生之饶”。⑥ 除了万顷池以外，另有千秋池、龙坝池、柳池、天井池等水面皆是成都筑城时形成的，用以养鱼。

另外，如汉安县（今内江）“盐井、渔田以百数，家家有焉，一郡丰沃。”⑦ 江州之临江、安汉（今南充）各有“布帛渔池”等。“南安县（今乐

① （北魏）郦道元著，陈桥驿校证：《水经注校证》卷三十三，中华书局，2007 年，第 768 页。

② （北魏）郦道元著，陈桥驿校证：《水经注校证》卷三十三，中华书局，2007 年，第 772 页。

③ 郭声波：《四川历史农业地理》，四川人民出版社，1993 年，第 378 页。

④ （南宋）袁说友编辑：《成都文类》卷一，中华书局，2011 年，第 3 页。

⑤ （晋）常璩著，任乃强校注：《华阳国志校补图注》卷三，上海古籍出版社，1983 年，第 128 页。

⑥ （北魏）郦道元著，陈桥驿校证：《水经注校证》卷三十三，中华书局，2007 年，第 767 页。

⑦ （晋）常璩著，任乃强校注：《华阳国志校补图注》卷三，上海古籍出版社，1983 年，第 180 页。

山）多陂池”。故而才有《华阳国志·蜀志》言“山林泽渔，园囿瓜果，四节代熟，靡不有焉。”① 川东地区亦有大量鱼池，“（巴郡）敢欲分为二郡，一治临江，一治安汉，各有桑麻丹漆，布帛渔池。”②《汉书·地理志》记载巴郡阆中县东南有“彭道鱼池”，安汉县（今南充市）南有“是鱼池”。③《四川通志》记载为“今堙”，可见至清代上述两个鱼池均已不复存在。有些鱼池直至唐宋时期仍然存在。《元和郡县图志》南平县（今重庆市东南部）亦载有巴子鱼池。④ 两汉时期，巴蜀地区人工养鱼情况在各地汉墓出土的陶石陂池水田模型和画像砖石图像中反映颇多。

在巴蜀地区两汉时期的考古文物中，我们可以看到一些水田、水塘与鱼类共存的情景，有学者也认为这就是稻田养鱼的体现。中国古代的稻田养鱼始于何时，现今学界依然有争论。总的来说，主要有以下两种说法：其一，三国说，认为始于三国时期。以《魏武四时制》所载“郫县子鱼，黄鳞，赤尾，出稻田”⑤ 为主要支撑点。郫县位于成都平原腹地，属都江堰灌溉区，水源丰富。“子鱼”即小鱼，“黄鳞赤尾”应该指的是鲤鱼。其二，东汉说，以陕西勉县出土的东汉时期陶水塘模型等为主要依据（图 2-1）。

本书在此并不专门探讨稻田养鱼的具体起源时间，但可以肯定的是，四川盆地应是我国稻田中有大量鱼类生存，且为人所利用的区域。传统农业灌溉技术的发展与水田经营的精耕细作带动了渔业养殖的发展。文献记载的稻田养鱼和出土实物包括画像砖、水田模型等可以进行相互印证。需要强调的是，关于考古材料中所见的稻田中有鱼是否即是人工养鱼的证明，不同学者有不同看

---

①（晋）常璩著，任乃强校注：《华阳国志校补图注》卷三，上海古籍出版社，1983 年，第 113 页。

②（晋）常璩著，任乃强校注：《华阳国志校补图注》卷三，上海古籍出版社，1983 年，第 28 页。

③（东汉）班固著：《汉书·地理志》卷二十八下，中华书局，1962 年，第 128 页。

④（唐）李吉甫著：《元和郡县图志》卷三十三剑南道下，中华书局，2008 年，第 855 页。

⑤（北宋）李昉等撰：《太平御览》卷九百三十六鳞介八，中华书局，1960 年，第4 160页。

法。对于是稻田“养鱼”或是“有鱼”这个问题，笔者的看法见下注。①

图 2-1 勉县出土的稻田养鱼模型

一、考古资料所见巴蜀地区渔业的发展

依据文献记载和出土的文物来看，两汉时期巴蜀地区的人工养殖在成都平原、沱江、嘉陵江、川江沿岸及安宁河流域水田农区都有出现，但以川西成都平原人工养殖最为集中。甚至有学者认为除了早期的稻、鱼等混养外，还出现

① 需要说明的是，画像砖及水田模型中的鱼类，我们不能完全断定其即是属于人工养殖的类型，并不排除鱼类自然生存的可能，稻田有鱼与稻田养鱼是有区别的。向安强《稻田养鱼起源新探》一文对此问题有详述（《中国科技史料》，1995 年第 16 卷第 2 期）。若是稻田有鱼更能表明当时鱼类资源的丰富程度。虽然江河之中鱼类资源丰富，但毕竟需要花费人力进行捕捞。所以也不能说因为自然水域鱼类资源丰富，就无人工养殖之事。要不然，鱼池、渔田所谓何物？应该说，当时人工养殖是存在的，只是这种养殖人工干预程度极小，几乎等同于自然状态下生存。由于无充足理由证明这并非人工养殖，故笔者依然沿袭旧说认为其属于人工养殖的类型。四川地区冬水田起源的时间学界尚无定论，但可以肯定的是随着人口压力的增大，丘陵山地水稻种植的推广，清代是四川冬水田推广普及的重要时期。清代由于冬水田耕作模式的推广，稻田养鱼应得到较大发展。而在冬水田尚未广泛普及的时期，四川地区的稻田养鱼主要是集中在川西平原地区，这尤以汉代所反映的最为集中。冬水田大力推广后，冬水田养鱼成为稻田养鱼的主要类型之一。

了专门的鱼塘，以便提高养鱼产量。这说明人工养鱼专业化程度提高。①

1. 画像砖中的人工养殖

成都平原水利资源丰富，河渠成网，不仅有利于水稻栽种，亦有利于养鱼，种植莲藕、芋类等作物，并发展多种经营。新都出土的“薅秧农作”画像砖（图 2-2），图中有两块水田相连。右田中杂有家禽、鱼类和莲，与浅水

图 2-2 新都出土的薅秧农作画像砖

塘相似；两个农夫正举锄于田中农作。左田中秧苗茂盛，亦有两农夫杵长棍于田中，并用足祷秧。这种杵棍用足祷秧的方法至今仍可在川西农村见到。图中的田埂中段，有一调节水量的缺口，这又将有鱼儿的藕田与秧田连接起来，很显然秧田里的水量是由藕田所储存的水来供给的。② 新津县邓坝乡东汉崖墓内画像砖也有鱼塘和养鱼的画面，现存四川大学博物馆。③ 德阳出土“采莲”画像砖，展现了一个广阔的水塘。池塘彼岸鹫鸟群飞，树下有两人似作弋射状。

① 秦保生：《汉代农田水利的布局及人工养鱼业》，《农业考古》，1984 年第 1 期。

② 中国画像砖全集委员会编：《中国画像砖全集》四川汉画像砖，四川美术出版社，2005 年，图版第 86 页。

③ 成都市地方志编纂委员会编纂：《成都市志水利志》，四川辞书出版社，2001 年，第 474 页。

塘内群鸭浮泳，荷叶茂密，荷花争放，莲斗挺立，采莲者泛舟于水塘中。[①] 在新都出土的“采莲”画像砖（图2-3）较残损，池塘内游鱼成行，水禽、蟹、田螺等点缀画面，莲叶萎萎，莲斗垂露，左下角一蜻蜓停立于莲叶上。采莲者操舟来往其间。[②] 成都市郊出土的“弋射·收获”砖上，亦有一池塘，莲叶依

图2-3 新都出土的采莲画像砖拓片

依，莲花争放，水禽惊起，群鱼竞游其间。[③] 上述的种种画面都反映了成都平原“水乡”的情景。在《齐民要术》中就载有鱼池法、种藕法，并云在鱼池中种植莲子、芡、笠（菱），“多种，俭岁资此，足度荒年”。可见莲、菱等水生作物在古代人们生活中是很重要的度荒作物。汉晋时期蜀地的芋子是著名的农副产品。彭山县出土有“采芋”画像砖，图中有一块靠近水塘的芋地，远处有游鱼，水鸭，荷花含苞待放。[④]

2. 陶水田模型等所见稻田养鱼

陈直认为“汉代陶灶上，多画鱼鳖形状，为汉人嗜食鱼鳖之一证。”[⑤] 汉

---

① 高文编著：《汉代四川画像砖》，上海人民美术出版社，1987年，第6页。

② 中国画像砖全集委员会编：《中国画像砖全集》四川汉画像砖，四川美术出版社，2005年，图版第89页。

③ 高文编著：《汉代四川画像砖》，上海人民美术出版社，1987年，第4页。

④ 高文编著：《汉代四川画像砖》，上海人民美术出版社，1987年，第9页。

⑤ 陈直著：《摹庐丛著七种》，齐鲁书社，1981年，第203页。

代墓葬中出土的陶水田模型，提供了有关当时稻田养鱼的实物资料，以下将列举一些典型的水田模型进行说明。

新津县宝子山出土的陶水田长 54 厘米，宽 37 厘米。田中横着一条沟渠，渠中有几条游鱼和田螺，渠水可由通道流入两边的田中。两边田中秧苗密布，几个田螺点缀其间，显示出一片生机；以田埂为界又形成几个较为规整的小田，田底平整；每块小田皆有特别开置的缺口，以利渠水的流通。这些缺口皆保持不同的方向，这可能与调节水温有一定关系。

1953 年，在绵阳新皂乡东汉墓出土一长方形陶水田模型，此水田深似水塘，分左右两部分。左田应是秧田，田中站着 5 个形态各异的陶塑俑像，其中一身穿长袍拱手而立者可能是监督劳动的，其余 4 人短衣赤足，或提物携罐，或持农具。右塘中有泥鳅、田螺和荷花，当为藕田。①

1977 年，在峨眉县双福公社东汉砖墓中出土了一件浮雕石水塘水田模型（图 2-4），其布局和陶水田模型与“薅秧农作”画像砖相类似。右边似一深水塘，塘中水鸭争食，虾蟆、螃蟹、田螺和游鱼点缀其中，又有一小船泊于塘中。左边是农田两块，上田有绿肥两堆、下田中有两农夫正俯身农作。

两汉时期巴蜀地区渔业养殖以川西成都平原地区为多，川东地区分布着南北走向平行岭谷的分布使得水利设施的修建不易，影响农业经济发展水平，故仅有少量人工养鱼业发展。如重庆江津出土的画像砖中有太阳纹、山峦、游鱼、池塘组合的画面。江北区出土的陶田中，有鱼、鸭、菱角、莲花、螺、蚌等。这些出土的文物都是川东地区稻田养鱼的实证。② 虽然文献记载不多，但川东地区的陂池应有养鱼。正如任乃强先生谈道：“江北县属向斜地层之部，为红黏土，亦作稻田与陂池。其陂池当是巴王时已提倡。初为养鱼，农民因其水利以种稻。巴亡后，农人渐任陂池淀淤，侵为稻田。水浅，养鱼量小，则种

① 刘兴林著：《历史与考古：农史研究新视野》，生活·读书·新知三联书店，2013 年，第 237 页。

② 国务院三峡工程建设委员会办公室、国家文物局编著：《峡江地区考古学文化的互动与诸要素的适应性研究》，科学出版社，2009 年，第 371 页。

图 2-4　峨眉县出土的汉代水塘水田模型

蒲蒻，兰草。”①

此外，四川地区出土的汉代实物中常见有鱼的模型。如成都市郊曾家包出土陶鱼三件。这一时期墓葬中出土的庖厨、俎案一般都配以鱼。成都市区出土的陶俎案上有三条大鱼。绵阳东汉墓出土的庖厨俑，穿长袍，踞坐于俎案前，右手平举，左手按鱼，作剖鱼状，形象生动、逼真。除了池塘、稻田养鱼外，两汉时期蜀地还流行一种养鱼法，即“流水养鱼”。《僮约》中有“调治马户”之语，“户，水门也，蜀每流水养鱼，欲食乃取之”。②

二、渔业捕捞方法及渔具

秦汉时期长江上游鱼类资源丰富，故而才有“崩江多鱼害”的情况出现。蜀地的渔业捕捞主要集中于人口规模较大的沱江流域及岷江流域的成都周边河

---

① （晋）常璩著，任乃强校注：《华阳国志校补图注》卷三，上海古籍出版社，1983 年，第 31 页。

② （汉）王褒《僮约》，（唐）欧阳询撰：《艺文类聚》卷三十五，中华书局，1965 年，第 633 页。

段。成都周边地区的德阳县“山原肥沃，有泽渔之利”①。西汉中期，资中人王褒《僮约》记载沱江流域资中地区的经济活动和饮食，谈到奴僮“结网捕鱼……入水捕龟”，达官贵人食用则有“脍鱼炰鳖”②。《水经注》记载沱江流域的汉安县“蚕、桑、鱼、盐家有焉”③。渔业捕捞的发展与区域经济开发水平有一定关系。人口相对密集的沱江流域和成都平原周边地区渔业捕捞发达。秦汉时期随着渔业开发强度增强，捕捞方式也逐渐多样化，包括动物捕鱼、竹制渔具、钓捕等。

川东地区亦有一定的渔业捕捞。《华阳国志》载：“（巴郡）结舫水居五百余家”。任乃强认为此处即所谓“蜑户”也。④《华阳国志》谓：“其属有濮、賨、苴、共、奴、獽、夷、蜑之蛮”。巴东郡有“奴、獽、夷、蜑之蛮”分布。涪陵郡“人憨勇，多獽、蜑之民”⑤。当时有巫蜑、巴蜑生活于长江三峡一带。胡三省注《资治通鉴》：“‘蜑’亦蛮也。居巴中者曰巴蜑，此水蜑之习于用舟者也。”⑥ 蜑民乃习于水上生活，且善于用舟楫，渔业捕捞应是其主要经济活动之一。《水经注》中有记：“南浦故县陂湖，其地平旷，有湖泽，中有菱、芡、鲫、雁，不异外江。”⑦ 南浦县，治所即今万州区。此地在当时有水域宽阔的陂池、湖泊等，水生动植物资源丰富。

1. 利用水獭、鸬鹚等动物捕鱼

有专家指出，所谓的“鱼凫”即是鸬鹚。这说明蜀地运用鸬鹚捕鱼历史

---

① （晋）常璩著，任乃强校注：《华阳国志校补图注》卷三，上海古籍出版社，1983年，第14页。

② （汉）王褒《僮约》，（唐）欧阳询撰：《艺文类聚》卷三十五，中华书局，1965年，第633页。

③ （北魏）郦道元著，陈桥驿校证：《水经注校证》，中华书局，2007年，第772页。

④ （晋）常璩著，任乃强校注：《华阳国志校补图注》卷三，上海古籍出版社，1983年，第20页。

⑤ （晋）常璩著，任乃强校注：《华阳国志校补图注》卷一，上海古籍出版社，1983年，第41页。

⑥ （宋）司马光编著，（元）胡三省注：《资治通鉴》卷一百七十七，中华书局，1956年，第5 512页。

⑦ （北魏）郦道元著，陈桥驿校证：《水经注校证》卷三十三，中华书局，2007年，第776页。

悠久。两汉时期延续了先秦时期利用动物捕鱼的方式。出土的汉代画像石、画像砖上多绘有用鸬鹚、水獭捕鱼的情景。郫县出土的东汉画像石棺中有鸬鹚捕鱼的画面。渔船上一人掌舵，一人撑竿，一人纵使鸬鹚下水捕鱼。鸬鹚昂首立于船上，船下水中有游鱼。① 新津县邓坝乡石坝湾1号东汉崖墓石棺上有鸬鹚啄鱼的画面，并刻有东汉永平年号。②

除了鸬鹚外，还有水獭捕鱼。彭县出土的《采莲渔猎》画像砖中（图2-5），左边有池塘，池内泛二独木舟，上方一条船，船左一人用长竹竿撑船，船右首上伏一动物，应是水獭，正注视水面，水中有游鱼。③ 用水獭捕鱼在我国出现较早。《说文》曰："獭，如小狗，水居，食鱼"。水獭又俗称水狗，水獭擅长捕鱼是由其习性所决定的。汉代四川多池塘养鱼，由于水面较窄，不便进行大规模的捕捞作业，用鸬鹚、水獭之类的动物捕捞是较普遍的。

图2-5　彭县出土的采莲、渔猎画像砖

---

① 李复华、郭子游：《郫县出土东汉画像石棺略说》，《文物》，1975年第8期。

② 成都市地方志编纂委员会编纂：《成都市志水利志》，四川辞书出版社，2001年，第474页。

③ 中国画像砖全集委员会编：《中国画像砖全集》四川汉画像砖，四川美术出版社，2005年，图版第88页。

2. 利用竹制渔具等捕鱼

巴蜀民众就地取材，捕鱼设备多以竹编制而成。《华阳国志》记载四川地区有诸多渔梁。如新都县有“渔梁”①，广都（今双流）“江有渔漕梁”②，江阳（今泸州）有“伯涂渔梁”③。成都市新都区出土的汉代网鱼画像砖就再现了渔家归舟的情景（图2-6）④。图中绘有竹编的鱼兜以及渔网、渔筏，渔民们满载而归。

图2-6　网鱼画像砖

所谓渔梁，《说文》曰：“梁，水桥也。”渔梁即拦鱼的水桥。一是用竹而制成。《酉阳杂俎》云：“以竹为鱼梁。”另一是于江中水浅处垒石绝水，仅开一口。朱熹集：“梁，堰石障水，而空其中，以通鱼之往来者也。”渔梁通常

① （晋）常璩著，任乃强校注：《华阳国志校补图注》卷三，上海古籍出版社，1983年，第14页。

② （晋）常璩著，任乃强校注：《华阳国志校补图注》卷三，上海古籍出版社，1983年，第158页。

③ （晋）常璩著，任乃强校注：《华阳国志校补图注》卷三，上海古籍出版社，1983年，第180页。

④ 中国画像砖全集委员会编：《中国画像砖全集》四川汉画像砖，四川美术出版社，2005年，图版第87页。

与鱼笱配套联合使用。任乃强先生说到用笱捕鱼时，依据水面情况，小河则截江为横梁阻水，开口设笱取鱼。大河则顺江分水为隔，再作横梁，设笱取鱼。[①] 何谓“笱”，朱熹集：“笱，而承梁之空以取鱼者也。”“笱”，也叫须笼，用竹编成筒状，须笼口大底小，笼口有倒刺的须，鱼能进而不能出。峨眉双福公社浮石水塘的水闸流水口处置一接鱼的竹编器物应是“笱”。四川自古盛产竹子，又多石，就地取材，制作鱼梁捕鱼，说明人们已进入较深的水域捕捞作业。汉代四川有如此多与鱼梁相关的记载，特别是私人伯涂鱼梁的出现，说明这一时期四川的捕捞业向前推进了一大步。

3. 利用钓捕方法捕鱼

钓捕也是两汉时期一种重要的捕捞方式。汉代四川画像砖中常可以看到水滨、河畔垂钓的画面。四川广汉县曾出土过一件渔筏画像砖（图 2-7），图中有较宽阔的河面，一人持竿撑筏，鱼、虾、龟等在水中游荡。筏之中部一人跪蹲筏边，手中提线，线上好似悬着一条鱼。河岸起伏不平，属浅丘地带，另一人蹲于河岸左侧，持竿抛线钓鱼。靠近钓鱼者身旁一物为盛鱼的鱼篓。[②] 四川地区还出土过一件与此砖相仿的垂钓画像砖（图 2-8）。[③] 钓捕是一种最简便的渔业生产方式，获鱼量也有限，但它是最常见的捕鱼方式之一。随着汉代四川铁器的普遍使用，丝麻业的发展，其钓鱼工具也有很大的改进，鱼钓采用铁制，钓线则是用丝或麻制成。此后钓具使用逐渐广泛，晋代诗人张载《登成都白菟楼》：“披林采秋橘，临江钓春鱼。”[④]

总的来看，当时巴蜀地区人们捕鱼的方式多样，郭璞《江赋》：“栫淀为涔，夹潨罗筌。筒洒连锋，罾罶比船。或挥轮于悬踦，或中濑而横旋。忽忘夕而宵归，咏采菱以叩舷。”[⑤] 其中所述包含多种取鱼之具。“栫”，江中取鱼栏

---

① （晋）常璩著，任乃强校注：《华阳国志校补图注》卷三，上海古籍出版社，1983 年，第 162 页。

② 中国画像砖全集委员会编：《中国画像砖全集》四川汉画像砖，四川美术出版社，2005 年，图版第 90 页。

③ （日）渡部武：《汉代画像所见渔捞采集》，《海事史研究》，1981 年 4 月，第 55 页。

④ （南宋）袁说友编辑：《成都文类》卷一，中华书局，2011 年，第 38 页。

⑤ （梁）萧统撰，（唐）李善注：《昭明文选上》卷十二，京华出版社，2000 年，第 346 页。

图 2-7　广汉渔筏画像砖

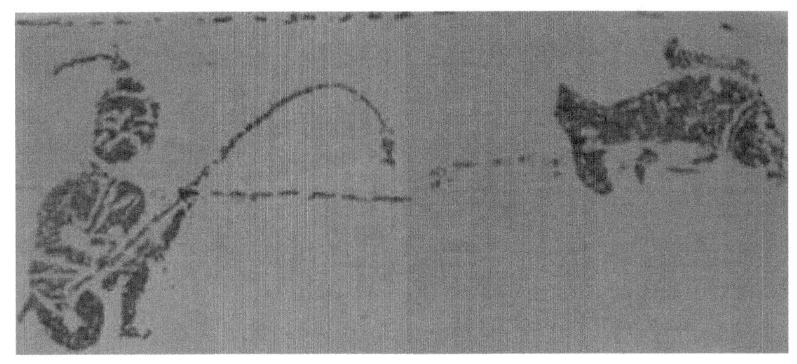

图 2-8　垂钓画像砖

曰“鱼椊”。“椊”，音荐，俗讹为圈。《说文》：“椊，以柴木壅也，从木，存声。”杨升庵也曾云：“蜀中有鱼椊之名。”① “椊”使用的季节以秋冬季为主，即是将柴禾沉入深水中，使鱼群集中越冬，外围以竹箔或网，再取去柴禾，聚而捕之。“涔”，《尔雅》曰：槮谓之涔。李善注《文选》：“丛木于水中，鱼得寒，入其里，以薄捕取之也。槮，苏感切。涔，字廉切。”《说文》曰：“潀，小水入大水也”。“筌”，捕鱼之器，以竹为之，盖鱼笱之属。“罗”，盛

① （明）杨慎著：《升庵集》卷六十七，清文渊阁四库全书本。

鱼的器具。李善注《文选》：“箭洒连锋，罾罶比船。旧说曰：箭、洒，皆钓名也。罾、罶，皆网名也。洒，所蟹切。”① “箭”“洒”为钓具，“罾”“罶”为网具。

此外，在一些偏远、经济落后地区仍保留有尖状器刺鱼。石矛这种尖状器渔具是新石器时代的重要渔具，将矛头制成带倒钩的簇形，系上长绳，便可远距离捕捞大型鱼类，这是网具还未广泛使用前的有效渔具，在新石器时代的渔猎活动中十分常见。直到南北朝时期，投矛刺鱼仍是僚人的主要捕鱼方法之一，所谓僚人“能卧水底，持刀刺鱼”。② 长宁“七个洞”东汉崖墓石刻画像中，有很多渔作的画面，如其中的 7 号墓，墓室第二层门框门额两端各刻绘一条鱼，鱼头相向，中间则绘有两组多歧尖状器，尖头朝向鱼，疑为捕鱼之器具。又如 5 号墓，墓外石壁左下方靠地面处，刻绘为渔猎图。图中一人戴尖顶高帽，尖顶偏向一侧，身着宽衣，右手持一尖状器，左手持一械，作用力抛掷状。前方不远处为一条大鱼，背上插一尖状器。③ 尖状器渔猎的画面表明直到汉代这一地区渔业手段仍十分落后。长宁县位于川南，汉时为犍为、江阳两县属地，交通十分闭塞，与外界接触不便。因此，这种现象的出现是不足为怪的。僚人“能卧水底持刀捕鱼，其口嚼食并鼻饮”。④

以西昌邛海为中心的安宁河流域鱼类资源丰富，且分布有专门的渔民群体进行渔捞活动，“邛池，是夜方四十里一时俱陷为湖，土人谓之邛河，亦曰邛池。其母之故宅独不没，至今犹存，渔人采捕，必依止宿”。⑤ “《南中八郡志》曰邛河纵广岸二十里，深百余丈，有大鱼长一二丈，头特大，遥视如戴铁釜状。”⑥ 川南珙县等地悬棺葬出土的岩穴壁画中，就有很多鱼类、钓鱼的

① （梁）萧统撰、（唐）李善注：《昭明文选注》卷十二，京华出版社，2000 年，第 346 页。

② （北齐）魏收撰：《魏书》卷一百零一《僚传》，中华书局，1997 年，第2 248页。

③ 姜世碧：《四川古代渔业述论》，《四川文物》，1995 年，第 6 期。

④ （唐）李延寿：《北史》卷九十五《僚传》，中华书局，1974 年，第3 154页。

⑤ （宋）乐史撰，王文楚等点校：《太平寰宇记》卷七十五，中华书局，2007 年，第1 524页。

⑥ （明）曹学佺：《蜀中广记》卷六十，西南史地文献第二十六卷，兰州大学出版社，中国西南文献丛书，2004 年，第 258 页。

图像，反映了僰人渔猎经济的特点。① 同治年间四川盐源县邑人陈震宇记载其亲眼所见僰人渔猎经济的特点，其言云："僰人习水，长于水，入水激浪，伏深潭，行所无事，掷如得鱼，道旁啧羡，久于其处也，恬弗为怪也。向闻僰人入水取珠，历几昼夜，可不出，僰人之取鱼，技亦近之。僰人有不得珠而苦于征索者，僰人之弄湖跳波，视鱼为囊中物，拾括烹鲜，酒州斗许，同一水技，而僰人逸矣。"② 善识水性，入水捕鱼是许多靠水而居的民族所具有的生存技能。

三、开发的主要鱼类资源种类及食用情况

西汉扬雄的《蜀都赋》记载了当时蜀地水生动植物种类多样："深则有猵獭沉鳝，水豹蛟蛇……众鳞鳎鳞。"③ 此处的"沉鳝"有可能是鳗鲡，"鳎"应是娃娃鱼，"猵獭"以鱼为食，它们的大量存在亦反映出鱼类资源的丰富。左思《蜀都赋》中所记载水产品种更是多样，"水物殊品，鳞介异族。或藏蛟螭，或隐碧玉。嘉鱼出于丙穴，良木攒于褒谷"。"鳣鲔鳟鲂，鳀鳢鲨鲿。差鳞次色，锦质报章。跃涛戏濑，中流相忘。"④ "鳣、鲔"即是鲟鱼类。"鳟"应是赤眼鳟。"鲂"即鲂鱼。"鳀"，《广雅》曰："鳀，鲇也。"今俗称鲇鱼。"鳢"即鳢科乌鳢鱼。"鲨"应是吹沙鱼类。"鲿"鲿科黄颡鱼类。达官贵人的宴会上，新鲜的水族自然是款待嘉宾的上品，"觞以清醥，鲜以紫鳞"⑤。

1. 开发的主要鱼类资源种类

体型巨大的鲟鱼类应该说是汉晋南北朝时期长江上游地区记载最多的鱼类。鲟鱼在长江上游地区利用较早且较为重要，有着独特的名字。许慎记载：

① 吕大吉、何耀华主编：《中国各民族原始宗教资料集成考古卷》，中国社会科学出版社，1996年，第565-567页。

② 盐源县地方志编纂委员会办公室编：《盐源史志资料》（内部资料），1988年，第4期，第181页。

③ （南宋）袁说友编辑：《成都文类》卷一，中华书局，2011年，第2页。

④ （南宋）袁说友编辑：《成都文类》卷一，中华书局，2011年，第5-6页。

⑤ （梁）萧统撰，（唐）李善注：《昭明文选上》卷四，京华出版社，2000年，第117页。

蜀人最早称之为“䱉（音更）鳢（音蒙）”①，至迟在五代时期四川已经将鲟鱼称为“䱛子鱼”，这个称呼一直沿用至今，四川沿江渔民仍称其为“癞子鱼”。

随着人们对鲟鱼利用的加强，对其洄游特征亦有了一定认知。《水经注》载：“僰道县在南安东四百里，拒郡百里……滨江有兵栏，李冰所烧之崖有五色焉，赤白照水玄黄。鱼从僰（一作楚）来，至此而止，言谓崖屿，不更上也。”② “鱼从楚来至此而止”，笔者推测应是描述的鲟鱼溯江于此地产卵。古人不知究竟，附会说鲟鱼是因畏惧崖壁倒影在水中的颜色而不敢前进。另外，鱼复县的得名与鲟鱼有关。鱼复治今奉节县，《益部谈资》：“鱼复，即夔地，谓鳇鱼至此复回，不上也，对城隔江有鱼复县故址”。③ 《蜀中广记》载：“《荆州记》鱼复古县名，土人谓鱏鳇至此复回不再上也。”④ 虽然所释不尽正确，但鱼复县的得名应是与鲟鱼从下游上溯有一定联系。

《魏武四时食制》中谈到鲟鱼：“鳢，一名黄鱼，大数百斤，骨软可食，出江阳、犍为。”⑤ 汉代江阳郡即今泸州，犍为郡治所在今宜宾市，而这种“黄鱼”就是鲟鱼类，可见汉代四川地区对鲟鱼类就有较多利用，这在画像砖石中也多有体现。东汉安岳崖墓石刻画像中有一幅“舟鱼图”，见于瑞云乡老君岩1号墓右壁。左边刻有一舟，舟右侧刻一鱼，应该是鲟鱼，好像被舟上下垂的一叉刺住鱼头。这条鱼后方还有一条大鲟鱼。⑥ 另如宜宾出土的东汉画像石棺有一幅“观禽捕鱼图”，描绘了水中数禽争夺鱼的情景。其中二禽争夺一鱼，另一禽叼一鱼；岸上两人观看，一人做举双手欢呼状，一人做欢笑捧腹

---

① （汉）许慎撰，（清）段玉裁注：《说文解字注》，上海古籍出版社，1981年，第964页。

② （晋）常璩著，任乃强校注：《华阳国志校补图注》卷三，上海古籍出版社，1983年，第139页。（北魏）郦道元著，陈桥驿校证：《水经注校证》卷三十三江水，中华书局，2007年，第770页。

③ （明）何宇度著《益部谈资》卷下，王玉云主编：丛书集成初编，中华书局，1985年，第24页。

④ （明）曹学佺撰：《蜀中广记》卷六十，西南史地文献第26卷，兰州大学出版社，中国西南文献丛书，第258页。

⑤ （北宋）李昉等撰：《太平御览》卷九百三十六鳞介部八，中华书局，1960年，第4 161页。

⑥ 傅成金：《安岳崖墓石刻画像概述》，《四川文物》，2002年第3期。

状。[①] 以上两图中的鱼，都被认为是鲟鱼。这种鲟鱼图形在四川乐山柿子湾崖墓画像石刻中有详细的刻画。其一区 32 号墓门门楣上，有一鱼，鱼头略呈三角形，尾鳍呈歪形，上叶长而尖，完全是鲟鱼的形体特征。[②] 鲟鱼图的大量出现，亦可证明当时长江上游地区鲟鱼类资源的丰富，同时又表明了汉代四川地区的人们捕鱼、食鱼的民俗特征。直至魏晋南北朝时期，长江上游地区此风依然盛行，郭义恭《广志》云犍为郡僰道县出臑骨鱼。《南中八部志》云：黄鱼形似鳣鱼，骨如葱可食用。[③]

除了体形巨大的鲟鱼外，另有“羊鱼”“郫县子鱼”“武阳鱼”等因其味美，名流史册。《水经注》记载鱼复县的巴乡村：“侧有溪，溪中有鱼，其头似羊，丰肉少骨，美于余鱼矣。溪水伏流迳平头山内。”[④] 这里记载了产“其头似羊”鱼的地理环境，即有伏流溪河。此种鱼有可能与后人所称的“阳鱼”“洋鱼”属同一种，即产于地下阴河的裂腹鱼属。郦道元对其得名的解释可能是附会其名，望文生义。实质上应写作“阳鱼”，因其春初出洞穴向阳矣。《魏武四时食制》说：“郫县子鱼，黄鳞，赤尾，出稻田，可以为酱。”[⑤] “子鱼”即体形较小之鱼，黄鳞赤尾，其特征应为鲤鱼，产于稻田。有学者认为蜀人喜食仔鲤鱼是因为稻田水浅，不能养大鱼也。还有体型极小的武阳鱼，亦可用于制酱，郭义恭《广志》云，武阳鱼大如针，号一斤千头，蜀人以为酱。[⑥]

2. 食用方式

汉晋南北朝时期巴蜀地区对鱼类的食用方式包括有制酱、作鲙等。以鱼为酱，在中国食用历史悠久，它既可作为菜肴，又可作为调味品。郫县子鱼、武阳鱼此类的小鱼，可以用于制酱，另《异鱼图赞》引《魏武帝四时食制》有

① 兰峰、钱志黄：《宜宾汉代石刻画像中的鲟鱼》，《四川文物》，1987 年第 4 期。

② 唐长寿：《乐山柿子湾崖墓画像石刻研究》，《四川文物》，2002 年第 1 期。

③ （北宋）李昉等撰：《太平御览》卷九百四十鳞介部十二，中华书局，1960 年，第4 175页。

④ （北魏）郦道元著，陈桥驿校证：《水经注校证》卷三十三江水，中华书局，2007 年，第 776 页。

⑤ （北宋）李昉等撰：《太平御览》卷九百三十六鳞介部，中华书局，1960 年，第4 160页。

⑥ （北宋）李昉等撰：《太平御览》卷九百三十五鳞介部，中华书局，1960 年，第4 156页。

蒲鱼："蜀有蒲鱼，其形如粥，出于郫县蒲村之麓。"① 推测这里所说的"蒲鱼"很有可能就是"郫县子鱼"。此鱼形态亦较小，当时食用的方式乃是作酱，味道鲜美。

"脍"这种食用方式历史悠久，上有孔子食脍，称之为"脍不厌细"。直至唐宋时期，鱼鲙则成为食鱼的主流方式之一。"脍、鲙"，《释名》："脍，会也，细切肉。"② 由"脍"到"鲙"，有观点认为是因以鱼制"脍"的情况较多，继而有单独表示鱼肉鲙的"鲙"字出现。简言之，"鲙"即是将鱼肉细切成极薄的片或丝，然后拌上酱、醋之类的调味品或配之以葱、蒜、橘皮或蔬菜等生食之。《华阳国志》中载汉代广汉的姜诗，事母至孝，其母"欲江水及鲤鱼脍"，其汲水溺死，舍旁所涌泉水跃出鲤鱼，以为脍供其母食用③。晋萧广济《孝子传》中有巴郡杜孝，"母喜食生鱼，孝于官得生鲜，截竹铜（筒）盛鱼一头置江中，妻得之曰：'是我婿寄'，乃以进母。"④ 中古时期食鲙更是蔚然成风，唐宋时期的诗歌对此多有反映。

汉晋南北朝时期四川盆地渔业除充分利用天然鱼类资源外，还出现了大规模的人工养鱼。两汉时期农田水利的大力兴修，为人工养鱼在长江上游地区尤其是四川盆地西部的发展奠定了基础。出土的大量陶水田模型和画像砖都表明两汉四川盆地西部和汉中地区人工养鱼发展较好。

采集渔猎经济形态与农耕经济形态有一种此消彼长的关系存在。同时生态环境与经济形态关系密切，采集渔猎经济有赖于丰富的动植物水产资源。农耕经济的发展又会挤压、侵占采集渔猎对象的生存空间。巴蜀地区地理环境的不同，造就了区域经济发展形态的差异。从渔业发展方面来看，秦汉时期川东北、川东主要分布着擅长渔猎的巴人，属渔猎农并重区，基本为江河中的自然捕捞。盆地南部和四川中部丘陵区渔猎依然是重要的副业。在成都平原水利设

① （北宋）李昉等撰：《太平御览》卷九百四十鳞介部，中华书局，1960年，第4 175页。

② （东汉）刘熙撰：《释名》卷四释饮食，中华书局，1985年，第64页。

③ （晋）常璩著，任乃强校注：《华阳国志校补图注》卷十中，上海古籍出版社，1987年，第565页。

④ （北宋）李昉等撰：《太平御览》卷九百三十五鳞介部七，中华书局，1960年，第4 156页。

施、农耕发达的区域，池塘、稻田养鱼颇为发展。

第二节　蜀鱼肥：唐宋元时期巴蜀地区鱼类资源的开发与利用

四川盆地中部和东部及盆周山区在汉晋时期，尤其是僚人入蜀后，成为少数民族聚居地，农业生产落后，渔猎经济占有重要地位。北周至唐代初期，对这些区域的管辖日益严密，僚人与汉族交往加强，在汉文化影响下，渔猎逐渐为农业所取代。但总体来看，唐宋时期这些区域渔猎经济仍占有较大比重。唐宋元时期巴蜀地区渔业的繁荣与当时的生态环境良好有密切关系，当时气候温和湿润，水资源丰富，水质状况良好，饵料资源丰富，鱼类资源自然颇为丰富。

由于地理环境和经济发展水平的差异，唐宋元时期长江上游地区鱼类资源的开发呈现出一定的区域差异。四川盆地西部岷江中下游及沱江、涪江中下游经济水平较高，鱼类资源得到一定开发。同时三峡地区渔猎在经济活动中占有一定比重。岷江西岸的今乐山，长江南岸的宜宾、泸州、重庆等地由于开发较晚，人口较少，对鱼类资源开发强度不大，鱼类资源丰富。相较而言，川东地区的嘉陵江、渠江流域农耕经济开发程度不高，渔猎经济仍占有一定比重。正如郭声波先生所说，至隋代清化、通川、宕渠郡等及涪陵、巴郡与汉中，皆是“多事田渔”“杂有獠户”，应视为半农半渔猎区①，但相较于前代，嘉陵江流域的今广元、合川地区有了一定程度的开发。

唐宋时期巴蜀地区鱼类资源得到进一步开发，不断入蜀的文人雅士对巴蜀的河鲜赞誉不已。杜甫有诗赞誉“蜀酒浓无敌，江鱼美可求”。② 据学者统计，在《杜诗详注》所收录的1 400余首杜诗中，涉及“渔”和“鱼”的有76首，其中作于西南地区的48首，约占所有渔业诗总数的63%，涉及的地区有益、

① 郭声波著：《四川历史农业地理》，四川人民出版社，1993年，第43页。

② （清）彭定求等编：《全唐诗》卷二二七，中华书局，2013年，第2 464页。

彭、梓、阆、绵、汉、合、夔8个州。[①] 从乾元二年（759年）至大历三年（768年），杜甫在蜀地仅九年的时间，就写出如此多的渔业诗，这说明当时本区域渔业应该是相当繁荣。宋代鱼类资源得到更大程度的开发，所记载的资源种类增多，涉及的区域扩大。唐宋时期是长江上游地区鱼类资源开发的一次高潮。[②]

渔业的发展与当时良好的生态环境有密切关系，据竺可桢等学者研究表明[③]，唐代处于温暖期。巴蜀地区气候温和湿润，水资源丰富，水质状况良好，饵料资源丰富，鱼类资源自然颇为丰富，为渔业的发展提供了前提与基础。虽然北宋开始气候转寒，但是我们知道每种鱼类的生存都有一定的适应水温波动域，只要气温波动的幅度在此适应范围内，对于鱼类资源的生存而言就不会产生太大的影响，宋代有所谓"春江流下蜀鱼肥"。[④] 同时，从生态环境史的角度看，唐宋时期巴蜀地区鱼类资源的丰富和渔业经济的发展也反映了区域水环境的状况应该是不错的。

一、唐宋时期巴蜀地区鱼类资源的开发

唐宋时期巴蜀地区的鱼类资源在汉晋时期的基础上得到进一步开发，所记载的资源种类增多，开发区域更广，捕捞规模扩大，渔业生产商品化程度提高，当然这也是唐宋时期巴蜀地区商品经济逐渐繁荣的表现之一。对唐宋时期渔业经济发展状况主要是从所利用的鱼类资源种类及渔业发展状况等方面进行探讨。需要说明的是，一般来说所记载的鱼类包括两种类

---

① 卢华语等著：《唐代西南经济研究》，科学出版社，2010年。

② 唐代佛教进入鼎盛时期，戒杀禁捕，设立放生池对渔业发展有一定影响，但这一政策违背人们长久以来的饮食习惯，总是断断续续，未能广泛、彻底实现，仅是在如武后、肃宗朝措施会比较明显。如乾元二年（759年），肃宗下令在全国，包括剑南、山南、黔中等道设置放生池。民间渔业捕捞似乎受其影响不大。宋代随着佛教由盛转衰，戒杀放生对渔业影响更是逐渐减少。

③ 竺可祯：《中国近五千年以来气候变迁的初步研究》，《考古》，1972年，第1期。蓝勇：《唐代气候变化与唐代历史兴衰》，《中国历史地理论丛》，2001年，第1期。

④ （宋）陈思：《两宋名贤小集》卷三百四十五《西胜稿》，《四库全书》文渊阁影印本，（中国台湾）商务印书馆，1982年，第1 364册，第663页。

型：一是某区域的特产鱼类，二是重要的经济型食用鱼类。

1. 长江干流

鲟鱼一直以来都是长江干流重要的经济鱼类，尤其以今三峡地区、泸州、宜宾的鲟鱼类资源最为丰富，秦汉至魏晋的文献中多有记载，开发历史悠久。杜甫用诗歌记录了唐代夔州地区的渔业，其中提到一些重要鱼类，其《黄鱼》曰："日见巴东峡，黄鱼出浪新。脂膏兼饲犬，长大不容身。筒筩相沿久，风雷肯为神。泥沙卷涎沫，回首怪龙鳞。"① 杜甫旅居夔州经常在巴东峡一带见到黄鱼，明人王嗣奭所著《杜臆》对杜甫这首诗作注："夔州上水四十里有黄草峡，出黄鱼，大者数百觔。"② 此处"黄鱼"体型巨大，所指应是鲟鱼类。"脂膏兼饲犬"，说明鲟鱼不仅为人所食用，而且兼之用于饲养犬类。可见当时川江中的鲟鱼资源量十分丰富。杜甫对捕获鲟鱼的工具也有留意，"筒筩"是一种类似于滚钩的捕鱼器具，"洙曰筒筩，捕鱼器也，赵曰筒筩散布水中以系饵，观其没为验，而随其用以取之也。"③ 杜甫在夔州常食鲟鱼，有诗《戏作俳谐体遣闷二首》有"家家养乌鬼，顿顿食黄鱼"之句。此处的"黄鱼"所指的是何种鱼，历来有争论，总体来说有两种看法，其一，是体大的鲟鱼类；其二，是体小味美的黄颡鱼。对"乌鬼"理解的不同会影响"黄鱼"所指的鱼种类。实际上，"乌鬼"并非"鸬鹚"，已有学者对此问题作了详尽的考证④。杜甫诗中的"养乌鬼"与"食黄鱼"并无一定的因果联系，而是并列陈述这是夔州地区的两个重要且特别的"异俗"。《黄鱼》诗中也已经明确指出当时捕获黄鱼的工具主要就是"筒筩"，并非是"乌鬼"。另外，《酉阳杂俎》说"蜀中每杀黄鱼天必阴雨。"⑤ 看来"黄鱼"却非寻常之鱼，乃是一种

---

① （清）彭定求等编：《全唐诗》卷二百三十一，中华书局，2003 年，第 2 551 页。

② （明）王嗣奭撰：《杜臆》卷八，上海古籍出版社，1983 年，第 285 页。

③ （宋）郭知达：《九家集注杜诗》卷三十一，上海古籍出版社，1985 年，第 496 页。

④ 关于"乌鬼"所指，自宋代以来学者多有探讨，据不完全统计约有八种不同的解释，莫衷一是，其中"鸬鹚说"颇有影响力。但实质上此说存在很多疑点。蒋先伟《说"乌鬼"》、滕新才《三峡"乌鬼"考》、张艳梅《"乌鬼"考辨》、李明晓《"乌鬼"小解》等文从多个角度对此说提出了质疑，颇有道理，在此不赘述，笔者认为"乌鬼"并非指的是鸬鹚。

⑤ （唐）段成式撰、方南生点校：《酉阳杂俎》卷五，中华书局，1981 年，第 53 页。

祭献品。早在春秋战国之际，鲟鱼类就已经是献祭品。综上观之，杜甫诗中的“黄鱼”应指的就是鲟鱼类。宋代长江干流渔业经济得到进一步开发，鲟鱼类依然是盛产，《太平寰宇记》载鳇鱼为泸州的土产，能称为“土产”想必数量不少。[①]“泸州，百斤黄鱼，脍玉万户”。[②]苏东坡有“冰盘荐文鲔（鲔，鮥也。戎、泸常有）”的诗句[③]。苏东坡作为四川人，称其为“鮥”，且说“戎、泸常有”，说明当时宜宾、泸州一带鲟鱼应极为常见。

鱼类是杜甫在夔州时期重要的食物来源，所谓“江鱼美可求”。[④]除上述所提到的鲟鱼类以外，还有一些鱼包括白小等也是重要的食用对象。杜甫的《白小》曰：“白小群分命，天然二寸鱼。细微沾水族，风俗当园蔬。”“白小”个体较小，由于资源量丰富，就如同菜园里的蔬菜一般常见。白居易在任忠州刺史时亦说，由于当地少蔬菜，因而“饭下腥咸小白鱼”，人们将产量巨大的小白鱼腌制晒干制成鱼干是当时重要的下饭菜。[⑤]后世多认为“白小”即是鲌亚科属白鲦鱼。此说有一定道理，长江流域白鲦鱼分布范围甚广，产量较大，从其形态大小描述上看也基本吻合。“白小”类体型较小的溪鱼在“秋野日疏芜”之际，成了重要的食物，正所谓“盘餐老夫食，分减及溪鱼”。[⑥]这也从侧面反映出唐代三峡地区的夔州、忠州等地由于地理环境多山，农业开发有限，鱼类依然是人们重要的食物来源。另外“白鱼”也是杜甫经常提到的鱼，“溪友（女）得钱留白鱼”“白鱼如切玉”[⑦]，可能指的是俗称翘壳的鲌鱼。唐代夔州极富鱼盐之利，加之过境商业的繁荣，促进了渔获的产销。唐代夔州刺史李贻孙述及云安市场时写到：“商贾之种，鱼盐之利，蜀都

---

① （宋）乐史撰，王文楚等点校：《太平寰宇记》卷八十八，中华书局，2007年，第1 740页。

② （宋）王象之原著：《舆地纪胜》卷一百五十三，中华书局，1992年，第4 150页。

③ 张春林编：《苏轼全集》，苏东坡《答任师中家汉公》，中国文史出版社，1999年，第123页。

④ （清）彭定求等编：《全唐诗》卷二二七，中华书局，2003年，第2 464页。

⑤ （清）彭定求等编：《全唐诗》卷四四一，中华书局，2003年，第4 919页。

⑥ （清）彭定求等编：《全唐诗》卷二百二十九，中华书局，2003年，第2 499页。

⑦ （清）彭定求等编：《全唐诗》卷二百三十、卷二百二十九，中华书局，2003年，第2 517、2 506页。

之奇货，南国之金锡，而杂聚焉。”① 当时夔州“民家子弟壮则逐鱼盐之利。”②

宋代三峡地区的渔业得到进一步开发，捕鱼是民众的重要经济活动。南浦县（今万州地区）改名为鱼泉县，乃是因“以地土多泉，民赖鱼罟为名”。③ 位于今重庆梁平县南的柏枝山盛产丙穴嘉鱼，《水经注·江水》：“水发县东南柏枝山，山下有丙穴，穴方数丈，中有嘉鱼，常以春末游渚。冬初入穴，抑亦褒汉丙穴之类也。”④在宋代此种鱼依然有记载，“柏枝山，在县东南十五里，《寻江源记》云丙穴有嘉鱼其味甚美，丙穴出柏枝，即此山是也。”⑤《舆地纪胜》中记载多处与鱼类资源和渔业有关的地名。如秭归县的“鱼仓”在光绪《归州志》中依然有记载。此地位于西陵峡内，临靠米仓口，渔产丰富，鱼类资源开发较早。另外，秭归县还有“鳊鱼滩”“鳇鱼磊”“黄颡洞”，巴东县则有“鳊鱼滩”等地名，这些地名极有可能是因盛产此种鱼而得名。⑥ 在渔产丰富的三峡地区，鱼类资源是普通民众重要的食物来源，涪州地区“民食稻鱼，凶年不忧，俗不愁苦。”⑦ 夷陵（今宜昌）地区土产米、面、鱼⑧，且人们“日食有稻与鱼”。⑨ 三峡地区渔业捕捞的发达与造船业的兴盛也有一定关系。夔州自古以来就是巴蜀地区的造船中心，西晋时期王濬就已在夔州打造战船，编练水军，最终舟师顺流而下灭吴，《晋书》赞其：“舟

① （清）董诰等编：《全唐文》第四册卷五百四十四，《夔州都督府记》，山西教育出版社，2002年，第3 262页。

② （明）曹学佺：《蜀中广记》卷五十七引何郯《夫子殿记》，西南史地文献第二十六卷，兰州大学出版社，中国西南文献丛书，2004年，第228页。

③ （宋）乐史撰，王文楚等点校：《太平寰宇记》卷一百四十九，中华书局，2007年，第2 887页。

④ （北魏）郦道元著，陈桥驿校证：《水经注校证》，中华书局，2007年，第776页。

⑤ （宋）乐史撰，王文楚等点校：《太平寰宇记》卷一百四十九，中华书局，2007年，第2 892页。

⑥ （宋）王象之原著：《舆地纪胜》卷七十四，中华书局，1992年，第2 466-2 468页。

⑦ （宋）王象之原著：《舆地纪胜》卷一百七十四，中华书局，1992年，第4 525页。

⑧ （宋）祝穆撰，祝洙增订：《方舆胜览》卷二十九，中华书局，2003年，第519页。

⑨ （宋）欧阳修著：《夷陵县至喜堂记》，《欧阳修集编年笺注》卷三十九，巴蜀书社，2007年，第65页。

楫之盛，自古未有”[①]，说明夔州造船业的发达。质量上乘的船舶则是渔民们在水势湍急的三峡地区进行捕捞的基础。

2. 岷江流域

唐宋时期岷江流域所记载的鱼类中最为知名的莫过于嘉鱼，又名丙穴鱼、拙鱼，是裂腹鱼属[②]，在宋祁《益部方物略记》鱼类资源记录中居首位。其在岷江流域分布较多，如大邑县有嘉鱼穴，“其鱼秋冬则乘流而出入，春夏隐腮于岩间，时人往往采之，世传谓之鱼穴也”。[③] 成都府“嘉鱼，细鳞，蜀中谓之拙鱼”。[④] 益州“嘉鱼，细鳞似鳟鱼，蜀中谓之拙鱼，蜀郡山中处处有之。每年春从石穴出，大者长五尺”。[⑤] 支流青衣江的鱼类资源在宋代得到进一步开发，苏轼有诗赞誉青衣江“想见青衣江畔路，白鱼紫笋不论钱”。[⑥] 这说明当时青衣江流域渔产资源非常丰富。尤其是一些名贵鱼类包括白鱼、蛇鱼、嘉鱼等得到更多记载。还有“鱼蛇水”，因“有鱼似蛇”得名[⑦]，在《方舆胜览》有相似记载。[⑧] 所产“蛇鱼”有可能是体型细长似蛇的鳗鲡鱼。在雅州城南有丙穴，盛产丙穴鱼，“丙穴，州城南地名。丙穴出嘉鱼，味咸而美。”[⑨]

宋祁《益部方物略记》记载了岷江流域的几种重要鱼类，味美是它们的共同特点，包括“嘉鱼”“石鳖鱼”“黑头鱼”“沙绿鱼”等，说明人们对这几种鱼已经有了较好的利用和开发。“嘉鱼，鲤质鳟鳞，为味珍腴”。“嘉鱼”属裂腹鱼类，且鳞细小似鳟鱼，味道极美。“石鳖鱼，鲰鳞么质，本不登俎，以味见录，虽细犹捕。状似鳈魪而小。上春时出石间，庖人取为奇味。”“石鳖鱼”应是石巴鱼。石巴鱼腹部有吸盘，在溪流中吸附于石上。春时人们直

---

① （唐）房玄龄等撰：《晋书》卷四十二《王濬传》，中华书局，1974年，第1 208页。

② 刘静、蓝勇：《从文化概念到科学概念——中国古代嘉鱼的名实及分布演变研究》，《中国历史地理论丛》，2014年第4期。

③ （宋）乐史撰，王文楚等点校：《太平寰宇记》卷七十五，中华书局，2007年，第1 525页。

④ （宋）祝穆撰，祝洙增订：《方舆胜览》卷五十一，中华书局，2003年，第907页。

⑤ （宋）乐史撰，王文楚等点校：《太平寰宇记》卷七十二，中华书局，2007年，第1 462页。

⑥ 张春林编：《苏轼全集》，中国文史出版社，1990年，第265页。

⑦ （宋）乐史撰，王文楚等点校：《太平寰宇记》卷七十四，中华书局，2007年，第1 506页。

⑧ （宋）祝穆撰，祝洙增订：《方舆胜览》卷五十三，中华书局，2003年，第949页。

⑨ （宋）王象之原著：《舆地纪胜》卷一百四十七，中华书局，1992年，第3 982页。

接翻开石块，石巴鱼即落入篮中。石巴鱼肉质细腻，味道鲜美。大蒜石爬鱼乃是川西地区的特色河鲜。“黑头鱼，黑首白腹，修体短额，春则群泳，促罟斯获。形若鳣，长者及尺，出嘉州。岁二月则至，惟郭璞台前有之。里人欲怪其说，则言璞著书台，鱼吞其墨，故首黑。”“黑头鱼”即东坡墨头鱼，在乐山大佛沱下有产卵场。苏辙《初发嘉州》中对墨头鱼有描述：“此地苦笺注，区区辨虫鱼，尔雅细分缕，洗砚去残墨。遍水如黑雾，至今江上鱼，顶有遗墨处。”其附会认为墨头鱼头黑是因郭璞著书墨汁所染，实质并非如此。“沙绿鱼，长不数寸，有驳其文，浅濑曲隈，唯泳而群。云鱼之细者生隈濑中状若鳛，大不五寸，美味，蜀人珍之。”“沙绿鱼”体型较小，生于浅溪流水中，且味美无比。

唐宋时期成都的府河、南河水量丰富，且水质较好，加之人工水域较多，水产丰富，有“地富鱼为米”之说。府河上的合江亭可以看到“商舟渔艇错落游衍”。[①] 李新《锦江思》描写锦江上：“得鱼且斫金丝鲙，醉折桃花倚钓船”。苏辙写有一首七律《纪胜亭》极赞新津的江河景观，“夜郎秋涨水连空，渔艇纵横逐钓筒”。南河渔产亦丰富。元代马可·波罗在其游记中记载南河：“有一大川，经此大城。川中多鱼，川流甚深”，“此川之广，不类河流，竟似一海”。[②] 可见当时南河水域较广，水质良好，这为成都富饶的渔产提供了好的生态环境。元人虞集有诗回忆成都风物，赞美曰“江有嘉鱼远致庖”。[③]

由于当时成都地区鱼类资源丰富，经济发展水平较高，渔业商品化程度在巴蜀地区也是最高的。杜甫记载益州地区有“渔人网集澄潭下”[④]，表现出这里的渔业捕捞活动是群体行为，规模较大。五代时期花蕊夫人有诗“旁池（龙池）居住有渔家，收网摇船到浅沙。预进活鱼供日料，满筐跳跃白银

① （宋）吕大防《合江亭记》，（南宋）袁说友编辑：《成都文类》卷四十三，中华书局，2011年，第836页。

② （意）马可·波罗著，（法）沙海昂注，冯承均译：《马可·波罗行纪》第一一三章成都府，商务印书馆，2012年，第249页。

③ 姬沈育著：《一代文宗虞集》，中国社会出版社，2008年，第96页。

④ （清）彭定求等编：《全唐诗》卷二百二十六，中华书局，2003年，第2 434页。

花。”[①] 诗中所描述的“龙池”又名摩诃池，是唐宋时期成都的人工湖。诗中所描述情景应是晚唐摩诃池水盛鱼丰的情景。[②] 这里记载有专门以渔业为生的渔家。嘉州也有以捕鱼为业者，“嘉州渔人黄（王）甲者，世世以捕鱼为业，家于江上。每日与其妻子棹小舟，往来数里间，网罟所得，仅足以给食”[③]。夫妻两人合作，穿梭于风波之上，以船为宅，可每日所得仅能维持生计，这说明当时已有职业渔民群体的存在，而且具有职业的代际传承性质。不仅有专业渔民，渔产品的交易已为常事，杜甫在蜀之时有“日以七金，买黄儿米半篮，细子鱼一串”[④] 之句，此种“细子鱼”是“蜀人奉养之粗者”。“细子鱼”应属体型较小鱼类，味道鲜美，可能是用韧性较好的藤条、树枝之类串联起来进行售卖，这种方法在四川地区极为常见。甚至特定的渔获交易场所也形成了，即鱼市。李珣有《南乡子》词“鱼市散，渡船稀”，当时成都已有鱼市，且靠近水边，渔民捕获后可以很快就近销售。

3. 嘉陵江流域

嘉陵江古称阆水，鱼类资源丰富，杜甫《南池》诗言阆中“枕带巴江腹，清源多众鱼”，[⑤]《阆水歌》“巴童荡桨欹侧过，水鸡衔鱼来去飞”等都展现了嘉陵江流域良好的生态环境与丰富的鱼类资源共存共生的关系。

唐代嘉陵江流域的洞穴鱼类已得到较好的利用，丙穴嘉鱼闻名已久，杜甫赞誉通州的丙穴鱼，“鱼知丙穴由来美，酒忆郫筒不用沽”。除了知名的丙穴鱼外，还有上贡的鲧鱼。《新唐书·地理志》记载利州益昌郡（今四川广元市）贡鲧鱼。利州地理位置靠近当时的政治中心，运输难度相对较小，因而甚有贡鱼至中央。唐代诗人元稹“炰鳖那胜羜，烹鲧只似鲈”记载通州所产的鲧鱼味道鲜美，其下自注：“通州（今四川达州市）俗以为鲧鱼为脍。鲧鱼

① （清）彭定求等编：《全唐诗》卷七百九十八，中华书局，2003 年，第8 978页。

② 成都市地方志编纂委员会编纂：《成都市志水利志》，四川辞书出版社，2001 年，第 688 页。

③ （宋）洪迈撰、何卓点校：《夷坚志·支戊》卷九《嘉州江中镜》，中华书局，1981 年，1 124 页。

④ （唐）冯贽撰：《云仙杂记》卷一《笼桶衫柿油巾》，中华书局，1985 年，第 4 页。

⑤ （清）彭定求等编：《全唐诗》卷二百二十，中华书局，2003 年，第2 327页。

利州亦有产”。[①] 在《益部方物略记》中同样记载有：“鮇鱼似鲫而大，背鳞黑而肉白，味美。”[②] 直至清代张澍编著《蜀典》仍谈道：“鮇鱼出蜀江，背鳞黑而肤理似玉，蜀人以为脍，极美。”唐宋时期味美的鮇鱼在利州、通州有产，因为味道极为鲜美成为贡品，且多采用鲙的方式食用。根据形态描述及其所分布的地理范围来推测“鮇鱼”应是肉质细嫩味美的岩鲤鱼。宋代涪江支流大安溪盛产鲤鱼，《舆地纪胜》：“普州（大安溪），在安居众水最关东流，至合州入于江。《九域志》谓安居水多鲤鱼，故老云孟蜀尝取鱼于此，禁人采捕，当时号曰‘禁溪’。”[③] 孟氏建立的后蜀政权，不仅专门在此地捕鱼，还将其作为皇家禁物，说明鱼的质量当属上乘。

宋代人们对嘉陵江流域的丙穴嘉鱼有了进一步的开发。有诗赞誉丙穴鱼味美，“渝舞气豪传汉俗，丙鱼味美敌吴方。”[④] 合川“南峰……涂左有穴，谓之仙洞，其深五里。穴水流出为涧，有嘉鱼。”[⑤] 明通县井峡中也产嘉鱼，“丙穴在明通县井峡中，其穴凡十。其中皆产嘉鱼，春夏之前鱼即出穴，秋社即归其出也。止于巴渠龙脊滩，首有黑点，谓照映星象相感而生，长身细鳞，肉白如玉，其味自咸，盖食盐泉也”。[⑥]

《蜀中广记》记载唐代“遂州之地人多好猎，采捕虫鱼”[⑦]。支流涪江上的渔业捕捞已经呈现出一定的规模，专业化程度提高。杜甫著有诗歌两首《观打鱼歌》《又观打鱼歌》生动再现了涪江上渔民捕鱼的情景。《观打鱼歌》写道：“绵州江水之东津，鲂鱼鱍鱍色胜银。渔人漾舟沉大网，截江一拥数百鳞。众鱼常才尽却弃，赤鲤腾出如有神。潜龙无声老蛟怒，回风飒飒吹沙尘。饔子左右挥双刀，脍飞金盘白雪高。徐州秃尾不足忆，汉阴槎头远遁逃。鲂鱼

① （清）彭定求等编：《全唐诗》卷四百〇七，中华书局，2003年，第4 531页。

② （宋）宋祁：《益部方物略记》，中华书局，1985年，第21-22页。

③ （宋）王象之原著：《舆地纪胜》卷一百五十八，中华书局，1992年，第4 289页。

④ （宋）王象之原著：《舆地纪胜》卷一百八十三，中华书局，1992年，第4 719页。

⑤ （宋）祝穆撰，祝洙增订：《方舆胜览》卷六十四，中华书局，2003年，第1 116页。

⑥ （宋）祝穆撰，祝洙增订：《方舆胜览》卷五十九，中华书局，2003年，第1 041页。

⑦ （明）曹学佺：《蜀中广记》卷九十，西南史地文献第二十七卷，兰州大学出版社，中国西南文献丛书，2004年，第150页。

肥美知第一，既饱欢娱亦萧瑟。”① 从其使用的网具可以看出当时涪江上的捕捞规模较大，且打鱼技术已较为成熟。而且可以看出江中的鱼种类很多，以鲂鱼最为味美。至于所说的“赤鲤”，郭声波认为此处有可能指的是胭脂鱼。② 江中捕获后马上食用制鲙，专业的厨师手法熟练，双刀并用，将鱼肉飞切为薄片，置在盘中晶莹剔透，技艺高超。

同样是在涪江上，杜甫《又观打鱼歌》描绘了江上人打鱼，一片繁忙的情景：“苍江鱼子清晨集，设网提纲万鱼急。能者操舟疾若风，撑突波涛挺叉入。小鱼脱漏不可记，半死半生犹戢戢。大鱼伤损皆垂头，偪强泥沙有时立。”③ 清晨渔人驾船驶舟，在江面上布网捕鱼，另外还有用鱼叉捕鱼者。由于鱼类资源丰富，故而小鱼不在主要捕获之列，专捕大鱼。这里所记录的渔人们捕鱼是集体行动，渔业捕捞已有一定规模。水缓沙洲处是渔船停泊之处，自然也就成为渔民售卖渔获的地方，白居易写到“亥日沙头始卖鱼”。④ 宋代绵州“人多捕鱼业”，这也说明当地已经有了较多的专业渔民，渔业经济发达。⑤

渠江流域农耕不甚发达，但因枕藉渠江，渔业较为发达。渠江流域的达州，有大量居住于水上的居民，“其州枕江，古有土居十万，水居三千户”。⑥ 且此地渔产资源丰富“土产鱼、盐、丝枲……茶、盐、鱼、米，汉中有不如者。”⑦ 此处的水居之民当是以捕鱼为业。

4. 其他流域的情况

唐宋时期除了有对上述几大流域渔业的开发有记载外，对较为偏远区域的鱼类资源情况同样有记载，主要是两种冷水性鱼类，即虎嘉鱼和裂腹鱼类。《隋书》“附国”中有对雅砻江、大渡河流域的描述，“嘉良有水，阔六七十

---

① （清）彭定求等编：《全唐诗》卷二百二十，中华书局，2003 年，第2 314页。

② 郭声波著：《四川历史农业地理》，四川人民出版社，1993 年版，第 375 页。

③ （清）彭定求等编：《全唐诗》卷二百二十，中华书局，2003 年，第2 314页。

④ （清）彭定求等编：《全唐诗》卷四百三十八，中华书局，2003 年，第4 869页。

⑤ （宋）李昉著：《太平广记》卷九十八《惠宽》，中华书局，1961 年，第 653 页。

⑥ （宋）乐史撰，王文楚等点校：《太平寰宇记》卷一百三十七，中华书局，2007 年，第 2 675 页。

⑦ （宋）祝穆撰，祝洙增订：《方舆胜览》卷五十九，中华书局，2003 年，第1 041页。

丈，并南流，用皮为舟而济。”“水有嘉鱼，长四尺而鳞细。”① 所说的“嘉良水”即今大渡河的支流大金川河。有学者考证认为“附国”即雅砻江、大渡河一代的康区，具体来说指的是今甘孜、丹巴一带。所说的“嘉鱼”即是虎嘉鱼。② 此说有一定道理，一直以来大渡河上游都是冷水性鱼类虎嘉鱼的重要分布区域。《太平寰宇记》有相同的记载。③ 苏洵曾咏及家乡风土，谈到岷江多鲤鱼，“岷山之阳土如腴，江水清滑多鲤鱼”④。这里可以理解为岷江水产丰富，不仅仅只是盛产鲤鱼而已。宋代李石有诗赞誉大渡河鱼味美：“大渡河鱼甚美，皆巨口细鳞。”⑤ 在大渡河流域还有一种名为“鱼虎”的鱼类，“维州，鱼虎有舌，口如棘，能食鱼”。⑥ “鱼虎”即是虎嘉鱼，属凶猛性鱼类，能食鱼。虎嘉鱼属于食物链中的上层，它的广泛存在，说明当时的鱼类资源是非常丰富的，这样才能维持它的生存。《太平御览》：“《唐书》曰吐蕃有藏河，去逻些三百里，东南流，其中有鱼，似鱏而无鳞。”⑦ 这也属于裂腹鱼类，根据其所分布的地理位置判断应是隐鳞裂腹鱼，其并非无鳞鱼，而是鳞片极为细小，不易察觉。

需要说明的是，爬梳史料可以看出对唐宋时期沱江流域鱼类资源开发记载的情况并不多。但我们知道，沱江流域渔业历史悠久，秦汉时期德阳县“山原肥沃，有泽渔之利。”⑧ 《水经注》记载汉安县“蚕、桑、鱼、盐家有焉”。⑨ 唐宋时期沱江中下游沿岸农耕业发达，耕地及城镇分布较为密集，是

---

① （唐）魏征等撰：《隋书》列传第四十八卷八十三，中华书局，第1 858页。

② 中国人民政治协商会议丹巴县委员会：《甘孜藏族自治州丹巴文史资料选辑第 1 辑》（内部资料），1989 年，第 2 页。

③ （宋）乐史撰，王文楚等点校：《太平寰宇记》卷一百七十九，中华书局，2007 年，第 3 425 页。

④ （宋）吕祖谦编、齐治平点校：《宋文鉴》卷第二十一，中华书局，1992 年，第 302 页。

⑤ （宋）李石：《方舟集》卷五，《四库全书》文渊阁影印本，（中国台湾）商务印书馆，1982 年，第 1149 册，第 569 页。

⑥ （宋）乐史撰，王文楚等点校：《太平寰宇记》卷七十八，中华书局，2007 年，第1 579页。

⑦ （北宋）李昉等撰：《太平御览》卷九百三十七鳞介部九，中华书局，1960 年，第4 164页。

⑧ （晋）常璩著，任乃强校注：《华阳国志校补图注》卷三，上海古籍出版社，1983 年，第 14 页。

⑨ （北魏）郦道元著，陈桥驿校证：《水经注校证》，中华书局，2007 年，第 772 页。

四川盆地经济发达地区之一，加之饵料丰富，故而鱼类资源较为丰富。《元和郡县图志》记载："资州，牛鞞水……多鱼鳖。"① 牛鞞水为沱江在今资中、简阳的一段。应该说唐宋时期至20世纪70年代沱江大规模工业、生活用水污染形成之前，从其自身条件来讲，沱江都是四川江河中渔产较高的河流。②

唐宋时期以益州、绵州、嘉州、夔州为核心的区域，鱼类资源得到进一步开发，渔业生产的商品化程度较高。当时的渔业生产捕捞活动地点主要分布在城市周边的河流水域。这与大规模工业化后渔业捕捞活动集中的区域主要是在相对偏远的水域有所不同，所谓"地僻无网罟，水清反多鱼"③，不仅反映了唐代利州当地民风淳朴，也反映了渔业商业性的捕捞活动在偏远地区较少。这说明传统渔业生产分布与现代实际鱼类资源调查所得认识并不完全一致。原因在于一方面当时的消费群体主要集中于城市，加之限于交通运输水平，故以在靠近城市的河流水域捕捞为主。最重要的是当时水质状况良好，鱼类资源保存尚好。在此基础上，往往就近为市，因而鱼市也多分布在捕捞水域的附近。

唐代尤其是到了宋代，巴蜀地区所开发并记载的鱼类资源种类增多，开发力度增强。唐宋时期出现了职业渔民、鱼市等，这是渔业商品化程度提高的表现。流域之间对鱼类资源开发的进程是存在一定差异的。长江干流的三峡地区、沱江流域、涪江流域开发较早，历史悠久。岷江、嘉陵江干流流域开发相对较晚，在宋代才得到较大规模的开发。唐宋时期对金沙江流域渔业活动认识的缺失是符合整体西部地区地理认知与开发状况的。某些特定区域的特产鱼类如长江干流的"黄鱼"、嘉陵江流域的"鰊鱼"等味美之鱼是重要的被开发对象，同时也就成为被较多记载的对象。

二、渔具渔法多样化

人们借助一定的工具是提高捕获量的有效途径，也是资源开发利用程度加深的体现。唐宋时期渔具种类增多，是渔具发展的重要时期。唐代诗人陆龟

① （唐）李吉甫著：《元和郡县图志》卷三十一《剑南道》上，中华书局，2008年，第785页。
② 四川省水利电力厅：《沱江志》（内部资料），1991年，第265页。
③ （清）彭定求等编：《全唐诗》卷二一八，中华书局，2003年，第2 300页。

蒙、皮日休均著有渔具渔法诗，诗中所记载的渔具种类多样，包括网具、钓具以及多种竹制渔具。[①] 巴蜀地区的渔具渔法符合当时整体的技术水平，同时带有一定的区域特色，体现了自然地理环境对捕鱼技术发展的影响与制约。

1. 竹制渔具渔法

竹制渔具是巴蜀地区重要的渔具类型。人们多使用竹制渔具捕鱼，较为简易，捕获量不大。杜甫诗中有“儿去看鱼笱，人来坐马韀”。“鱼笱”是小型的竹制鱼笼，口部装有倒须，放置在鱼类洄游通道上，鱼能进不能出，使用简单易行，故三尺小儿也能检查收获如何。“渔艇纵横逐钓筒”，钓筒是唐代出现的一种钓具，也属于单线钓。钓筒的使用方法是截竹为筒，下系钓线和钩钓，钩上装有钓饵，置于天然水域，隔一定时间收取。韩偓的《赠渔者》：“尽日风扉从自掩，无人钓筒是谁抛”，这说明钓筒钓鱼无须人守护。苏轼的《江上早起》同样也展现了钓筒捕鱼的情景，“收筒得大鲤，爱惜不忍烹。持之易斗粟，朝飰厌鱼羹”。[②] “筒”应即是钓筒，“收”字刻画出了钓筒的使用方法。

鱼梁是中国古代利用鱼类洄游习性进行捕捞的定置渔法。《华阳国志·蜀志》记载巴蜀地区有诸多鱼梁。唐宋时期鱼梁依然是巴蜀地区重要的捕捞工具。杜甫《欲作鱼梁云覆湍》：“欲作鱼梁云覆湍，因惊四月雨声寒。清溪先有蛟龙窟，竹石如山不敢安。”[③] 巴蜀地区盛产竹子，又多山石，就地取材，制作鱼梁捕鱼。以竹和石头为原材料的鱼梁是巴蜀地区重要的捕鱼器具，但是在雨季来临的时节，由于河水猛涨，甚至会暴发泥石流，就不大适宜用鱼梁这种捕鱼方式。

2. 鸬鹚与水獭等动物捕鱼

除上述渔具渔法外，适应于长江上游河道多岩石、滩险流急的水文特点，

---

① （清）彭定求等编：《全唐诗》卷六百二十，中华书局，2003 年，第7 134-7 137页。（清）彭定求等编：《全唐诗》卷六一一，中华书局，2003 年，第7 043-7 046页。

② 陈宏天、高秀芳编：《苏轼集》，第 1-4 册，中华书局，1990 年，第 4 页。（宋）苏辙著：《栾城集》卷一，上海古籍出版社，2009 年，第 4 页。

③ （清）彭定求等编：《全唐诗》卷二百二十八，中华书局，2003 年，第2 487页。

唐宋时期巴蜀地区还有利用动物如鸬鹚和水獭捕鱼的记载。鸬鹚捕鱼在巴蜀地区历史悠久，早在秦汉时期驯化鸬鹚捕鱼已较为常见，此法一般用于浅水处。杜甫的《田舍》诗“鸬鹚西日照，晒翅满鱼梁”再现了成都乡下民众渔获的情景。北宋沈括《梦溪笔谈》：“蜀人临水居者，皆养鸬鹚，绳系其颈，使之捕鱼，得鱼则倒提出之，至今如此。予在蜀中，见人家养鸬鹚使捕鱼，信然。”① 鸬鹚捕鱼在巴蜀地区使用较为广泛。

嘉陵江流域的巴中通江县多山石溪涧河流中用水獭捕鱼，效率最高。在唐代即已有人工驯养，为其捕鱼，并已经形成了一套熟练的训练技巧，《朝野佥载》曾提道：“通川界内多獭，各有主养之，并在河侧岸间，獭若入穴，插雉尾于獭前，獭即不敢出，去雉尾，即出，得鱼必须上岸，人便夺之。取得多，然后放令自吃，吃饱即鸣杖驱之，插尾更不敢出。”② 以獭捕鱼也适宜了川中河流多石，水流急促的特点。

3. 钓与网具等渔具渔法

钓法是传统渔法之一，也是一种消遣娱乐方式，为文人雅士所喜爱。杜甫《江村》描写道：“老妻画纸为棋局，稚子敲针作钓钩。”③ 此种渔法简单易行，是人们的主要捕捞方式，可以用来垂钓美味的缩项鳊，“漫钓槎头缩项鳊”④。除了人们常用的小型钓钩外，还出现了在宽阔江面上钓捕巨型鱼类的大钓。戎州“有渔人赵阿奴善钓大鱼，常于马湖江垂巨索大钓，号曰掣拔，中钓者皆百斤不啻”⑤，大型钓钩配上巨索，这可以说是后来鲟鱼钩的雏形。杜甫对捕获鲟鱼的工具也有留意，“筒箭”是一种类似于滚钩的捕鱼器具，“洙曰筒箭，捕鱼器也，赵曰筒箭散布水中以系饵，观其没为验，而随其用以

---

① （宋）沈括撰，胡道静校注：《新校正梦溪笔谈》卷十六，中华书局，1957 年，第 166 页。

② （唐）段成式撰、方南生点校：《酉阳杂俎》卷五，中华书局，1981 年，第 53 页。（宋）张鷟撰：《朝野佥载》卷四，中华书局，1985 年，第 56 页。

③ （南宋）袁说友编辑：《成都文类》卷一，中华书局，2011 年，第 49 页。

④ （清）彭定求等编：《全唐诗》卷二百三十，中华书局，2003 年，第2 517页。

⑤ （后蜀）何光远，邓星亮、邬宗玲、杨梅校注：《鉴诫录校注》卷十《鱼还肉》，巴蜀书社，2011 年，第 241 页。

取之也”。①

在水深且流急的峡江地区，人们则有时不免感叹钓具的缺陷。正如苏辙忠州作的《竹枝歌》：“钓鱼长江江水深。”《昭君村》：“一朝远逐呼韩去，遥忆江头捕鲤鱼。江上大鱼安敢钓？转柁横江筋力小。”② 江边钓鱼时常钓坐的石头称为“钓矶”，在唐宋诗歌中多有出现，是文人雅士常用的渔具。在嘉陵江流域甚至有以钓鱼为业者，“兴州长道民以钓鱼为业。家在嘉陵江北，每日必拏小舟过江南，垂纶于石上，至晡而返”。③

相较于汉晋时期，唐宋时期的网具使用逐渐广泛，网的类型多样，网具规模不一。既有稍微小点的网，可以“网聚粘圆鲫”，同时也出现了一网能捕百条鱼的大网。杜甫的两首打鱼歌透露出许多唐代涪江上渔具的信息，“渔人漾舟沉大网，截江一拥数百鳞”，还有“设网提纲万鱼急”，“大网”乃是用“沉”的手法，推知应是大拉网。大拉网是唐代出现的规模较大的网具。它的作业方式是将网具沿岸边用船放成弧形，然后在陆地拖曳网具至岸边即可。“截江一拥”，推知应是拦江网。大拉网、拦江网皆需要数人共同操作，讲求集体合作，这说明唐代涪江流域已经有了一定规模的渔业活动。尤其是在捕捞体型庞大的鲟鱼类时，更需要多人合作，收获之后大家一起分享食用，所谓“百斤黄鱼，脍玉万户”④，这也是传统时代互帮互助经济形式的体现。郑谷《峡中寓止二所》：“江春铺网阔，市晚鬻蔬迟。”⑤ 峡江春初鱼类产卵洄游，正是捕鱼的好时节。此处的网乃是用“铺”的手法，推知应是撒网类。另外，“罟”亦是网具的一种，常称为网罟，杜甫《泛溪》：“童戏左右岸，罟戈毕提携。”其所持罟应不大，手中所携既有网具，还有打鸟的戈。也有用“罾”捕鱼，杜甫有“野食行鱼罾”之句。⑥ 另外还有鱼叉投鱼，这是古老的捕鱼方法

① （宋）郭知达：《九家集注杜诗》卷三十一，上海古籍出版社，1985 年，第 496 页。

② （宋）苏辙著：《栾城集》卷一，上海古籍出版社，2009 年，第 10 页。

③ （宋）洪迈撰，何卓点校：《夷坚志 · 丙志》卷二《长道渔翁》，中华书局，1981 年，第 378 页。

④ （宋）王象之原著：《舆地纪胜》卷一百五十三，中华书局，1992 年，第 4 150 页。

⑤ （清）彭定求等编：《全唐诗》卷六百七十四，中华书局，2003 年，第 7 712 页。

⑥ （清）彭定求等编：《全唐诗》卷二百三十，中华书局，2003 年，第 2 516 页。

之一，在唐宋时期仍一直沿用，正所谓“撑突波涛挺叉入”①。

4. 其他捕鱼方式

在巴蜀地区多洞穴鱼类的地理环境下，人们还摸索出了一些独特的捕鱼方式。《酉阳杂俎》记载：“兴州（治今陕西略阳县）有一处名雷穴，水常半穴，每雷声，水塞穴流，鱼随流而出。百姓每候雷声，绕树布网，获鱼无限。非雷声，渔子聚鼓于穴口，鱼亦辄出，所获半于雷时。”② 还有直接入水捕鱼者，这需要捕鱼者水性很好，“王蜀时，梓州（今四川三台县）有张温者，好捕鱼。曾作客馆镇将，夏中携宾观鱼，偶游近龙潭上下，热甚，志不快，自入水，举网获一鱼”。③ 居住于江畔者，与水打交道的机会很多，入水捉鱼摸虾是常有之事。

观中国古代渔具技术发展历程，总体来看宋代捕鱼技术较之唐代为高。但唐宋时期巴蜀地区渔具的使用则更多体现在规模的扩大，技术水平变化并不显著，大多渔具渔法早就出现并使用。实际上这是因限于长江上游特殊的水文环境，巴蜀地区渔业技术发展变迁史所具有的普遍特征，这种状况一直持续到近现代。相较于近代东部沿海地区捕捞技术的迅速革新，内陆的巴蜀地区捕捞技术则发展缓慢。

三、唐宋时期巴蜀鱼类重要的食用方式与饮食文化

唐宋时期鱼类已成为人们重要的食物来源。唐代诗歌中“鱼”逐渐取代了原本出现频率最高的“鸡”，这表明从唐代始，鱼类在人们日常饮食中越发重要。④ 唐宋时期鱼类的烹饪方式包括鲙、羹、煎、煮等。其中，鲙是唐宋时期主流的鱼肉烹饪方式。这其中尤以唐朝为盛，对制鲙的刀工、原材料选择、配料等都有一定的讲究与要求。宋元时期继承唐代饮食遗风，但逐渐式微，明代以后食鲙则更加少见。其中的原因可能与宋代病理学上所提出的食鲙不利于

---

① （清）彭定求等编：《全唐诗》卷二百二十，中华书局，2003 年，第2 314页。

② （唐）段成式撰，方南笙点校：《酉阳杂俎》续集卷之二，中华书局，1981 年，第 210 页。

③ （五代）孙光宪著、林艾园校点：《北梦琐言》，上海古籍出版社，1981 年，第 169 页。

④ （美）尤金 · 安德森著，马孆、刘东译：《中国食物》，江苏人民出版社，2003 年，第 63 页。

身体健康，勿食生鲜有关，所谓“一切微细物命，旋烹不熟，食之害人”，[①] 这种饮食习惯的变迁在巴蜀地区亦是如此。烹饪文化的形成与资源状况密不可分。上等的原材料造就了特色的食用方式。唐宋时期自然水体中上等品质的鱼类资源丰富，鱼肉质鲜嫩细滑，加之即时采捕食用，使得食鲙成为流行烹饪方式。

对鱼原料的讲求与选择是影响鲙口感的重要因素。首先是对鱼肉的新鲜程度要求很高，如果是那种活蹦乱跳的鱼当然是最好不过了，因而当时人们食鲙多是现捞现做。五代花蕊夫人宫词再现了后蜀宫廷中船宴食鲙的情景，“厨船进食簇时新，侍宴无非列近臣。日午殿头宣索鲙，隔花催唤打鱼人。”[②] 北宋时期释道潜在彭州与苏轼同坐，恰逢有客馈赠嘉鱼，其当即写诗致意，“嘉鱼满盘初出水，尚有青萍点红尾。银腮戢戢畏烹煎，倔强有时俄自起。”[③] 南宋时期食鱼鲙依然非常流行，刚从岸边打回的新鲜鱼用来作鲙自是上佳之选。陆游游绵州不仅重温了杜甫绵州打鱼的故事，还留下“打鱼斫脍修故事”的诗句，又曰“斫脍夜醉鲂鱼津”，[④] 新鲜的鱼鲙配上美酒，怎能不让人沉醉。

制鱼鲙所用鱼的品种选择比较关键。不只是要新鲜，鱼的大小尺寸也有讲究。鱼体型太小鱼肉太薄，体型过大肉会较老、硬，口感不好。鲫鱼、鲤鱼、鲂鱼是作鲙鱼种首选。《酉阳杂俎》对制鲙用鱼的大小提出的要求是“鲤一尺，鲫八寸。”[⑤] 鲂鱼，杜甫所谓“鲂鱼鲅鲅色胜银”，“鲂鱼肥美知第一”，“漫钓槎头缩项鳊”[⑥]，必然是准备拿鲂鱼作鲙食用。当然也不是必须有这样的讲究。唐肃宗乾元元年（758 年）蜀州青城县的一群官吏特别要找“巨鱼”作鲙，结果找了一尾“三四斤”的大鲤鱼作鲙。[⑦] 一般来说，肉质较肥厚的鱼

---

① （南宋）张杲著，曹瑛、杨健校注：《医说》卷七，中医古籍出版社，2013 年，第 292 页。

② （后蜀）花蕊夫人撰，徐式文笺注：《花蕊宫词笺注》，巴蜀书社，1992 年，第 33 页。

③ （宋）苏轼撰，（清）王文浩辑注：《苏轼诗集 1—8 册》卷十七，中华书局，1982 年，第 882 页。

④ （宋）陆游著，钱仲联校注：《剑南诗稿校注》，上海古籍出版社，1985 年，第 278、279 页。

⑤ （唐）段成式、方南生点校：《酉阳杂俎》卷七《酒食》，中华书局，1981 年，第 71 页。

⑥ （清）彭定求等编：《全唐诗》卷二百三十，中华书局，2003 年，第2 517页。

⑦ （宋）汪元量撰、孔凡礼辑校本：《增订湖山类稿》卷四，中华书局，1984 年，第 151 页。

更适宜于作鲙。正如陆游所说“斫脍鱼如笠泽肥”，着眼点在“肥”字。

不同的区域惯用于制鲙的鱼品种不一，如江南地区喜用鲈鱼，巴蜀地区鱼种类众多，特有的“鯸鱼”（即岩鲤鱼）也是作鲙的上好选择。岩鲤肉质较厚，且刺少，《益部方物略记》：“比鲫则大，肤缕玉莹以鲙，诸庖无异隽永。鱼出蜀江，皆鳞黑而肤理似玉，蜀人以为鲙，味美。”① 同时巴蜀地区知名的丙穴鱼肉质细嫩，当然也是制鲙重要的原料选择。陆游就有“玉食峨眉栮，金齑丙穴鱼”②“堆盘丙穴鱼腴美，下箸峨眉栮脯珍”之句。③ 人们用丙穴鱼为主料，与金橙切成的细丝一起和酱食用。此菜黄白相间，色彩雅致，味道佳美，是当时的一道名菜。

除了上乘的原材料，还得有好的厨师。制鲙对厨师的刀工要求比较高。对巴蜀地区食鲙有生动记载的当数杜甫《观打鱼歌》，“饔子左右挥双刀，脍飞金盘白雪高”。“饔子”即厨工，此诗先写捕鱼的壮观场面，后写食鱼飧宴的情景。厨工当众表演，左右开工，飞舞菜刀，转瞬间盘中已是鲙如白雪。《酉阳杂俎》中记载了一位斫鲙刀工极好的厨师，其技艺达到了“雷震一声，鲙悉化为蝴蝶飞去”④ 的程度。唐代四川青城县主簿薛伟有个“常使鲙手”王士良。⑤“鲙手”的出现说明当时庖厨中已经分化出了专业制作鲙的人才，这些都表明鲙在当时的巴蜀地区是一种极为重要的烹饪方式。

唐宋文人对鲙留意很多。杜甫“鲜鲫银丝脍”，鲫鱼细刺太多，整食多有不便，用来制鲙，丝丝缕切，可除去细刺，因而深受欢迎，再放上白色的葱之类搭配，称为“银丝鲙”。宋代李新“得鱼且斫金丝鲙”，“金丝鲙”有可能是搭配金色或橙色的配料，故称为“金丝鲙”。实际上鲙不仅对原材料、刀工等要素非常讲求外，还十分注意视觉上的美感，“金丝鲙”“银丝鲙”即是如此。除了白葱、金橙橘皮丝之类，鱼鲙上面还可以铺盖蔬菜，鱼肉与青菜的色

---

① （宋）宋祁：《益部方物略记》，中华书局，1985 年，第 21-22 页。

② （宋）陆游著，钱仲联校注：《剑南诗稿校注》卷十七，上海古籍出版社，1985 年，第 107 页。

③ 张春林编：《陆游全集》下，中国文史出版社，1999 年，第 1 068 页。

④ （唐）段成式、方南生点校：《酉阳杂俎》卷五，中华书局，1981 年，第 51 页。

⑤ （北宋）李昉等撰：《太平广记》卷四七一，中华书局，1961 年，第 3 883 页。

彩相搭配，陆游在《斫鲙》诗中说：“玉盘行鲙簇青红”。①

唐宋时期巴蜀地区的人们在烹鱼的过程中，不仅练就了一流的刀工，也掌握了许多其他烹饪经验，如苏轼在《物类相感志》中记载煮鱼羹临熟时入川椒多能去腥味。蜀姜、川椒等巴蜀地区所盛产调味料的使用为巴蜀地区的鱼类饮食增色不少。北宋益州知州薛田《成都书事百韵》咏及成都饮食“受辛滋味饶姜蒜，剧馔盘餐足鲔鳣”②，招待客人时有鲟鱼类等丰富的鱼肉食物可供享用，而姜、蒜等调料的使用为鱼肉类等饮食助益颇多。

鲙不仅是唐宋时期王室宫廷的菜品之一，更是平常人们宴饮宾朋、聚会菜肴中的重要角色。杜甫等人在东津观看完打鱼后，宴饮中主人是“罢鲙还倾杯”③。陆游离别成都在万里桥宴饮，著诗“喜看缕鲙映盘箸”④。从流行区域来看，不仅是在成都等大城市，在较为偏远的区域也有食鲙。《明皇杂录》曾记载阆州使君宴请房琯，便是“具鲙邀房于郡斋”，后宰相房琯因食鲙病死于阆州。或许即因房琯乃北人，不习食鲙之故，也可能是鲙的制作不卫生洁净所致，但从一个方面表明地处剑南、山南间的阆州一带也有食鲙的习惯。⑤ 普通百姓家走亲访友宴饮宾客也会以鲙招待，《太平广记》引《集仙记》记载：“杨正见者，眉州通义县民杨宠女也，一旦舅姑会亲故，市鱼，使正见为鲙。”⑥ 这不仅表现出鱼类商品交易在较为偏远地区的存在，同时也说明鱼鲙在寻常百姓家同样也是款待宾客的重要菜肴。

从唐宋时期巴蜀人们对鲙的加工和烹调方面来看，用力尤多且深下功夫，这充分体现出一定时代的饮食风格和烹饪特色。同时结合巴蜀地区丰富的物产状况，鲙这种鱼类饮食文化又体现出一定的区域特色。

---

① （宋）陆游著，钱仲联校注：《剑南诗稿校注》卷五十七，上海古籍出版社，1985 年，第 3 340 页。

② 成都市文联、成都市诗词学会编：《历代诗人咏成都》，四川文艺出版社，1999 年，第 15 页。

③ （清）彭定求等编：《全唐诗》卷二百二十，中华书局，2003 年，第 2 314页。

④ （宋）陆游著，钱仲联校注：《剑南诗稿校注》卷六，上海古籍出版社，1985 年，第 477 页。

⑤ （唐）郑处诲、裴庭裕撰：《明皇杂录　东观奏记》，中华书局，1994 年，第 11 页。

⑥ （北宋）李昉等撰：《太平广记》卷六四，中华书局，1961 年，第 397 页。

四、余　论

随着商品经济的发展，唐宋时期巴蜀地区的鱼类资源得到进一步开发，这也是巴蜀地区经济开发强度加大的体现。所开发食用的鱼类资源种类增多，区域范围扩大，这有利于丰富人们的饮食生活，提高生活水平。与同时代的江南地区相比较，鱼类资源的开发又体现出一定的区域差异。对渔业资源管理研究的不足是当今学界古代渔业史学研究中，尤其是明代以前时段较为薄弱的地方，需要进一步深入探讨。

1. 鱼类资源开发的内部区域差异

就渔业生产分布而言，沱江、长江干流、岷江干流、嘉陵江干流、涪江、青衣江等都可见一定的渔业活动。所使用的渔具规模扩大，且种类多样，包括多人合作的大型渔网。当时成都已有专门的鱼市，并出现了职业性渔民群体，涪江流域的绵州以及岷江流域的嘉州、成都等地有专门以捕鱼为业者。这与渔业商品化程度的提高有一定关系，由于城市人口的不断增多，城市经济的发展，市场对鱼类资源的需求量也增大，促进了鱼类产品的商品化。饮食文化上，两汉时期即已经出现的食鲙方式在唐宋之际达到鼎盛，在社会各个阶层尤其是士大夫阶层极为流行。

由于地理环境和经济发展水平的差异，唐宋时期巴蜀地区鱼类资源的开发呈现出一定的内部差异。具体来看，承接秦汉时期的发展，沱江流域及成都周边地区渔业捕捞发达，有一定的基础。唐宋时期四川盆地西部岷江中下游及沱江、涪江中下游经济水平较高，鱼类资源开发力度增强，渔业生产商品化程度较高。三峡地区渔猎活动在经济生产中占有一定比重。长江南岸的宜宾、泸州等地鱼类资源非常丰富，这就包括体型巨大的鲟鱼类。川东地区的嘉陵江、渠江流域农耕经济开发程度不高，渔业经济在维持生计方面中仍占有一定比重，专业化、商品化程度则不及成都平原地区。正如郭声波先生所说，至隋代清化、通川、宕渠郡等及涪陵、巴郡与汉中，皆是“多事田渔”“杂有獠户”，应视为半农半渔猎区[①]，从鱼类资源开发利用及变迁的视角入手，对全面复原唐宋时期巴蜀地区的农业发展状况及经济开发水平具有一定意义。

唐宋时期巴蜀地区渔业的发展为明代渔业发展奠定了一定的基础。我们可以通过明代渔业管理机构河泊所的设置反观唐宋时期巴蜀地区渔业发展的区域差异。明代四川地区设置的河泊所总计仅有9个。其设置的具体时间应是在明初大规模设置河泊所时期。根据设置的区域来看，大致集中分布于三大区域：其一，长江干流的三峡地区，包括夷陵州、夔州府。其二，长江干流的叙州、泸州地区。其三，则为岷江流域的嘉定州等地区。[②] 明代河泊所的分布情况与唐宋时期巴蜀地区渔业发展的情况是相符合的。

2. 人工养殖业发展是的朝代及区域差异

区域生态环境、资源丰富情况与人们对资源利用的方式、日常生活状况等因素密切相关。一般来说，人类获取鱼类资源的方式可以分为自然捕捞和人工养殖两种。整体来看，唐宋时期巴蜀地区鱼类资源较为丰富，加之除成都平原地区外，大部分区域渔业商品化程度不高，市场需求有限，对鱼类资源的利用是以自然捕捞为主，人工养殖业不发达。由于蜀地都江堰等大型官方引水水利灌溉的发达，唐宋时期川西地区蓄水私人塘堰不多，故人工蓄水养鱼之利不足。“余以为蜀田仰成官渎，不为塘埭以居水，故陂湖、潢漾之胜比他方为少。傥能悉知潴水之利，则蒲鱼、菱芡之饶固不减于蹲鸱之助。”[③] 唐宋时期川东地区依然是以靠天吃饭的畲田为主，采取刀耕火种的种植方式，水利设施的修建、水田农业在宋代尚且刚刚起步，由于地势所限，私人修建塘堰困难，其人工养殖业也应基本无所谈及。

虽然整体而言，唐宋时期巴蜀地区人工养殖业不甚发达。但就唐、宋朝代之间的差异来看，由于宋代巴蜀地区商品经济和城市规模都明显超过唐代，这使得宋代自然捕捞力度加强，专门以捕鱼为业的职业渔民增多。同时也促进了

① 郭声波著：《四川历史农业地理》，四川人民出版社，1993年版，第43页。

② 尹玲玲：《明清长江中下游渔业经济研究》，齐鲁书社，2004年，第424页。

③ （宋）吕大防《合江亭记》，（南宋）袁说友编辑：《成都文类》卷四十三，中华书局，2011年，第836页。

宋代人工养殖业得到一定发展，以眉州为例，“眉州有人家，畜数百鱼深池中，以砖甃四围皆屋，凡三十余年”。[①] 不仅养殖规模大，且历时较久。苏东坡在其著作《东坡志林》中也有谈及此事。[②]

巴蜀地区、江南地区同属长江流域，也是唐宋的两大重要经济区域，它们在鱼类资源的开发利用上也呈现出一定的区域差异。由于自然地理环境的限制，两大区域所利用的鱼类资源种类差异较大。但由于上游水系特殊的水域环境，巴蜀地区所产的特有鱼类品种较多。唐宋时期江南地区作为重要的渔业生产中心，其渔业经济发达程度和商品化程度均较高。具体表现在一方面捕捞的品种及产地数量远远超过其他区域，另一方面江南地区人工养殖业发展迅速，四大家鱼的大规模养殖开始出现。而在巴蜀地区除成都平原外，由于西南经济的总体水平不及江南地区，加之人工水域和自然湖泊水域不及江南地区众多，渔业市场化商品化程度、人工养殖业的发展水平不如江南地区。

3. 资源管理的研究亟待加强

需要说明的是，唐宋时期政府对渔业的管理只有零星的史料，或是在诗文中有些许蛛丝马迹，这是难以了解其全貌的困难之所在。唐代正史中未见官府向渔民征收渔税的确切记载，只在诗文中尚存有渔税的影子，如“短檐苫稻草，微俸封渔租”。由此推测唐代的渔税征收可能并非银钱，而是实物。这在江南地区也是如此。也许当时是存在鱼税，但鱼税的征收不为史学家所重视可能也说明渔业经济在唐代的地位还未上升到足够重要的地位。到了宋代江南地区则有明确的渔税征收的记载。但至于在巴蜀地区的实际运行情况如何尚不明确。

除了税收以外，还有徭役征发。在江南地区中央有征发徭役者专门为其捕鱼，称为渔师。地方各府州官吏所用水产品应也有此类徭役征发。这在江南地区较为普遍，史料记载较多，需要说明的是此类徭役征发在巴蜀地区同样存在。《太平广记》记载了这样一个故事，蜀州青城县有“渔人赵干藏巨鲤，以

---

① （宋）孙平仲：《谈苑》卷四，见朱易安等主编《全宋笔记》第二编（五），大象出版社，2008 年，第 336 页。

② （宋）苏轼撰，王松龄点校：《东坡志林》卷 3《池鱼踊起》，中华书局，1981 年，第 58 页。

小者应命”。官府执事之人弼受裴少府之命取鱼，曰：“裴少府买鱼须大者。干曰未得大鱼，有小者十余斤。弼曰奉命取大鱼安用小者?”最终弼将赵干私藏巨鱼的事情进行了禀报，结果“裴五令鞭之”。[①]

对公共自然资源的管理在资源的开发利用过程中具有重要意义。就唐宋时期渔业资源的管理问题来看，还需进一步深挖史料加以研究，这包括国家层面的管理举措与制度，地方、民众层面的应对以及三者之间的互动机制等。加强历史时期对自然资源的管理、监督体制的研究，有助于指导当今如何更好建立对自然资源资产管理和生态环境的监管机制。

第三节　明清以前长江上游云贵地区鱼类资源的开发[②]

滇池被誉为云贵高原明珠，它属于浅水富营养性湖泊，鱼类资源丰富。自庄跻入滇始，滇池流域与中原王朝的交往开始逐渐加强，滇池流域得到初步开发，但农耕开发规模不大，生态环境状况保存较为原始。滇东北地区除朱提一带坝子灌溉种稻外，周围的大部分区域仍以渔猎为主。直至唐宋以前，长江上游云贵地区采集渔猎经济都较为发达。

唐宋时期滇池流域成为南诏国、大理国的“东都”，政治及经济地位日益突出，开发力度不断加大。元代首次将滇池流域纳入中央政权的管辖范围之内。由于人口的增加，对土地需求量变大，加之滇池流域水旱灾害频发，元代开始了一系列水利兴修活动。大规模的水利兴修活动提供了更多的耕地，同时很大程度上改变了滇池流域的水文环境。滇东、滇北的平坝地区农耕业也达到一定规模。很长一段时期内，贵州中部、北部地区农耕业指数不高，采集渔猎发达。整体来说，明清以前渔业捕捞在长江上游的云贵地区都是重要的经济活动。

---

① （北宋）李昉等撰:《太平广记》卷四七一，中华书局，1961 年，第 3 881-3 883 页。

② 本书中所论述的地理范围是长江上游地区，此处所说的云、贵地区并非云南、贵州全省，实质论述的范围是属于长江上游的云贵地区，主要包括今金沙江、赤水河、乌江流域的云贵地区。

一、先秦时期的渔业开发

滇池流域渔业是人们开发利用较早的，我们能够通过一些考古资料依稀推测滇池流域渔业开发情况。远古时期，古滇池人即在滇池进行渔猎，滇池周围今存的约20个较大的螺壳堆是古滇人捞食滇池螺蛳的遗物，堆积物一般都厚达几米。如昆明市附近的兴旺村，最厚处可达9米多。老街村的螺壳堆积物长500多米，宽130多米，远远看上去形似小丘。这种考古遗址被称为贝丘遗址。① 官渡镇西有螺壳堆积层，方圆约1万平方千米，厚3~8米，本村彝族呼之为“阿勾娄”，意为螺蛳城，今名螺峰村。② 直至清代《滇海虞衡志》记载“滇池多巨螺，池人贩之，遗壳名螺蛳湾。尝穿成材书院地，入五六尺深许，即为螺壳，出之堆山，水泉迸出，他穿亦然。疑此地旧亦螺蛳湾，渐成平陆，移湾于其下，则滇嗜螺蛳已数百年矣。”③ 民国时期，对滇池螺蛳的产量有了数据统计。民国三十二年（1943年）滇池每年农历八月至翌年三月，约八个月的螺蛳产量为96万千克。由此可见，滇池历来螺蛳产量极为丰富，且人们食用螺蛳历史悠久，这种饮食习惯在今滇池流域仍有保留。如此丰富的螺类资源，充分证明当时螺类赖以生存的水草资源十分丰富。渔猎和采集因而成为滇池流域人们重要的生产内容和食物来源。

一些文物的出土能够说明当时滇池流域水与人的关系。人们已不仅限于吃食螺肉，捕鱼成为重要的食物来源之一。晋宁石寨山一号墓出土西汉中期的铜鼓上有渔业捕捞的图案（图2-9），上面铸刻了一幅湖上活动的生动画面。图中四周有大小木船六只，每船有裸体羽人二人至四人，船头尾两端有鸟两只或三只，其形长啄巨睛，应是鸬鹚。从铜鼓的图案我们可以看出当时捕鱼不仅是单船独出，而是成群出动。人们还学会了利用鸬鹚捕鱼。由于鱼类资源丰富，还出现了鱼的天敌水獭，或许也是利用水獭来捕鱼。滇池流域

---

① 昆明市渔业志编纂小组：《昆明渔业志》（内部资料），1996年，第106页。

② 吴光范著：《昆明古今地名考释》，云南人民出版社，2006年，第192页。

③ （清）檀萃：《滇海虞衡志》卷八《志虫鱼》，西南民俗文献第五卷，兰州大学出版社，中国西南文献丛书，2004年，第63页。

出土的铜器中就有很生动的两水獭争鱼的情状。[①] 除了利用禽兽捕鱼外，石寨山和附近的李家山遗址都出土有鱼钩、石镞、石网坠等渔具。鱼钩是人们利用较早的渔具之一。石镞的出现说明当时的人们可以将坚硬的石头磨制成尖锐的石制箭头，后面附上木柄，以此镞箭刺杀滇池里的大鱼。石网坠的出现表明当时人们已经能制作渔网，凿木为船，在湖水中张网拿鱼。小古城天子庙出土的铜器，距今已 2 800多年，看铜器上的图纹，说明当时人们也能编织渔网，挎木为船，入滇池捕捞。[②] 这些出土文物都生动地再现了滇池流域早期渔业文明的发达。

图 2-9　晋宁石寨山出土的鱼鹰图[③]

金沙江流域的渔业开发亦较早。永宁府土司府旧址——开基村的背后台地上曾发现一处新石器时代的遗址，在阿拉瓦、三家村、干木山脚下，采集到石斧二件、石锛一件、石网坠一件。在金沙江边也发现过石斧、石凿、网坠和石矛。[④] 石网坠、石矛有可能是捕鱼的工具。在纳西族东巴象形文字中至今还保留的“网”字写法与纳西人对网的认识很是接近。图 2-10 中有纳西族象形文

① 尹绍亭、尹仑：《生态与历史——从滇国青铜器动物图像看“滇人”对动物的认知与利用》，《云南民族大学学报》，2011 年第 5 期。

② 昆明市水利志编写小组：《滇池水利志》，云南人民出版社，1996 年，第 126 页。

③ 罗钰著：《云南物质文化采集渔猎卷》，云南教育出版社，1996 年，第 179 页。

④ 严汝娴、宋兆麟：《永宁纳西族母系制》，云南人民出版社，1983 年，第 390 页。

字中“网”字的4种写法。垂钓在纳西族的象形文字中也特别形象，竿、线、鱼、钩一应俱全，使人看后一目了然，是活脱脱的垂钓图（图2-11）。[①]

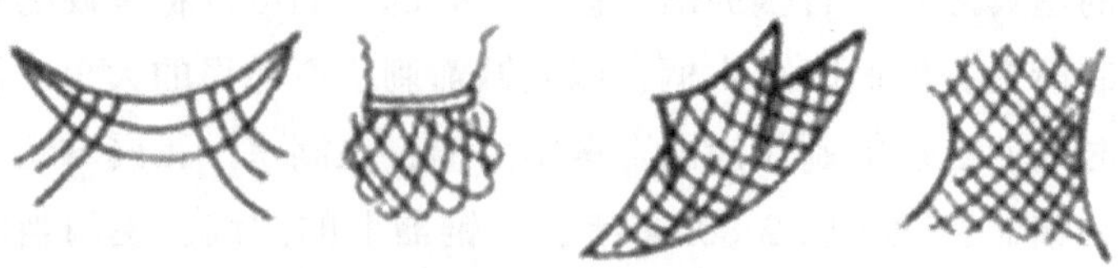

图2-10　纳西族象形文字中“网”字的四种写法

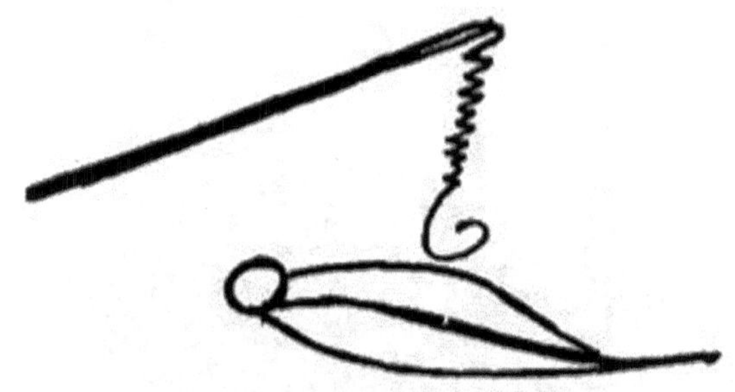

图2-11　纳西族象形的钓鱼文字②

二、秦汉至唐宋元时期的渔业开发

1. 云南地区

秦汉时期滇池流域物产的富饶已多有记载，《华阳国志》记载晋宁郡：“有鹦鹉、田渔之饶”。[③] 捕鱼与打猎是滇池流域的居民重要的经济活动，“诸从行有铜锣、弓箭、长枪、短刀、坐牌、网罟佃鱼之具。”[④] 网、罟均为捕鱼

① 方国瑜编撰、和志武修订：《纳西族象形文字谱》，云南人民出版社，1981年，第281页。

② 方国瑜编撰，和志武修订：《纳西族象形文字谱》，云南人民出版社，1981年，第280、323、281页。

③ （晋）常璩著，任乃强校注：《华阳国志校补图注》卷三，上海古籍出版社，1983年，第267页。

④ （宋）李焘：《续资治通鉴长编》卷二百六十八《神宗》引宋如愚《剑南须知录》。

的器具。

除了自然捕捞外，农业灌溉技术的发展与水田经营的精耕细作带动了渔业养殖的发展。东汉朱提郡都尉文齐组织修“千顷池”，既有灌溉之利，其中蓄养鱼类不少。1975 年，在呈贡县小松山出土一具东汉时的陶制水田模型。模型的一端是代表池塘的大方格，另一端为代表水田的 12 块小方格。[①] 池塘与水田间有一条水沟相连，表示用蓄水浇灌农田。类似的器物在呈贡县七步场、嵩明县梨花村、通海县镇海等地也有发现，可见当时在滇池流域一些农业基础比较好的区域，水面养殖有一定的发展。但总的来说由于滇池流域自然水域面积较大，水产资源丰富，渔业主要以自然捕捞为主。

唐宋时期滇池流域开发规模逐渐增大，唐代樊绰《蛮书》：“西洱河及昆池之南接滇池，冬月鱼、雁、鸭、丰雉、水扎鸟遍于野中水际。”[②] 当时滇池周围人烟稀少，鱼类等水生动植物丰富，浅滩岸边青草茂盛，捕食的水禽众多。《蛮书》记载：“每出军征役，每蛮各携粮米一㪷（今已简化成‘斗’字）五升，各携鱼脯。”[③] “鱼脯”应是将鲜鱼进行干制或腌制、糟制等以便于长期保存与携带。鱼脯是当时军旅行军的主要粮食。可见滇池流域的人们由于渔产丰富，较早就掌握了长期保存鱼肉的方法。

元代首次将滇池流域纳入中央政权的管辖范围之内。元代统治者为了发展经济、巩固统治，较为系统地兴修了滇池区域的水利，治理水患，并取得了一定成效，滇池“墟落之间，牛马成群，仕宦者坐稻秣驹，割鲜饲犬。滇池之鱼，人饫不食，取以肥田。”[④] 当时滇池渔产丰富，人口较少，食用富余，尤其是鱼类产卵繁殖季节，捕获量较大，以致腐坏变质，人们将其用来肥田，这种情况在泸沽湖地区同样也有发生，可见其鱼类资源的丰富。旅行家马可·波罗在行纪中写道：“尚有一湖甚大，广有百里。其中鱼类繁殖，鱼最大，诸类

① 呈文：《东汉水田模型》，《云南文物》，1977 年，第 7 期。

② （唐）樊绰著：《蛮书校注》卷七《云南管内物产》，中华书局，1962 年，第 203 页。

③ （唐）樊绰著：《蛮书校注》卷九《南蛮条教》，中华书局，1962 年，第 226 页。

④ （明）张洪：《南夷书》，《云南史料丛刊》第四卷，云南大学出版社，2001 年，第 577 页。

皆有，盖世界最良之鱼也。”① 这里的“湖”指的就是滇池，由于滇池中鱼类资源丰富，捕获量不多，故个体较大。

滇池中的鱼不仅多到可以用来肥田，水涨时甚至会发生“鱼害”。《华阳国志》记载僰道县“崩江多鱼害”，滇池亦有发生“鱼害”的记载。“昆明池五百余里，夏潦必城郭……水则患潦，而附城居民，潦之患胜于旱，故疏洩稍不当，则民有其鱼之害。”这说明元代滇池流域水灾频繁，水灾发生后，河流鱼儿游出，抢食稻谷庄稼，给老百姓生活带来困扰，此称为“鱼害”。但随着水利的兴修，农业的大规模发展，自然水域面积的缩小，反过来就变成了农业发展日益影响着鱼类的生存空间。

从捕捞方式来看，滇池流域渔具普遍简单。除了钓、网之外，另还有鸬鹚捕鱼等，这在铜鼓图案中可以看出。加之当地分布的少数民族善识水性，徒手捕鱼乃是易事。今昭通地区，朱提郡僰人滨水而居，且“善游”“善没游”，渔猎经济是当时重要的生产方式。②《太平御览》记载：“《永昌郡传》獠民喜食人，能水中潜行数十里，能水底持刀刺捕取鱼。”③

除了水域宽广的滇池中生存有大量的天然鱼类资源外，亦有少量的人工养殖。尤其是元代始推行屯田制度后，水利的兴修使得部分区域人工养殖有一定发展。元代官方明令“近水之家又许凿池养鱼并鹅鸭之数，及种花、莲藕、鸡头、菱芡、蒲苇等以助衣食”④ 的政策推动了人工养殖的发展。元人陈旅《安雅堂集》记载云南地区屯田后，屯田地区“陂池种鱼无暵干”⑤。可见早在元代已有人工养殖，利用近水环境发展多种经营。明代以前滇池流域人口并不多，加之滇池流域本身鱼类资源丰富，人工养鱼应不甚普遍。直至民国时期仍限于螳螂川流域富民、嵩明、禄丰等少数几县，发展有小规模的稻田养殖。

---

① （意）马可·波罗著，（法）沙海昂注，冯承均译：《马可波罗行纪》第一一七章，商务印书馆，2012年，第259页。

② 昭通地区地方志编纂委员会编纂：《昭通地区志》，云南人民出版社，1997年，第548页。

③ （北宋）李昉等撰：《太平御览》卷七百九十六，中华书局，1960年版，第3 534页。

④ （明）宋濂等撰：《元史·食货志》卷九十三，中华书局，1976年，第2 355页。

⑤ （元）陈旅：《安雅堂集》卷三，清文渊阁四库全书本。

2. 贵州地区

相较而言，贵州地区河流大都是山区性河流，坡陡流急，加之喀斯特地貌明显，岩石透水性好，蓄水、涵养水资源的能力有限，地表水多下渗成地下水，地表水缺乏。因此贵州有“地表水贵如油，地下水滚滚流”之说。加之贵州境内河流溪深，河岸陡峭，溪河捕鱼不易，池塘蓄水养鱼更是有难度，贵州地区难见有大规模的渔业捕捞。但毋庸置疑，在沿江溪河较为平缓的地带，渔业当然同样是人们重要的经济活动，是贵州民众重要的食物补充。

根据考古发现，贵州地区渔业资源开发的历史同样较为悠久。贵州西北部的威宁和毕节发现了石器时代的渔具。毕节县经的瓦窑古文化遗址中，发现了距今约3 000年用来制造鱼鳔的石范 6 个，石网坠 45 个。威宁县出土的文物中也有制造鱼钩的石范。① 赤水流域的渔业历史亦较为悠久，1982 年 5 月 24 日，习水、仁怀两县文物工作者罗洪滔、蔡永德，在贵州习水县良村区三岔河乡发现古代人工开凿在一石壁上的岩墓五座。在这些岩墓旁，有刻于蜀汉章武三年（223 年）的摩崖题记，并刻有《捕鱼图》、双阙、浮雕鲤鱼等。《捕鱼图》中画面为一只渔舟，舟中竖立两片长羽，其形与我国南方出土铜鼓上常见的羽人类似，可能就是以雅拙简单的雕刻手法来描绘羽人图像。渔舟尾端伸有一根长竿，正驱赶一只鸬鹚下水捕鱼，水中则有一鱼做仓逃窜状。② 可以看出赤水河流域人们很早就开始利用鸬鹚捕鱼。渔猎是当时人们的重要生产方式和食物来源，将此图案刻在墓穴中寓意死者死后依然能够衣食无忧。

三、渔业开发的主要种类及食用方式

滇池鲫鱼闻名较早，尤其是冬月的鲫鱼味道最美。《魏武四时食制》曰：“滇池鲫鱼，至冬极美。”③ 魏武帝未到过云南何能知道滇池鲫鱼？后人对滇池鲫鱼的具体归属地产生了质疑。《滇志》指出“盖言池之在滇者，未必滇池。”

---

① 伍运滋、刘言伦主编，贵州省地方志编纂委员会编：《贵州省志·农业志》，贵州人民出版社，2001 年，第 492 页。

② 黄泗亭：《贵州习水县发现的蜀汉岩墓和摩崖题记及岩画》，《四川文物》，1986 年第 1 期。

③ （北宋）李昉等撰：《太平御览》卷九百四十鳞介，中华书局，1961 年，第4 175页。

《滇黔志略》载："《纪程》又谓：'洱海冬鲫，甲于诸郡。'不知魏武所谓'至冬极美'者，指洱海而言欤？抑滇池别有佳品也？"其认为洱海的鲫鱼味道也很美，魏武帝所说的鲫鱼是否指的是洱海鲫鱼，或说滇池还有其他的鲫鱼品种呢？杨慎《异鱼图赞》记载："滇池鲫鱼冬月可荐，中含腴白，号水母线北客乍餐，以为面缆。"① 《滇略》转引《魏武帝四时制》亦载："滇池鲫鱼至冬极美，今滇河冬月产者最佳，腹中白腴，长六七寸，若切面然，烹之甚美。……魏武未尝至滇，岂亦得之？传闻耶。"② 根据其描述的性状，这应是在滇东北地区非常受欢迎的面条鲫。鲫鱼腹中的白色物体即为舌状绦虫。这应是我国较早对舌状绦虫的记载。其认为魏武帝未曾到过云南，其所说的滇池鲫鱼也可能只是道听途说而已。另外还有"发鱼"，《魏武四时食制》曰"发鱼带发如妇人，白肥无鳞，出滇池。"③ 至于"发鱼"是何种鱼尚不能得知。

唐宋元时期，云南地区食生的情况普遍，这同样体现在河鲜的食用上。马可·波罗谈到元代云南地区食生的习俗，"此地之人食生肉，不问其为羊、牛、水牛、鸡之肉，或其他诸肉……置于热水，掺和香料之酌料中而食。"④ 元代李京《云南志略诸夷风俗僰人》记载："食贵生，如猪、牛、鸡、鱼皆生醢之，和以蒜泥而食。"⑤ 《大元混一方舆胜览》亦记载中庆路："食贵生，猪、牛、鸡、鱼皆生醢之，和以蒜泥而食。"⑥ "醢"，意为"肉酱"，食法即是将生鱼肉等制为酱，和蒜泥而食。直到明代，云南地区食用肉类包括河鲜时依然采用此种方式，《滇略》载："至于鱼肉牲畜之属率生斫缕丝，和诸

① （明）杨慎撰：《异鱼图赞》卷一，《杨升庵丛书》，天地出版社，2003年，第925页。

② （明）谢肇淛：《滇略》卷三，西南史地文献第十一卷，兰州大学出版社，中国西南文献丛书，2004年，第75页。

③ （北宋）李昉等撰：《太平御览》卷九百四十，中华书局，1961年，第4 175页。

④ （意）马可·波罗著，（法）沙海昂注，冯承均译：《马可波罗行纪》第一一七章，商务印书馆，2012年，第259页。

⑤ （元）李京撰、王叔武校注：《云南志略辑校》，云南民族出版社，1986年，第87页。

⑥ （元）刘应李原编，郭声波整理：《大元混一方舆胜览》上，四川大学出版社，2003年，第454页。

椒、桂而啖之，其名曰胜，盖古人斫脍之遗法。今闽广间为之，但滇以为常食耳。”① 可见明代滇池流域人们食用生肉的方式较之前代有所改变，即不再是剁成肉酱，而是切成细丝，但依然为生食。结合巴蜀地区同样惯喜食鱼鲙的情况，这说明唐宋时期长江上游地区鱼肉生食的情况较为流行。但两大区域又稍有差异，巴蜀地区食生鱼肉会将其细化，而滇池流域则直到明代才有“生斫缕丝”的食法，较为原始。

① （明）谢肇淛：《滇略》卷四俗略，西南史地文献第十一卷，兰州大学出版社，中国西南文献丛书，2004 年，第 88 页。

第三章

明清民国时期长江上游干流及一级支流鱼类资源的分布及开发

由于水温、饵料、流速、河流底质等诸多环境因素的影响，鱼类的分布存在一定的区域差异①，所谓“江之水族，如扬子大江，族类各有所限……盖地气使然”。② 第三章和第四章主要是对明清民国时期长江上游的珍稀名特鱼类资源的分布状况进行复原论述。时间层面上，由于资料记载所限，具体来说侧重于清代、民国时期，对明代的分布情况记载较为简略。

据调查长江上游特有鱼类计有112种，囿于篇幅和资料所限，无法一一尽全。主要选择这几种类型进行论述：一是长江上游分布的我国特产珍贵稀有鱼类，如鲟鱼类（中华鲟、白鲟、达氏鲟），猫子鱼（虎嘉鱼），胭脂鱼，滇池金线鱼。二是长江上游具有传统声誉的地方性名贵鱼类，如江团（长吻鮠），雅鱼（包括齐口裂腹鱼、重口裂腹鱼等），水密子（圆口铜鱼、铜鱼），东坡鱼（墨头鱼），清波（中华倒刺鲃），白鳝、青鳝（鳗鲡鱼），岩鲤（岩原鲤），白甲（白甲鱼），泉水鱼（油鱼）等。

乾嘉时期苏南人吴省钦入蜀，回忆起越门太守馈赠鳇鱼的情景，思乡之情油然而生，著《越门太守馈鳇鱼》。想必当时诗人在蜀中也许也有食鲟鳇鱼，故而有此感慨。“江东有巨鳣，千斤负雄力。连船饵牛犗，顿顿慰饱食。洎从京国游，菜市毂驰击。敲冰割片腴，评价万钱直。”更为重要的是，除了鲟鱼外，巴蜀之地更有许多他处难有的特产名贵鱼类，在诗中都有一一呈现：

“蜀都号沃瀛，章锦配鳞色。每哗丙穴名，薄染景纯墨。一义得鱼舅，惊报二三尺。徒看出水烂，转笑清波瘠。譬诸培𪣻间，岂复产松柏。”③

诗文中提及蜀地所产的珍稀名贵鱼类依次有“丙穴”“东坡墨鱼”“鱼舅”“出水烂”“清波鱼”等。这样一首诗将长江上游的美味河鲜串联了起来。

现今由于水生态环境的改变和人为捕捞等因素的影响，这些鱼类资源量也大为下降且分布范围逐渐缩小。另外还有两栖类如大鲵（俗呼娃娃鱼），因其

---

① 对明清民国时期各大水系鱼类资源的分布状况的研究，是用统计出现频次的方法还是文献梳理的方法，笔者也有一定的考虑。由于古代文献（主体是方志）中对鱼类的记载具有明显的传抄性及选择性，运用数理统计的方法或许会使得出的结论有些牵强，笔者故而仍采用文献梳理的方法。

② （明）叶子奇撰：《草木子》卷一下观物篇，中华书局，1959年，第13页。

③ （清）吴省钦：《白华诗钞》里区集二，清刻本。

形似鱼类，加之生存环境多在有水流、湿润环境，传统时期多将其认为是鱼类，加之其同样面临着资源量下降的局面，故其也在讨论之列。

在论述鱼类资源分布时，以水系为纲，先述及干流金沙江、川江以及一级支流岷江、雅砻江、嘉陵江、沱江、乌江、赤水河，次而论及主要的二、三级支流大渡河、青衣江、马边河、渠江、涪江等。具体到每条河流的鱼类分布状况，则以江段为分，从上游至中下游论述各江段之间鱼类分布状况。另外对个别流域惯受人们所喜食的一般鱼类也会有所涉及，如嘉陵江流域的鲶鱼、滇池流域的马鱼等。资料的来源主要是方志、乡土志中各大流域关于物产的介绍，另外对山川、艺文部分内容也会有所涉及，民国时期的物产、经济调查中也有部分鱼类资源的记载。

第一节 川江流域主要鱼类资源的分布及开发

川江鱼类资源丰富，不仅种类多样，且个体较大。直至晚清民国时期，日本人中野孤山专门记载了“扬子江鱼类”，“再如鲤鱼，有的长达一丈有余，与日本固有的鲤鱼稍有不同”，且味道甚美，“在混浊不堪的江里居然有如此美味的鱼类，实在令人难以置信”。① 当然，川江流域最为著名的当属鲟鱼类，资源量丰富、捕捞历史悠久。

一、主要鱼类资源种类及分布

1. 两栖类娃娃鱼

川江流域的娃娃鱼集中分布在川南和三峡两大区域。珙县的犄头山“下有深渊，多人鱼”。② 民国《南溪县志》载有“娃娃鱼”。民国《犍为县志》载有“人鱼，即娃娃鱼”。③ 民国《合江县志》：“娃娃鱼，渔人谓获之不祥，

① （日）中野孤山著，郭举昆译：《横跨中国大陆——游蜀杂俎》，中华书局，2007年，第44页。

② 光绪《叙州府志》卷一山川，集成28，第551页。

③ 民国《犍为县志》物产志，集成41，第340页。

无人食之者，无鳞甲，声如乳孩。"① 可见，直到民国时期四川部分地区仍不食用娃娃鱼。

峡中地区盛产娃娃鱼，且开发利用历史悠久，唐代《酉阳杂俎》中已有记载。明代三峡地区的人们仍有食用娃娃鱼。《三峡通志》载："此鲵鱼也，形体似人，声如小儿，日含水入山，以草覆身，张其口，鸟饮水，则吸吞之。峡中人能食之，先缚于树，鞭出白汁，以去其毒，乃烹焉。"② 娃娃鱼食物类型多样，包括有鱼、昆虫、蛙、虾蟹等，甚至有捕鸟的食性。此处所说的"白汁"是娃娃鱼受刺激时分泌出的似花椒味的白浆状黏液，此种黏液并无毒性。光绪《兴山县志》："鰟，似鲢，四足，作小儿声，故俗名孩儿鱼。"③ 同治《宜昌府志》："鰟，即孩儿鱼。鲵，有足，声亦似鰟，名人鱼，能上树。"④ 大鲵为两栖动物，可以上树。宜昌有因盛产娃娃鱼而得名者，"鲵儿埫，属邓村公社，鲵即娃娃鱼，此地盛产娃娃鱼而得名。"⑤ "埫"指的是周围地势较高，中间平坦的地貌，邓村位于今宜昌夷陵区西陵峡畔。在唐宋时期多认为娃娃鱼有毒，但清末民国的文献中基本未见认为其有毒的记载。这种记载从某种意义上说明随着人们对娃娃鱼利用和食用的增多，对其性质了解逐渐深入。

2. 主要经济鱼类分布

（1）鲟科的鲟属、白鲟属　长江干流鲟鱼类分布较多，包括有中华鲟、达氏鲟、白鲟。川江上游，尤其是宜宾、泸州地区鲟鱼资源丰富，唐宋时期已有此类记载，如"鮥子鱼，《东坡诗冰盘荐文鲔鱼》自注：鲔，鮥也，戎、泸尝有之。""鱬骨鱼，今屏山有之。"《异鱼图赞》："鱏鳇逆流不过锁江（在叙州），滩崩秭归，又隔巫阳，鱼官空设，玉板不尝（黄鱼一名玉板）。"⑥ 王启

---

① 民国《合江县志》卷二食货，集成 33，第 412 页。

② 万历《三峡通志》卷五，《稀见重庆地方文献汇点》（上），重庆大学出版社，2013 年，第 160 页。

③ 光绪《兴山县志》卷十四物产志，方志丛书湖北省 23，第 222 页。

④ 同治《宜昌府志》卷十一风土志物产，方志丛书湖北省 4，第 447 页。

⑤ 宜昌县地名领导小组编：《宜昌县地名志》（内部资料），1982 年，第 91 页。

⑥ （明）杨慎撰：《异鱼图赞》卷一，《杨升庵丛书》，天地出版社，2003 年，第 926 页。

焜《烟峰城杂咏》："蹭磴山河涉水湄，忽惊节物暗中移。芙蓉岭上黄梅熟，江外鲟鱼上市时。（叙州古称外江，产鲟鱼，夏日始有）"[①] 鲟鱼在叙州市场上有销售，且主要是在夏日。万历《四川总志》列举泸州的土产就有鳇鱼。[②] 乾隆《江安县志》载"鱌"。嘉庆《江安县志》载"辣子"。嘉庆《直隶泸州志》载："鳇鱼、鮥子鱼"，且言"鮥子鱼，今俗呼辣子鱼，盖辣即鮥转音之误，又因其形似鳣，俗以为黄鱼，而不知实二物也。"[③] 其指出达氏鲟和中华鲟的区别。同治《合江县志》："鱌似魟鱼而鼻长，其形似象，故名象鱼。"[④] 民国《合江县志》："刺子鱼（鮥子鱼），无鳞甲，背有黑斑十枚。""象鱼，有鳞，鼻长如象。"[⑤] 支流中亦有鲟鱼分布。嘉庆《纳溪县志》载："鳇鱼"。嘉庆《南溪县志》载"辣子、鳣"。民国《古宋县志初稿》："鲟鳇，鳣也，古宋所产乃其小者。"[⑥] 此处应指的是达氏鲟。嘉庆《直隶叙永厅志》载"鳣"，嘉庆《纳溪县志》亦载有鳇鱼，可以看出当时支流永宁河是有鲟鱼分布的，应是从长江干流游至。

川江中游，道光《重庆府志》："象鼻鱼，巴县出，鼻长如象。"[⑦] 同治《巴县志》："鳞之属十有一，以鲭象为最，俗名象鼻子，盖长如象也。"[⑧] 民国《巴县志》："剑鱼，俗名象鱼，以其鼻长，故名，产大江中"，此即白鲟。另有中华鲟，"又有名鮂子者，亦产大江中，身狭而长，黑色有斑纹，背有多数小软骨行圆，自脊至尾部若连钱，亦江中巨鱼，俗语千斤鮂子万斤象，言虽过甚然其大可知矣。"[⑨] 道光《江北厅志》："鲭鼻，长如象鼻，俗名箭鱼，又

---

① （清）王培荀著，魏尧西点校：《听雨楼随笔》，巴蜀书社，1987年，第105页。

② 万历《四川总志》卷十三。

③ 嘉庆《直隶泸州志》卷五食货志物产。

④ （清）秦湘：同治《合江县志》卷五十一物产，同治十年（1871年）刻本，藏于中国国家图书馆。

⑤ 民国《合江县志》卷二食货，集成33，第412页。

⑥ 民国《古宋县志初稿》卷五，集成34，第58页。

⑦ 道光《重庆府志》食货志卷三，集成5，第118页。

⑧ （清）霍为棻、王宫午：同治《巴县志》卷之一物产，同治六年（1867年）刻本，藏于中国国家图书馆。

⑨ 民国《巴县志》卷十九物产，集成6，第596页。

名剑鱼，可为脍。”① 民国《长寿县志》载：“象鼻鱼，鼻长如象，盖有属也。”② 乾隆《涪州志》记载产“剑鱼、黄鱼”。乾隆《永川县志》载“辣子”。民国《江津县志》：“按今之象鱼也。以其鼻长，俗通称之曰象鱼。”这里应该描述的是白鲟。民国《江津县志》描述达氏鲟“味甚美。”③ 道光《忠州直隶州志》：“鲔象，鼻长如象，俗名剑鱼又名琴鱼。”④

川江下游，同治《万县志》：“鱌，俗呼为象鼻鱼。”⑤ 《万县乡土志》：“鱌，俗呼为象鼻鱼。又呼剑鱼，象其形而名之。”⑥ 光绪《奉节县志》：“鳣、鳇、鱌”。光绪《巫山县志》：“鲟，鼻长与身等，口隐其下，身骨脆美，可啗。鳣，无鳞，大鱼也，其状似鲟，其色灰白，张口接物，听其子入，世俗所谓鲟鳇鱼食自来食者也。”巫山县西北有鲟鱼滩。《巴东县志》载“鲟鱼、鳇鱼”。同治《宜昌府志》载归州“鲟、鳇”。光绪《归州志》载“鲟鳇”。宜昌地区甚至有专门的捕鲟鱼业。同治《宜昌府志》载东湖有：“鳣，江东呼为黄鱼，今黄牛滩多有之。”“鲟，味与鳣同美，大者一二千斛，取法亦同。”⑦ 可见长江上游鲟鱼类资源分布较广。

宜昌东湖地区渔业捕捞较为发达，并形成了捕捞鲟鱼的特色方式。“东湖，渔人捕鱼有网、罟、罾、钩之属或在船、在岸，无异他处。所异者一曰起汕一曰丫系。彝陵风俗渔人春则起汕，秋则丫系。每三月初八、十八、廿八三日相率扣拍，令声振水面，连歌彻昏晓，必悲怆慷慨乃获多鱼，惟三游洞以下十二碚以上数十里内为然，谓之起汕。八九月捕取鲟鳇，先布网而后用丫，自钉头镇以往，地皆曰系，或曰枋，有金钗系、髻丫枋等名。谓之丫系，亦如吴淞之起丛也。”⑧

---

① 道光《江北厅志》卷三食货物产，集成 5，第 496 页。
② 民国《长寿县志》卷十三物产，集成 7，第 226 页。
③ 民国《江津县志》卷十二土产，集成 45，第 807 页。
④ 道光《忠州直隶州志》卷四物产。
⑤ 同治《万县志》卷十三地理志物产，集成 51，第 377 页。
⑥ 民国《万县乡土志》，万县嘉惠印刷馆，藏于中国国家图书馆。
⑦ 同治《宜昌府志》卷十一风土志物产，方志丛书湖北省 4，第 445 页。
⑧ （清）王士祯：《池北偶谈》卷二十六，中华书局，1982 年，第 632 页。

同治《宜昌府志》有类似的记载，“丫系则于每年八九月间捕取鲟、鳇二鱼，多于黄牛峡一带，水汛急处，先藏系于水底，鱼人其鼓，久而后疲，始用乂，而人跨于鱼背，纳巨绳入腮，以其之器名曰金乂系，鱼大者千斛小者二三百斛”。[①] 王士祯对“起汕”和“丫系”较细致深入的了解，他另写到：“峡江三月橹声齐，扣拍哀歌高复低。十二碚边初起汕，日斜还过下牢溪。”[②]“汕”，捕鱼的工具。每年农历的三月初八、十八、二十八，成千上百的渔民驾渔船从荆门十二碚而上至西陵峡三游洞、下牢溪、平善坝一带，渔民叩击船舷，利用声响捕获产卵鱼群，称之为“起汕”，这是渔民利用渔汛期集中捕获产卵亲鱼。呈现出一定规模“丫系”即是在秋季鲟鱼产卵时节捕获之。黄牛峡、黄牛滩鲟鱼尤其分布密集。“金钗系接髻丫枋，叉系年年聚此乡。江上夕阳归去晚，白苹花老麦鲟鳇。”下自注，俗以八九月取鲟鳇鱼，先布网而后下，有谓之丫系，其地曰系曰枋。[③] “起汕”“丫系”等群体捕捞活动的出现必须以丰富的鱼类资源为基础。日本人记载当时宜昌渔夫捕获鲟鱼在市场上售卖，“又如鲟鱼，世界上的学者似乎还没有发现它的存在，然而在距上海一千英里外的扬子江上游宜昌的附近可见鲟鱼踪影。渔夫大量捕获，在市场上出售”。[④]

（2）鳗鲡科的鳗鲡鱼　鳗鲡鱼在长江干流有一定分布。嘉庆《宜宾县志》载白鳝。乾隆《江安县志》载“鳗”。民国《兴文县志》：“鳗鲡，俗名白鳣”。民国《古宋县志初稿》：“鳣鱼为死人发所化，盖白鳣也，古宋所产惟青、黄三种。”[⑤] 这里对于白鳝的说法多有传言，认为其是死人头发所化，缺乏科学依据。但这应与白鳝食浮尸的说法有一定关系。民国《合江县志》：“白青鳝，味最鲜美，人最珍之。”[⑥] 光绪《江津县志》载“白鳝”。道光《江

① 同治《宜昌府志》卷十一风土志风俗，方志丛书湖北省 4，第 428 页。

② 雷梦水等编：《中华竹枝同》，北京古籍出版社，1997 年版，第 3 166页。

③ 雷梦水等编：《中华竹枝词》，北京古籍出版社，1997 年版，第 3 166页。

④ （日）中野孤山著、郭举昆译：《横跨中国大陆——游蜀杂俎》，中华书局，2007 年，第 44 页。

⑤ 民国《古宋县志初稿》卷五，集成 34，第 58 页。

⑥ 民国《合江县志》卷二食货，集成 33，第 412 页。

北厅志》："俗名白鱓，厅属间有之，然亦不多见。"① 民国《巴县志》："大江中产白鳝，青白色大于黄鳝，肉亦可食。相传此物取不洁，江有溺死者，则羼入死人腹中，尽其脏腑，然后去，故人多相戒不食。"② 鳗鲡鱼属肉食性鱼类，以小鱼、虾蟹、水生昆虫等为主要食物。传统观念认为白鳝食人腹脏，故有文献记载人忌讳而不食。乾隆《涪州志》载"白鳝"。《万县乡土志》："白鳝，形似蛇而色白，夏涨时多有之，食浮尸，性滋阴，病家最重，价颇不贱。"③ 嘉靖《云阳县志》载有"鳗"。《云阳县乡土志》载"白鳝"。道光《忠州直隶州志》："鳗，俗名白鱓"。《石砫厅乡土志》："大江一种名白鱓则较大，腹白背灰，其味肥美。"④ 雍正《四川通志》记载夔州府土产鳗鱼。⑤ 道光《夔州府志》载"鳗鱼"。光绪《巫山县志》："白鳝，一曰蛇鱼，象形也，善穿深穴。"⑥ 同治《巴东县志》："鳝，今又有青色一种"。同治《宜昌府志》："鳗鲡，即白鳝。"⑦ 长江干流鳗鲡鱼的记载皆言不多见，但其记载频率却较高。这说明虽然鳗鲡鱼在长江干流的资源总量虽不丰富，但由于其味道鲜美，且有滋补药效，极为人们所珍视。市场上售卖的价格也较为昂贵。民国时期重庆水产市场上，1944 年 10 月 22 日鳗鲡鱼每市两五十八元，1945 年 4 月 5 日鳗鲡鱼每市两一百元。⑧ 在所列的鱼类价目表中，只有鳗鲡鱼是以市两作为计量单位，其余鱼类品种皆是用市斤，由此可见鳗鲡鱼价位高，属名贵鱼类。

（3）鲤亚科的岩鲤鱼　岩鲤鱼是长江干流的重要经济鱼类之一。在《中国濒危动物红皮书》《中国红色物种目录》中均被评定为"易危"类。岩鲤主

---

① 道光《江北厅志》卷三食货物产，集成 5，第 496 页。

② 民国《巴县志》卷十九物产，集成 6，第 596 页。

③ 民国《万县乡土志》，民国十五年（1926 年）出版，藏于中国国家图书馆，万县嘉惠印刷馆。

④ （清）杨应玑、谭永泰、刘青云编：抄本《石砫厅乡土志》，姚乐野、王晓波主编：《四川大学图书馆馆藏珍稀四川地方志丛刊》（七），巴蜀书社，2009 年，第 439 页。

⑤ 雍正《四川通志》卷三十八之六物产。

⑥ 光绪《巫山县志》卷十三物产，集成 52，第 355 页。

⑦ 同治《宜昌府志》卷十一风土志物产，方志丛书湖北省 4，第 446 页。

⑧ 关于抄发核定鱼类价格表的训令函，档案号 0061001504798020007200１，藏于重庆市档案馆。

要记载分布于长江干流和嘉陵江流域。部分方志关于岩鲤的记载融在鲤鱼的记载中，文献在描述其形态时多是提到“似鲤”，并将其与鲤鱼做比较。据此推测部分地区关于岩鲤亦是并入鲤鱼的记载中，并未单独列出。嘉庆、民国《南溪县志》、嘉庆《纳溪县志》、嘉庆《江安县志》载“岩鲤”。道光《江安县志》：“岩鲤，似鲤而肥嫩，尤佳。然价昂，居人不食，网得者多顺流归泸州之市。”① 可见早在道光时期岩鲤就已经成为名贵鱼类，价格昂贵。民国《合江县志》：“岩鲤，似鲤而鳞细”。② 乾隆《永川县志》载岩鲤。乾隆、光绪《江津县志》均载有“岩鲤”。民国《巴县志》：“中产岩鲤，状与常鲤异，乃别种。”③ 民国《长寿县志》：“鲻鱼，似鲤而黑色，身圆头扁，骨软，长者尺余，其子满腹，有黄脂，邑人呼为岩鲤。”④ 乾隆《涪州志》载岩鲤。民国《涪陵县续修涪州志》：“鳞介之岩鲤也，曾食其肉”。⑤ 道光《忠州直隶州志》：“鲤，又一种鳞黑者为岩鲤。”⑥ 民国时期重庆水产市场上，1944 年 10 月 22 日岩鲤鱼每市斤四百元，通观所列的鱼价，岩鲤鱼的售价比平均售卖价格略高。⑦

（4）鮈亚科的圆口铜鱼和铜鱼　铜鱼属，由于出水后不易保存，故又被称为“出水烂”，以川江中下游分布为多，原是长江上游的丰产经济鱼类，种群数量大，为川江主要的捕捞对象，一般占长江干流渔获物的 30%~50%。直至 20 世纪 50、60 年代产量依然较大。葛洲坝、三峡大坝等大型水利工程兴修后，资源量迅速下降。其主要原因在于铜鱼的主要产卵场在三峡库区内，大坝的修建使得铜鱼的鱼苗资源损害严重，同时库区静水水体环境也不适宜圆口铜鱼的生存。民国《合江县志》：“尖头子鱼，鳞细头锐”，应是长条铜鱼；“水

---

① 道光《江安县志》，民国傅氏藏园抄本，《重庆图书馆藏稀见方志丛刊》第二十九册，国家图书馆出版社，2014 年，第 528 页。

② 民国《合江县志》卷二食货，集成 33，第 412 页。

③ 民国《巴县志》卷十九物产，集成 6，第 596 页。

④ 民国《长寿县志》卷十三物产，集成 7，第 226 页。

⑤ 民国《涪陵县续修涪州志》卷七风土志物产，集成 47。

⑥ 道光《忠州直隶州志》卷四物产。

⑦ 关于抄送鱼类第一次核定价目表的呈、训令，档案号 0061001504684020025000 0，藏于重庆市档案馆。

迷子鱼”，应是圆口铜鱼。民国《江津县志》：“䲒，俗名水䲒子”，并提到铜鱼形似刀鱼，“䲒与之近似，形纤削而味清嶲，邑中产者尤美”。[①] 道光《江北厅志》：“水鼻子，鱼鳞细而多刺，味极鲜美。口圆者俗呼为圆口，味尤佳，惟出水不耐久，故名之曰出水烂。”[②]“口圆者”即是圆口铜鱼，其多小刺，在烹饪和食用时由于无法将刺剔除，多是直接与鱼肉一起食用。民国《长寿县志》：“水篦鱼，体圆鳞细，色白肉嫩，味极美，宜蒸食，惟多刺，俗名出水烂。”[③] 乾隆《涪州志》载“水篦子”。道光《忠州直隶州志》：“水鼻子鱼，鳞细而多刺，味极鲜美，口圆者呼为圆口，味过之，惟出水不久即烂，故名之曰出水烂。”[④]《云阳县乡土志》：“水米鱼，盘沱、长碛等甲皆出，鲜，不耐久。”[⑤] 此处的“水米鱼”应该就是水迷子，二者音相近，且此处说“鲜不耐久”，与之相符。同治《宜昌府志》亦载：“又一种鱼细鳞小口，体圆肥嫩，味极鲜美，惜无大者，每鱼不过十数量，俗呼为鲉鲖子，又呼为出水烂，值四五月出倍于常。”[⑥] 每年的农历4—5月是铜鱼的繁殖期，故“出倍于常”。

（5）鲃亚科的清波鱼和白甲鱼　白甲鱼，乾隆《永川县志》、乾隆《江津县志》、同治《高县志》、光绪《珙县志》、光绪《庆符县志》、民国《合江县志》物产类均载白甲鱼。《江津县乡土志》记载了当地将白甲鱼加工保存的方法：“一曰白甲鱼，此鱼逢伏暑最盛。俗去鱼杂，洗极净，用大石重压用盐腌名盐叶子，制黄板鱼亦同此法。”[⑦] 民国《巴县志》：“鲤鱼，鲤有数色也，县所有者惟赤甲、白甲二种。”[⑧] 同治《宜昌府志》载：“方潭河下波涛喧，白

---

① 民国《江津县志》卷十一土产，集成45，第808页。

② 道光《江北厅志》卷三食货物产，集成5，第496页。

③ 民国《长寿县志》卷十三物产，集成7，第225页。

④ 道光《忠州直隶州志》卷四物产。

⑤（清）武丕文等采编，甘桂林等纂修，《云阳县乡土志》，光绪三十二年（1906年）修，姚乐野、王晓波主编：《四川大学图书馆馆藏珍稀四川地方志丛刊》（四），巴蜀书社，2009年，第402页。

⑥ 同治《宜昌府志》卷十一风土志物产，方志丛书湖北省4，第446页。

⑦ 民国《江津县乡土志》，姚乐野、王晓波主编：《四川大学图书馆馆藏珍稀四川地方志丛刊》（三），巴蜀书社，2009年，第94页。

⑧ 民国《巴县志》卷十九物产，集成6，第596页。

甲杨鱼浪里翻。白甲春水随上下，杨鱼终不过愁门。”① 白甲鱼在春季有集群溯河上游的习性，故而此处记载“春水随上下”。“杨鱼”即裂腹鱼类，属冷水性鱼类，对水温有一定要求，故“终不过愁门”。《云阳县乡土志》载“白甲”。② 同治《宜昌府志》：“白甲，似鲤而鳞大，三四月间多有之，有单唇、双唇二种，双唇尤美。”③ 白甲鱼主要摄食固着藻类，唇可以向外伸出，形似双唇。此处所说的白甲鱼有“单唇”“双唇”，应是此种特性的误读。

清波鱼，光绪《珙县志》、同治《高县志》、光绪《庆符县志》中均载产清波鱼。嘉庆《南溪县志》：“青鱄”。④ 嘉庆《纳溪县志》载：“青鱄”。⑤ 光绪《兴文县志》：“青鱄”。⑥ 嘉庆《江安县志》：“青鱄”。⑦ 光绪《泸州九姓乡志》记载“青鱄鱼”。⑧ 民国《合江县志》载“青鱄鱼”。乾隆《永川县志》载清鱄。乾隆《江津县志》载：“青鱄”。⑨ 《江津县乡土志》：“一曰青鱄鱼，津产大江及綦河中，俱盛有，用盐水腌之，俗呼荷包鱼。”⑩ 民国《长寿县志》：“青薄，似鲢而青，体薄味美。”⑪ 清波较为笨拙，易于捕捞。

（6）鲶科的江团鱼　江团鱼在长江干流流域均有一定记载，尤以岷江小三峡和长江三峡段的江团鱼最为知名。同治《宜昌府志》：“鮠，惟鼻短口亦在颔下，每于回流中取之，故俗称洄沱子。”这里解释了其得名的原因，因为

---

① 同治《宜昌府志》卷之二疆域山川，方志丛书湖北省 4，第 66 页。

② （清）武丕文等采编，甘桂林等纂修，《云阳县乡土志》，光绪三十二年（1906 年）修，姚乐野、王晓波主编：《四川大学图书馆馆藏珍稀四川地方志丛刊》（四），巴蜀书社，2009 年，第 402 页。

③ 同治《宜昌府志》卷十一风土志物产，方志丛书湖北省 4，第 446 页。

④ （清）胡之富：嘉庆《南溪县志》卷四食货志物产，嘉庆十八年（1813 年）刻本，藏于中国国家图书馆。

⑤ 嘉庆《纳溪县志》卷三疆域志物产，集成 32，第 203 页。

⑥ 光绪《兴文县志》卷二物产，方志丛书四川省 10，第 151 页。

⑦ （清）赵模：嘉庆《江安县志》卷之一物产，嘉庆十七年（1812 年）刻本，藏于中国国家图书馆。

⑧ 光绪《泸州九姓乡志》卷二，集成 32，第 792 页。

⑨ 乾隆《江津县志》卷之六食货。

⑩ 民国《江津县乡土志》，姚乐野、王晓波主编：《四川大学图书馆馆藏珍稀四川地方志丛刊》（三），巴蜀书社，2009 年，第 94 页。

⑪ 民国《长寿县志》卷十三物产，集成 7，第 226 页。

江团鱼常在洄水沱中生存。光绪《叙州府志》载："鮰鱼，俗呼肥佗鱼，府属滨江诸县皆产。"[①] 粉皮江团体呈粉红色，味道更佳。彭瑞毓《戎州留别诗》就有"粉红鱼嘉，味胜石首"之句。叙州府的肥鮀鱼味美令张林岚先生难忘，六十年后回想起食鱼情景仍是历历在目，"四川水流湍急之江河，鱼类不多，惟叙府沿江，盛产肥鮀鱼，清蒸食鱼。抗战期间因友人之邀，偶游叙府，连进数尾，味甚鲜美，至今难忘。"[②] 此处谈及江团的烹饪方式乃是清蒸食之。嘉庆《江安县志》载"江团"[③]，道光《江安县志》载，"鱼则江团，形似江南䲗鱼。"[④] 民国《泸县志》："一名江团，色淡黄无鳞，公圆口，母尖头，肉极细腻，俗呼肥头，亦谓之肥鱓，鱓读如沱等。"[⑤] 嘉庆《南溪县志》记载江团。[⑥] 嘉庆《纳溪县志》载"江鱄"。民国《合江县志》："江团，无鳞，腹宽背狭，头尾小。"[⑦] 民国《长宁县志》载："江团，鱼之有肚者。嘴扁，鳞稀，腹宽，背狭，头尾小，刺少，肉最鲜嫩，为鱼中第一美味。"[⑧] 这里所说的"鱼之有肚"是指江团鱼腹部脂肪较多。光绪《江津县志》载肥鮀。《江津县乡土志》亦载肥鮀，并在制造部分指出"江团等类可作脯"。

长江三峡段的江团也是非常受欢迎的。民国《巴县志》："吾县所称为肥鮀者，口腹俱大，背黄腹白，身黄无鳞，当是鳠鮠之属，蒸食之极佳，为江鱼中上品。"[⑨] 清蒸江团鱼为巴蜀地区烹食江团的主要制法之一。《江北厅乡土志》记载："江团特产"。道光《夔州府志》记载肥鮀子（江团）："上至重庆下至归州有之，过此则无，亦异种也。"同治《万县志》有相似记载："鱼味

① 光绪《叙州府志》卷二十一物产，集成28，第551页。

② 张林岚著：《一张文集》卷六，三联书店，2013年，第336页。

③ （清）赵模：嘉庆《江安县志》卷之一物产，嘉庆十七年（1812年）刻本，藏于中国国家图书馆。

④ 道光《江安县志》，民国傅氏藏园抄本，《重庆图书馆藏稀见方志丛刊》第二十九册，国家图书馆出版社，2014年，第528页。

⑤ 民国《泸县志》卷第三食货志，集成33，第93页。

⑥ （清）胡之富：嘉庆《南溪县志》卷四食货志物产，嘉庆十八年（1813年）刻本，藏于中国国家图书馆。

⑦ 民国《合江县志》卷二食货，集成33，第412页。

⑧ 民国《长宁县志》卷之二物产志，集成34，第174页。

⑨ 民国《巴县志》卷十九物产，集成6，第596页。

最美，产岷江中。”“产岷江中”应是指产于岷江小三峡的江团鱼味道甚美，实质上产于长江三峡的江团鱼味道亦美。同样是江团，咸丰《云阳县志》谈到：“上至万县、下至奉节有之，而产云阳者最佳，亦异种也。”① 光绪《巫山县志》：“鮰，鼻短于鲟，无鳞，作脍如雪，无细刺，最美，邑俗呼鮰鮀子。”② 此处提到烹饪江团鱼的方式为“作脍”。民国时期重庆水产市场上，1945 年 4 月 5 日“肥鱼”（江团）每市斤八百元，售卖的价格远高于所记载鱼类的平均价格。③

（7）鲌亚科的红鱼和红梢鱼　红鱼，据调查应为鲤科鲌亚科银飘鱼属。④ 主要记载产于泸县、江津、丰都等地长江干流中的江心洲或江中岩石处，涨水季节即大量出现，且出现时间较为短暂。民国《泸县志》：“红鱼，出新路口上游大石盘江中，前大后小，肉鲜，出水即死。渔者舟炊釜以待，捕得即入釜。”⑤ 由于极难保存，故捕获红鱼即烹食之，以免失去其新鲜之味。《江津县志》中亦记载有“红鱼”，“邑之十全镇，大江中有洲名中坝，伏夏泛涨时产生红鱼，长可一二寸，色淡红，状如鲨鳝而扁小，煮食之，味甚美，过时则无也。”此处对红鱼的描述较为详细，红鱼体小呈红色。由于红鱼极为新鲜，采用的烹饪方式为清水煮食之，味道甚是鲜美。民国《江津县志》：“三抛河中坝，在五福镇朱沱坝上二十里、羊石盘下十里。里人张彝仲有记……俯瞰江流，山光倒入，渔人则舟居岸处，杂集其间，夏秋月中所产红鱼，味极鲜美，尤为他处所无，其南则前横大江，豁然开朗。”⑥ 除中坝产红鱼外，另有“边鱼子”亦产红鱼。乾隆《江津县志》：“边鱼子，县西百三十里，江边岩石极大如鱼形，腮鬣鳞尾宛然，水涸则见，水涨时乡人于其处捞鱼，鱼最小皆红

① （清）江锡麒：咸丰《云阳县志》卷一山川，咸丰四年（1854 年）刻本，藏于中国国家图书馆。

② 光绪《巫山县志》卷十三物产，集成 52，第 355 页。

③ 关于抄送鱼类第一次核定价目表的呈、训令，档案号 00610015046840200250000，关于抄发核定鱼类价格表的训令函，档案号 00610015047980200072001，均藏于重庆市档案馆。

④ 重庆市农牧渔业局编：《重庆市农牧渔业志》（内部资料），1993 年版，第 453 页。

⑤ 民国《泸县志》卷第三食货志，集成 33，第 93 页。

⑥ 民国《江津县志》卷十二土产，集成 45，第 808 页。

色，可多得，移他处即无。”① 还有滨江的“鳊鱼溉”亦产红鱼，“每岁水涨时有红鱼，百十成群，鳞尾一色，筌取烹食，味极鲜美，惟取处石狭，只容一人，他处取之则莫能得。”② 此处提到捕获红鱼的方式，红鱼水涨时出，多是群游，且鱼个体不大，故用筌取之。“鳊鱼溉”和“边鱼子”实质是同一处地方。红鱼大量的出现是在夏秋水涨季节。民国《重修丰都县志》亦载：“红色鱼，长仅数寸，绝肥美，出大江黑石梁，不常有，必夏水涨至梁脚，始结队出，渔人限时轮之比，为水族特产。”③ 比较三地关于红鱼的记载，其所描述的大小形态相似，且所产的小环境类似，应是同种属鱼类。

“红梢鱼”应是鲌亚科红鲌属的蒙古红鲌，是长江上游的重要经济鱼类。鱼鳞片较小，体侧下部和腹部为白色，尾鳍上下叶呈鲜红色。蒙古红鲌鱼个体较大，最大个体重1.5~2.0千克，常见个体重0.2~0.6千克。④ 同治《璧山县志》：“红梢鱼，马坊桥、夫子滩、漫水湾等处俱产，身狭而长，色白，尾赤，有大至数斤者。”⑤ 据地名录记载上述几处均是盛产鱼类的地方。“漫水湾，县西南百里，水极平，多产鱼鳖。”“夫子滩，县西南百余里，两山相拱似狮象，下有深潭，出嘉鱼、老蚌。”马坊桥、漫水湾、夫子滩皆位于璧山县梅江河畔，今属璧山县丁家镇马坊桥，位于县治的西南方向。⑥ 梅江河由北向南流经此地，迂回曲折，渔产丰富。

（8）裂腹鱼亚科的“阳鱼”和“綦鱼”“阳鱼”或称“洋鱼”，裂腹鱼属。裂腹鱼属冷水性鱼类，且对水质要求较高，故而可以说有裂腹鱼生存的地方，其水质必定较好，且水温较低。地下阴河或是山泉洞水，一般水温较低且水质较好，故而是“洋鱼”分布的重要区域。明代云阳地区记载丙穴中产阳鱼，“丙穴，县西北百里郎五溪岸侧有穴数孔，春鱼始出，渔人入穴底取

---

① 乾隆《江津县志》卷一古迹。

② 民国《江津县志》卷一名胜，集成45，第561页。

③ 民国《重修丰都县志》卷九物产。

④ 丁瑞华主编：《四川鱼类志》，四川科学技术出版社，1994年版，第227页。

⑤ 同治《璧山县志》卷二舆地志物产，集成45，第35页。

⑥ 四川省璧山县地名录领导小组编印：《四川省璧山县地名录》（内部资料），1983年，第127页。

之，其味颇嘉，土人名曰阳鱼。”① 乾隆《江安县志》：“嘉，俗名阳鱼。”② 光绪《长寿县志》：“邑中惟鰑鱼（阳鱼）味最美，清明节前后数日始有之，巨口细鳞，同于松江之鲈，既不可多得，亦未见有大者。”③ 咸丰《开县志》：“嘉鱼，明统志开县石门山有石穴，名盘龙洞，洞有水出嘉鱼，俗名阳鱼。”④ 道光《缉补石砫厅新志》：“阳鱼，旧志云，南宾河惟鲤惟多，阳鱼则出马尾坝，俗呼细鳞鱼，刺多而味甘。水出山窟，南流入沙溪河。春夏雷发，鱼随水出窟下流，秋冬则无，省志所称鱼泉也。又谓秋月鱼，复入窟，则讹传尔。”⑤ 马尾坝位于今石柱县马武镇。道光《夔州府志》记载巫溪县多处产洋鱼,如“龙潭河，河内出洋鱼，细鳞长身色白味美，乃江中所无也。”又“龙孔子，龙孔内出水，晨则清，午则浊，晴则清，雨则浊，长流不竭，水出洋鱼。”⑥ 巫溪县的洋鱼远近闻名，现在当地已经开展地下阴河等的冷水性洋鱼养殖，并取得一定成绩。

“綦鱼”产于长江南岸的支流綦江，颇为有名。“綦鱼，在安稳”。⑦ 道光《綦江县志》对本地特产的綦鱼和产地跳鱼洞有详细的描述，由于味道极美，人们孜孜以求：

跳鱼洞，在县南二百四十里，洞产异鱼，谓之綦鱼，训导潘元音有綦鱼论曰：綦之南有地名安稳坝，前有小河即夜郎溪之上游，相距四十里，许中多乱石，水迅激，深邃不可测。其下产鱼或曰溪深鱼肥，此即鱼之安稳处也。鱼长不满三寸，巨口生颔下，身圆细鳞，其色白，食时以白水煮之，鼎釜尽油腻如珠然。是鱼也恒不安于穴，每岁春夏之交，随波逐流，直达治前，綦水中腥秽

① 嘉靖《云阳县志》卷上古迹，西南稀见方志文献第九卷，兰州大学出版社，中国西南文献丛书，2004 年，第 302 页。

② 乾隆《江安县志》物产，民国傅氏藏园抄本，《重庆图书馆藏稀见方志丛刊》第二十九册，国家图书馆出版社，2014 年，第 297 页。

③ 光绪《长寿县志》山川卷二物产，凤城藏版，光绪元年（1875 年）刻本。

④ 咸丰《开县志》卷十五物产，集成 51，第 471 页。

⑤ 石柱县古代地方文献整理课题组编印：《石砫厅志点校》（内部资料），2009 年。

⑥ 道光《夔州府志》卷七水利山川，集成 50，第 95 页。

⑦ 道光《綦江县志》卷十物产十九，集成 7，第 685 页。

物争啖之。俗谓之鱼放经旬中，方流而上，扬鳍鼓鬣重寻故处。而不知乡人已观觊觎久之，盖鱼归，以石与水激不能遽返其宅，必跃而过之。乡人知鱼之将归也，取竹为篮，置乱石间以愚鱼，鱼迷不悟，则郁跃入，故此地名跳鱼洞。得之者不少留，亟须烹调录，是鱼肥，有所触即腐臭，或有携至县遗亲友者，必以香油蓄之，兼程而来，其生致者十有二三，而味却不如随得随食之为佳也。①

此段文字详尽描绘了人们捕获、食用綦鱼的情景。“夜郎溪”即綦江。“綦鱼”之名为綦江地区所特有，产于今赶水区安稳乡跳鱼洞，巨口生下，身圆鳞细，其色青灰，每条重 1 两左右。綦鱼冬季深居三岔河阴河中，春暖时节，成群结队外出觅食产卵。其吃食主要为石上的青苔。这种青苔仅木竹河至白石潭一带才有。所以这一河段便成为綦鱼繁殖聚居之所。② 地名录中有记载“跳鱼洞，松坎河汇合处，有地下水洞，常有鱼儿跳出，故名。”③ 此处“跳鱼洞”与道光《綦江县志》中所记载的应为一处。道光《重庆府志》：“嘉鱼，出綦江县跳鱼洞，长三寸，巨口细鳞。”④ “二郎峡一名跳鱼洞，即《綦江县志》产綦鱼处。潘元音綦鱼论长不及三寸，巨口短颌圆身细甲白色多脂。”⑤ 二郎峡位于今綦江区南桐镇。《江津县乡土志》亦载：“青溪口上则有綦鱼，首有綦字，甚名（明）显，大者重不过一斤，味极肥美，但只青溪口有之，余则无矣。”⑥ 綦江汇入长江的僰溪口，此处应是误载为“青溪口”。事实上，文献中记载的“綦鱼”是一个地方性名称。熊天寿认为道光《綦江县志》中记载的“綦鱼”是裂腹鱼属鱼类，和雅安县的“雅鱼”是同一类属。⑦ 但依据其形态描述尚不能判断其种属，待考。

---

① 道光《綦江县志》卷二山川，集成 7，第 365 页。

② 綦江县志编纂委员会主编：《綦江县志》，西南交通大学出版社，1991 年，第 312 页。

③ 四川省綦江县地名录领导小组编印：《四川省綦江县地名录》（内部资料），1983 年，第 105 页。

④ 道光《重庆府志》食货志卷三，集成 5，第 118 页。

⑤ 民国《续遵义府志》卷五中山川下，集成 34，第 225 页。

⑥ 民国《江津县乡土志》，姚乐野、王晓波主编：《四川大学图书馆馆藏珍稀四川地方志丛刊》（三），巴蜀书社，2009 年，第 94 页。

⑦ 熊天寿：《重庆市古代的鱼类记载述概》，《重庆水产》，1990 年，第 3-4 期。

（9）野鲮亚科的油鱼　传统文献中记载的“油鱼”存在同名异物的情况，其所对应的现代鱼类有两种可能性，其一，唇鱼属泉水鱼，丰都县所记载即应是此类。民国《重修丰都县志》：“土人呼为油鱼，谓其自带油，润也，出崇德乡韩家沱。沱水由山穴流出，鱼亦墨色，味亦美，然必夏水涨始出。亦有一种冬时始出，肥腻尤胜油鱼，土人俱以泉子名之。”① 此种“泉子鱼”产于石穴山溪清流附近。至于后一种“冬时始出”者尚待考证。

另外，长江干流关于油鱼的记载主要集中在宜宾地区，宜宾地区称为油鱼子。其体长3寸左右，体小腹大，背呈淡黄色，腹呈灰白色，鳞极细小，呈白色。该鱼无骨无刺，肠细如线，内脏极少，浑身是肉，脂肪丰富，肉厚细嫩，其味鲜美无比。从河里捞起后因富含脂肪，干炒也不会粘锅，炒熟后淋上汁水佐料即可。若煮白水鱼汤稀饭，亦无腥味，汤面有油珠漂浮。光绪《珙县志》载：“油鱼，出符黑水及鱼孔洞。”南广河古称符黑水，发源于云南省威信县，流经珙县、高县，在宜宾市南广镇注入长江。清代诗人叶体仁曾奉令勘查芙蓉山地界来珙县，对珙县风物题咏甚多。有专门赞誉油鱼的诗歌两首；“石窦泉分曲曲流，锦鳞跃浪润如油。只有偷学磻溪叟，绕涧临波饵钓钩。”又有“鲜鲫银丝已足佳，尤夸碧涧水梭花。虽非丙穴由来美，却比松江分外佳。”② “石窦”即石孔洞，油鱼体内富含油脂。诗人将之与丙穴嘉鱼、淞江鲈鱼作比。同治《高县志》、嘉庆《长宁县志》亦记载油鱼。

直到20世纪60年代宜宾地区黄沙河依然盛产油鱼子。20世纪50年代每逢产鱼旺季，渔民捕到“油鱼子”，除自己食用外，还拿到市场出售，售价较高。若需长期存放，只要将鱼炒熟后放上盐，倒入罐内倒立水中，可贮藏半年以内不会变味。有的渔民甚至贮藏数十斤至百斤，每逢贵客临门或佳节时取出蒸食，风味不减。据当地渔民介绍，“油鱼子”仅分布于南溪县石鼓乡以下的黄沙河和李庄镇下游的大石包碛坝至凉亭子间的长江水面，其中尤以涪溪口以上黄沙河500米范围内最多，其他地方尚无发现。③ 每年3月，长江桃花水渐

① 民国《重修丰都县志》卷九物产。
② 罗应涛编著：《诗游僰国》，四川大学出版社，2006年，第565页。
③ 宜宾市翠屏区李庄镇人民政府编：《李庄镇志》，方志出版社，2006年，第129页。

涨，“油鱼子”从川江群起溯游至黄沙河觅食产卵，至4、5月达到高潮，此后逐渐减少，7月江水陡涨后又难觅踪影。当时每到小麦刚收，黄沙河里“油鱼子”数量众多，一个渔民每天可捕获50千克以上。20世纪60年代后，由于该鱼美名远扬，加之对这一资源的保护未引起重视，除本县渔船外，泸州、江安、内江、自贡、富顺等周边的捕捞船纷纷远道而来，其所用渔具有手网、套围网，更有甚者用毒杀、电击，致使油鱼子的产量大减。至于此处所说的“油鱼子”究竟为何鱼，尚待进一步确定。

凶猛性、肉食性的鱼类如鬃鱼、鳡鱼在长江干流记载较少，但根据其实际情况应该有一定分布，推测当时渔民捕获多以为不祥，故捕获不大。且人们利用、食用此种鱼应较少，故而记载较少。民国《合江县志》：“马脑鬃鱼，渔人谓获之不祥，无人食之者。头如马鬃。”“鸭色（嘴）鬃鱼，味劣。”① 同治《巴东县志》载“鳡鱼”。② 同治《宜昌府志》：“鳡，即鰥鱼。”③ 从食物链构成来说，食肉型凶猛性鱼类的存在说明其食物构成丰富，反映水域中鱼类资源的丰富。

二、渔业经济的开发

可以看出长江干流鱼类资源丰富，但是由于川江水大，险滩多，故长期以来鱼类资源并未得到较好的开发，远远不能比之于长江中下游地区。沿江地区尚有一定的捕鱼业，尤以三峡地区为多，明嘉靖《归州全志》记载“刀耕火种，以渔猎为业。”④ 建始县仍可以“渔猎充庖”。⑤ 同治《宜昌府志》记载“居淮滨者往往逐末或捕鱼操舟”，可见滨江应有一定的捕鱼者。清代诗人王士祯记载三峡地区“春则起汕”的习俗同样表明此地渔业捕捞较为发达。以万州为例，唐宋时期鱼泉县“民赖鱼罟”，民国时期“万县附郭河溪，产鱼甚

① 民国《合江县志》卷二食货，集成33，第412页。
② 同治《巴东县志》。
③ 同治《宜昌府志》卷十一物产，方志丛书湖北省4，第446页。
④ 嘉靖《归州全志》卷上《风俗》，天一阁藏明代方志选刊续编62，上海书店影印，1990年。
⑤ 正德《四川志》卷之十七，四川省图书馆据四川大学图书馆原刻抄本影印，1961年。

富。濒江渔户颇不乏人。”但是由于“操术不精”，故仅能供给本地民众食用，尚不能大规模对外行售。① 反倒是干流的一些小支流，渔业相对更为发达。

两河交汇处或者是河流洄水弯处均是捕鱼的好地方。民国《合江县志》载：“邑西，凡五区，纵长二百余里，赤、鳛两水贯穿其间，交通特便，溪流蔓绕，夙擅鳞介之利。”② 在长江与沱江汇合口处有鱼市街，“鱼市街，泸州北城街道，位于泸州城北部，长江与沱江汇合口。此街原为鱼市场，故名”。③ 明代泸州城外的通远门外即是大江，渔船多泊于此，“会江楼，郡之通远门外五十步，有亭曰泸江，渔人舟子，连艘御舳。”④ 会江楼本名泸江亭，其址离泸州城治所不远，大约在今泸州市大河街街口处。此处是洄水沱水缓，渔舟商船均泊于此。长江流经江津的洄水沱朱沱镇渔业捕捞亦较为发达，民国时期曾设立渔业公会分会，“窃本乡位于长江之滨沿河一带，产鱼丰富，以致从业捕鱼养鱼贩鱼同业人员甚多，确有组织渔会之必要”。⑤ 叙永县北有江门镇，产鱼亦较为丰富。其地当叙永、兴文、纳溪、江安四县交界，为川通滇要道，抗战时期“江门之鱼，驰名于川滇道上”。⑥ 从地理分布上看，川江干流鱼类资源的开发集中在川南叙州、泸州和三峡地区。

1. 川南叙州府地区

川南叙州府山溪纵横，水质清澈，且鱼洞较多，形成盛景。如南广河渔产丰富。“鼓棹寻幽南广河，闻说巨鳞跃数仞。”⑦ 珙县还有多处鱼孔洞，明嘉靖年间颜灿如作“鱼孔磬音”为珙县八景之一。在珙县城北里许的鱼孔，伏流从溶洞涌出，每值清明前后出鱼甚多，因以得名。两岸苍藤翠竹，掩映溪流，洞中曲径通幽，敲击钟乳石，铿然如磬，群鳞应声游出。珙县还有“罗渡渔

---

① 佚名：《万县之渔业》，《四川月报》，1932 年，第 1 卷第 4 期，第 57 页。

② 民国《合江县志》卷二食货，集成 33，第 408 页。

③ 泸州市地名领导小组编印：《四川省泸州市地名录》（内部资料），1987 年，第 12 页。

④ 马蓉等点校：《永乐大典方志辑佚》，中华书局，2004 年，第 3 168页。

⑤ 四川省社会处 186—1817，江津县政府呈为转请核示朱沱乡徐世富等请组县渔会分会由，藏于四川省档案馆。

⑥ 易成疆：《川滇东路重征记》，刘磊主编：《抗战期间黔境印象》，2008 年，贵州人民出版社，第 236 页。

⑦ 光绪《叙州府志》卷四山川，集成 28，第 70 页。

舟”，珙县的鱼孔洞较为知名，“鱼孔洞溪，珙县西一里水从洞口出，鱼亦从中来，故名”。[①]“鱼孔，珙县东门外一里，水清冷。”[②] 此类鱼孔洞多为岩溶洞，与地下阴河相通，水质清澈，水温较低。清代陈名俭有诗《罗渡渔舟》：“水碧沙明画溪，渔歌声在绿杨堤。蓑笠堆边挂笭箵，荻芦丛里醉偏提。”[③]“笭箵”是盛鱼的竹篓。罗渡原名罗星渡，为符黑水码头起点，川滇物资集散之地，也曾是渔船停泊之处。罗渡负山面水，扼据古津，锦鳞沉浮，渔舟出没，水光山色，为珙县八景之一。珙县西门外的黄葛洞下有官沱，“黄葛洞，珙城西门在厅事之右，名官沱。令君厌鱼餐，以此岁杪，集网其下，虽小吏食指俱动也。”[④] 每在岁尾，官府组织打鱼，由于渔产丰富，即使是官吏也得亲自动手捕捞。

“天柱鱼跃”为庆符县八景之一。万历年间天柱峰上即刻有“石鱼跃亭”四个大字，并建有鱼跃亭，渔民趁春初鱼跃产卵而捕鱼，收获较大。“天柱峰，县东北一百二十里南广滩北岸，巨石如柱，屹立江干，每春水涨时，游鱼自下跃上，张网伺之，日捕数百头，建有鱼跃亭。”[⑤]“旧志在县南广洞下，每岁清明前后鱼自下跃上，张网捕之，所获甚多。”[⑥] 1960 年庆符县并入高县，治所在今高县来复镇。鱼跃亭建在南广河入江处。光绪《庆符县志》十景图中就有“天柱鱼跃”。

“春浪跃鱼”为高县八景之一。同治《高县志》：“春浪跃鱼，在县北黄水口溪畔，每届清明水发，群鱼鼓须而上。”[⑦] 黄水口溪在高县文江镇汇入南广河。清代李洪楷曾为高县县令，有诗《春浪跃鱼》，“流水桃花二月天，南头雨涨一江烟。风腥涛卷袅鸥汛，春暖鱼跳荇藻牵。”这也描述的是鱼儿春初逆

---

① 万历《四川总志》卷十二。

② （清）陈聂恒：《边州闻见录》卷一，谢本书主编：国家清史编纂委员会文献丛刊《清代云南稿本史料》，上海辞书出版社，2011 年，第 103 页。

③ 罗应涛编著：《诗游僰国》，四川大学出版社，2006 年，第 530、536 页。

④ （清）陈聂恒：《边州闻见录》卷一，谢本书主编：国家清史编纂委员会文献丛刊《清代云南稿本史料》，上海辞书出版社，2011 年，第 103 页。

⑤ 光绪《庆符县志》卷六山川志，集成 35，第 540 页。

⑥ 光绪《叙州府志》卷十四古迹，集成 28，第 417 页。

⑦ 同治《高县志》卷九水利，集成 35，第 43 页。

流产卵的景象。《沙滩渔歌》：“山城直扼复宁河，遥听渔郎齐唱歌。网缆初收排韵早，滩声急下续吟多。打鱼船共维芦住，沽酒人还抱板歌。”① 此诗描写高县县城东北外沙滩渔民对歌的欢乐情景。同治《筠连县志》载：“清溪洞，有清泉从岩洞中流出，其水至茂荫坝与定川溪合，每年立夏，鱼必结队而出以万计，乡人于是日捕之。”② 清溪洞水质清澈，此种鱼儿出洞季正是居民捕鱼的好时机。

宋江、越溪河是捕鱼的好去处。西山“其后则宋江经焉，渔人时筏载鸬鹚嬉戏于水以取鱼。”越溪河一名清流河，在宜宾县段流速较缓，且不能通航，但水质清澈，渔民们常在此捕捞。沿着溪边人们提着夜火取鱼，鱼笱络绎不绝。“越溪……南入大江……自鱼窝至龙沱清湍素濑，岸阔山低……于是居人朝采蕨，暮饭牛，夜火取鱼，晨缯戈鸟……自龙沱自渔溪一往静深，间以石梁，苍松半岭，翠竹连岗，有长延之曼坡，有旷渺之平陆……见夫渔艇放讴樵林奏韵，童子鼓箧老翁锄禾，地似邹鲁……自渔溪至刘营半渊半碛，碧波荡漾，白石粼粼，鱼舅晒日，水衣牵风，络绎鱼笱，稠叠水舂。”③ 溪旁有打鱼岩，今属宜宾县大塔乡，“位于越溪河边，是以往捕鱼之地。”④

光绪《叙州府志》记载筠连县有：“乾溪，一名小龙潭，溪自山脚冲涌而出，春夏泛滥，灌溉多田，秋冬则涸，出嘉鱼二种与河鱼迥别，渔人每辨之。”⑤ 地名录中有“干沟，沟内常年无水，遇雨则沟渠皆盈”⑥ 和“小龙凼”两处地名记载，二者毗邻，位于筠连县团林苗族自治乡境内。这两处地名应与上述记载有关。光绪《叙州府志》记载兴文县有：“鱼井水，县南一百二十里，源出少峰山，下有潭常出鱼，因名鱼井水。”⑦ 光绪《兴文县志》有相似

---

① 罗应涛编著：《诗游僰国》，四川大学出版社，2006 年，第 597、595 页。符黑水至高县又名复宁河。

② 同治《筠连县志》卷二山川，集成 36，第 42 页。

③ 光绪《叙州府志》卷一山川，集成 28，第 551 页。

④ 宜宾县地名领导小组编：《四川省宜宾县地名录》（内部资料），1987 年，第 221 页。

⑤ 光绪《叙州府志》卷五山川，集成 28，第 113 页。

⑥ 筠连县地名领导小组编印：《四川省筠连县地名录》（内部资料），1987 年，第 190 页。

⑦ 光绪《叙州府志》卷五山川，集成 28，第 140 页。

记载。[①]“鱼井沟，一干河沟，中有一干龙洞，水自河床下冒出来，常有鱼自水中出，故名。”[②] 鱼井水应是地下伏流，位于兴文县籐峡乡，所说的“少峰山”应是上峰山。长宁县还有嘉鱼泉早在宋代已闻名，泉水清冽，“县东一里，泉清冽可酿，嘉鱼仅存其名。”“长宁县，县北大沙坝之洞井，每岁莜花时，鱼从穴出，大小如一，味极佳。”[③]

2. 三峡地区

（1）主要捕鱼区域的地理环境与地名遗存　三峡两岸地势陡峻，沿江的三峡渔民在局部江段以打鱼为生，平坦的碛坝或江湾常常成为渔民捕鱼、晒网、泊船的地方。宜昌地区有一定的渔业，并形成了专门的鱼市，同治《宜昌府志》：“鱼市在县前并江边”。[④]《泊舟夷陵作》中有“小市闻鱼腥”之句。[⑤] 晒网是捕鱼活动中非常重要的步骤，此类地名在宜昌也有较多遗存，如“晒网碛，在西坝外江边”[⑥]。另外还有“晒网坝，早年有人以捕鱼为业，在此坝晒网。”此地今属万州区太龙镇，位于城东部滨长江南岸。既然有渔民在此集中晒网，其附近捕鱼业应较为发达。

江心小岛也是渔民经常捕鱼的地点。宜昌市西北三江入大江口的河道中有一小岛呈赤色，名曰赤矶，同治年间没入江中。未没入大江之前，岛上渔民皆以打鱼为生。同治《东湖县志》记载“赤矶钓艇”为东湖八景之一，“赤矶为步阐故城，面西坝而负北坛，矶嘴插入江底，水势旋折迂洄，至喜亭而会大江。其两岸居民业渔，生涯往来于洪涛巨浸中，叩枻击楫，天真豁露，携鱼就市，挈榼提壶，相与共饮于赤矶之上，竹笛洞箫，川鸣谷应，真太平幸民也。”[⑦] 江北问津门外有打鱼湾，乃是因渔船停泊而得名，早在乾隆年间既已

---

① 光绪十三年修民国二十五年重印本《兴文县志》卷二物产，方志丛书四川省 10，第 106 页。

② 四川省兴文县地名领导小组编印：《四川省兴文县地名录》（内部资料），1982 年，第 38 页。

③ （清）陈聂恒：《边州闻见录》卷一，谢本书主编：国家清史编纂委员会文献丛刊《清代云南稿本史料》，上海辞书出版社，2011 年，第 107 页。

④ 同治《宜昌府志》卷之二下，方志丛书湖北省 4，第 124 页。

⑤ （民国）徐世昌：《晚晴簃诗汇》卷二十四，民国退耕堂刻本。

⑥ 同治《东湖县志》卷六山川，方志丛书湖北省 41，第 79 页。

⑦ 同治《东湖县志》序，方志丛书湖北省 41，第 39 页。

有此名。长江重庆段有打鱼溪、打鱼碛的地名，由来已久，当是渔民捕鱼的地点所在。

地名遗存可以反映过去渔业资源的情况，三峡地区遗存的渔业资源地名众多，有部分地名对照地名录和传统文献记载考证和推测，可以推测其渔业资源情况。如今忠县洋渡镇有“渔洞溪，据传溪边一洞鱼多，故名”。[①] 光绪《南川县志》：“龙塘，治东一百八十里，延袤可容百人，四面皆苍崖，诸水汇集，未见泄处，水成鸭绿色，中产佳鱼，土人刳木为渔舟，岁擅其利。”[②] 翻检地名录，有位于鱼泉乡的龙塘，今属南川县山王坪镇，区域内有鱼泉河。“鱼泉河，此地河边有一洞，洪水暴发，鱼随水而出，故称。”[③] 在涪陵镇安镇的长江边有一处地名“鱼藏子”的得名也颇有趣。乾隆《涪州志》：“鱼藏子岩，州东八十里，岩壁有门，入数百步积水多鱼，春夏水涨，裹粮而渔者甚多，故名。”[④] 同治《重修涪州志》：“鱼窗子崖，城东十八里，石壁屏立，洞口狭巉，百步渐深渐阔，中有深潭，广可二亩，多潜鱼，春夏盛涨，渔者恒结队里粮焉。”[⑤] 道光《重庆府志》载“鱼藏子岩，州东八十里，岩壁有门，入门数百步积水，春夏多鱼。”[⑥] 结合文献记载，可以看出地名录对“鱼窗子”“鱼藏子”得名原因释意有误[⑦]。光绪《垫江县志》：“花鱼荡，县北七十里，出花鱼，故名。”[⑧]

三峡地区鲟鱼资源丰富，巫山即有鲟鱼滩。光绪《巫山县志》：鲟鱼滩，县西北。[⑨] 秭归西陵峡江段渔产丰富，有鱼仓、聚鱼坊、归乡沱等地名，均是

---

① 忠县地名领导小组编：《四川省忠县地名录》（内部资料），1982 年，第 35 页。

② （清）黄际飞：光绪《南川县志》卷一名胜，光绪二年（1876 年）刻本，文昌宫藏版，藏于中国国家图书馆。

③ 四川省南川县地名领导小组编印：《四川省南川县地名录》（内部资料），1983 年，第 138 页。

④ 乾隆《涪州志》卷一山川，姚乐野、王晓波主编：《四川大学图书馆馆藏珍稀四川地方志丛刊》，巴蜀书社，2009 年，第 114 页。

⑤ （清）吕绍衣：同治《重修涪州志》卷一舆地志山川，同治刻本，藏于中国国家图书馆。

⑥ 道光《重庆府志》食货志卷三，集成 5，第 118 页。

⑦ 涪陵县地名领导小组编印：《四川省涪陵县地名录》（内部资料），1986 年，第 136 页。“鱼窗子，长江边大石梁，石凼内一石如鱼，石梁的尖端如窗口，故称。”

⑧ 光绪《垫江县志》卷一舆地志山川，集成 47。

⑨ 光绪《巫山县志》卷一山川，集成 52，第 316 页。

因产鱼而得名。“归乡沱，有大鱼伏焉，长数丈。”此处所说的大鱼有可能是鲟鱼类。“鱼仓与米仓口相连，水涨则没，水落时其中必聚细柴，土人视此以占鱼之多寡。”① 鱼仓每年产鱼的多少关系到渔民生计。而渔民对于鱼仓产鱼量则以其水落时聚集的柴来判断鱼之多寡。聚鱼坊则是秭归县西陵峡重要的捕鱼漕口之一。虽然秭归渔产丰富，但由于此江段江险流急，故捕鱼不易。“归州，渔樵之业，近江者半为渔。山居者半为樵。第江流太急，鱼不常聚，故得鱼不若东湖之易。”②

（2）鱼洞、鱼泉与鱼穴　三峡地区出鱼的洞、穴、泉等尤多。这与其地理环境有关，三峡地区河流众多，溪河两岸及附近地带多溶洞，伏流现象明显，且大多水系由山泉发源，水质清澈，水温偏低，鱼类资源丰富，尤其适宜于冷水性鱼类的生存。梳理文献发现三峡地区的“洋鱼”“嘉鱼”“阳鱼”等记载很多，这也可以反过来判断，即出洋鱼、嘉鱼、阳鱼等的洞穴或河流，其水质必定较好，且水温会相对偏低。三峡地区鱼泉类型多样，依据鱼类生活习性的差异可以将鱼泉分为产卵型、越冬型。部分鱼类越冬会进入洞穴，春初温度升高又游出。部分洞穴鱼类会在洞穴中产卵，产卵结束后又会游出洞穴。

具体鱼洞的类型是有差异的，应分别对待。一般来说，春初出游的“洋（阳、羊）鱼”洞穴应是裂腹鱼越冬的洞穴。这种出鱼的洞穴一般藏鱼量丰富，出洞的时间较为集中，易于捕获。渔民守株待兔用简单的渔具即可收获颇丰。如归州鱼泉洞有鱼春出冬入，“居人以笱取之。”③ 三峡地区鱼洞、鱼泉出鱼的现象不少。

道光《江北厅志》：“排花洞，洞长数里，人不能至。其泉自天池而来，夏时甚大，冬则稍减。洞口高十余丈，宽三四尺。每年清明前后十余日有鱼出游，名洋鱼，色似崖鲤，而鳞细味最佳。今洞口外多纸厂。”④ 地名录记载江北舒家场有排花洞大队，因排花洞得名。该场位于江北县城东南，居御临河下

---

① 光绪《归州志》卷一古迹。

② 同治《宜昌府志》卷十一风土志风俗，方志丛书湖北省 4，第 428 页。

③ 嘉靖《归州志》卷二山川，天一阁藏明代方志选刊续编 62，上海书店影印，1990 年。

④ 道光《江北厅志》卷二舆地，集成 5，第 465 页。

游东侧。[①]

巫山县瀑龙河有丙穴，产鱼甚丰。道光《夔州府志》："瀑龙河，在县南一百二十里有十二洞，下即丙穴。进十五里许大溪河复有一丙穴，穴前有矶石跳牌，夏日鱼必由此入潭，跃过者入深潭，跃不过者咸伏牌下，渔者利焉。"[②] 抱（瀑）龙河位于巫山县境东南部。境内沟壑纵横，落差悬殊，南北两面是高山陡坡，中间夹着大深谷，溪河宛如长龙，故名抱（瀑）龙河。出现"夏日跳鱼"景象的还有忠县的龙洞跳鱼，"龙洞河有滩石，生成如罐，夏至后群鱼结队出争，跳入潭内，附近居民争取之，日约得鱼百余斤，至小暑亦不见有，亦不跳"。[③] 这种短时间内的在深潭和河流之间跳跃现象应是典型鱼儿产卵时的情景。

咸丰《云阳县志》："穿山池，在谢家甲，云、巫两邑交界处凸起一山，北巫南云，中空穴，洞广数丈，穿贯两县地，俗名穿山堰，中产嘉鱼。"[④] 穿山堰今属云阳县农坝镇，其东、北临巫溪，西接开县，"一道阴河穿山而过"。[⑤]《云阳县乡土志》亦有相似的记载，"赵家沟穿山堰梁中突出，北大南云，中空洞，穴广数丈，贯穿两县，中产嘉鱼。"[⑥]

长滩河、汤溪河水质清澈，且多溶洞暗流，多鱼穴、鱼泉。民国《云阳县志》："汤溪，一曰五溪，源出大宁县（今巫溪县）西内团城山，山半崖穴出泉，悬流下注，峡高泉冷，谓之阴河。中产羊鱼，鱼性喜寒。永谷阴崖亦产此鱼，故有大小鱼泉，《水经注》称之此其类也。"[⑦] 汤溪河畔有鱼泉镇亦是因

---

① 四川省江北县地名领导小组编印：《四川省江北县地名录》（内部资料），1992年，第180页。

② 道光《夔州府志》卷六山川，集成50，第69页。

③ 民国《重修丰都县志》卷九物产。

④ （清）江锡麒：咸丰《云阳县志》卷一山川，咸丰四年（1854年）刻本，藏于中国国家图书馆。

⑤ 云阳县地名领导小组编印：《四川省云阳县地名录》（内部资料），1982年，第302页。

⑥ （清）武丕文等采编，甘桂林等纂修，《云阳县乡土志》，光绪三十二年（1906年）修，姚乐野、王晓波主编：《四川大学图书馆馆藏珍稀四川地方志丛刊》（四），巴蜀书社，2009年，第371页。

⑦ 民国《云阳县志》卷三山川上，集成53，第44-45页。

鱼多而得名，“南曰鱼泉镇，河边阴流，每置春潮涨后，产鱼较多，故名”。[①] 永谷（固）河，今称长滩河，源出于湖北利川属之南坪。“永谷水，源出荆子坝侧南金洞，有泉从地涌出，巨如甕盎，未审由何所伏脉潜流至此……春夏气和，常有嘉鱼自穴中跃出，乡人至今谓之羊鱼。郦道元谓其似羊，丰肉少骨，美于余鱼也。北乡鱼泉市亦产此鱼，大抵阴脉伏流乃始有之，盖古丙穴之类矣。”[②] 产于永固河之鱼在当地有“南坪鱼”之称，推测应是因源头而得名。

《宜昌府志》：“三泉洞，在院庄铺，潭深泉远，内多鱼，有出泉、入泉之殊。出者瘦，入者肥。”[③] 三泉洞位于宜昌市夷陵区分区乡桃子园村。这种洞很典型，就是鱼儿产卵的洞穴，产卵之前亲鱼体肥脂肪厚，产卵结束瘦小。《宜昌府志》记载兴山县有洋鱼洞：“在夏阳河，洞狭而鱼广。每当春雷骤发，则鱼填塞洞门，泉为之不流，捕水者恒一日得数十斛。”[④] 对照光绪《兴山县志》：“杨鱼，出县东夏阳河杨鱼洞，有毒。”夏阳河为高岚河支流。高岚河上的洋（杨）鱼洞今成为高岚风景区的重要景致之一。

还有一些水质良好，渔产丰富的小型支流，如璧南河（包括梅江河）高洞滩上下一带产青鳡子鱼。[⑤] 同治《璧山县志》：“青鳡子鱼，出澁滩上下，俱无头，类鳍，身似鳣而无鳞，多肉少骨，重只数两，味极美。”[⑥] 璧南河属长江一级支流，发源于重庆璧山县大路街道大竹村一带，于江津境内的油溪镇注入长江。民国《忠县乡土志》：“黄金滩河，此河最阔处约五丈，最深处约二丈，最浅处约五尺，水势稍缓，鱼产颇丰。”[⑦] 此河流经黄金镇，在忠县城南汇入长江，产鱼丰富。

---

① （清）武丕文等采编，甘桂林等纂修，《云阳县乡土志》，光绪三十二年（1906年）修，姚乐野、王晓波主编：《四川大学图书馆馆藏珍稀四川地方志丛刊》（四），巴蜀书社，2009年，第371页。

② 民国《云阳县志》卷三山川上，集成53，第44-45页。

③ 同治《宜昌府志》卷之二疆域，方志丛书湖北省4，第53页。

④ 同治《宜昌府志》卷之二疆域，方志丛书湖北省4，第71页。

⑤ 张永信：《鲜为人知的璧南河青子鱼》，《璧山文史资料第8辑》（内部资料），第23页。

⑥ 同治《璧山县志》卷二舆地志物产，集成45，第35页。

⑦ 陈德甫编：民国《忠县乡土志》天然地理，墨稼轩苏裱石印店印，1949年。

前文提到乾嘉时期入蜀的苏南文人吴省钦著诗《越门太守馈鳇鱼》，诗的后半部着力描写了三峡渔民捕鱼、食鱼的情景，“夔江江澥汙，丫系集烟碛。起汕分鲙材，到门齿折屐。膻膏性所弃，兹味美无敌。齑橙取芳鲜，捣姜资埽涤。骨脆兼肉肥，毋乃去熊白。步兵思鲈鱼，弃官计粗得。君退持急流，无鱼殊不惜。地厚物故钟，品奇嗜乃特。藉酭巴乡清，乡梦绕枫荻。”① “起汕”是指三峡渔民春初集合捕鱼的情景，“丫系”则是捕获鲟鱼。由于劳动辛苦，渔民捕鱼归来，鞋底都磨破了。诗中还谈到食鲟鱼制脍的方式，由于鲟鱼个体较大，一家难以独享，故需要分而食之，就是所谓的“分鲙材”。调料有哪些呢？用“齑橙”即橙子酱，还要捣碎姜作为调味料。在蜀中能品尝到奇特之美味，甚至是超过了熊脂，可见对三峡鱼的评价甚高。

第二节　金沙江流域主要鱼类资源的分布及开发

一、河源段渔业开发情况

青藏高原的玉树（今玉树藏族自治州几乎涵盖了全部长江在青海的江源流域）和察木多西部（今西藏昌都）是长江江源流域。沱沱河为长江正源，沱沱河与当曲汇合始称通天河，流经青海省曲麻莱、治多、称多、玉树 4 县（州）。此区域海拔在 3 000米以上，河水落差大，水流急，切割强烈，分布有大量的高原鱼类，其中以裂腹鱼亚科和高原鳅类为主。需要引起注意的是，由于全球的气候变化，高纬度、高海拔地区生物系统所受的影响尤为显著，因而长江源头段的鱼类资源变迁尤为值得重视。

长江源头区域主要居住着藏族同胞，明清以前汉族人口鲜有进入。因宗教原因，藏族人有不吃鱼的习俗，所以长期以来这一区域的鱼类资源都很丰富。清至民国时期一些入藏的汉人记录了当地鱼类资源的情况。清代《西藏纪游》：“徼外溪河之鱼多厚皮土气，惟巴笼渡乃雅砻江上游鱼虾最肥美。”“巴

① （清）吴省钦：《白华诗钞》里区集二，清刻本。

笼渡”为金沙江的重要津渡，即今四川巴塘县西南竹巴龙乡，是打箭炉至西藏南路的主要驿站之一。周霭联记载：“自打箭炉至西藏，如河口、察木多、嘉峪桥诸处皆产鱼，只有一种长不满尺，形如鲩，亦作羹，味尚可。予在察木多曾在四川桥（通四川之路桥）、云南桥（通云南之路）垂钓，日得二三尾佐餐。虽帕帕佛有厉禁，不能从也。”① 打箭炉即今甘孜藏族自治州康定县，察木多位于今西藏昌都县，地当四川、云南、青海入藏孔道，是重要的入藏通道之一。清代入藏汉人在藏食鱼情况亦有。道光二十四年（1844 年）进藏的姚莹到达巴塘，食物即有“河鱼，尾可一二斤”。② 他还多次记载昌都的河鱼味道甚美，“察木多河鱼不甚大，而味殊佳”，由于当地土著包括喇嘛、少数民族甚至汉族皆“不解鲜食，故少卖鱼者”，“偶尔有番童偶钓得鱼，余与丁别驾辄买之，尺鱼一尾，约银二分”③。所说的“打箭炉水声塞耳，从不产鱼”不实，④ 事实上是因为江水流速急，鱼类品种不多，且难于捕捞，并非真不产鱼。

直至民国时期玉树通天河地区仅有少量捕捞业，且捕捞方式较为原始。《玉树调查记》记载了玉树的渔业情况：“番人迷信宗教，忌食鱼。然通天河流域，每当春风泮涣之时，鲨鲤极多，有长二尺，围径三四寸者。土人辄渔而售之客，客少则无渔者，盖不视为生业也。其取鱼罕用钩网，或以石击之，或以木刺之。盖番地渔者甚罕，故鱼亦忘机而易得也。水族仅有鲨鲤而已”。⑤ 玉树地区鱼类资源种类不多，“鲨鲤”应指的是裂腹鱼属和高原鳅类。玉树通天河流域捕获的鱼类主要是售卖给汉人，春季水涨鱼多时，当地土人有捕获卖与外来之人食用。若外来人口较少，没有捕捞价值时，就无人从事此业

① （清）周霭联撰：《西藏纪游》，西南民俗文献第十七卷，兰州大学出版社，中国西南文献丛书，2004 年，第 204-205 页。

② （清）姚莹撰，欧阳跃峰整理：《康輶纪行》，中华书局，2014 年，第 114 页。

③ （清）姚莹撰，欧阳跃峰整理：《康輶纪行》，中华书局，2014 年，第 307 页。

④ （清）周霭联撰：《西藏纪游》，西南民俗文献第十七卷，兰州大学出版社，中国西南文献丛书，2004 年，第 204-205 页。

⑤ 周希武：《玉树调查记》，青海人民出版社，1986 年，第 85、95 页。“鲨鲤”，其下注解为（裸鲤）。

了。在青海玉树等地，因为当地人不吃鱼肉，任其生长，鱼类资源丰富，捕鱼甚至可轻易用木棒打、石击、树枝等物刺取。冬季结冰时，可凿破冰面棒击、垂钓。由于工具落后，冬季收获量往往远大于夏季。夏季多采用晒干的方式保存，冬季则冰冻后运售。直到20世纪90年代，在长江源头地区或青藏高原其他人类活动影响较少的偏远地区的河流湖泊中，仍能见到密集的鱼群。

二、主要鱼类资源种类及分布

金沙江是一条典型的峡谷河流，以喜急流的种类最多，且具有一定的渔业价值。明代“金沙之内，其鱼甚多，见人驯扰，不必网钓，举手可得，大者数十百斤，但味薄，不若武昌鱼之旨且嘉也。”① “不用网钓，举手可得”，由此可见民国时期“金沙江之水曰如粉浆，则年丰鱼众，是名所由来也。”② 此处说到“年丰鱼众”指出金沙江鱼类资源丰富。金沙江鱼类资源本来就较为丰富，加之当地少数民族忌讳食鱼，捕捞甚少，故民国年间进入金沙江流域的调查者都对其地鱼类资源的丰富印象深刻。1935年夏，周汝诚随中央民族考察团前往滇西北各县局考察少数民族，撰有《宁蒗见闻录》，记载了当时丽江地区的民风民俗，其中包括部分物产情况介绍。“余入其境……从甫巨村到开基……渡桥下流水清如漱王，中多鯈鱼，大者如臂，小者如梭，见人不惊，上下浮游，洋洋自得，纷纷跳跃，盖永宁人忌食鱼，而鱼所以如此繁多。”③ 可以看出此地不仅水质状况良好，“水清如漱玉”，加之由于宗教原因，一直以来人们捕捞甚少，故此处鱼类资源状况丰富，鱼个体较大且多。

1. 金沙江上游地区

金沙江流经西藏的三江河谷地段，在芒康县境流入云南。西藏区域内的金沙江陡坡谷深，河床多险滩，鱼群种类不多，区系较为简单，仅有少量适应于

---

① （明）朱孟震撰：《西南夷风土记》，《云南史料丛刊》第五卷，云南大学出版社，2001年，第489页。

② 盐源县地方志编纂委员会办公室编：《盐源史志资料》（内部资料），1987年第3期，第48页。

③ 周汝诚：《宁蒗见闻录》，西南民俗文献第十六卷，兰州大学出版社，中国西南文献丛书，2004年，第156页。

急流和冷水环境的鱼类，裂腹鱼亚科和条鳅亚科鱼类占有较大比重，另也有少量的鲱科鱼类。《西藏地理》载有“石粑子”，[①] 应是鲱科石爬鲱属。西藏地区亦分布有大鲵和山溪鲵。民国时期刘家驹《西藏》载有“娃娃鱼”。[②]《西藏史地大纲》也谈到西藏产“娃娃鱼”。[③] 此处提到的娃娃鱼亦有可能是山溪鲵属。《西藏地理》物产类载有“羌活鱼”“哇哇鱼”等，另外还有应是裂腹鱼属鱼类的“重嘴鱼”。[④]

光绪《丽江府志》：“江鱼，金沙江中所产鱼类甚多，有大嘴、尖嘴、虫嘴、无鳞、沙肚、花鱼、石扁头等名，当以石扁头、花鱼为上，诸种皆不逮也，有大至数百斤者。”[⑤] 此中记载皆为俗名，当以裂腹鱼亚科鱼类为主。《宁蒗见闻录》记载物产包括“鲦鱼、鲫鱼、寸钉鱼、石扁头、尖嘴鱼、沙肚鱼、白鱼、乌鱼、虎头鱼”。[⑥] 由于无具体的形态描述，此处笔者结合现代鱼类志中所记载的俗名，对上述鱼类种属进行大致推测。“鲦鱼”应是无鳞鱼。金沙江流域的石扁头、花鱼口感更好。石扁头鱼适应于急流水环境，吸附于岩石上，有可能是平鳍鳅科的鱼，但亦有可能是石爬鲱属的鱼。上述两类鱼皆因适应急流险滩的鱼，腹部下有吸盘，形态上有相似之处。裂腹鱼属鱼类是金沙江重要经济鱼类。“大嘴”“尖嘴”应是裂腹鱼属。“虫嘴”，应是重口裂腹鱼，“无鳞”应是松潘裸鲤，为产地常见食用鱼。“沙肚”又称缅鱼，即短须裂腹鱼，属裂腹鱼亚科裂腹鱼属，是金沙江水系的中小型冷水性鱼类，肉质细嫩，味道鲜美。民国《丽江县地志资料表册》载有“面鱼”[⑦]，应是小裂腹鱼。至于“花鱼”，由于没有形态描述，其所指有两种可能：其一为裂腹鱼亚

① 西藏社会科学院西藏学汉文文献编辑室编辑：《西藏地方志集成》第一册《西藏地理》，中国藏学出版社，1999 年，第 11 页。

② （民国）刘家驹：《西藏》，新亚细亚月刊发行，1932 年。

③ （民国）洪涤尘编：《西藏史地大纲》，正中书局，1936 年。

④ 西藏社会科学院西藏学汉文文献编辑室编辑：《西藏地方志集成》第一册《西藏地理》，中国藏学出版社，1999 年，第 11 页。

⑤ 光绪《丽江府志》卷三食货志物产，丽江市古城区政协委员会，2005 年。

⑥ 周汝诚：《宁蒗见闻录》，西南民俗文献第十六卷，兰州大学出版社，中国西南文献丛书，2004 年，第 215 页。

⑦ （民国）马嘉麟：《丽江县地志资料表册》，民国十二年（1923 年）六月，藏于云南省图书馆。

科重唇鱼属。金沙江流域人们将裸腹重唇鱼称为花鱼。裸腹重唇鱼唇甚发大，两片唇较厚，以捕食其他鱼为生。“又如金沙江鱼，重口如拳，唇厚如脂，入羹雪沃，调以盐豉，味夺众鲜。一绳江上，顷刻数尾，二尺三尺寻常者耳。郑柯为言，夷族不嗜水族，其宅临江小汊，鱼至多，一军人访得之，惊鱼以炮，浮水死者百千，负载半日乃尽。”① 此处描述的鱼“重口如拳，唇厚如脂”，很有可能即是花鱼，即裸腹重唇鱼。其二为金沙江鲈鲤鱼，亦被称为花鱼，至于是何种待考。由此可见民国时期金沙江中鱼类资源仍十分丰富。

裂腹鱼类为金沙江的主要经济鱼类，在捕捞量中占有最大比重。明代金沙江所产细鳞鱼个体较大。②《滇略》：“细鳞鱼，产金沙江中大者三尺许，肥甘异常鱼。”③ 正德《云南志》：“细鳞鱼，出五浪河，头小鳞细，而身肥大者至二三十斤”。五浪河今名五郎河，金沙江一级支流，上源曰扎穆楚河，出四川理化县，流经宁蒗、永胜县汇入金沙江。彝良地区亦产细鳞鱼，“细鳞鱼，出彝良之葛魁河，颇有名。鱼与熊掌并美，要是其地所出少耳。”④“细鳞，巨口细鳞，肚白背黄，每尾重自二三两至二三斤不等。”⑤“雷波境内之猓猡在美姑河中，一人徒手可捕得长三尺之鱼三尾。”“猓猡”彝族善识水性，徒手可以捕捞三尾长三尺的鱼，也可见其资源丰富。民国《盐津县志》：“细鳞鱼，花鱼坪溪流出产最多”。⑥《楚雄县征集地志资料》记载产细鳞鱼，同时记载有“白条鱼”，此处记载的细鳞鱼应是裂腹鱼属。乾隆《永北府志》载细鳞鱼，应是裂腹鱼属。民国《云南永北县地志资料全集》《云南大关县地志》均载有

---

① （民国）查骞撰：《边藏风土记》卷四，多杰才旦主编：《中国藏学史料丛刊》第一辑，中国藏学出版社，1987 年，第 61 页。

② 需要注意的是，云南地区亦有将白鲦鱼称为细鳞鱼的情况，“白鲦鱼或单名为鲦，细鳞色白，普通呼为细鳞鱼。”故应根据文献的具体记载加以区别判断。

③ （明）谢肇淛：《滇略》卷三，西南史地文献第十一卷，兰州大学出版社，中国西南文献丛书，2004 年，第 76 页。

④ （清）陈聂恒：《边州闻见录》卷七，谢本书主编：国家清史编纂委员会文献丛刊《清代云南稿本史料》，上海辞书出版社，2011 年，第 168 页。

⑤ 《彝良县重要渔业调查录》，《云南实业杂志》，1913 年，第 1 卷第 1 期，第 148–150 页。

⑥ 云南省盐津修志局编纂：民国《盐津县志》卷三舆地山川，《昭通旧志汇编》（六），云南人民出版社，2006 年，第 1698 页。

细鳞鱼，民国《云南华坪县地志资料》载有细甲鱼，此处的“细甲鱼”亦是裂腹鱼属。《永善县志略》载有细鳞鱼。安宁州产细鳞鱼。嘉靖《寻甸府志》同时记载有白鲦鱼，所载的“细鳞鱼”应指的是裂腹鱼属。宣威小江流域产细鳞鱼，“细鳞鱼产于小江，盘龙江亦间有之，其肉多脂，味尤美。”① “小江”是指流经宣威西泽的小江，为牛栏江的支流。《云南盐丰县地志资料》：“细鳞鱼，县之北有大河，一名山岔河，距城可四十里许，产鱼数种。其较异者一种，长身细鳞，肉肥味美，因呼为细鳞鱼，每一尾可重三四两至七八两，最大者恒居深潭。土人用鱼笱置水口下取之，又或用小船载水老鸦没水捕之。小者群游于浅水处，徒手可捉每年约千数百斛。渔人捕得辄入城出卖之，人争购之。”② 盐丰县今为大姚县西北部石羊镇。盐丰县细鳞鱼产量丰，且颇受人们欢迎。昆阳县，“细鳞鱼产于海口河中，口巨鳞细，味鲜美，年产数十斤，供食品之用。”③ 民国时期的《富民县地志册》记载其地细鳞鱼产于螳螂江。④ 民国《巧家县志》记载“细鳞鱼”。横江的支流老里渡河，流经昭通府恩安县，盛产细鳞鱼。⑤ 从记载频率来看，细鳞鱼是金沙江的主要经济鱼类之一。

金沙江流域有藏族聚居区，民众忌讳食鱼。民国时期由于军事动荡，汉族军队到此地后见鱼类资源丰富，多用炮弹炸鱼，对鱼类资源破坏极为严重。实质上，不仅在金沙江流域，当时长江上游地区普遍都有这种情况出现。长江源头、金沙江流域鱼类资源的分布除了人为捕捞，还受到气候变化的影响。以裸腹叶须鱼为例，裸腹叶须鱼种群数量小，原本很难在海拔超过 4 000米的地方捕捞到，但是今在长江源头沱沱河亦有较多捕捞，这说明原本生活在金沙江的鱼已经大举上游了。有专家指出是气候变化导致了水温升高，使得裸腹叶须鱼

---

① （清）缪果章纂修：《宣威县乡土志》第三章动物第二十四节鱼类，民国间钞本，藏于云南省图书馆。

② 《云南盐丰县地志资料》，藏于云南省图书馆。

③ 《云南省昆阳县地志资料》，1923 年钞本，藏于云南省图书馆。

④ 富民县劝学所编：《富民县地志册》，民国八年（1919 年）十二月，藏于云南省图书馆。

⑤ （清）鄂尔泰：《（雍正）云南通志》卷三，清文渊阁四库全书本。

上游。[①] 研究表明，1990 年的年平均气温较 1961—1990 年平均温度高出 0.35℃，长江干流屏山站以上流域，即长江源区及金沙江流域是长江上游的主要升温区，这影响到了长江源头鱼类资源的生存。[②]

2. 金沙江中下游地区

（1）两栖类的娃娃鱼　娃娃鱼在昭通地区北部山区河溪中有广泛分布。“娃娃鱼又名孩儿鱼，滇黔溪涧类有之，偶有大至百觔者。无鳞，首略似鲤，尾略似鲇，有手足似人，指缝联皮如鸭脚，能鸣声似儿啼，能登岸上树。渔者网得为不祥，入滚水去其皮，治而烹之，鸣甚哀，见之惨然。”[③] 这里提到滇黔地区的人们烹制娃娃鱼用滚开水去皮的方式，闻之实属残忍。民国《昭通县志稿》载：“魜鱼，其声如小儿啼也。”[④] 在传统鱼类命名中，惯于将二字合为一字，“人鱼”写作魜鱼。《大关县志》：“鲵鱼涧，源出图乐乡当阳坪，经过竹来溪、迷路沟、鱼孔坝合诸山水向北流，至油房沟又北流即名鲵鱼涧，与利济交流。”[⑤] 此山涧溪流当是因盛产大鲵得名。民国《大关县志稿》：“鲵鱼，俗称娃娃鱼，产礼义乡河内，头啼叫似小孩，常栖于水中石上叫啼。”[⑥] 盐津亦产娃娃鱼，民国《盐津县志》：“鲵，俗呼娃娃鱼，为两栖动物，时爬河滨石上，作小儿声。”[⑦] 此处已经指出娃娃鱼为两栖动物。《新纂云南通志》：“娃娃鱼属鲵鱼一类，产河口、大关及近黔、桂河谷。水陆两栖，体色黑褐，头扁，齿锐，尾大，四肢甚短，体长数寸至尺许……至黔省产者，名狗鱼，常可数尺，肉最嫩美可口，称为滋补品。滇虽产此，尚未闻能否供食

---

① 朱灵主编：《绿动中国》，新世界出版社，2010 年，第 179 页。

② 王艳君：《长江上游流域 1961—2000 年气候及径流变化趋势》，《冰川冻土》，2005 年第 5 期。

③ （清）郑光祖：《一斑录》卷三，清道光舟车所至丛书本。

④ 卢金锡撰：民国《昭通县志稿》卷之九物产志第九，昭通新民书局，民国二十七年（1938 年）铅印本，藏于中国国家图书馆。

⑤ 云南省大关县地方志编纂委员会编纂：《大关县志》，云南人民出版社，1998 年，第 1 314 页。

⑥ 云南省大关县地方志编纂委员会整编：民国《大关县志稿》卷三物产，《昭通旧志汇编》（五），2003 年，第 1 320 页。

⑦ 云南省盐津修志局编纂：民国《盐津县志》卷四物产，《昭通旧志汇编》（六），云南人民出版社，2006 年，第 1 320 页。

用否也。”① 云南地区娃娃鱼分布不广，主要产于与川、黔交界的昭通地区及与广西交界区域。

（2）鲟科的鲟属、白鲟属　金沙江下段分布有鲟鱼，“川滇所界金沙江则偶有鲟鳇，即着甲鱼”。② 嘉靖《马湖府志》：载有“落子、象鱼”。③“落子”应是中华鲟，“象鱼”应是白鲟。乾隆《屏山县志》记载鲟鱼。光绪《叙州府志》亦载：“鱬骨鱼，今屏山有之”。④ 鲟鱼的产卵场主要分布在金沙江上游的屏山、合江等地。云南地区的绥江县应亦有达氏鲟分布。据20世纪70年代四川省长江水产资源调查组对鲟鱼的产卵场进行的调查，查明金沙江下游屏山县和宜宾县境内的三块石、偏岩子、金堆子、清明窝、腊子窝、黑板湾、红岩子、旱田坝、苦竹滩、姚家沱等处是鲟鱼的产卵场。可以推测，上述这些产卵场产卵时节应有较多鲟鱼分布。

（3）鲿科的江团鱼　江团鱼主要分布在金沙江干流的中下游，支流较少有分布。光绪《叙州府志》：“鮰鱼，俗呼肥鮀鱼，府属滨江诸县皆产。彭瑞毓《戎州留别诗》又有粉红鱼嘉，味胜石首，即指此也。”光绪《雷波厅志》、乾隆《屏山县志》《永善县志略》均记载江团。民国《盐津县志》所记载“江豚”，应即是江团。《绥江县地志资料表册》记载“金江水产江团鱼”，金江水即是金沙江。⑤ 江团在金沙江流域同样为人们所珍视，售价高，所谓“尺半江团半百钱”⑥。

（4）鲃亚科的清波鱼、白甲鱼、马鱼　金沙江盛产清波鱼。“每岁二月，金沙江之青鱼，常数十成群，上溯之安宁河中产卵。渔者均以网或钩饵钓之，每日可得鱼数百斤。”⑦ 清波鱼有短程洄游的习性，春季当水温回升至10~14℃，江河水位稍涨，便开始离开越冬场逐渐向中上游上溯繁殖觅食。民国

① （民国）龙云主编：《新纂云南通志》卷六十物产考三，云南人民出版社，2007年，第68页。
② （清）郑光祖：《一斑录》杂述四，清道光舟车所至丛书本。
③ 嘉靖《马湖府志》卷四食货，天一阁藏明代方志选刊续编六十六，上海书店影印，1990年。
④ 光绪《叙州府志》卷二十一物产，集成28，第551页。
⑤ （民国）何裕如：《绥江县地志资料表册》，藏于云南省图书馆，民国十二年（1923年）八月。
⑥ 光绪《屏山县志》卷下艺文志，集成36，第846页。
⑦ 民国《西昌县志》卷二产业志，集成69，第54页。

《巧家县志》载“鲭”，光绪《雷波厅志》载有清波。乾隆《屏山县志》载“清波鱼”，《永善县志略》载清波。民国《盐津县志》：“鲤鲭，清波鱼或呼青团鱼”。民国时期《云南大关县地志》载“清波”。可以发现，金沙江流域临靠四川的昭通地区多称中华倒刺鲃为清波鱼。民国时期调查昭通地区彝良县的鱼产，报告记载产“青博”，“青博肚白，背青，鳞甲不细，其形似鲤。每尾自一斤至四五斤不等。”① 此处所说的“青博”即是清波鱼。普渡河所产的“青鲤”应是清波鱼。而清波鱼在滇池流域惯称为青鱼，如《富民县地志册》《安宁县地志资料调查书》《云南华坪县地志资料》《云南永北县地志资料全集》皆载有“青鱼”。

金沙江流域对白甲鱼的记载不多，仅见民国《云南大关县地志》记载白甲鱼，民国《盐津县志》记载白甲鱼。② 另外彝良县亦产白甲，“白甲，身长甲白，每尾重自三四两至二三斤不等。”③ 此处所说的“白甲”即是白甲鱼。

马鱼即云南光唇鱼，主要分布于金沙江及附属湖泊，喜居清水环境，湖泊和河流均有其踪迹。天启《滇志》：“马鱼，食之必去其子”。④ 同治《会理州志》亦载：“马鱼，形略似鲫，肉稍粗，味亦不佳，柳花落水，马鱼啖之，其子不可食。”⑤ 云南光唇鱼肉可供食用，卵有毒，尤其以产卵期毒性最大，误食此种鱼类的卵会引起中毒。在长期的食用过程中人们已对云南光唇鱼的毒性有深刻的认识。⑥ 乾隆《永北府志》记载产马鱼。民国《嵩明县志》记载盘龙江产马鱼，《昆池渔业近况》载马鱼是滇池主产鱼类之一。民国《云南华坪县地志资料》《富民县地志册》《安宁县地志资料调查书》《云南永北县地志资料全集》均产记载马鱼。实际上，云南光唇鱼原在滇池为常见种，20 世纪 60

---

① 《彝良县重要渔业调查录》，《云南实业杂志》，1913 年，第 1 卷第 1 期，第 148-150 页。

② 云南省盐津修志局编纂：民国《盐津县志》卷四物产动物水产，《昭通旧志汇编》（六），云南人民出版社，2006 年，第 1 698 页。

③ 《彝良县重要渔业调查录》，《云南实业杂志》，1913 年，第 1 卷第 1 期，第 148-150 页。

④ （明）刘文征撰，古永继校点：天启《滇志》卷之三地理志之一物产，云南教育出版社，1991 年，第 121 页。

⑤ 同治《会理州志》卷十物产，集成 70，第 265 页。

⑥ 伍汉霖主编：《中国有毒和药用鱼类新志》，中国农业出版社，2002 年，第 159 页。

年代后逐渐减少，至20世纪80年代几近绝迹。

（5）墨头鱼属的墨头鱼　棒棒鱼又称箐箐鱼、筒筒鱼，即东坡墨鱼，在云南地区又称为猪嘴鱼，有集群在急流滩上产卵的习性。白水江是横江的支流，流域内植被较好，岩溶发育明显，伏流较多，地下水丰富。白水江是昭通地区棒棒鱼繁殖最多、产量最大的地方。镇雄县罗坎和彝良县洛旺的白水江河段中一处叫“石龙过江”的地方，两岸青山，竹树蓊郁，滔滔河水从乱石嶙峋、苔藓满布的河道中流过，特别清澈，是棒棒鱼理想的栖息环境。每年春季的农历二月，成千上万的棒棒鱼都有规律性地来这里“摆子”。

（6）面肠鱼　清至民国时期金沙江流域有一种称为面肠鱼（面鱼）的鱼类，实质上是鲫鱼在某种特定地理环境下的一种鱼病现象。早在明代杨慎的《异鱼图赞》中已有记载。“面肠鱼出滇地，昭通府城亦有之。是鲫鱼也，大者二三觔，肉瘦腹，中包面肠非肠也，皆白虫耳。长尺大，如袜带，剖出蠕蠕，见风立死，同烹盛盘，味颇美。然得其情，殊难下箸。”① 面肠鲫中的白色面肠是什么呢？郑光祖较早地指出面肠鲫中的面肠实乃舌状绦虫。虽然味道美，但知晓腹中满是寄生虫的这一事实也让人实在难以下咽。面肠鱼主要产于滇东北地区的沼泽水域中，并非产于江河，其中又以滇池流域、昭通地区的面肠鱼最为著名，当地人们视其为珍品。

此类记载较多，如《昭通等八县图说》：“昭通之鱼面肠称特产焉”。② 民国《昭通县志稿》载：“面肠鱼，形圆腹大，中有面肠一条或二条，色白软动而生，产南乡”。③ 由于腹中有寄生虫，故腹部圆而大。《昭通县劝学所编辑地志资料》：“面肠鱼，产南乡、西乡。鱼不论大小，肠生面一条或二条，供食品极美，年可出百余斤”。④ 昭通“鱼肠面，约30余斤，每斤10余元，销往省垣及附近各县。”⑤ 可见，面肠鱼的味道极美，物以稀为贵，所以售价也很

---

① （清）郑光祖：《一斑录》卷三，清道光舟车所至丛书本。

② 《昭通等八县图说》，《昭通旧志汇编》（二），云南人民出版社，2006年，第493页。

③ 卢金锡：民国《昭通县志稿》卷之九物产志第九，昭通新民书局，民国二十七年（1938年）铅印本，藏于中国国家图书馆。

④ 民国《昭通县劝学所编辑地志资料》，藏于云南省图书馆。

⑤ 《云南昭通县物产状况调查表》，《工商半月刊》，1931年，第3卷，第17期，第33页。

高，而且行销至省城昆明及周边各县，较为受欢迎。从清末民国初年的年产百余斤，至1931年产仅约30余斤，其产量不断下降。

除昭通地区外，在临近昭通的东川府地区亦产面条鲫。《滇海虞衡志》："面条鲫，出东川巨者重一二斤，满腹如切面细条盘之，无肠，面条即肠也，治鱼出其肠，亦蠢蠢动，如寄居虫，烹之，面条亦可食。此水族从来未见者，曰面条鲫一曰面肠鱼。"① 楚雄地区亦产，清《楚雄县志》记载产面肠鱼。② 民国《楚雄县乡土志》："面肠鱼，扁条形，煎之出油，味比肉美。"③ 姚安"面条鱼，出乌鲁溯及洋派溯，腹中如切面细条盘之，无肠，面条即肠也。治鱼出其肠，盘结胶轕，投水中少顷，即蠢蠢自相回解，如寄居虫。然烹食味甘美，惟此鱼腹大肉薄，不中食。"④ "溯"，云南地区居民惯称水坝为"溯"，属于小面积水域。民国《嵩明县志》、民国《威宁县志》均记载产面肠鱼⑤。综上可以看出面肠鱼在滇东北地区的分布范围较广。面条鲫本身肉质并不佳，但其腹内的面肠却颇受欢迎。

直至民国时期，产面肠鱼的地方仍较多。《新纂云南通志》："面肠鱼，或云面肠鲫，巨者重一二斤，满腹如切面细条盘之，无肠。其面条部脆美可食，且入盛馔，为席面之珍品。但可食之部分乃寄生鲫内之鱼鲦虫，形似面肠，实非真肠也。受害之鲫羸瘠异常，除面肠外，不堪入口。产会泽、鲁甸、昭通、邓川、华坪、腾冲、弥渡、蒙化、姚安、镇南、凤仪、鹤庆、中甸等处沼泽中。其曝干之品，远销各县，亦云面鱼。"⑥ 虽然产地仍广，但产量已经大不如前，现今昭通地区已无面肠鱼分布。至于为何会在东北沼泽水域产出面条鲫还需要进一步探讨。

---

① （清）檀萃：《滇海虞衡志》卷八《志虫鱼》，西南民俗文献第五卷，兰州大学出版社，中国西南文献丛书，2004年，第65页。

② （清）崇谦等修：《楚雄县志》，宣统二年（1910年）钞本，方志丛书云南省14，第70页。

③ 民国《楚雄县乡土志》第三十四课，杨成彪主编：《楚雄彝族自治州旧方志全书楚雄卷上下》，云南人民出版社，2005年，第1 338页。

④ 民国《姚安县志》第五册物产，《楚雄彝族自治州旧方志全书姚安卷下》，云南人民出版社，2005年，第1 651页。

⑤ 民国《威宁县志》卷十物产志，集成贵州府县志辑50，第601页。

⑥ （民国）龙云主编：《新纂云南通志》卷六十物产考三，云南人民出版社，2007年，第68页。

（7）油鱼　金沙江流域亦产油鱼，需要注意的是油鱼有同名异物的情况。天启《滇志》、乾隆《永北府志》《云南永北县地志资料全集》均记载产油鱼，民国《嵩明县志》记载邵甸盘龙江产油鱼。此处的油鱼有可能是指野鲮亚科唇鱼属的泉水鱼，分布于金沙江、牛栏江，地方名油鱼，喜生活于山溪和具流水的岩洞，刮食附着在水底岩石表面的周丛生物，其中以硅藻和水生昆虫的幼虫为主。其最大个体可达 3.5 千克，肌肉富含脂肪，味鲜美，为产地常见食用鱼，但产量不大。民国《大关县志稿》：“油鱼，夏天洪水时始有，身长尺许，出自安顺桥阴河”。《滇南志略》载：“油鱼，出上江渠黑龙潭，顺水下至江始肥，复逆水而上，人始捕之，味极鲜美，不可多得。”上述两处的“油鱼”应指的就是泉水鱼。

道光《昆明县志》记载产油鱼。康熙《云南府志》载呈贡县特产油鱼。此处的油鱼是鲤科鲴属云南鲴，为中国特有种，主要分布于滇池。云南鲴个体不大，它以肉嫩、味鲜而在滇池湖畔享有盛名。每逢初冬，肠管周围堆积满脂肪，故有“油鱼”之称。20 世纪 60 年代以前，云南鲴在滇池的渔获物中占有较大比重，后由于产卵场被围垦或未加整修，加之小杂鱼的侵害，产量大为下降至今已很难见到。

（8）花鱼　金沙鲈鲤，俗名花鱼，为产区食用经济鱼类，最大个体可达 5 千克，现已不多见。其主要分布于金沙江、螳螂川流域等。《富民县地志册》载螳螂江产花鱼，“其状鲤与细鳞皆肥大，而花鱼尤巨”。[①] 螳螂川自滇池流向西北，经昆明市安宁、富民、禄劝于禄劝与东川交界处入金沙江。此处的“花鱼”应即是鲈鲤。《东川府志》载“花鱼”[②]，“窃惟邑所之花鱼一种，其殊美可脍，状如鳜，体圆而首大，细鳞四鳃与淞江鲈鱼无异，此外则无之。”[③] 光绪《丽江府志》：“金沙江产花鱼，当以石扁头、花鱼为上，诸种皆

① 富民县劝学所编：《富民县地志册》，民国八年（1919 年）十二月，藏于云南省图书馆。

② 民国《禄丰县志条目》，方志丛书云南省 52，第 70 页。

③ 乾隆《东川府志》卷之十八物产，光绪《东川府志·东川府续志》校注本，云南人民出版社，第 70 页。

不逮也。有大至数百斤者。”① 鲈鲤属高原亚冷水性鱼类，最大个体可达数十千克，此处“大至数百斤者”当是夸张之语，但金沙江所产花鱼体型应较大。另外，安宁州亦产花鱼。② 民国《盐津县志》：“崇山岭蔚，有盐井，并产花鱼”。又有花鱼坪沟，“上清河上流，岩壑清幽，特产花灿鱼。”③ 上清河为关河的上源支流，上清河水如其名，水质清澈，渔产较多。其中有花灿鱼，“花灿鱼，产于花鱼坪溪涧，身干长团，色青黄，嘴大能容拳，有须，甲粗厚，每尾重十斤至二十斤不等。”康熙《禄丰县志》、康熙《元谋县志》、乾隆《永北府志》、嘉靖《寻甸府志》均载“花鱼”。咸丰《邛嶲野录》：“花鱼，会理州志产。”④ 乾隆《会理州志》记载“花鱼”。

（9）鳗鲡属的鳗鲡　鳗鲡属在金沙江有分布，但长期以来因未采集到标本，现代《云南鱼类志》亦是持此种观点，“金沙江可能产日本鳗鲡，因无标本，又无明确记录，故缺。”⑤ 但实质上民国时期是有文献记载的。《云南省昆阳县地志资料》：“青鳝，产于海口河中，形圆长，无鳞，较鳅鱼大数百倍，味鲜甜，每尾七八两，每年产数十尾。”⑥ 据其描述应即是鳗鲡。《云南大关县地志》：“河东之青鳗，亦觉腴美。”⑦ 此处的“青鳗”应该就是鳗鲡鱼。上述记载已经能够说明金沙江流域是有鳗鲡鱼的。这两处记载足以弥补长期以来现代鱼类学认为金沙江流域无鳗鲡鱼的资料欠缺。

（10）鲌亚科的白鱼　白鱼属鲌亚科，是滇池流域的重要经济鱼类。在滇池流域有许多与“白鱼”相关的地名。富民县白鱼口，位于县城西南方向，“白鱼顺螳螂川逆流而上，由于河道转弯水浅，过去人们习惯在白鱼摆子季节

---

① 光绪《丽江府志》卷三食货志物产，丽江市古城区政协委员会，2005年。

② （清）朗一等纂修，雍正年刊本《安宁州志》卷之十物产，西南稀见方志文献第二十四卷，西南文献丛书，兰州大学出版社，2004年，第357页。

③ 云南省盐津修志局编纂：民国《盐津县志》卷三舆地山川，《昭通旧志汇编》（六），云南人民出版社，2006年，第113、121页。

④ 咸丰《邛嶲野录》卷十五方舆类物产，集成68，第172页。

⑤ 褚新洛等编著：《云南鱼类志》下册，科学出版社，1989年版，第9页。

⑥ 《云南省昆阳县地志资料》，1923年钞本，藏于云南省图书馆。

⑦ 《云南大关县地志》，民国十年（1921年）五月，藏于云南省图书馆。

到河中筑沟放笼，捕捉白鱼，故名。”① “白鱼口，位于滇池西岸，一说因盛产白鱼得名。”② “白鱼河，因到冬季常有白鱼自滇池进入此河而得名。”③ 西山《海口镇志》有白鱼乡，白鱼乡有上白鱼村和下白鱼村。“上白鱼，地处湖滨，因产白鱼，地处高处而得名。”④ 如此丰富的地名遗存，说明“白鱼”曾是滇池流域民众的重要捕获对象。

三、渔业经济的开发

金沙江流域水系发达，鱼类资源丰富，如明代姚安地区亦饶鱼鳖之利。⑤ 金沙江渔业的开发在地名上也有遗存，可以一窥当时的情况。“打鱼村，属于土城区，昭鲁河流经境内，历史上曾以渔业为主，故名。”⑥ 昭鲁河贯穿昭鲁坝子，鱼产丰富。在金沙江汇入长江附近有打鱼村，位于四川宜宾县与云南水富县交界处，“打鱼村，属宜宾朝阳乡，位于金沙江南岸，地处河谷平原上，渔户聚居之地。”以礼河畔的人们常垒坝捕鱼，“鱼坝上，属于会泽县待补区，位于以礼河上游，村边人们常在以礼河垒石坝捉鱼，故名。”⑦ 位于屏山县屏山镇的卖鱼桥，渔民打鱼后直接拿到河上的桥面售卖。“卖鱼桥，城中一桥，建国前鱼市在此，故名。”⑧

1. 主要的捕捞区域

洄水湾的沙洲处是捕鱼的好地方。嘉靖《马湖府志》：“沙洲渔火，在府江南浒”。⑨ “沙洲渔火”为马湖十二景之一。明代马湖府初设治于屏山县屏山

① 富民县人民政府编：《云南省富民县地名志》（内部资料），1982 年，第 188 页。

② 昆明市人民政府编：《云南省昆明市地名志》（内部资料），1987 年，第 400 页。

③ 云南省晋宁县地名志编委办公室编：《云南省晋宁县地名志》（内部资料），1987 年，第 77 页。

④ 西山区海口镇志编纂委员会：《海口镇志》（内部资料），2001 年，第 25、39 页。

⑤ （明）周季凤纂修：正德《云南志》，方国瑜主编：《云南史料丛刊》第六卷，云南大学出版社，2001 年，第 379 页。

⑥ 昭通市人民政府编：《云南省昭通市地名志》（内部资料），1985 年，第 53 页。

⑦ 宜宾县地名领导小组编：《四川省宜宾县地名录》（内部资料），1987 年，第 318、177 页。

⑧ 四川省屏山县地名领导小组编：《四川省屏山县地名录》（内部资料），1982 年，第 7 页。

⑨ 嘉靖《马湖府志》提封下卷之三，天一阁明代方志选刊 66，中国书店，1982 年。

镇。马湖后改名龙湖，所谓的“马湖十二景”与“龙湖十二景”都应指的是屏山境内的十二处景致。清代屏山龙湖十二景中的“沙洲渔网”，“在城南积沙成洲，水势平缓，中多鱼鳖”，说明此处水缓，且积沙成洲，成为渔民捕鱼的好地方。另有诗《沙洲渔网》：“雪影天光浸碧涟，桃花水泛夕阳船。龙湖地僻无鱼课，取得鲈鱼作酒钱。”虽然渔产丰富，但由于地处偏远，亦无鱼课征收，渔民所获鱼售卖之后沽酒喝。《沙洲渔网》：“晴川云树傍沙洲，适意鸥凫水面浮。曲渚渊深渔唱晚，平陂人静鸟声幽。锦鳞跃破湖中月，浊酒闲消身外愁。世事不知垂钓稳，蓼花滩畔可抡钓。”[①] 这些诗歌都反映了此处渔业捕捞的情景。

金沙江的诸多支流产鱼亦丰。彝良县“县属之角奎河、牛街河均产鱼”。[②]“葛魁河”应即是“角奎河”。河中所捕获之鱼多就近售卖，“渔人取鱼自行携到角奎、牛街两处市上出卖，近者一二里，远不过十里”。[③]“冲江河，沿河渔业颇有可观，入金沙江。”冲江河因河水直冲入金沙江而得名，在丽江石鼓镇入金沙江。“普渡河，一名螳螂川，全河产白鲦、细鳞及青鲤等鱼。”[④] 此处的“青鲤”应是清波鱼。螳螂川鱼类资源较为丰富，如富民县“境内产鱼之地以螳螂江为最”，“其在境内居民仅在螳螂江滨所住者稍稍从事网罟”。[⑤] 关河盛产鲤鱼且味道甚美。关河水面宽，水流较缓，水中含氧量高，藻类、昆虫类等饵料丰富，为鲤鱼生长繁殖提供良好的生态环境，鲤鱼长得特别肥嫩，经油炸、醋熘等方法加工后酥香可口，味道鲜美。《昭通等八县图说》物产类记载，“大关、盐津河出鲤鱼，异常肥美。”[⑥]《大关县志·闪桥渔火》载：“大关河中产（鲤）鱼，味道鲜美，上至吾滇之东昭，下至川属之叙

① 乾隆《屏山县志》卷七艺文志下，《重庆图书馆藏稀见方志丛刊》第三十一册，国家图书馆出版社，2013年，第357页。

② 周世昌查送《彝良县地志资料调查表》，民国十年（1921年）八月，藏于云南省图书馆。

③ 《彝良县重要渔业调查录》，《云南实业杂志》，1913年，第1卷第1期，第148-150页。

④ （民国）刘庆福辑、童振藻整理：《云南之河湖泉》，西南史地文献第二十八卷，兰州大学出版社，中国西南文献丛书，2004年，第180-181页。

⑤ 富民县劝学所编《富民县地志册》，民国八年（1919年）十二月，藏于云南省图书馆。

⑥ 陈秉仁：《昭通等八县图说》，《昭通旧志汇编》（二），云南人民出版社，2006年，第492页。

泸，其江水产鱼味皆不及此。”《云南盐津县地志资料》也提到关河盛产鲤鱼，“沿关河一带皆有鲤鱼”。① 因此关河水沱常年有人撒网捕鱼，“撒鱼沱，属艾田区，原属仁里乡，村下是关河水沱，常有人撒网捕鱼，故名。”② 龙川江是楚雄地区产鱼较多的河流，在元谋的龙街附近注入金沙江。嘉庆《楚雄府志》：“大江龙川江中，各种亦或时有，不可为常有。”③《楚雄县征集地志资料》“渔业”部分记载：“产鱼地方龙川江、青龙江”④，青龙江为龙川江的支流。

民国时期绥江县江河溪流产鱼极丰，据《云南产业志》记载，民国时期县年产鱼量达5万千克。境内居民素有捕鱼习惯，产鱼的地方包括有“金江、大窝、小汶溪、石溪、大汶溪”⑤。小汶溪，与大汶溪相对，水量较小，汇入金沙江。大汶溪又称板栗河，是金沙江的支流，于绥江县城汇入金沙江。除专业渔民外，农民秋季在大汶溪上扎鱼笕捕鱼。一口笕子一季收鱼数百斤至两三千斤。中华人民共和国成立后绥江县沿旧习，每年捕鱼10吨左右。“大跃进”时期县级机关在大汶溪上扎鱼笕捕鱼。同时宜宾渔业公司电打鱼船入境大量捕鱼，幼鱼被烧死漂浮水面，引来老鹰跟踪抢食。由于不合理地捕捞与开发，至20世纪70年代，江河溪流鱼类锐减，金沙江里每条船年捕鱼仅百余斤。⑥ 华坪县，“沿河人民无分汉夷均好嗜而捕者约十分之三，此三分之中以捕鱼为生者夷民占多。”⑦ 关河流经盐津县，盐津县尚有一定渔业“至滨河居民及附近溪流之住户，谙习水性，时有捕鱼出售。以花鱼坪、宽滩河渔户最多，约有百余家，中有三十家专以渔为业。每年取鱼约万斤左右。”⑧

---

① 姜启汉呈《云南盐津县地志资料》，民国九年（1920年）三月二十六日，藏于云南省图书馆。

② 云南省盐津县政府编：《云南省盐津县地名志》（内部资料），1985年，第72页。

③ 嘉庆《楚雄府志》卷之一物产鳞介，《楚雄彝族自治州旧方志全书楚雄卷上下》，云南人民出版社，2005年，第640页。

④ 民国《楚雄县征集地志资料》渔业，藏于云南省图书馆。

⑤ 八月知事何裕如《绥江县地志资料表册》，民国十二年（1923年），藏于云南省图书馆。

⑥ 绥江县志编纂委员会编：《绥江县志》，四川辞书出版社，1994年，第135页。

⑦《云南华坪县地志资料》渔业，民国十二年（1923年）七月，藏于云南省图书馆。

⑧ 云南省盐津修志局编纂：民国《盐津县志》卷八农业佃渔，《昭通旧志汇编》（六），云南人民出版社，2006年，第1 762页。

2. 鱼泉、鱼洞

除了河中捕鱼外，鱼洞、鱼穴等亦是捕鱼的好地方。乾隆《会理州志》："鱼洞河，治北七十里，白果湾石门坎下有鱼洞，其河自虎尾沟发源北流入安宁河。"[①] 同治《会理州志》亦载："鱼洞河，治北七十里，源出虎尾沟白果湾石门坎下，常有白鱼在石穴中，往往人拾得之，入安宁河。"[②] 这里的"白鱼"应是白甲鱼。白甲鱼冬季入洞越冬，人在石穴中能拾得白甲鱼，可见其当时的资源量是很丰富的。[③] 鱼洞沟在地名录上仍有记载，"鱼洞沟，属白果湾公社，沟内一出水洞有鱼游出，故名。"[④] 今会理县白果湾乡下有鱼洞，有鱼洞河汇流入安宁河。光绪《叙州府志》载："屏山县，大鱼洞，在青龙乡，时有鱼从洞内出。"[⑤] 另有鱼子孔（在黄丹乡）、哇鱼孔（在李村乡）等地名皆是产鱼之所。德昌西南有鱼洞寺，"地处茨达河畔，寺旁有大石洞，藏鱼甚多，因而得名。"[⑥] 寺前原有一片"海子"，周围有渔人打鱼，现已全部开作农田。

昭通境内的洒渔河畔多鱼洞。鱼洞中产白鲦鱼，味道甚美。民国《昭通县志稿》："白鲦鱼，细鳞长身，产洒渔河鱼洞尤美"。[⑦] "鱼洞，洒渔河流经境内北部边缘，村侧洒渔河有洞，洞内鱼多，故名。洞口直径五十厘米，春季鱼群出洞入河，秋季由河归洞。"[⑧] 雷波县西宁河嘉鱼坪也有穴出嘉鱼，"嘉鱼坪，在中山坪，有穴出嘉鱼，味鲜美，值得、春初取之，土人又谓之桃

---

① （清）曾浚哲撰：乾隆《会理州志》卷之一山川，乾隆六十年（1795年）刻本，藏于中国国家图书馆。

② 同治《会理州志》卷一山川，集成70，第151页。

③ 同治《会理州志》卷十物产，集成70，第265页。

④ 会理县地名领导小组编印：《四川省凉山彝族自治州会理县地名录》（内部资料），1986年，第180页。

⑤ 光绪《叙州府志》卷五山川，集成28，第140页。

⑥ 德昌县地名领导小组编印：《四川省凉山彝族自治州德昌县地名录》（内部资料），1984年，第37页。

⑦ 卢金锡：民国《昭通县志稿》卷之九物产志第九，昭通新民书局，民国二十七年（1938年）铅印本，藏于中国国家图书馆。

⑧ 昭通市人民政府编：《云南省昭通市地名志》（内部资料），1985年，第76页。

花鱼。”①

东川府以礼河畔的鱼类资源也非常丰富。“水城渔笛”是东川府十景之一，“鸣榔响罢未收罾，楚竹拈来逸兴乘”，说的就是会泽县以礼河上的渔获美景。水城位于会泽县城北的疙蚤山麓，以礼河畔山下的村民以打鱼为业。蔓海附近的鱼洞亦产鱼，“鱼洞，在城北十里，水自石肚中流出，入以礼河中，产鱼，渔者每燃火入取之，灌溉甚多。”② 另有类似记载如，“鱼洞，在城北十里，蔓海之水从石洞中泄入以礼河，中产鱼。”③ “鱼洞，城西山半，洞如斗大，三五参错，鱼随水出，泼刺厓石间，虽行路犹掇之也。下为海子，水涸乃渔。满尺者以充官。”④ 此处所说的“海子”即为蔓海。以礼河畔的鱼洞在地名上亦有留存，“鱼洞，以礼河畔，村下河里有鱼洞，人们多于此捕鱼故名。”⑤ 此处鱼洞鱼类资源丰富，渔民可入洞取之，亦可待蔓海水干涸而捕捞，个体大的需上缴官府。

3. 金沙江流域彝族民众的捕鱼业

金沙江流域少数民族众多，民众识水性，虽然不以此为专业，但渔猎是其日常生活的重要补充。“沿河人民无分汉夷均好嗜而捕者约十分之三，此三分之中以捕鱼为生者夷民占多”。⑥ 可见彝族民众从事捕鱼业者占有一定比重。凉山腹地昭觉县昭觉河、三湾河产鱼，粮食收入不够维持生活的彝族同胞每年的5、6月采用网捞、钩钓、鱼叉等手段捕鱼，用捕得的鱼换取所需的粮食、盐巴和布。⑦ 雷波县上田坝乡捕鱼方法有钩钓、网捞、放毒、竹篓（相当于放

① 光绪《雷波厅志》卷三十三，集成69，第792页。

② 清方桂修、胡蔚纂：乾隆原刊，光绪年重印《东川府志》，西南稀见方志文献第二十六卷，兰州大学出版社，中国西南文献丛书，2004年，第47页。

③ （清）刘慰三撰：《滇南志略》卷三东川府，《云南史料丛刊》第十三卷，云南大学出版社，2001年，第236页。

④ （清）陈聂恒：《边州闻见录》，谢本书主编：国家清史编纂委员会文献丛刊《清代云南稿本史料》，上海辞书出版社，2011年，第144页。

⑤ 会泽县人民政府编：《云南省会泽县地名志》（内部资料），1986年，第19页。

⑥ 《云南华坪县地志资料》渔业，民国十二年（1923年）七月，藏于云南省图书馆。

⑦ 四川省凉山彝族社会调查资料选辑：《四川凉山彝族社会调查资料选辑》，民族出版社，2009年，第168页。

梯)、拦河捉鱼等，但彝族民众多是零星从事捕鱼活动。美姑巴普区清末亦有彝胞农闲时捕鱼自食，保罗河的鱼很多，捕鱼工具有拦天网、拦河网、钓鱼钩、弯篼、号子、扎楼等，渔具与汉区一样，也有用毒药捕鱼的。[①] 历史时期彝族捕鱼的产量现已无法知道，但从民国时期的情况来看，捕鱼的产量不小。1947—1948 年美姑县惹夫塔古的曲诺吉克约达用钓竿到美姑河、西宁河、马边河钓鱼，换成鸦片，年收入银 90 锭；曲诺结黑等人在雷波县西宁河哈出鱼洞水口下方置梯，最多时一次能捞鱼一两千斤；曲诺石卜那铁用砌鱼窝并用鱼笼堵住水口的方法在马边河捕鱼，最多时一次可捞到几千斤；甘洛县田坝宜地乡曲诺阿耳哈在盐润河钓鱼，有时一天能钓到 100 多斤。[②] 当地捕鱼以冬季为主，冬天水位低，流量小且水温低，鱼反应迟缓，易于捕捞。

另外，还有毒鱼（药鱼）之法。民族史学家马长寿在 20 世纪 30—40 年代曾经在凉山地区考察彝族的社会历史，其记载了彝族的"晕鱼激雨"习俗。"罗彝时有人力齐天之想……罗彝居山中，依农为生。然无向天祷雨之俗。反之，有河谷之区则思得一法，愿激天之怒使之淫雨。吾尝在越河区见少年取核桃叶拌石灰，倾河沼。河沼之鱼，嗅此恶味，则晕绝浮于水面。然后齐入河，尽拾之。谓如此不仅得鱼，且必激天怒立降淫雨以惩罚之。故五六月天旱时。罗彝则晕鱼激雨。"[③] 在西南地区的彝族、苗族民众中皆有"晕鱼激雨""杀鱼乞雨"之说，如在苗族中就有"杀鱼节"。这反映了民众们认为鱼类与管理雨水之类的天神是有着某种内在联系的。

第三节　雅砻江主要鱼类资源的分布及开发

雅砻江是金沙江水系最大的支流，和金沙江相比，雅砻江水温偏低，流速和含沙量均较小。其中，安宁河是雅砻江下游左岸最大支流，流经冕宁、德

---

① 四川省凉山彝族社会调查资料选辑：《四川凉山彝族社会调查资料选辑》，民族出版社，2009 年，第 98 页。

② 胡庆钧著：《凉山彝族奴隶制社会形态》，中国社会科学出版社，2007 年，第 67 页。

③ 马长寿：《凉山罗彝考察报告》，巴蜀书社，2006 年，第 532 页。

昌、米易、攀枝花，在攀枝花市小得石附近汇入雅砻江。

雅砻江水系由于地貌和水文环境区域差异较大，生存于不同环境的鱼类产生适应性，亦有不同的类型。主要包括：其一，生存于上游高海拔、严寒和强烈日照辐射的水域类型；其二，适应于峡谷急流的水域类型；其三，适应于宽谷盆地缓流和湖泊水体环境的水域类型。不同类型在形态上有不同特征。光绪《盐源县志》中记载："鳞属，鱼生流水则背鳞白，生幽水则背鳞黑。"① 当时的人已经认识到不同的水域环境下生存的鱼在体态上的差异，即水环境对鱼体态的影响。

羌活鱼在雅砻江上游流域有广泛分布。"羌活遍地有之，走卒辈山行渴甚，辄折取啖，云清凉如蔗浆……根下每有水潭，藏羌活鱼一二，其形如鲵鱼，有四足，长仅四五寸，土人云可治心痛症，市得数尾，亦不敢妄试。"② 雅砻江上游的理塘县也有分布，"羌活鱼，此为理化之特产，康定亦有，形如脚蛇，四脚，尾为扁形，长四五寸，为两栖动物，常食羌活之根，取而干之，泡制药酒可治风湿之疾。"③ 《盐源县志》："羌活鱼，形如四脚蛇，能治心气。"④ 《冕宁县志》："羌活鱼，出龙潭河中。"⑤ 民国《西昌县志》："黄龙塘、黑龙塘，一南一北，中隔一岩，大小略同，广约十亩，水深百尺，惟水黑黄各异，皆产羌活鱼，水涨则爬上树"⑥。《听雨楼随笔》："羌活鱼，羌活根下有水湛然，中有鱼游泳，理不可解，亦难得。"⑦ 羌活是重要的中药材，羌活鱼常以其为食，羌活鱼也有药用价值。民国时期《申报》介绍羌活和羌活鱼，"羌活，产羌中，康藏亦多有之。茎叶遍生细毛，夏日茎高长，叶如羽状，秋则开淡绿五瓣小花，结实色紫。狂风作时，野草起伏成浪，惟羌活

---

① 光绪《盐源县志》卷三物产，集成 70，第 737 页。

② 道光《绥靖屯志》卷四田赋物产，集成 66，第 891 页。

③ 民国杨仲华著：《西康纪要》，西南史地文献第二十一卷，兰州大学出版社，中国西南文献丛书，2004 年，第 582 页。

④ 光绪《盐源县志》，集成 69，第 677—737 页。

⑤ 咸丰《冕宁县志》卷十一物产，集成 69，第 1 021页。

⑥ 民国《西昌县志》卷一地理志，集成 69，第 36 页。

⑦ （清）王培荀著，魏尧西点校：《听雨楼随笔》，巴蜀书社，1987 年，第 54 页。

独不摇动，是以入药能祛风。土人见之，铲其根下，有碗大一水塘，中有小鱼二尾，然不能每株皆有，如得之则卖于市。凡感冒之症，煮食之，得汗即解，发汗之奇品”。① 除了药用外，川西地区土人间有食之者，其味颇可口。

雅砻江上游由于经济开发较为落后，加之藏族同胞多不食鱼，鱼类记载不仅种类少而且内容简略。光绪《冕宁县志》：“细鳞鱼、黄尾鱼、桃花鱼、羌活鱼、鲤、鲫、鳅、鳝”② 光绪《盐源县志》：“鲖鱼，俗名筒筒鱼，出左所勒得海中（指泸沽湖）。油鱼，形如秋鱼，煎不用油而油自出。羌活鱼，形如四脚蛇，能治心气。鰌，即泥鳅。鲂鱼，即细鳞鱼。鲋鱼，即鲫鱼。鲤鱼，亦名文鲤。华鱼，似鲤而小。麻鱼，或曰黑鰦。鲌鱼，头尾向上，出扯邛河道。黄尾鱼。”③ 盐源县应该是雅砻江流域记载鱼类资源相对丰富的区域。光绪《冕宁县志》《盐源县志》均载有“黄尾鱼”。光绪《冕宁县志》载细鳞鱼。光绪《盐源县志》载“鲂鱼即细鳞鱼”，另记载有鱼洞二“一在瓜别曰石罾，多鲂鱼。”此处所说的“鲂鱼”应不是常见概念下的鲂鱼（鳊鱼），而应是指裂腹鱼科的鱼类。清至民国初年渔业捕捞的记载少，直至民国后期始有零星记载，如记载炉霍县年产鱼1 000斤行销本地，且捕捞工具较为简单，以钓为主，甚至用网都较少。当时为了提倡渔业发展，有人建议废钓为网。甘孜地区由于当地藏族同胞多不食，青鱼、花鱼的产量甚广。④ 此处的“花鱼”有可能指的是裸腹重唇鱼，由于没有形态描述，待考。

在雅砻江水系中，安宁河中下游和邛海的海拔较低，受温度、海拔高度等自然因子的限制较少，鱼类资源的丰富程度为水系之冠。安宁河中盛产鲤鱼及细鳞鱼。又每岁二月，金沙江之青鱼，常数十成群，上溯之安宁河中产卵，渔者均以网或钩饵钓之，每日可得鱼数百斤。⑤ 安宁河的冕宁县“江深水静鱼乐集，渔人耽视征求急”，县南“沙湾为众流交汇之所，潭深百丈，产细鳞鱼，

① 方慎庵《蛮荒异物记》，《申报》，第23377号（上海版），1939年3月31日。

② 咸丰《冕宁县志》卷十一物产，集成69，第1021页。

③ 光绪《盐源县志》，集成69，第677-737页。

④ 佚名：《西康各县物产调查》，《工商半月刊》，1935年，第7卷23号。

⑤ 民国《西昌县志》卷二产业志，集成69，第54页。

民呼为官塘，冬至之后鲲鲕齐出，乃请官打鱼，名曰打水围，渔具毕陈，船如梭驶，并纵鸬鹚数百，泊水而拯之，顷刻得鱼无算，皆献之官，然后听民鱼钓，终岁而罢”。吴山《宁河渔唱》描述当时会理安宁河段捕鱼的情景“一蓑一笠一渔舟，若水烟波任去留”。正因为西昌、会理两地的渔业生产较为兴盛，所以它们也是清代川西南地区为数不多征收鱼课的地方。水獭捕鱼适宜于山地溪河的环境，是凉山渔业中的一大特色。由于传统时期鲜鱼无法保存，干制的干鱼成为雅江外销流通的重要商品，民国时期雅江的干鱼年产量也不算少。①

川西北及康属藏区从事捕鱼业者，多为从内地迁来之汉族人，“绝霍一带鲜曲河盛产鱼，取之者惟汉人”。② 由于雅砻江上游部分江段和河源区，沿岸居民多为藏族，过去没有捕食鱼类的习惯，鱼类资源丰富。直至20世纪70、80年代，在雅砻江中上游的河流湖沼之中，鱼类贮量仍是极丰富的。在远离城镇或公路干线的水域里，鱼类资源多是任其自生自灭，保持着原始状态。

由于雅砻江鱼味道鲜美，在人们对渔获追求的刺激下，20世纪80、90年代在雅砻江打鱼的人逐渐增多。尤其是从内地来的游客，成为食用雅砻江鱼的主体，吃过的人都赞不绝口。其中有一道名菜叫鱼唇汤，是用几十条鱼的嘴唇烧成的，极为鲜美。③ 雅砻江畔的攀枝花地方名产“雅江鱼”，实质上“雅江鱼”是对生长于雅砻江众多鱼类的通称。公路沿线和工矿、城郊，捕鱼食用已十分普遍。而在下游干、支流，由于酷渔滥捕日盛，资源锐减的趋势已十分明显④，值得引起关注。

第四节　岷江流域主要鱼类资源的分布及开发

岷江上游地区鱼类组成较为简单，以裂腹鱼亚科和条鳅亚科鱼类为主。在

① 余石生：《雅江散记》，《现代邮政》，1949年第3期，第14页。
② 盐源县地方志编纂委员会办公室编：《盐源史志资料》（内部资料），1987年第2期，第26页。
③ 杨欣著：《长江魂：一个探险家的长江源头日记》，岭南美术出版社，1997年，第111页。
④ 吴江：《雅砻江的渔业自然资源》，《四川动物》，1986年第1期。

岷江中下游江段，最为知名的当属乐山大佛沱附近的东坡墨头鱼和岷江小三峡段的江团。岷江中下游，如灌县、新津、眉山等地鱼类资源丰富，加之由于临近成都，水运便利，因而清至民国时期是成都河鲜的重要来源地。

一、主要鱼类资源种类及分布

1. 岷江上游地区

传统时期长江上游地区人们将两栖类的大鲵、山溪鲵等皆认为是鱼类，在岷江上游地区分布有两栖类的山溪鲵，别名羌活鱼、雪鱼、杉木鱼，生存环境海拔较高。民国《松潘县志》："鳕鱼，味佳与松江鲈鱼同，俗呼牙鱼，产南坪。"[①] 羌活鱼是重要的中药材之一，将其去内脏，晒干研细，功效颇多。《茂县概况资料辑要》载有："杉木鱼、羌活鱼"。[②]

岷江上游鱼种类组成较为简单，以裂腹鱼亚科和条鳅亚科鱼类占优势，并分布有珍稀虎嘉鱼。在松潘地区获取鱼类食用并不容易，《金川琐记》记载："鱼蔬，松潘有'鱼龙鸡凤菜灵芝'之语，见包公刿《南中记闻》。"[③] 另外，民国《松潘县志》记载松潘亦用鸬鹚和水獭捕鱼。

岷江上游裂腹鱼亚科的齐口裂腹鱼和重口裂腹鱼在此江段产量较高，是主要经济鱼类之一。同治《直隶理番厅志》："细鳞鱼，大溪出。"[④] 理番厅的治所位于今四川理县薛城镇。《茂县概况资料辑要》载该地产"细鳞鱼"。嘉庆《汶志纪略》："重唇鱼，细鳞也或曰嘉鱼"。[⑤]"重唇鱼"即重口裂腹鱼。民国《汶川县志》："细鳞鱼，鳞细肉肥，岷江产量最广。"[⑥] 灌县即今都江堰市，细鳞鱼资源很丰富，在城市中多有售卖，"细鳞鱼，似鲤而鳞特细肉肥美，产

---

① 民国《松潘县志》卷八物产，集成 66，第 310 页。

② 歧周编：《茂县概况资料辑要》，民国二十六年（1937 年）九月印行，原件藏于中央民族大学图书馆，《中国边疆社会调查报告集成》第一辑第八册，广西师范大学出版社，2010 年，第 71 页。

③ （清）李心衡纂：《金川琐记》卷四，西南史地文献第二十七卷，兰州大学出版社，中国西南文献丛书，2004 年，第 498 页。

④ 同治《直隶理番厅志》卷一舆地物产，集成 66，第 673 页。

⑤ （清）李锡书：《汶志纪略》，嘉庆十年（1805 年）刻本，藏于中国国家图书馆。

⑥ 民国《汶川县志》卷四物产，集成 66，第 522 页。

江中，城市多有售者。”① 桃花水涨，正是细鳞鱼上市时。《灌口竹枝词》写到：“听说桃花新涨早，街头争买细鳞鱼。”② 民国时期的《川西调查记》主要调查区域集中在岷江上游，其中记载的鱼类包括虎嘉鱼、冷水鱼、细鳞鱼、重口鱼、石爬鲶以及三种山溪鳅类。其中调查组在岷江上游的松潘和理番县都发现的冷水鱼应是松潘裸鲤。松潘裸鲤，地方名冷水鱼，属裂腹鱼亚科裸鲤属，“冷水鱼，此鱼体圆而长，除肛门两侧及腮盖后具有大形鳞甲外，余皆赤裸，肛门两旁之鳞片各一列，排列于肛门及腹缘两侧，形似缝隙，故是裂腹鱼之称，本地人因其产于高山急流之冷水中，故名冷水鱼，此鱼最初在松潘境内发现。此次在理番孟屯沟上游海拔自六千尺至九千尺地方河流中捕得数条，当属此次鱼类中收获之最珍异者。”③ 岷江上游地区松潘裸鲤属裂腹鱼亚科特有种，其分布区局限于汶川以上的茂县、汶川和松潘等地。

岷江上游石巴子鱼味美，亦是令人称赞，其适宜于急流，能稳固地附着于石上。“石爬子”应是鲇形目鮡科石爬鮡属。民国《松潘县志》：“石斑鱼，形似鲢鱼，俗呼石巴子。”④ 因同属鲇形目，故而与常见的鲇鱼形似。《茂州乡土志》载水族有“石首”，且是“常产”。⑤“石首”应是石巴子。嘉庆《汶志纪略》载“石扁头”。民国《汶川县志》：“石爬鱼，身首皆扁，嘴在额下，附石而居，俗称石爬子。”⑥ 同治《直隶理番厅志》：“石斑鱼，俗名石巴子，味较他鱼佳。”⑦ 民国《灌县志》：“石爬鱼，身首皆扁，嘴在项下，常附石而居，俗称石爬子。”⑧《川西调查记》中记载为石爬鲶。其常藏匿于石缝下，当

---

① 民国《灌县志》卷七物产，集成 9，第 264 页。

② 雷梦水等编：《中华竹枝词》，北京古籍出版社，1997 年，第3 244页。

③ 民国王文蒙、葛维汉、白雪娇等撰：《川西调查记》，西南民俗文献第十二卷，兰州大学出版社，中国西南文献丛书，2004 年，第 406 页。

④ 民国《松潘县志》卷八物产，集成 66，第 310 页。

⑤（清）谢鸿恩编，光绪末年抄本《茂州乡土志》，姚乐野、王晓波主编：《四川大学图书馆馆藏珍稀四川地方志丛刊》，巴蜀书社，2009 年，第 316 页。

⑥ 民国《汶川县志》卷四物产，集成 66，第 522 页。

⑦ 同治《直隶理番厅志》卷一舆地物产，集成 66，第 673 页。

⑧ 民国《灌县志》卷七物产，集成 9，第 264 页。

地渔人多以手搜捕之，灌县产量特多。[①] 从岷江上游各方志中所提及的鱼类种类频率来看，以细鳞鱼和石巴子鱼最高，由此推测当地人对这两种鱼类的利用亦较为频繁。鮡科鱼类属底栖小型鱼类，常生活在多砾石的急流河滩处，用平坦的胸、腹部附贴在石上，以克服水流的冲击，以便稳定身体。石爬鮡属鱼含脂肪量高，肉味鲜美，在岷江上游有一定产量，原是产区的重要经济鱼类之一。[②] 但由于酷渔滥捕和水生态环境改变，目前种群数量急剧下降，危在旦夕。

红尾鱼即红尾副鳅，体呈褐色，属条鳅亚科副鳅属。民国《汶川县志》："红尾鱼，体苍褐色，尾红，故名。"[③] 民国《灌县志》："红尾鱼，体小而直，苍褐色尾红，俗称红尾子。"[④] 民国《峨边县志》亦载有红尾子。光绪《青神县志》载"红尾子"。另也有名贵的鳗鲡鱼分布，据嘉庆《汉州志》："鳗鲡，鱓，名黄白鱓，三眼者杀人。"[⑤] 灌县今都江堰市亦有鳗鲡鱼分布。

由于宗教原因，甘孜、阿坝一带的人们多不食鱼，直至20世纪60年代当地的鱼类资源依然非常丰富，而且较为驯服，易于捕捞。当时人们没有专业的捕鱼工具，就利用劳动工具花杆，用石块和花杆在深水沱中搅动，一些人守候在浅滩边，待鱼被赶上浅滩，用花杆铁尖刺中，即可捕获一尾大鱼，只需要半天时间即可捕获50~60斤鱼。[⑥]

2. 岷江中下游地区

岷江中下游地区主要经济鱼类种类包括江团、清波、墨头鱼、油鱼等，名贵鱼类有鳗鲡鱼，在河口地方还分布有鲟鱼类。

(1) 两栖类娃娃鱼　岷江中上游川西北龙门山带有娃娃鱼分布。民国《灌县志》："人鱼，一名孩儿鱼。陶弘景曰如鳀而有四足声若小儿。李时珍曰

---

① 民国王文蒙、葛维汉、白雪娇等撰：《川西调查记》，西南民俗文献第十二卷，兰州大学出版社，中国西南文献丛书，2004年，第405页。

② 丁瑞华主编：《四川鱼类志》，四川科学技术出版社，1994年，第488页。

③ 民国《汶川县志》卷四物产，集成66，第522页。

④ 民国《灌县志》卷七物产，集成9，第264页。

⑤ 嘉庆《汉州志》卷三十九物产志，集成11，第405页。

⑥ 徐慕菊主编：《四川省水利志》第六卷副册（内部资料），1989年，第364页。

有二种，一种生江湖中，翅似足，音如儿啼，即鳑鱼也，一生溪涧中，状同，而能上树，乃鲵鱼也，俗称娃娃鱼。"[①] 民国《郫县志》："娃娃鱼，一名鲵，尔雅注：鲵似鲇，四脚，前似猴，后似狗，今郫邑徐堰河有之。"[②] 徐堰河是岷江支流之一，水质清澈，现是成都主要的饮用水来源之一。光绪《增修崇庆州志》亦载："娃娃鱼，俗云形颇肖小儿，于深谷大涧中间有之，亦罕见。"[③] 崇庆州即今崇州市。

（2）鳗鲡科的鳗鲡鱼　岷江中游灌县至眉山江段鱼种类较多，其中彭山、新津、眉山段尤为丰富。鳗鲡鱼在岷江中下游多地均有分布，道光《新津县志》载有"鳗鲡"。民国《重修彭山县志》："鳗鲡鱼，即白鳝，又有青鳝一种亦此类"。民国《彭山县乡土志教科书》："最佳鳝鱼，色分青白，烹用豚脂，味美，蒸食尤鲜。"[④] 新津亦产鳗鲡，且销往成都等地。此处提到的食法是用"豚脂"即猪油清蒸鳗鲡鱼，味美无比。在巴蜀地区清蒸鱼惯用的烹饪方式即是将猪油敷在鱼上，待猪油慢慢渗透入鱼肉，这样所蒸的鱼肉质鲜嫩爽口。《成都通览》："白鳝，甚贵，自江口、新津等处来。"[⑤] "江口"是彭山县江口镇。光绪《增修崇庆州志》："青鳝、白鳝，河中有此二种鱼，则群鱼不聚。"光绪《彭县志》记载白鳝："蛇颈能鸣，多膏，食之美。"因青鳝、白鳝富含脂肪，故此处说"多膏，食之美"。民国《郫县志》载："鳝，有青、黄二种"。民国《眉山县志》："鄘鱼，最古，鄘江因以命名。蛇身鱼尾一名鱼蛇，即鳣（鳝）类。"[⑥] 鱼蛇水，属岷江支流，发源于仁寿县西部龙泉山西坡，南流经青神县注入岷江。光绪《青神县志》载有"蛇鱼"。[⑦] 民国《新繁县志》："青鳝，盖鲤鱼之一种，青似蛇，无鳞异于黄鳝者，以背有鳍，长二三

① 民国《灌县志》卷七物产，集成9，第264页。

② 民国《郫县志》卷一物产，集成8，第627页。

③ （清）沈恩培：《增修崇庆州志》卷之五田赋物产，光绪十年（1884年）刻本，藏于中国国家图书馆。

④ 民国徐原烈著：《彭山县乡土志教科书》，民国十二年（1923年）铅印本，成都昌福公司出版，藏于中国国家图书馆。

⑤ （清）傅崇矩编：《成都通览》，巴蜀书社，1987年，第345页。

⑥ 民国《眉山县志》卷三，集成39，第534页。

⑦ 光绪《青神县志》卷五十一物产，集成38，第965页。

尺，蒸食味极美。”① 此处提到的食用方式亦是清蒸。民国《犍为县志》：“鳝，有青、黄、白三种。”此处的“青”“白”二种应就是鳗鲡鱼。万历《嘉定州志》载：“鳗，一名蛇鱼，渔者忌之，人亦不食。”② 在明代嘉定今乐山地区，忌讳食鳗鲡。民国《乐山县志》：“鳗鲡，一名蛇鱼，有青白二种，长尺许，善穿穴，渔人忌之，味极美，补治传尸痨。”③ 既然是味道极美，想必是并不忌讳食用鳗鲡了。清末民国时期长江上游很多地区包括乐山并不忌讳食鳗鲡。至于引起这种变化的原因，尚需进一步探索。

（3）鮠科的江团鱼　江团，又名水底羊。江团属于底栖性鱼类，俗称之为“水底羊”，“羊”是鲜美的代名词，“水底羊”应是指其生活在水的底层，并且味道鲜美，应该说这个俗名较好地概括了江团所具有的特征。

岷江流域亦盛产江团。道光《新津县志》：“江团，形如鲢，腹黄背青，尾似鲇，目细，肉嫩而红，虽重至数斤而目小如菜子者是也。”④ 江团鱼眼睛细小。这段描述清晰勾勒了江团的外形。当时“重至数斤”的江团仍较为常见。民国《彭山县乡土志教科书》：“江团产于龙潭下游，首尖眼细，腹大身长，有独刺，蒸烹佐箸，鲜美异常。”⑤ 江团在深沱静水中生存，无细刺，仅有一根独刺。此处提到烹饪的方式乃为“蒸烹”，即清蒸江团，味道鲜美。岷江小三峡位于眉山至乐山之间，分别是犁头峡、背峨峡，平羌峡，小三峡渔产丰富。民国《眉山县志》：“姜家渡、鸿化山等处有所谓江团者，头圆，口小，眼细，色黄，无甲刺，多脂，亦鱼中珍品也。”⑥ 光绪《青神县志》亦载有“江团”。⑦ 青神县所产江团属于粉江团，颜色白里透红，主要产于岷江流经青

---

① 民国《新繁县志》卷三十二物产，集成 12，第 299 页。

② （明）李采、（清）张能鳞撰，毛郎英标点：《嘉定州志》，《明清嘉定州志》（内部资料），2008 年，第 100 页。

③ 民国《乐山县志》卷七物产，集成 37，第 814 页。

④ 道光《新津县志》卷二十九物产，集成 12，第 639 页。

⑤ 民国徐原烈著：《彭山县乡土志教科书》，民国十二年（1923 年）铅印本，成都昌福公司出版，藏于中国国家图书馆。

⑥ 民国《眉山县志》卷三，集成 39，第 534 页。

⑦ 光绪《青神县志》卷五十一物产，集成 38，第 965 页。

神县属汉阳镇岷江小三峡入口处的“鱼窝”。此江段高山峡谷，岩幽水深，岷江水流至此地产生回旋，是江团鱼的栖息繁殖之地。由于滥捕，到1990年成鱼产量仅有25千克。[①] 犍为县，“江鳗，俗作江团，嘉州至峡口下犍为境仍有之，桃涨出水，味美极鲜，府志陈宗源《青衣江打渔歌》云：何必秋风起归思，江鳗味美比鲈鱼。”[②] 民国《乐山县志》亦有类似记载：“岷江平羌峡……水深鱼富，土人擅其利”。[③] 其中的江团鱼更是味美无比颇负盛名，“江团，一名水底羊，出江水，荞熟时得之，无鳞，肥而美，然亦败”[④]，民国《乐山县志》有类似记载。江团鱼肉质鲜嫩，不宜离水太久。此段江团鱼味美，历来人们对它的喜爱可以说从未减少。民国时期高伯琛在岷江上记录到，“从彭山到嘉定（平羌峡）峡中产江团，味绝美，状如鲢，上下唇甚厚，名肥鮀鱼。名闻远近。余在峡中见渔舟撒网呼之来，凡三舟，惜均无此鱼。而时又思鱼，不得已购鲢鱼一头、细鳞鱼一头以备晚餐”。[⑤] 其遗憾不能吃到江团，就只能食用其他鱼代替。

具体说来，江团在岷江小三峡以下几大河段分布较多且品质最好：其一，乐山地区尤以岷江小三峡的悦来乡至牟子镇板桥溪的河段。其二，青神县境汉阳镇小三峡的犁头峡河段。此段所产的江团皮色白黄，甚肥，营养成分很高，称为“粉皮江团”，这与此段的水环境有很大关系。岷江小三峡两岸全是红砂岩层，江水清澈且深，江面以下多岩层，岩层上长满苔藻，水流至此地回旋，最适于江团鱼生长，亦是江团鱼的栖息繁殖之地。这段水域现在也是岷江长吻鮠国家级水产种质资源保护区。抗战时期此地的江团曾被运往重庆，20世纪50、60年代此地的江团又空运至北京，故当地有俗语“汉阳的江团坐飞机”。当地渔民有特殊的方式捕获江团。即放竹制渔具“浩”[⑥]，鱼能进不能出。渔

---

① 青神县县志编纂委员会编：《青神县志》，成都科技大学出版社，1994年，第149页。

② 民国《犍为县志》第四卷物产志，集成41，第340页。

③ 民国《乐山县志》卷二区域，集成37，第677页。

④ （明）李采、（清）张能鳞撰，毛郎英标点：《嘉定州志》，《明清嘉定州志》（内部资料），2008年，第99页。

⑤ 高伯琛：《岷江往返记》，《四川导游》，1935年，第122页。

⑥ 此处的“浩”，即“鱼笱”在当地的俗称。

民们放浩捕鱼，收入可观。但为了捕获江团，渔民密集地放浩对江团资源量破坏极大。

（4）鲃亚科的清波鱼和白甲鱼　清波鱼在此段产量颇丰。光绪《增修崇庆州志》：“清波，州中西河颇出此鱼，成群逐浪而行。”① 崇庆州即今彭州，崇州西河在当地被称为西江或文井江，于新津县流入岷江。清波鱼在流水处集群产卵，这里说的“成群逐浪而行”即是清波鱼产卵的情景。道光《新津县志》：“清波，亦似鲤，而甲片较大，身黑如墨鱼，愈大而肉愈细，味之美者也。”② 民国《重修彭山县志》载：“青鱼，即清波”。民国《华阳县志》：“清波，岷江下流与彭山、仁寿接境处，乘洪流而上，冬涸渔人举网得之，县俗岁腊盐渍以为鱐荐，充庖亦珍馐也。”③ 冬季水涸，可以捕获大量清波鱼，用来盐渍长期保存，这成为了华阳县人们的岁末年俗，其产量之丰由此可见一斑。

民国《郫县志》：“白甲鱼，细鳞如银，身如鲤，但身腹条嘴微润耳，郫邑为徐堰河有之。”④ 徐堰河是岷江支流之一，水质清澈，是成都主要的饮用水来源之一。同治《大邑县志》卷七物产载“白甲”。民国《名山县志》：“白鲤，百丈河特产，味较他美。”⑤ 百丈河属岷江支流。同治《新繁县志》亦载“白甲”。

（5）鳜鱼属的“刺拨”　鳜鱼属“刺拨”，肉质细嫩且肥满少刺，亦是珍馐之一。民国《华阳县志》：“鳜，吾县惟中兴镇至江口八九十里最多，他处不产也，俗或名曰刺拨，亦殊登盘，薦客最为珍鲙矣。”⑥ 《成都通览》：“刺拨鱼，即鳜鱼，甚少。”⑦ 鳜鱼在成都地区不易得，应是从外地运来。民国《新都县志》记载青白江所产的鱼类特产之一，“刺拨鱼，其状类鲈，味肥美，

---

① （清）沈恩培：《增修崇庆州志》卷之五田赋物产，光绪十年（1884 年）刻本，藏于中国国家图书馆。

② 道光《新津县志》卷二十九物产，集成 12，第 639 页。

③ 民国《华阳县志》卷三十四物产三，集成 3，第 16 页。

④ 民国《郫县志》卷一物产，集成 8，第 627 页。

⑤ 民国《名山县志》卷四物产，集成 64，第 262 页。

⑥ 民国《华阳县志》卷三十四物产三，集成 3，第 16 页。

⑦ （清）傅崇矩编：《成都通览》，巴蜀书社，1987 年，第 345 页。

他处不能产也。”① 民国《新繁县志》亦载：“今俗呼为刺拨，味美于诸鱼，县之兴隆堰、雷家桥、斑竹园均产，此鱼然不易得，故视之他鱼尤贵异焉。”② 整体看来，鳜鱼在岷江流域分布数量并不多，并非主要经济鱼类，但非常受欢迎。

（6）鮈亚科的圆口铜鱼和铜鱼　岷江乐山段以下，铜鱼属是重要的经济鱼类。民国《乐山县志》记载：“江鮀，名肥鮀，又名水鼻子，脊甲脆，出水即毙，腹多脂，肠无粪滓，细鳞肉白，逢丙出穴。”③ 此处的“水鼻子”应是铜鱼属。岷江水系圆口铜鱼主要分布在乐山、犍为至宜宾江段，此江段铜鱼属在渔获物中占有较大比重。20 世纪 50 年代，长江上游江段犍为至宜宾江段圆口铜鱼占总渔获量的 4%左右，铜鱼占 8%左右。在岷江中下游有专门的铜渔网。岷江铜鱼每年 8 月左右退回长江干流即是捕捞的最佳时节。

（7）野鲮亚科墨头鱼属的墨头鱼　乐山地区的墨头鱼又名黑头鱼，乃是因其头部有明显的黑斑而得名，闻名已久。万历《四川总志》记载嘉定州的土产之一即为黑头鱼。清代巴县龙为霖赞“其鱼甚美”，并专门著诗云：“嘉州有嘉鱼，蹙鳞排点漆。龙身燕尾长，双髻并铁直。二月天气和，春风鼓百蛰。倔强立泥沙，矫如树黑帜。市之罗缕脍，芳鲜妙无比。”④ 此诗前两句生动形象地描绘了嘉州墨头鱼的外部特征，中间的两句则是对墨头鱼春季集群产卵情况的描绘。最后还谈到人们对墨头鱼的食用方式即“食鲙”及喜爱之情。

对墨鱼头部黑的原因，宋代苏轼已有描述，其附会晋代郭璞在尔雅台注《尔雅》，认为乃是由其墨汁染黑。对此明代《嘉定州志》认为：“有墨头，以立春后，汎子，迺盛行。㱿（渔）者以火烛之辄止，味肥美，过此时，则不然。从古有之，未必尔雅砚池，一滴便能染也？好奇，不如据实，岂独一鱼

---

① 民国《新都县志》第一编舆地物产，集成 11，第 683 页。

② 民国《新繁县志》卷三十二物产，集成 12，第 299 页。

③ 民国《乐山县志》卷七物产，集成 37，第 814 页。

④ （清）王培荀著，魏尧西点校：《听雨楼随笔》，巴蜀书社，1987 年，第 360 页。

哉?"① 实质上，墨鱼头黑是因吞食郭璞或是东坡的墨汁所致的说法，是缺乏足够科学依据的。从生物学上解释，这与其生存环境有很大关系。墨头鱼属典型的山溪型鱼类，此类鱼常年生活在山涧水流中，体多呈深灰色，且有大型黑斑，便于其在清水湍流中起保护作用。此处还谈到人们利用鱼类惧光的习性，"渔者以火烛之辄止"，来捕获墨头鱼。

另外，在众多记载墨头鱼的文献中，古人皆谓仅郭璞著书《尔雅》的台下有之，或是言其分布范围极小，如"亭之上下游二三里中，生有墨鱼一种，皮黑而肥，说者谓为吸食洗砚水所致，美品也。过此即无此鱼，即有之，亦不黑，且不肥也。"② 与此类似的记载还有"乌尤山下，立春后产墨鱼"③"乌尤山下产黑鱼，立春后衍子"④"黑头鱼……惟郭璞岩前有之……每岁二月间出，十余日即不见。"⑤ 其描述的是立春时节墨头鱼在大佛沱产卵的情景。实际上，墨头鱼的分布范围并非如此狭窄，因为乐山大佛沱下是立春之后墨头鱼集聚产卵之地，故唯以此地的墨头鱼最易见和捕捞，古人附会为仅大佛沱下产之。清代诗人詹崇《嘉州竹枝词》："东坡遗迹未全荒，洗砚池留水一塘。三月初三春浪暖，人人争买墨鱼尝。"⑥ 墨头鱼受人喜爱，是巴蜀地区传统的名贵鱼类，乐山民众争买之。

（8）泉水鱼　泉水鱼，万历《嘉定州志》："泉水鱼出沫水，似墨鱼而小。"⑦ 民国《乐山县志》："泉水鱼，出沫水，上至福禄场一带河边洞穴，似墨鱼而小，口在颔下，重只数两，多脂膏，春初出洞，食石浆，秋入洞则

① （明）李采、（清）张能鳞撰，毛郎英标点：《嘉定州志》，《明清嘉定州志》（内部资料），2008 年，第 99 页。

② （清）徐心余著：《蜀游闻心录》，四川人民出版社，1985 年，第 55 页。

③ （清）陈聂恒：《边州闻见录》卷四，谢本书主编：国家清史编纂委员会文献丛刊《清代云南稿本史料》，上海辞书出版社，2011 年，第 137 页。

④ （清）王士祯：《蜀道驿程记》，早稻田馆藏，卷下。

⑤ （清）常明修、杨芳灿纂：《四川通志》卷三十八之六，巴蜀书社，1984 年。

⑥ 周文华主编：《乐山历代诗集》（内部资料），1995 年，第 129 页。

⑦ （明）李采、（清）张能鳞撰，毛郎英标点：《嘉定州志》，《明清嘉定州志》卷五物产志（内部资料），2008 年，第 99 页。

肥”，渔民捕获它的方式也较为简易，即“以笱向岩口取之”。[①] 泉水鱼所出之洞，多为岩溶洞，有泉水、暗河等。根据描述的“春出”“秋入的特征”，应是进洞越冬的表现。此处提到的“福禄场”位于乐山沙湾的铜河边，有地名鱼洞子，因产泉水鱼而得名。泉水鱼身被细鳞，肉质细腻，富含脂肪，味鲜美。蒸泉水鱼也是乐山地区人们风土菜肴。当地的做法是将泉水鱼洗净，取出内脏，入碗中加姜片、葱段、盐，稍稍入味。然后将泉水鱼表皮裹上一层粉入油锅微炸至淡黄色捞起。将炸好的鱼放入锅内，加姜米、葱花、泡椒、豆瓣、醪糟汁等，放在甑上蒸熟。当地人蒸鱼这一环节，多将其放在饭甑上，待饭熟了，鱼也熟了，鱼鲜味、饭香味融为一体，美味无比。[②]

（9）裂腹鱼属的嘉鱼　裂腹鱼在岷江中游亦分布较多。万历《四川总志》记载嘉鱼为蜀中特产，“嘉鱼，诸县皆有，细鳞似鳟，蜀中谓之拙鱼。”[③] 光绪《彭县志》载有大、小鱼洞，产细鳞鱼，并指出《水经注》中所载的春出而冬返的“鮆鱼”和《蜀都赋》中出于丙穴的“嘉鱼”是同类也。[④] 彭县（即今彭州市）有小鱼洞镇，乃是因境内小鱼洞而得名，位于湔江上游。清代文人王培荀记载了彭县的拙鱼，“出彭县西北七十里为小鱼洞。其源有山，名琅岐，空中，深邃莫测，即弥蒙水也。中多细鳞鱼，极肥美。每风雷将雨，衔接而出，得其首出者，续取以千百计。大者径二尺余，首出者惊脱，则余不复出，土人谓之拙鱼。”[⑤] 他并著有《拙鱼》诗：“山半风云涌怒雷，相衔入网哪知回？源深疑接银河水，不向天孙乞巧来。”[⑥] 此鱼与山羊群随为首者相似。光绪《增修崇庆州志》摘引雅州、汉中丙穴鱼，“细鳞，州中八甲以上自小海

---

① 民国《乐山县志》卷七物产，集成 37，第 814 页。

② 王子辉主编：《中国菜肴大典海鲜水产卷》，青岛出版社，1995 年，第 474 页。

③ 万历《四川总志》卷五成都府土产。

④ 光绪《重修彭县志》卷一山川，卷三物产志，集成 10，第 71 页。

⑤ （清）王培荀著，魏尧西点校：《听雨楼随笔》，巴蜀书社，1987 年，第 360 页。道光年间王培荀曾任丰都、荣昌、新津、兴文、荣县等知县，书中记载多种巴蜀地区出产的名鱼。

⑥ 成都市文联、成都市诗词学会编：《历代诗人咏成都下册》，四川文艺出版社，1999 年，第 549 页。

子至怀远镇鹞子岩，约百五六十里多出此鱼，与雅州、汉中颇似”。① “小海子”“鹞子岩”均位于西河上源。民国《崇庆县志》亦载：“文井江上源百数十里中皆产细鳞鱼，与丙穴鱼相似，亦名著于时云。”② 同治《大邑县志》记载县境内有嘉鱼穴数处，“按县境有𨛫坝之鱼泉口，又雾中山、大鹿池、大石桥均有鱼泉荡，皆洞潜春出，未知孰是通志所指嘉鱼穴，寸疑俟考。”当地居民掌握鱼的习性，“交冬即潜，春时复出”，“居人依时罟捕焉”。③

味美之鱼，加之易于捕捞，引来了人们的争夺，如𨛫河下的鱼泉口，“乾隆间居民捕鱼争殴，遂塞其孔，鱼已隔绝，泉仍涓滴清澈如故”。④ 昔日出细鳞鱼的鱼泉口，鱼再不复出。传统时期江河捕捞难度较大，而临近居住地的如鱼泉、洞穴、水潭等小型水体成为普通非渔业居民们获得鱼类资源的主要场所。由于利用频率较大，其引发矛盾和争斗的概率也就比大江大河等水体高出很多。而且随着清朝末年人口的增加，这种对资源的争夺也就日益激烈。⑤

（10）鲟科的鲟属、白鲟属　鲟鱼类在岷江河口段也有少量出现。这是因为中华鲟会在岷江河口作短距离洄游，可至犍为境内。民国《乐山县志》：“鲟鳇至峡口下，犍为境仍有之。”⑥ 白鲟和达氏鲟可达乐山大佛沱。《青衣江打鱼歌》描写的是嘉州三江汇合口渔民捕鱼的情景，其中“鳣、鲔争先逃”⑦，说明此处也是有鲟鱼分布的。王培荀记载有嘉州鲟鳇，“重十余斤、三二十斤不等。至巫山，大至千余斤。渔人以巨绳悬钓，置饵船上，作轴似辘轳缠绳其上，不计寻丈，鱼吞钩纵其所在，既久，徐徐缴绳，鱼觉疼，忽又纵去，如是再四，鱼力已疲，缴至船侧，以铁叉刺其首，若非长绳宽纵，力猛，船覆不可

① （清）沈恩培：《增修崇庆州志》卷之五田赋物产，光绪十年（1884年）刻本，藏于中国国家图书馆。

② 民国《崇庆县志》卷十食货，集成14，第420页。

③ （清）赵霦：同治《大邑县志》卷五古迹，同治六年（1867年）刻本，藏于中国国家图书馆。

④ （清）赵霦：同治《大邑县志》卷五古迹，同治六年（1867年）刻本，藏于中国国家图书馆。

⑤ 刘静：《“鱼”背后的博弈——以近代长江上游渔业资源的保护为中心》，《地域研究与开发》，2016年第2期。关于晚清民国时期长江上游民众因捕捞鱼类而引发的矛盾及社会互动，可参看拙文。

⑥ 民国《乐山县志》卷七物产，集成37，第814页。

⑦ 民国《乐山县志》卷二区域，集成37，第696页。

救矣。钓是鱼者必来县求印，以墨印纸，谓达龙王，非是不可得鱼。咏之云“割肉纷纷市上忙，头颅如许价偏昂。（鱼头骨脆美）龙王不税渝蛮利，只索空文印一张。”① 记载为“嘉州鲟鳇”必当是在嘉州（今乐山地区）曾见过鲟鱼。其亦是用外力捕获体型巨大的鲟鱼。当然，渔民“索印”的行为也反映出鲟鱼在岷江河口亦不多见，渔民仅能偶然捕获，渔民才会如此稀罕和敬畏。鲟鱼头的售卖价格贵于鱼肉，原因是鱼头骨脆美且富含胶质，人们喜爱食用之。

需要说明的是岩原鲤在长江上游中以岷江和嘉陵江分布最为集中，但在文献中却少见有记载，至于产生这种现象的原因尚待进一步探讨。这也从侧面说明传统文献记载存在着不全面性和模糊性的特点。记载种类的选择性与认识的不全面性，使得记载频率的高低并不能完全反映资源的丰富程度。

二、渔业经济的开发

1. 主要的捕捞区域

岷江流域渔业捕捞较为发达。岷江上游的支流寿江捕鱼人较多，所谓“江畔半渔居”。清王昌南《老人村竹枝百咏》写道：“村外清流水一渠，寿江江畔半渔居。行人来往知多少，每立途间看打鱼。”② 寿江为岷江上游右岸支流，发源于巴郎山东南侧，流经汶川漩口镇、都江堰入岷江。

成都本地渔产不丰，加之清末生活用水等的污染，致使“鱼类甚少，除鳅鳝鲫鱼外，多自外属运来”。③ 但岷江重要的支流府河和南河鱼类资源丰富，水质状况直至清末民国时期河水仍是“甘冽异常”。清代至20世纪中叶，府河仍可以从成都九眼桥顺流，经双流中兴、苏码头、毛家渡、黄龙镇，至彭山江口汇岷江。因此两河的渔业捕捞一直较为兴盛。府、南两河流经的新津县和灌县、双流县、彭山县也是成都水产品的重要来源地（图3-1，图3-2）。在

① （清）王培荀著，魏尧西点校：《听雨楼随笔》，巴蜀书社，1987年，第266页。
② 雷梦水等编：《中华竹枝词》，北京古籍出版社，1997年，第3 248页。
③ （清）傅崇矩编：《成都通览》下册，巴蜀书社，1987年，第345页。

最近的几十年间，府河、南河不仅水质日益变坏，河道萎缩严重，且泥沙废物淤积，径流日益缩小。水面的缩小、水质状况的恶化直接带来鱼类资源的减少。

图 3-1　府南河上盛满鲜鱼的鱼笆篓（摄于 1907 年）

府河流经双流县，至彭山县江口镇汇入岷江。双流县府河历来是有名的商品鱼主产地尤其是苏码头经傅家坝，古佛洞至黄龙溪这段水域鱼类丰富。此段水域水清潭深，沿河有十多个深潭，从苏码头起包括有菩萨岩、铁椿埝、毛家湾、麻柳沱、观音岩、火神岩、虎头岩、十三洞桥、红岩子、洄水湾岩、夏家沱等处，多是深潭，藏鱼丰富。民国时期双流县府河沿河形成一批捕捞专业户，有渔船 200 条左右。每年上半年从谷雨节开禁，下半年从农历十月开始。

图 3-2 停泊在府南河上的渔船（摄于 1908 年）①

新津、崇庆、双流等县的打鱼船、盖网筏子几百条，陆续前来打鱼。他们有帮会组织，外县船队到后，先去当地帮会“会主”办交涉，然后下河。一到禁沱纷纷离去，下次开禁再来。他们捕鱼的方式多样，其中以毛子（水獭）捕鱼最厉害，但价格昂贵，一只好的毛子，相当于千多斤鱼的价钱。另有鸬鹚捕鱼，每船蓄有五至七只，往往一支船队蓄有上百只。还有人徒手捕河鱼，主要以鲇鱼为主。盛夏时鲇居洞中，当头伏时，鱼头向内，二伏时鱼身打横，三伏时鱼头朝外，须因时制宜，改变手法才有收获。② 沿河的中兴场、苏码头（今正兴乡）、傅家坝（今永安乡）、黄龙溪等地成了有名的鲜鱼市场。捕捞盛期，中兴场、苏码头赶集日，鲜鱼上市数百斤甚至上千斤。这些鱼大多数由鱼贩运往成都销售，是成都鲜鱼供应的主要来源。③ 府河流域的人们当时已经有一定的资源保护观。每年农历二月十九观音会，人们就不再打鱼，叫禁沱。每年农历四月初八放生会人们买鱼放生。农历九月又有一次观音菩萨生辰，还要

① （德）魏司拍摄：选自《老四川老照片》，四川省人民政府办公室，2002 年，第 19-20 页。府南河是成都的捕鱼好去处，渔人将捕获的鱼装入大小鱼笆篓浸入水中。

② 田宏梁、王泽枋主编：《千古蚕虫路，沧桑话双流》，四川辞书出版社，2006 年，第 168 页。

③ 四川省双流县志编纂委员会编纂：《双流县志》，四川人民出版社，1992 年，第 226 页。

“禁沱”一个月。[1]

传统时期许多河流汇合处即是重要的水运码头，同时渔业也较为发达。清代彭山县江口镇地处岷江与府河交汇处，渔业较为发达，也是成都水产品的主要来源地之一。清袁怀瑄《游江口竹枝词》写道：“几只渔舡欲剪波，渔人唱罢放船歌。二郎滩下波光急，轻理兰桡稳稳过。”[2] 江口渔人捕鱼唱起了调子，在急流的二郎滩，依然是稳稳过。另有《游江口竹枝词》：“花港层楼隐翠微，行人络绎过鱼矶。山头共打黄梅熟，江上争提紫蟹归。”[3]“鱼矶”是渔人捕鱼的地方。

南河是岷江支流之一，发源于名山县，流经邛崃、蒲江，接纳邛崃诸水后在新津县境汇入岷江。南河上游的邛崃八景之一有“南河渔唱”。20 世纪 40 年代南河上捕鱼船只往来穿梭。沿河的诸多场镇如南河坝、固驿、牟礼等都设有鱼市。[4] 南河下游水势平缓，新津南河渔业捕捞发达，在未被污染之前有“天然渔场”之称（图 3-3）。新津十二景“南港晚渔”在道光《新津县志》中附有插图，其范围大致在大水南门（武阳门）至小水南门（汲清门）一带的南河水域。邑令王梦庚《南港晚渔》：“翠网痕牵残霭破，红鳞艳射夕阳低。笭箵影重灯将上，欸乃声回路不迷。”[5]《南河观打鱼用昌黎叉鱼韵》：“水落鱼梁浅，渔舠集隔宵。”[6] 清代诗人徐长发也有诗：“扁舟舣约济通津，水落鱼梁出锦鳞”。可见用鱼梁捕鱼是南河渔民捕鱼的一种重要方式。正是因为南河渔产丰富，直至现在成都人常说吃川菜在成都，而品河鲜却要到新津。同样是因为鱼类资源丰富，南河原为新津的重要放生区域，而今在南河边有着鳞次栉

---

① 田宏梁、王泽枋主编：《千古蚕虫路，沧桑话双流》，四川辞书出版社，2006 年，第 165 页。

② 林孔翼，沙铭璞编：《四川竹枝词》，四川人民出版社，1989 年，第 130 页。

③ 林孔翼，沙铭璞编：《四川竹枝词》，四川人民出版社，1989 年，第 131 页。

④ 邛崃市政协文史资料研究委员会编：《邛崃文史资料第二十一辑》（内部资料），2007 年，第 237 页。

⑤ 道光《新津县志》卷一，集成 12，第 566 页。李志娟：《新津河鲜》，《新津文史资料第 10 辑》，中央文献出版社，2007 年，第 68 页。

⑥ 道光《新津县志》卷三十九艺文，集成 12，第 696 页。

比的河鲜馆。[①] 独特的小区域水环境下有特殊鱼种，如新津的鱼类名产之一金甲鲤鱼。金甲鲤鱼背青腹白，尾鳍橘红，身被金甲，肉质细腻，味道鲜美。[②] 另外，崇庆西河亦产金甲鲤鱼。民国《崇庆县志》："泉水河有金甲鲤。"[③] 可见金甲鲤鱼在岷江支流南河、西河皆有分布。

江心洲处水缓，多为水流交汇处，是捕鱼的好地方。岷江中的江心洲也是如此。如眉州八景之一中坝渔村，即今眉山松江镇中坝村，昔年岷江西徙，田地被毁，坝上人以捕鱼为业，每当夜晚在夹坝的岷江和泉江边舟自横斜，渔火点点成为一景。有诗写道"水边杨柳岸边村，罢钓归来昼掩门"。[④]

图 3–3　打鱼归来（摄于 1910 年）[⑤]

除上述所说的这些区域外，乐山也是岷江渔产丰富的区域之一。此地不仅鱼种类多，且资源量较大，价格便宜。1938 年叶圣陶《嘉定杂记》记载："蜀

① 李志娟：《新津河鲜》，《新津文史资料第 10 辑》，中央文献出版社，2007 年，第 127 页。

② 四川省新津县志编纂委员会编纂：《新津县志》，四川人民出版社，1989 年，第 68 页。

③ 民国《崇庆县志》卷十食货，集成 14，第 420 页。

④ 四川省眉山县志编纂委员会编纂：《眉山县志》，四川人民出版社，1992 年，第 908 页。

⑤（德）魏司拍摄：《老四川老照片》，四川省人民政府办公室，2002 年，第 89 页。此照片是魏司途径川西双流、新津、蒲河一带所拍摄。

中鱼少，惟此间鱼多”，到乐山之后，“颇想鱼鲜，此间鱼多，间日购之。”① 抗战时期，甚至有用飞机从乐山空运鱼至重庆售卖。当时为了满足成渝两地鱼类的供给，有人建议在乐山地区开设养鱼场，原因之一就在于此地鱼类资源很丰富，获取鱼苗较为方便。

2. 鱼泉、鱼洞

部分鱼类如裂腹鱼有在洞穴中越冬的习性，这种所谓的鱼泉、鱼穴、鱼洞捕捞较易，无须复杂的渔具，故往往成为普通民众获取鱼类资源的首选。光绪《蒲江县志》：“后溪，县南三十六里，起源蔡家埂，东流合大鱼仓。按大鱼仓上为岭冈，脚空数丈余，又小鱼仓上有大石板，脚空丈余，两处皆藏鱼之所故名。”根据地名录考证，“大鱼仓”位于蒲江县成佳镇万民大队，“小鱼仓”位于蒲江县成佳镇两合水大队。蒲江流经该镇，且溪流众多，产鱼丰富。② 邛崃、大邑县𨙸江鱼泉口众多，产细鳞鱼。民国《邛崃县志》：“鱼泉口，在𨙸坝铁索桥对岸，岸下厓墙有石穴似口，宽约三尺余，穴如张口，上至下不盈尺，口内不知其深广，口外亦无泥沙壅塞，并未见𨙸水吞吐。年年春分，即有数尾小鱼出口，渐渐结队成群，如泉涌出，大小不知其数，旅行游泳，上下亦不过十里。其鱼状如黑鲢，细鳞铁甲最瘦，至秋而肥，年年节逾秋分依然入口，不见一尾。诚不知崖墙石穴何年所有，而鱼泉之表彰则始于伍老之摩崖刻石。”③ 可见邛崃此处鱼泉口颇有历史。

3. 成都渔获的行销

成都是岷江和沱江流域的水产品消费中心。成都所销售的水产由本地捕获的不多，多是附近区域转运所至。“成都之鱼类，鱼类甚少，除鳅、鳝、鲫鱼外，多自外属运来。”民国时期成都市场淡水鱼产品绝大部分来源于附近郊县和岷江流域的灌县、新津、眉山，沱江流域的金堂、绵竹、简阳等地。其中双流苏码头、金堂赵镇、黄龙溪等场镇为成都市上鱼货的主要来源地。

---

① 周文华主编：《乐山历代文集》，市中区编史修志办公室编，1990 年，第 273 页。

② 蒲江县地名领导小组编：《四川省蒲江县地名录》（内部资料），1987 年，第 52 页。

③ 民国《邛崃县志》卷二方物志，集成 13，第 527 页。

成都地区专门的鱼市形成较早，《芙蓉话旧录》记载成都的商店时写道："鱼肉菜蔬铺多在湖广街及棉花街。"① "省城内之鱼市在南门大街、湖广馆，干鱼、糟鱼在总府街之新鲜号出售。干鱼亦有自乡下来者。"② 当时售卖鲜鱼与干鱼的区域是分开的，干鱼、糟鱼属于干货行。至20世纪80年代，成都城内的水产品销售市场以东门为主，两江府河和南河穿流市区，东门大桥的码头则是鱼虾蟹的天下。在书院街、将军衙门、青石桥、九眼桥等4条街道，有鱼贩100余人。③

第五节　沱江流域鱼类资源的分布及开发

沱江流域渔业历史悠久，从其自身条件来讲是四川江河中渔产较高的河流。在鱼类组成上，彭县似鲭、成都鱲是我国特有种，仅在沱江上游小范围水域分布，由于其种群的独特性和分布区域的局限性，皆是因产地而得名。沱江流域是四川盆地经济较为发达区域，人口较多，对鱼类资源的开发强度更高。由于清至民国时期制盐、制糖等工业的发展，沱江的水质是较早出现污染状况的河流，当时并未直接影响鱼类资源的生存。但这种趋势一直持续至20世纪中期，由于工业污染的加剧，致使沱江水污染逐渐加重，严重影响鱼类的生存。

一、主要鱼类资源种类及分布

沱江在长江上游地区的大河中不算长，流域面积较小，鱼类的种类数较其他河流如岷江、嘉陵江为少。但其流经的简州、资州、富顺监等都是明清时期四川盆地经济文化最为发达的区域。流域内捕捞业较发达，渔业资源开发早，

---

① （清）周询：《芙蓉话旧录》卷一商店，四川人民出版社，1987年，第8页。

② （清）傅崇矩编：《成都通览》下册，巴蜀书社，1987年，第346页。

③ 四川省社会科学院农业经济研究所，四川省水产局编著：《四川渔业经济》，四川省社会科学院，1985年，第8页。

早在唐代就记载沱江多鱼鳖。[①] 直至20世纪60、70年代，内江地区所售卖的主要鱼类种类多样，有俗语说，“内江鱼贩子、鱼盆、鱼筛有八子，粑老壳、船钉子、齐头鲴、冷水子、土鲢鱼、毛叶子、大眼、小眼、园眼子、石鳊头、水迷子、门杠青、红鳞子、红稍、翘壳、狗卵子、哈斯、鸭翅、高肩子。”[②] “鸭翅鱼”应是拟尖头红鲌鱼，“翘壳”应即是翘嘴红鲌鱼，“高肩子”应即是高尾近红鲌，“红稍”蒙古红鲌。“水迷子”应是圆口铜鱼。“哈斯”应是短鳍结鱼。“船钉子”应是船钉鱼属。上述所载全是俗名，尚不能完全进行复原，应主要是沱江上捕捞所得。沱江流域的金堂、绵竹、简阳等县是成都地区主要的鱼货来源。

1. 沱江上游地区

裂腹鱼属仅在沱江上游北川、绵竹、什邡江段有分布，应是从岷江游来，此段水温较之下游低，裂腹鱼亦可生存。民国《北川县志》载有“细鳞鱼”。[③] 民国《绵竹县志》：“细鳞鱼，无触须，鳞甲细小，腹肥，色白。惟绵阳、石亭江两河有之。绵阳河发源于茂县，牛心山为支流，灌县岷江为止流，皆产细鳞鱼”。[④] “绵阳河”即绵远河，发源于茂县龙门山脉的九顶山，为沱江左源。“石亭江”，为沱江中源，发源于茂县龙门山脉的九顶山。什邡县也有鱼“细鳞，嘴尖鳞色微黑。”[⑤] 这里的“细鳞鱼”应是指的裂腹鱼属。

沱江上源的“湔水鱼”为沱江特有种，应是彭县似鲭。嘉庆《四川通志》记载：“湔水鱼，湔水在威州治内玉垒山下，石峡出泉，滴注洞中，碧澄莹澈，有鱼长七八寸者，队游其中，不增不减，相传为神鱼，人不敢食。”[⑥] 湔水为沱江源头三大支流之一，玉垒山即湔水发源地以北的九顶山。彭县似鲭为我国的特有种，属鲤形目鮈亚科似鲭属，其仅分布于沱江上段，属小型鱼

---

① （唐）李吉甫著：《元和郡县图志》卷三十一《剑南道》上，中华书局，2008年，第785页。

② 四川省内江市人民政府农业办公室编：《内江地区农业经济志》，成都科技大学出版社，1995年，第254页。

③ 民国《北川县志》物产，集成23，第423页。

④ 民国《绵竹县志》卷八物产，集成22，第608页。

⑤ 同治《重修什邡县志》卷五食货物产，集成10，第436页。

⑥ 嘉庆《四川通志》卷七十五食货志十四物产二。

类，个体不大。

2. 沱江中下游地区

沱江主要流经川中盆地，金堂以下河段一直以来皆是沱江的重要渔业区。金堂以下河段河床比降小，江水温度较高，无机盐含量丰富，水中光照条件好，有利于水生生物的生长和繁殖。沱江流域丝状绿藻的大量存在有利于在植物上产卵鱼类，尤其是鲤鱼的生存和繁殖。

民国时期施白南先生指出四川省内各大区域的优势鱼类时谈到，“川省内山形地势变化颇大，各种鱼类有其相当领域，鲤在川中平原”。① 沱江不仅盛产鲤鱼，且体型巨大，种群资源丰富。光绪《资州直隶州志》：“鲤，资江最多，有大十余斤者。”② 这里的“资江”即是沱江，沱江流至资中地区又称为资江。民国《绵竹县志》：“鲤鱼，头扁鳞大，有触须，背苍黑，腹微黄，长至三四尺，能出水面三四尺为孝泉鲤，虽岩石崩溃无伤，亦忠诚孝子精诚所至金石为开，不无因也。”③ 另外还有岩鲤鱼，民国《简阳县志》：“沱江多石一种，名岩鲤，居石穴。”④

沱江鲤鱼苗是四川地区重要的鱼苗品种。沱江沿岸和距离较近的铜梁、大足等地人们很早就在沱江捞取鱼苗。晚清民国时期沱江鲤鱼苗就已作为商品畅销江津、乐山、绵阳等地区。鲤鱼苗种产区多分布在内江以下的中下游。群众采卵捞苗从每年 3 月上旬开始，4 月为高潮，6 月中下旬因洪水上涨而结束，每年的鱼苗捞取期历时 3 个月左右。沱江鲤鱼苗在很长一段时间是四川民众养殖鲤鱼的主要来源。

鳗鲡鱼，又名青鳝、白鳝，沱江干流的中下游有分布。嘉庆《汉州志》载有“鳗鲡，名黄白鱓”。⑤《金堂县乡土志》：“鳗鲡，一名白鳝”，又有“青

---

① 施白南：《四川食用鱼类之调查》，《科学》，1937 年，第 21 卷第 6 期。

② 光绪《资州直隶州志》卷八食货志物产，集成 25，第 255 页。

③ 民国《绵竹县志》卷八物产，集成 22，第 608 页。

④ 民国《简阳县志》卷十九食货篇物产，集成 27，第 540 页。

⑤ 嘉庆《汉州志》卷三十九物产志，集成 11，第 405 页。

鳣”。[①] 道光《德阳县志》：“鳗鲡，大者长数尺，脂膏最多。”[②] 鳗鲡富含脂肪。民国《简阳县志》载青鳝、白鳝。[③] 光绪《资州直隶州志》：“白鳣，鳗鱼也，其状如蛇，味最肥美。”[④] 据内江渔民讲述，民国时期沱江亦是有青鳝、白鳝的，且是沱江的名贵鱼类，四五月涨水时才可捕到，味鲜美。一般人说白鳝喜吃死人肚腹，因此淹死的人，肚内往往有白鳝寄居。[⑤] 关于青鳝、白鳝喜食浮尸的记载在长江上游的诸多方志中均有记载。20 世纪八九十年代内江渔民依然能偶尔捕获到鳗鲡鱼。

沱江的饵料生物资源非常丰富，因而分布有较多以低等藻类为食的鱼类，其中白甲鱼就是沱江流域的重要鱼类资源。《金堂县乡土志》载：“白甲鱼”。[⑥] 咸丰《隆昌县志》：“白甲鱼，细鳞如银，身如鲤，全身腹较紧，嘴微阔耳。”[⑦] 民国《简阳县志》：“鲤，有白甲、黑甲二种”。此处所说的“白甲”有可能指的是白甲鱼。

清波鱼即中华倒刺鲃是沱江的主要经济鱼类之一，《金堂县乡土志》载：“青波鱼”。[⑧] 嘉庆《汉州志》载有清波。同治《德阳县志》：“青波鱼，似鲫鱼而长，比鲤而宽”。[⑨] 光绪《荣昌县志》：“清波鱼，似鳊而大鳞，肥美极细，色微青，出思济河”。[⑩] “思济河”，古名濑溪河、濑婆溪，源出大足高坪

---

① （清）刘肇烈纂修清末抄本：《金堂县乡土志》，国家图书馆地方志和家谱文献中心编：《乡土志抄稿本选编 10 册》，线装书局，2002 年，第 249 页。

② （清）何庆恩：同治《德阳县志》卷四十一物产，同治十三年（1874 年）刻本，藏于中国国家图书馆。

③ 民国《简阳县志》卷十九食货篇物产，集成 27，第 540 页。

④ 光绪《资州直隶州志》卷八食货志物产，集成 25，第 255 页。

⑤ 中国人民政治协商会议内江市市中区委员会文史资料委员会：《内江市市中区文史资料选辑》第 23 辑（内部资料），1985 年，第 30 页。

⑥ （清）刘肇烈纂修清末抄本：《金堂县乡土志》，国家图书馆地方志和家谱文献中心编：《乡土志抄稿本选编 10 册》，线装书局，2002 年，第 249 页。

⑦ 咸丰《隆昌县志》卷三十八物产，集成 31，第 417 页。

⑧ （清）刘肇烈纂修清末抄本：《金堂县乡土志》，国家图书馆地方志和家谱文献中心编：《乡土志抄稿本选编 10 册》，线装书局，2002 年，第 249 页。

⑨ （清）何庆恩：同治《德阳县志》卷四十一物产，同治十三年（1874）刻本，藏于中国国家图书馆。

⑩ 光绪《荣昌县志》卷之十六物产，集成 46，第 243 页。

乡，经荣昌、泸县至泸州胡市镇入沱江。清波鱼肉质细嫩味美。光绪《威远县志》载："青䲸，色青而质薄也。"① 民国《简阳县志》载"青波"。光绪《泸州九姓乡志》载有"青鱄鱼"。②

江团在沱江流域分布不多，人们极为珍视之，有俗语"仔鸡、嫩鲶鱼，当不倒肥沱的嘴唇皮，"又名水底羊。沱江的江团鱼主要集中在中下游的富顺、泸州一带，多在每年的4—5月从长江干流洄游至富顺县怀德、赵化、安溪镇一带，尤以富顺安溪镇海螺堆的江团鱼味甚美。民国《富顺县志》："肥鮀，无鳞，类鲢鱼，头吻皆尖，骨少于鲢，而肥美过之，其产于海螺堆者，土人名水底羊，味尤胜。"③ 肥鮀也被列为富顺县动物类的天然特产。"水底羊，细目巨口无鳞，身似江豚而长，肥鲜特甚于他鱼也，以其潜伏于水底时多，故名。"④ 可见评价甚高。民国时期富顺人聂忠良也谈到，富顺肥鮀盛产于安溪镇石灰溪上的海螺堆。沱江流至青山峡，回滩陡且险。海螺堆是沱江青山峡内的江心险礁。嘉靖《四川总志》卷八载："县南六十里，立江中，若海螺状。"《蜀水经》亦载："沱江又折而东南，流经青山峡（今富顺安溪场处，俗名石灰峡）。两岸诸山，蜿蜒盘曲，至峡口，高峰兀起，对峙如一门，仰天一线，水流潆洄三折，水色澄碧，两岸巨石蹲踞，或起或伏。盛夏水涨，触石怒险，江中有海螺堆。"从航运上说海螺堆是沱江水运的障碍，1958年被炸掉以利于航运，但其属洄水沱，适宜于江团生存，所产江团鱼味极美。民国《泸县志》："鱓鱼，一名江团，色淡黄无鳞，公圆口，母尖头，肉极细腻，俗呼肥头亦谓之肥鱓，鱓读如沱。"⑤ 刘湘任四川省主席时，曾偶谈及内江鲢鱼、肥鮀味最美，逢迎之人立即用水缸将鲜鱼送去。由此亦可看出其对沱江中的鱼类如江团评价较高。

---

① 光绪《威远县志》卷二食货志物产，集成24，第901页。

② 光绪《泸州九姓乡志》卷二，集成33，第792页。

③ 民国《富顺县志》卷之五食货，集成30，第303页。

④ （清）陈运昌等纂修，民国间抄本《富顺县乡土志》，中国国家图书馆地方志和家谱文献中心编：《乡土志抄稿本选编11册》，线装书局，2002年，第123页。

⑤ 民国《泸县志》卷第三食货志，集成33，第93页。

二、渔业经济的开发

沱江流域渔业历史开发悠久。繁荣的盐业经济带动了沱江流域渔业资源的开发和饮食文化的发展。金堂赵家渡（镇）处于三江会流之处，赵家渡又名韩滩。“赵家渡古名大渡，又名韩滩，在治东三十里，三江镇沱、湔、雒三水会。”① “惟三江会流而下，水面愈阔，水底愈深，其鲢鱼有大至重百十斤者。鲤鱼亦较他处为大，其次为鲫鱼，虽长不盈尺，而随地皆生殖颇繁。”可见此处鱼类资源十分丰富。渡口来往的文人墨客著诗也反映了当地渔业概况。巫珍儒《过赵家渡》：“东风剪剪雨初收，二月江水乱流春。最是韩滩烟景好，沙明苇暗宿渔舟。”另外，邑翰林高辰《秋日发赵家渡即事》写到：“灯火疏林又一湾，江上黄鱼供晚食”。潼川庠生杨必绪《韩滩夜渡》：“独立沙头唤客船，江风吹冷渡儿眠。孤蓬月印渔家火，断岸星连水底天。”② 民国时期《金堂县续志》：“沿河两岸土著人多能捕鱼，然不以为常业。惟赵镇下游倘有渔家二三，清时曾照案纳税。现已半耕半渔，不专利于本业矣。”③ 可见清代金堂县有一定的专业渔民打鱼以纳课税，民国时期赵镇下游的民众多是半农半渔，逐渐不以此为专业。但总的来说，赵镇至九龙镇间的“沱江小三峡”段渔产较为丰富，是民国时期成都的主要水产品来源地之一。20 世纪 50 年代初期，金堂县尚有文帮渔户 31 户，武帮 36 户④，约有专业渔民 110 人，捕捞量达 12 万千克，是川西地区渔业较为发达之地。

沱江在资阳段又名雁江，《四川通志》载：“沱江在资阳县东一里，自简州流入，谓之雁江。”有诗《渡雁江》反映了此段有渔民从事捕捞活动：“拍空远水欲浮天，过眼青山断复连。隔岸马嘶芳草路，斜阳客唤玺人船。三蒿翠

---

① 嘉庆《金堂县志》卷二疆域，集成 4，第 54 页。

② 嘉庆《金堂县志》卷三山川下，集成 4，第 130 页。

③ 民国王暨英：《金堂县续志》卷五实业渔业，民国十年（1921 年）刻本，藏于中国国家图书馆。

④ 文帮（以网钩钓进行常年性生产），武帮（利用鸬鹚、水獭、刺网、旋网等季节性作业）。

浪浓烟锁，几处江楼倒影悬。乃一声渔唱应，微风送到落花前。”① “疍人”，即水上渔民，当时沱江沿岸亦有许多渔船停泊。渔民除了打鱼外，另还从事水上运输以谋生计。还有诗《春暮雁江晚眺》亦反映了当地的渔业捕捞，“江水碧于染，落花时有香。新萍添雅褥，破网晒渔庄。”② 当时沱江水清澈，渔民进行捕捞活动。

清代沱江流域众多支流渔产亦是丰富。光绪《补纂仁寿县原志》：“缘水，治东北八十里，发源简州下注资江而东，水多鱼虾，里人利之。”③ “资江”即沱江。当地人们对“缘水”中的鱼虾加以经济利用，并获得一定经济效益。还有石亭江“水清甘澄澈，虽深一二丈，毕见纤尘。关潭产鱼，色青碧，鳞细如清水波纹，但少见不易得。”④ 可见清代石亭江水质好，此种所产的鱼味道必定鲜美。

江心洲通常是捕鱼之所。资中城南沱江中冲积起一大沙洲名“中坝”，是沱江上渔民捕鱼之处，从而有资中八景“渔灯晚照”。中坝附近水深，聚鱼甚多，捕鱼渔民常于坝周围船，坝上芦苇丛中有渔民停泊，渔灯闪烁，掩映沙洲，蔚为胜景。明代诗人苏秉彝“沙金点点暗生色，渔艇遥遥如泛槎”，清代资州牧刘炯有诗曰：“空江一带秋，芦花白于雪。中有打鱼人，灯光影明灭。”⑤ 这些诗歌都反映了中坝有渔民捕获的情景。

沱江流域中段简阳地区渔产较为丰富，记载鱼的种类较多，如凶猛的肉食性鱼类，“鳡棒，嘴尖锐，身黑，最有力，不常出，出则主雨。”⑥ 凶猛性肉食性鱼类的存在表明其食物链下端的物种较为丰富。简阳是成都的主要水产品来源地之一“江鱼、堰鱼年行销约二十万斤”。每年简阳地区鲇鱼行销约 2000

---

① （清）张素含：《蜀程纪略》，中国人民政治协商会议枣庄市峄城区文史资料委员会：《峄城文史资料选第四编》（内部资料），1991 年，第 173 页。

② （清）濮瑗：咸丰《简州志》卷三地舆志水，咸丰三年（1853 年）刻本，凤山书院藏版，藏于中国国家图书馆。

③ 光绪《补纂仁寿县原志》卷二山川，集成 40，第 737 页。

④ （清）纪大奎：嘉庆《什邡县志》卷六山川，嘉庆十八年（1813 年）刻本，文昌阁藏版，藏于中国国家图书馆。

⑤ 资中县文史委员会编：《资中文史资料选辑第 13 辑古人咏资中》（内部资料），1990 年，第 11 页。

⑥ 民国《简阳县志》卷十九食货篇物产，集成 27，第 540 页。

斤，主要在本地销售。[①] “鲢，口扁而阔肥，腹无鳞，目在头上，好食石浆，最为上品。”根据其形态描述，“鲢鱼”应为鲇鱼，沱江人食鲇鱼讲求时节，夏季肉质最为细嫩，评价甚高。当地人摸索出了专门捕鱼方式谓“火塘鱼”，可惜对于捕获鲇鱼则无效也，“春时叠石横截滩口，斜置篾席，夜燃木炬，水火射光，鱼见痴立。谓之火塘鱼。然最畏鲢鱼，以其目在头，至则脱也。”[②] 在沱江江段的简阳、资阳等有鲇鱼的产卵场分布。沱江鲇鱼资源较为丰富，且受民众欢迎。

沱江下游泸州渔业较为发达，形成了专门的鱼市。泸州有专门的鱼市街，“鱼市街，泸州北城街道，位于泸州城北部，长江与沱江汇合口。此街原为鱼市场，故名”。[③] 由于其地处沱江和长江交汇处，鱼类资源种类丰富，民国《泸县志》记载：“泸境内岷、沱两江及洒水、龙溪产鱼甚富。其他溪涧无不产鱼，而以鱼为业者亦多。”[④] 泸州段有沱江流域少有的鱼类如鲟鱼，还有体小味鲜的红鱼等。

繁荣的盐业经济给沱江流域的河鲜饮食文化也带来一定的影响。沱江流域的盐商们对往来于盐场的高层人士，如军阀、外籍富商等，出于摆阔，或为了利益与之周旋，也不惜花费重金，大摆筵席。如20世纪20—30年代，自贡名店“天生元”的大水缸里，每天都喂养有富顺李家湾（釜溪河汇入沱江处）供应的肥鮀和岩鲤，这在当时的成都都是很难吃到的。虽然当时沱江流域的名贵鱼类产量较丰，盐商大贾食用名贵鱼类较多，但平常百姓家经常食用的鱼类品种却不多，“鳞属为邑人日食所资者鲤、鲫、鳝与稻花鱼为著。”[⑤] 稻花鱼即是生长在稻田水中的鱼。

沱江流域经济水平较高，江中鱼类资源丰富，加之盐商们会吃善吃，造就了自流井大盐商著名菜品之一“退鳅鱼”。实质上，“退鳅鱼”并不是某种鱼

① 佚名：《四川省简阳县物产状况调查表》，《工商半月刊》，1931年，第3卷第13号。
② 民国《简阳县志》卷十九食货篇物产，集成27，第540页。
③ 泸州市地名领导小组编印：《泸州市地名录》（内部资料），1987年，第12页。
④ 民国《泸县志》卷第三食货志，集成33，第93页。
⑤ 民国《德阳县志》卷五物产，集成22，第161页。

的名称，而指的是铜鱼的一种半洄游习性。铜鱼在沱江流域主要产于釜溪河下游和沱江富顺段。它有索饵洄游的习性，每年春季从长江干流游至支流下段索饵育肥，每年的8月左右由支流的下游退回到长江干流，渔民在此季节捕获，称为捕“退鳅鱼”。这时的铜鱼在支流刚好完成索饵育肥的过程，最为肥美，故人们抓紧要在这短暂的洄游过程捕获之。

由于铜鱼出水后易死，被称为“出水烂”，其死后肉质粗糙松脆，不宜食用。故而想要吃到新鲜美味的“退鳅”，这些好吃的盐商们可谓是想尽办法。有一种方式是，在捕鱼前，预先在捕鱼船上备好锅灶，待退鳅捕获后立即下锅。当时以“王三畏堂”为首的一些大盐商好吃“退鳅”，但从产地到自流井仍有一段距离。为此盐商们竟专设“退鳅”驿站，每隔十华里派力夫等候，将烹好的“退鳅”装入食盒中，一站传一站，火速送至盐商家。[①] 还有一种说法认为他们是将烹制准备工作做好后，装入担子挑的铜鼎锅内，文火细煨，名曰“千炖豆腐万炖鱼”，挑夫挑着担子跋涉至盐商筵席上，刚好熟透，满桌直呼“鲜”。[②]

第六节　嘉陵江流域主要鱼类资源的分布及开发

嘉陵江水系面积辽阔，峡谷、滩沱相间，气候温和，水量充沛，流域内农耕发达，人口稠密，饵料生物丰富，鱼类资源种类繁多，渔获量大，是长江上游重要的渔业江河之一。中部东河、西河两大支流分别于阆中、南部汇入，此段的干支流又是嘉陵江水系中鱼类资源丰富，渔业生产最为发达的区域，分布有众多的产卵场。同时，下段小三峡段有众多鱼类越冬场，渔业也较为发达。

一、主要鱼类资源种类及分布

1. 嘉陵江上游地区

在嘉陵江上游江段，娃娃鱼、裂腹鱼属资源较为丰富。两栖类的娃娃鱼主

① 自贡市政协文史资料委员会：《盐都佳肴趣话》，2000年，四川人民出版社，第114页。
② 高朴实主编、四川文史研究馆编：《巴蜀述闻》，中华书局，2005年，第151页。

要分布在嘉陵江中上游的山涧溪流。此段水域流经大巴山，山涧溪流众多，且温度适宜于娃娃鱼生存，是娃娃鱼的集中分布区域之一。道光《两当县志》载“孩儿鱼”。[①] 光绪《定远厅志》：“孩儿鱼，俗呼娃娃鱼。”[②] 光绪《甘肃新通志》物产“孩儿鱼，两当出”。20 世纪 80 年代，在两当人烟稀少的深涧清溪地区仍记载有娃娃鱼。[③] 嘉庆《汉南续修府志》有“孩儿鱼，如鱼，四脚。”汉南府辖包括凤县、略阳、宁羌（今宁强）等地，属嘉陵江水系区。民国《重修广元县志稿》：“鲵鱼，产于山溪，皮有分泌白汁腺，体肉富脂肪，味美可食，常有渔得者。”[④] 可见其食用娃娃鱼，并无忌讳之现象，并且认为味美。咸丰《南充县志》：“鲵鱼，形似鲇，四脚前，似猕猴，声如小儿故名。鲵鱼俗名娃娃鱼。”[⑤] 除以上文献记载外，大鲵在嘉陵江干流流域的秦岭山地包括四川地区的青川、剑阁、旺苍等县，以及甘肃武都、文县、徽县、康县等县山溪中亦有分布。[⑥]

嘉陵江上游岩溶发育明显，地下水资源丰富，裂腹鱼属分布广泛，也是古代文献中最早记载裂腹鱼属的区域之一，下面按照区域分而叙之。陕西凤县，“瓦房坝大石崖有石穴，口约如巨甕，在山壁上，去地五尺高，每岁春二三月有鱼跃出，土人以筐盛之，鱼衔尾而去，顷得百余斛，较网罟尤便。草店子交两当界，亦有鱼洞，然均不常有也。”[⑦] 甘肃徽县，“鱼洞，在县东四十里冯家寨，每岁暮春有鱼自洞中涌出，不知从何来，与丙穴之嘉鱼同。”[⑧] 嘉庆《徽县志》亦载有“细鳞”。道光《两当县志》载“细鳞鱼”。两当县的鱼洞子在当地也是小有名气的，邑人韩塘的《鱼洞子小序》记载了当地居民在鱼洞子

---

① 道光《两当县志》卷之四食货物产，方志丛书甘肃省 21，第 78 页。

② 光绪《定远厅志》卷八食货志物产，方志丛书陕西省 44，第 338 页。

③ 胡延清：《大西北的动物趣闻》，《野生动物》，1988 年，第 3 期。

④ 民国《重修广元县志稿》第一编第十一卷，集成 19，第 270 页。

⑤ （清）袁凤孙：咸丰《南充县志》，咸丰七年（1857 年）刻本，藏于中国国家图书馆。

⑥ 四川省嘉陵江水系鱼类资源调查组：《四川省嘉陵江水系鱼类资源调查报告》（内部资料），1980 年，第 84 页。

⑦ 光绪《凤县志》卷八物产。

⑧ （清）许容等修纂：雍正《甘肃通志》卷六山川，《四库全书》文渊阁影印本，商务印书馆，1982 年，第 557 册，第 251 页。

口捕鱼的奇景。“东西坡之上流即嘉陵江水也，两岸均系右山，其上宽平，可种地，下有一孔名曰鱼洞子。洞口方圆只四五寸大，有水流入嘉陵江。洞之高去江岸二丈有奇，每逢谷雨前数日，鱼常跃出。东西两坡即左右庄村以竹笼盛鱼，不下数十人，此往彼来捥次而盛昼夜不断，有一时拥挤而出纯鱼无水，过谷雨亦仍，止流水而已。是诚南乡一带一大风景也。”①

略阳县，唐李善《文选注》注《蜀都赋》曰：“嘉鱼出于丙穴，良木攒于褒谷……丙穴在汉中沔阳县北。”② 嘉靖《略阳县志》亦载：“嘉鱼，赤尾，细鳞，巨口，每岁至清明前后及冬月有。”当时“丙穴嘉鱼”为略阳八景之一，有所谓的“大丙山”“小丙山”，“大丙山，南二十里，下有石洞，名曰丙穴，每岁清明嘉鱼涌出，俗名曰鱼洞子。小丙山，与大丙山对峙。”③ 然据道光《略阳县志》古迹所载有鱼洞不出鱼的现象，如“石马洞，在东三十里蹇家坝，洞中石形如马，侧有清流从石穴中出。相传乾隆、嘉庆间每于清明谷雨时穴水有菽麦谷流出即出鱼候也。今穴口被河水冲淤，沙石塞门，鱼无从出，穴口有知县徐修路碑。”④

宁强县，景泰年间文人谢恺《丙穴嘉鱼》记载：“州南一百里，秋冬鱼藏穴中，春夏时出，味美如鲥，诗南有嘉鱼，传云出沔南丙穴即此。天开深穴漾清流，一种名鱼自在游。不是桃花春浪暖，鱼人何处落金钓。”⑤清代《陕西通志》记载宁羌州：“嘉鱼洞，在州南七十里西流河崖畔，秋冬水涸则鱼藏，春夏水涨则鱼出，味美似鲥。”⑥ 道光《续修宁羌州志》卷一《山川》亦载：“嘉鱼洞，州南七十里西流河岩畔，秋冬则藏，春夏特出，味美如鲥，传云出沔南丙穴即此。”同时物产类中记载有“嘉鱼”。“丙穴嘉鱼”宁羌州八景之

---

① 道光《两当县志》卷之十一艺文，方志丛书甘肃省 21，第 199-201 页。

② （唐）李善著：《文选注》卷四《蜀都赋》，《四库全书》文渊阁影印本，商务印书馆，1982 年，第 1 329册，第 74 页。

③ 嘉靖《略阳县志》，天一阁藏明代方志选刊 68，上海书店，1981 年。

④ 道光《重修略阳县志》卷一舆地部古迹，集成 52。

⑤ 道光《续修宁羌州志》卷四艺文，集成 52。

⑥ （清）刘于义等监修：雍正《陕西通志》卷十一《山川四》，《四库全书》文渊阁影印本，商务印书馆，1982 年，第 551 册，第 587 页。

一，在今巴山区毛坝河乡鱼洞河。

白龙江的阶州亦有此类鱼穴出鱼的现象，光绪《阶州直隶州志》：“乳水，在州东三十里，出石穴中，入白龙江，每清明日有鱼从穴中涌出。万象洞麓，即乳水入江之处，水口有穴，每岁清明前数日，有鱼自穴中涌出，百十为群，蝉联不断，出尽乃止。少顷又来，亦如之。居人携筐、承首以取之。其鱼长或二尺，小或七八寸，身瘦而修，鳞极细，莹白如玉，味亦甘美。”“金谷水，在县北四十里，水从岩窦流出，中莫可测，春分时有鱼连贯而出，鳞甲脱落。”①《武阶备志》亦有类似的记载②。

民国《重修广元县志稿》记载八景之一“雨穴鱼潜”，“县北十五里，仲春上日修□前后，嘉鱼从穴出，现穴为土封，仅清流而已。”并附前县令诗“石柜阁下巴字水，上连丙穴清且泚。年年看春上巳前，恒见潜鱼登潭里。潭里有鱼嘉无伦，渔户结网附垂纶。最哉鲲鲕戒无取，留待满尺能几旬?”③ 可见鱼穴为土或沙石封住，无法出鱼的现象在清晚期民国时期已出现。此地今属广元朝天区鱼洞乡，境内清代属鱼洞堡，鱼洞河为境内主要河流。鱼洞乡以境北之鱼洞河而得名。鱼洞乡位于广元县城北，另有鱼鳞大队，亦是因境内鱼洞河产鱼而得名。④

南江县洋鱼洞，“小巫峡、白头滩、鸳鸯峡之洋鱼最为特产，洋鱼出自石洞，随潮出入，左思所谓丙穴嘉鱼，《方物赞》所谓鲤质，鳟味，珍腴者是也。”⑤ 其中的南江县小巫峡位于赶场北的明江上游，明水从大巴山深处劈山涌出，猴子梁、桦林关隔水对峙，两岸峭壁矗立，在峡一侧有洋鱼洞。峡长2千米有余，其水清澈，其谷幽深。⑥

另外还有如道光《保宁府志》：“嘉鱼，《方物赞》利州鱼出石穴中，左思

① 光绪《阶州直隶州志》卷一山川、卷十四物产，集成甘肃府县志辑10，第257页。
② 嘉庆《武阶备志》卷一山川，集成甘肃府县志辑10，第24页。
③ 民国《重修广元县志稿》第一编第十一卷，集成19，第270页。
④ 四川省广元县地名领导小组编：《广元县地名录》（内部资料），1988年，第324页。
⑤ 民国《南江县志》第二编物产志，集成62，第747页。
⑥ 南江县志编委会编：《南江县志》，成都出版社，1992年，第704页。

所谓嘉鱼出于丙穴中，赞曰二丙之穴厥产嘉鱼，鲢质鳟鳞为味珍腴。”① 嘉庆《东乡县志》：“嘉鱼，俗名阳鱼。”②

可以看出，嘉陵江上游有诸多“丙穴”，皆产嘉鱼。那么此种记载形成的原因是什么？实质上清代方志中所记载的“丙穴”已非特指，所谓“丙穴”即是鱼洞、鱼穴。道光《略阳县志》在对丙穴的具体位置考证时，指出“按省志云汉江南北鱼洞不一其处，盖地气相类故，鱼自穴中出者多，人皆假丙穴以美其名，今并举之以备参考。”持相同观点的还有道光《续修宁羌州志》：“今汉江南北鱼洞不一，盖地气相类，故鱼自穴出者多，人皆假丙穴以美其名，如州境之嘉鱼洞，略阳之二丙山，皆记载之失实者。”③ 正是所谓出丙穴之鱼即为嘉鱼，出鱼之穴即为丙穴。鱼洞、鱼穴现象实际上是鱼类短距离洄游越冬的体现。冬季洞穴内温度相对较高，且因这些洞穴多与地下阴河相通，不易受外界其后影响，鱼类选择进洞越冬。到了春季水涨天暖，鱼类出穴，这些洞穴正是鱼类越冬的重要场所。这种现象不仅出现在嘉陵江流域，在长江上游乌江流域、嘉陵江上游秦巴山地、岷江流域中下游、三峡地区都较为普遍。④

另外，还可发现这诸多涌出鱼的穴口到晚清时期多为泥土所淤塞，不复出鱼，如略阳县的石马洞，广元的嘉鱼穴等。这反映出由于农耕活动的推进，森林大规模被砍伐，水土流失严重，致使河水泥沙含量重，加之地表无植被保护水源，以致穴口被淤塞，原本出鱼的洞穴也不再出鱼。因为穴口中所流之水多是地下水，所谓清流“从山涌出”“石穴中出”皆是地下水丰富的表现，而潜流、山溪的消失是地下水资源下降的标志。潜流没有了，生活于其中的鱼儿自然也就无法生存。

2. 嘉陵江中下游地区

（1）鲶科的江团鱼　江团在嘉陵江中下游江段分布较为集中，味美无比，

---

① 道光《保宁府志》卷之二十三食货志物产，集成 56，第 143 页。

② （清）徐陈谟纂修：道光《东乡县志》卷 28，藏于中国国家图书馆。

③ 道光《续修宁羌州志》卷一山川，集成 52。

④ 需要注意的是，鱼泉类型多样，依据鱼类生活习性的差异可以将鱼泉分为产卵型、越冬型。根据上述文献记载分析判断，嘉陵江上游的鱼穴、鱼洞应是以越冬型为主。

被认为是鱼中最上品，颇受人们喜爱，“鱼味，咸认江团、大鲇鱼为最上品”，① 因此江团也是重庆水产市场上很受欢迎的鱼类。江团鱼喜欢栖息于大河干流的底层，在水流较缓的河口、深沱内活动，冬季在干流深水处或水下乱石的夹缝中越冬。故此我们会发现记载江团鱼多生长于“沱”的河流环境中。民国《重修广元县志稿》：“江团，形似鲢而头部较圆，色淡黄而白皮，肉细腻，味极鲜美，产于治东龙门场之沱中，青居、曲水间亦产之。”② 青居、曲水均是广元的一镇，位于嘉陵江畔的洄水沱。龙门沱属于越冬场类型之一的河道深沱，深沱水深达15~25米，槽场数米至数十米不等，间有石坎。③ 在对江团鱼的记载中，均认为江团鱼乃是极为肥美之鱼，对其评价甚高。如咸丰《阆中县志》：“尤美者曰肥驮即江团，是江之所产”。④ 民国《阆中县志》：“其尤美者曰鮰鮀，江团”。⑤ 咸丰《南充县志》亦载：“江豚，俗名江团，味最肥美”。⑥

光绪《蓬州志》：“大渊澄泓曰石梁沱，咸丰间为养生池，同治十年（1871年）旱饥，请于州听民渔，至今赖之。冬则取以笱，不施网，犹有养生意焉。其鱼多江团。”⑦ 道光《南部县志》：“廻沱鱼，《通志》蓬州石梁沱出廻沱鱼，每天寒雷降则出，渔人按侯沉筌潭底取之，味极肥美。按邑之水道据蓬上游近，亦广产是鱼，大者重十余斤。”⑧ “廻”通“回”，上述的“石梁沱”，又写作“石良沱”，是蓬安县盛产江团鱼之处，也是江团鱼的越冬场之一。该沱属于沿石梁河道深沱，底为石槽、石缝，水深18~25米。此种水沱

---

① 国立中央研究院动物研究所：《北碚动物志》第四章动物11，《地理》，1945年第5卷第3-4期。

② 民国《重修广元县志稿》第一编第十一卷，集成19，第270页。

③ 四川省嘉陵江水系鱼类资源调查组：《四川省嘉陵江水系鱼类资源调查报告》（内部资料），1980年，第59页。

④ （清）徐继镛：咸丰《阆中县志》卷三物产志，咸丰元年（1851年）刻本，藏于中国国家图书馆。

⑤ 民国《阆中县志》卷之十六物产志，集成56，第695页。

⑥ （清）袁凤孙：咸丰《南充县志》，咸丰七年（1857年）刻本，藏于中国国家图书馆。

⑦ 光绪《蓬州志》纪川篇第三，集成58，第553页。

⑧ 道光《南部县志》卷之五食货志物产，集成57，第423页。

水流较缓慢，多呈回旋环流，在此越冬的鱼类既可避免急流的冲击，又可获得部分沉落的食物，① 适宜于底层性鱼类江团越冬。此处提到捕获江团鱼的方式是用竹制渔具筌，沉潭底取之。当时江团种群较大，有重至十余斤者。石梁沱是鱼类越冬的好地方，也就成为渔民捕鱼的场所，以致成为蓬安八景之一，"石梁沱水深可渔，而梁端之石如牛卧，故曰牛渚渔歌。"② 清代诗人洪运开有诗写道"卧牛奇石踞江干，千里嘉陵最险滩。岸阔山围宜撒网，山清沙白好持竿。"③ 石梁沱附近的渔民，用竹子编制须笼，用之捕捞江团和其他鱼类。须笼呈圆锥形，进口处大，直径约两米，向内逐渐缩小，须笼通常分三层，有倒须，鱼类进得去出不来。须笼上系有绳索，沉放河底，绳索上系有浮筒，附在水面。头天放，第二天捞取。民国《武胜县新志》："江团，俗称肥头，形似鲢，头部较圆，肉细腻。"④

下游合川至重庆段亦产江团。乾隆《合州志》载"江团"。民国《新修合川县志》："江团，鱼之有肚者，形似鲢，而头部较圆，色淡黄，而白皮肉细腻，味极鲜美，其美尤在头，故俗呼肥头，亦谓肥鮀。"⑤ 此处对于江团又名"肥头"的原因有望文生义之嫌。实质上，人们对江团鱼头的食用并不多，而江团的吻部肥厚，食之可口。民国《巴县志》："吾县所称为肥鮀者，口腹俱大，背黄腹白，身黄无鳞，当是鳠鮠之属，蒸食之极佳，为江鱼中上品。"⑥ 民国时期北碚地区仍能时常捕获十余斤之江团鱼，这说明此地江团种群资源丰富，个体较大。"（江团）长江流域各地均有之，川省各地视为本地所产鱼类中之最上品……十余斤之大鱼，本地常见之。"⑦ 北碚位于嘉陵江下游，附近江段水深、滩多、沱多、峡长，为鱼类越冬、索饵、繁殖提供了优越

---

① 四川省嘉陵江水系鱼类资源调查组：《四川省嘉陵江水系鱼类资源调查报告》（内部资料），1980 年，第 59 页。

② 光绪《蓬州志》卷四邑聚篇，集成 58，第 558 页。

③ 蓬安县政协文史资料工作委员会：《蓬安文史资料选辑第 1 辑》（内部资料），1991 年，第 39 页。

④ 民国《武胜县新志》卷十一食货志，集成 59，第 621 页。

⑤ 民国《新修合川县志》卷十三土产，集成 43，第 457 页。

⑥ 民国《巴县志》卷十九物产，集成 6，第 597 页。

⑦ 国立中央研究院动物研究所：《北碚动物志》第四章动物 11，《地理》，1945 年第 5 卷，第 3-4 期。

条件。如澄江中坝滩就是江团的重要产卵所。[①] 当时重庆地区食用江团鱼的首选方式为清蒸，这就保持了江团鱼的鲜美。江团鱼记载的比重是嘉陵江流域中频次最多者，既说明其深受人们的喜爱，同时也是江团鱼分布较广的体现。

（2）鲃亚科的白甲鱼和清波鱼　嘉陵江流域盛产白甲鱼，且有众多越冬场。昭化县梭溪鱼洞中多出白甲鱼。乾隆《昭化县志》："梭溪，在治西北十里，源出鱼石洞，洞口大池环之，不可入。有泉水自池涌出。夏月暴雨则池水亦涨浊，白鳞鱼数千顺流而下，民以网罟承而取之，味佳于他鱼"。[②] 此处的"白鳞鱼"即是白甲鱼。"白甲鱼似鲤，白鳞，出昭化梭溪鱼洞中，或谓即丙穴之类。"[③] 道光《重修昭化县志》亦载："白甲鱼，似鲤白，出梭溪洞坝鱼食（石）洞中。"[④] 白甲鱼有冬季在石洞或石缝中越冬的习性。唐代利州所贡的"鮴鱼"可能指的是白甲鱼。《湖北通志》："乌鳞白甲鱼，《宜都县志》产汉洋河，喜食石浆，游泳沙石中，不入泥沼中。味特鲜美，每春水涨流入清江，渔人网取之。案此即宜昌府属所云白甲鱼者，《恩施志》者谓之鮴，一名白甲鲤。"[⑤] 当时人们对白甲鱼的观察也是较为细致的，认为白甲鱼有双唇、重唇的特征，如民国徐世昌《飞鱼滩》赞曰："重唇白甲鱼，出网鲜可庖。"[⑥] 民国《武胜县新志》亦说："白甲，形似鲤，分双、单两种。"[⑦] 乾隆《合州志》、民国《新修合川县志》有相同记载，"白甲，亦似鲤而甲极白，三四月多有之，分单唇、双唇二种，双唇者其味尤佳。"[⑧] 白甲鱼春季雨水季节在急流滩上产卵，分布较为集中，故此处说"三四月多有之"。至于"单唇、双唇"，推测应是因为白甲鱼主要摄食固着藻类，为了更好摄食，其唇可以向

---

① 重庆市北碚区地方志编纂委员会编：《北碚区志》，科学技术文献出版社，1989 年，第 48 页。

② （清）李元：乾隆《昭化县志》卷之二土地山川，乾隆五十年（1785 年）刻本，藏于中国国家图书馆。

③ （清）王培荀著，魏尧西点校：《听雨楼随笔》，巴蜀书社，1987 年，第 360 页。

④ 道光《重修昭化县志》卷二十二物产，集成 19，第 678 页。

⑤ 民国《湖北通志》舆地卷二十四物产，集成 3。

⑥ （民国）徐世昌：《晚晴簃诗汇》卷五十八，民国退耕堂刻本。

⑦ 民国《武胜县新志》卷十一食货志，集成 59，第 621 页。

⑧ 乾隆《合州志》卷五食货物产，本衙藏版。民国《新修合川县志》卷十三土产，集成 43，第 457 页。

外伸出，形似双唇。此处所说的白甲鱼有单唇、双唇应是此种特性的误读。民国《巴县志》：“鲤鱼，鲤有数色也，县所有者惟赤甲、白甲二种。”① 赤甲即是红鲤鱼，“白甲者”应即是白甲鱼。民国时期调查北碚至合川段鱼类，其中“白甲鱼，重庆、合川特多”。有诗《新懦太守饷饼及鱼》：“嘉陵溜繫（系）鱼难得，白甲（鱼名）惊看出网偏。长记江南二三月，银刀唤买箬篷船。”② 来到蜀地的苏南人吴省钦品尝到嘉陵江的白甲鱼后，也勾起了对故乡江南三鲜之一刀鱼的回忆。

嘉陵江流域亦盛产清波鱼。清波鱼，咸丰《阆中县志》：“鱼之美者曰青薄”。③ 民国《武胜县新志》：“清波，形如鲤，刺不杂碎”。④ 咸丰《南充县志》载有“青波鱼”。⑤ 民国《新修南充县志》：“清波鱼，形似鲤而色微青，光滑肉腻，味鲜，特产，治西七宝寺附近之河中。”⑥ 七宝寺位于南充晏家镇附近，有嘉陵江的支流之一西溪河流过，此处的河流指的应是西溪河。清波鱼与鲤鱼、鲫鱼等同属于民国时期重庆水产市场上销量较大的鱼类。其味道仅次于江团鱼，与岩鲤鱼同属于大众喜爱之鱼类。20 世纪 30 年代，中国西部科学院对嘉陵江下游鱼类资源进行调查时，描述清波鱼（此处记载为巴鱼）资源量丰富：“四川巴鱼，可食，重庆、合川特多。”⑦

（3）鳗鲡科的鳗鲡鱼　嘉陵江下游流域亦有鳗鲡鱼分布，俗称青鳝、白鳝。青鳝、白鳝体呈圆筒状，尾稍呈扁形，且个体较之黄鳝普遍较大，甚至有重至十余斤者。民国《重修广元县志稿》：“鱓鱼……嘉陵江间得青色。”⑧ 青

---

① 民国《巴县志》卷十九物产，集成 6，第 596 页。

② （清）吴省钦：《白华诗钞》剑外集四，清刻本。刀鱼也有着银白色的鳞甲，与白甲鱼有相似之处。

③ （清）徐继镛：咸丰《阆中县志》卷三物产志，咸丰元年（1851 年）刻本，藏于中国国家图书馆。

④ 民国《武胜县新志》卷十一食货志，集成 59，第 621 页。

⑤ （清）袁凤孙：咸丰《南充县志》，咸丰七年（1857 年）刻本，藏于中国国家图书馆。

⑥ 民国《新修南充县志》卷十一物产脊椎动物，集成 55，第 490 页。

⑦ 张春霖、施怀仁：《四川嘉陵江下游之鱼类》，中国西部科学院生物研究所印行，1934 年第 1 号。

⑧ 民国《重修广元县志稿》第一编第十一卷，集成 19，第 271 页。

白鳝仅偶有捕获。咸丰《南充县志》："鳗鱼，俗名白鳝。"① 民国《新修南充县志》对鳗鲡鱼的外部形态有具体描述，"鳗，俗名白鱓，体长为圆筒状，尾稍扁，多黏液，鳞纹细而口阔，背苍黑色，腹部白黄色，味鲜，有滋补效，产额甚少，于大河中间有网获者。"② 民国《苍溪县志》载："鱓，一名水蛇，味美，重者十余斤。"③ 民国《武胜县新志》记载白鳝："体长而圆，尾稍扁，多黏液。"④ 乾隆《合州志》："鳝，今又有青色一种。"⑤ 民国《新修合川县志》："白鱓，原名鳗，体长为圆筒状，尾稍扁，多黏液，鳞纹细而口阔，脊背苍黑色，腹部白黄色，味鲜，有滋补效。"⑥ 民国《巴县志》："大江中产白鳝，青白色，大于黄鳝，肉亦可食。相传此物取不洁，江有溺死者，则羼入死人腹中，尽其脏腑，然后去，故人多相戒不食。"⑦ 鳗鲡鱼属肉食性鱼类，以小鱼、虾蟹、水生昆虫等为主要食物。传统观念认为白鳝鱼食死人腹脏，故有文献记载人忌讳而不食（尤其是所谓"慈善家"）。这说明当时有部分人忌讳食，但亦有人珍视其美味。至于出现这种记载冲突的原因待考。鳗鲡鱼主要是分布于大江河中，且产量不大，在嘉陵江中也较难捕获，一般是涨水时才有。

（4）鲤亚科的岩鲤鱼　岩鲤鱼在嘉陵江的干支流皆有分布，其中又以东河的数量最多。此鱼是民国时期重庆水产市场上销售量较大的鱼类，为人所喜爱。民国《武胜县新志》："岩鲤，古名鲂，形似鲤，头小，身扁，腹阔，鳞细"。⑧ 民国《新修合川县志》："岩鲤，即鲂也，似鲤，头小腹阔，扁身细鳞，肉腻味鲜。"⑨ 此处"古名鲂"的说法有误，古代文献中记载的"鲂"一

---

① （清）袁凤孙：咸丰《南充县志》，咸丰七年（1857年）刻本，藏于中国国家图书馆。
② 民国《新修南充县志》卷十一物产脊椎动物，集成55，第489页。
③ 民国《苍溪县志》卷八方域志，集成57，第60页。
④ 民国《武胜县新志》卷十一食货志，集成59，第621页。
⑤ 乾隆《合州志》卷五食货物产，本衙藏版。
⑥ 民国《新修合川县志》卷十三土产，集成43，第457页。
⑦ 民国《巴县志》卷十九物产，集成6，第596页。
⑧ 民国《武胜县新志》卷十一食货志，集成59，第621页。
⑨ 民国《新修合川县志》卷十三土产，集成43，第457页。

般意义上是指鳊鱼。另外一种可能性即是由于鲂鱼和岩鲤形似，多将二者混为一谈。道光《重庆府志》：“岩鲤，巴县出。”① 民国《巴县志》亦载：“江中产岩鲤，状与常鲤异，乃别种。”② 岩鲤的记载频率不高，估计是有些并未单独列出，而是融入关于鲤鱼的记载中。实质上，岩鲤是嘉陵江流域的传统名贵性鱼类，肉质细嫩，且岩鲤生长较慢，至今对于其人工繁殖技术仍未能得到突破，应注意其资源保护。

（5）鮈亚科的圆口铜鱼和铜鱼　铜鱼属，圆口铜鱼、铜鱼，又名水鼻子、水密子、水迷子等，属于深水急流鱼类，主要分布在长江干流，支流主要分布于中下游河段。每年农历 4—5 月是铜鱼的繁殖期，嘉陵江中分布有产卵场，故每年立春时节铜鱼、圆口铜鱼等都进入嘉陵江、岷江等大型支流的下游，主要是完成索饵育肥、繁殖产卵过程，完成后至 8 月，支流水温急剧升高，铜鱼又退回长江干流。渔民掌握这一规律，常在支流下段拦捕，渔民将其称为“捕退鳅”。这个时期捕获的个体，含脂肪量最高，故又被称为“假肥鮀”，意为与“肥鮀”（长吻鮠）同样肥美。在嘉陵江铜鱼属主要分布于下游的武胜、合川、重庆江段，此段有众多的铜鱼产卵场。铜鱼属曾是嘉陵江流域主要的经济鱼类，甚有专门的捕获网具称为铜渔网，又称为“退秋（鳅）网”。直至 20 世纪 80 年代，铜鱼、圆口铜鱼的渔获量占到嘉陵江总渔获量的 11%。民国《武胜县新志》：“水鼻子，原名桃花鱼，又名出水烂，鳞细，刺多，口圆，美。”③ 民国《新修合川县志》：“水鼻子鱼，鳞细而多刺，味极鲜美，口圆，俗呼为圆口。味尤佳，惟出水不耐久，故名出水烂，即桃花鱼也，以桃花时出故名”。④ “桃花时出”指的是圆口铜鱼、铜鱼在嘉陵江流域大规模地出现有一定时节性，即桃花开的时节。民国时期重庆鱼市上亦有售卖“水迷子鱼”。其味道鲜美肉肥嫩，含脂量高，经济价值与江团鱼不相上下。传统时期其是四川地区江河的主要捕捞对象之一，属上等经济鱼类。但是葛洲坝、三峡大坝等大

① 道光《重庆府志》食货志卷三，集成 5，第 118 页。
② 民国《巴县志》卷十九物产，集成 6，第 596 页。
③ 民国《武胜县新志》卷十一食货志，集成 59，第 621 页。
④ 民国《新修合川县志》卷十三土产，集成 43，第 457 页。

型水利工程的修建使得水流流速降低，影响了铜鱼属的生存。

（6）鲟科的鲟属、白鲟属　鲟鱼类主要分布在长江干流，同时也分布于较大支流中下游。嘉陵江下游武胜、合川至重庆段有鲟鱼分布。民国《武胜县新志》："沙辣子，体成三角形，脊背隆起，无散刺。"① 据《四川鱼类志》记载四川地区亦有将达氏鲟称为"沙辣子"，推测此处有可能指的是达氏鲟。万历《合州志》载"鱌"。乾隆《合州志》记载"黄鱼、鱌"。民国《新修合川县志》："象鱼，又名鲭鼻，长如象，俗名剑鱼，又名箭鱼，皆取其似也，其美在鼻，可为脍。"此处的"象鱼"，即白鲟；"黄鱼"，即中华鲟。民国《新修合川县志》："沙辣子，体三棱形，色黑，红背，脊隆而无散刺，味美"。② 此处的"沙辣子"即是达氏鲟。嘉陵江流域的北碚地区亦偶尔能见到鲟鱼，"北碚鱼类最大者，当推黄牌、癞子及象鱼。川省渔民有谓'千斤腊子万斤象，黄牌大得不像样'。大形之象鱼及癞子，多见于长江主流，嘉陵江甚少。虽其形不若所言之甚，然重至四五十斤之黄牌，则常事也。"③ 除了"癞子"（中华鲟）、"象鱼（白鲟）"即鲟鱼属外，"黄牌"即是胭脂鱼。总的来说，鲟鱼主要分布在川江，嘉陵江较少。道光《重庆府志》："象鼻鱼，巴县出，鼻长如象。"④ 同治《巴县志》："鳞之属十有一，以鲭象为最，俗名象鼻子，盖长如象也。"⑤ 两处应皆讲的是白鲟。民国《巴县志》："剑鱼，俗名象鱼，以其鼻长，故名，产大江中。又有名鲄子者，亦产大江中，身狭而长，黑色有斑纹，背有多数小软骨行圆，自脊至尾部若连钱，亦江中巨鱼。俗语千斤鲄子万斤象，言虽过甚，然其大可知矣"。⑥ 此处的"剑鱼"指的是白鲟，"鲄子"应即是中华鲟。

---

① 民国《武胜县新志》卷十一食货志，集成59，第621页。

② 民国《新修合川县志》卷十三土产，集成43，第457页。

③ 国立中央研究院动物研究所：《北碚动物志》第四章动物11，《地理》，1945年第5卷第3-4期。

④ 道光《重庆府志》食货志卷三，集成5，第118页。

⑤ （清）霍为棻、王宫午：同治《巴县志》卷之一物产，同治六年（1867年）刻本，藏于中国国家图书馆。

⑥ 民国《巴县志》卷十九物产，集成6，第596页。

（7）鲶科的河鲇鱼　鲶鱼适应性强，分布广泛，在四川方言中多称其为“鲢鱼”。其在嘉陵江流域产额甚多，虽不是名贵鱼类，但其肉质鲜嫩且无细刺，深受人们喜爱。民国时期合川养鱼场就曾试养鲇鱼，原因就在于“鲶鱼在合川附近为上等食用鱼类，售价甚高，故本场设法试养。”鲇鱼在嘉陵江水系鱼类捕获量中约占10%左右，仅次于鲤鱼的捕捞量。“鱼味，咸认江团、大鲇鱼为最上品”① 民国《新修南充县志》：“鲶，俗名鲢鱼，大者长一二尺，背部花黑色，腹部白色，头扁平而大，鄂两侧有须，栖于河之泥底，以小鱼及他物之尸体食，供食用，肉味最美，县属嘉陵江中产额甚多。”② 鲇鱼属凶猛的肉食性鱼类，底栖生活。民国《重修广元县志》：“鲢鱼，头大口小，肉美可食，嘉陵江多有之。”③ 广元的清水河下段是河鲶的一个重要捕捞点，其捕捞量占全部渔获量的10.9%。民国《新修合川县志》：“鲶鱼，鱼之有肚者，形似江团，而头圆大，口阔，有黄白二种，易生甚速，鲢之美在头，其腴在腹。”④“美在头”的鲢鱼指的是花鲢，即鳙鱼。此处是将二者的最佳食用部位进行比较。鲇鱼生长迅速，多湾沱和砾石的河段适合它的栖息，江中丰富的小杂鱼也为其提供了充足的饵料，在嘉陵江中是一种丰产、味道鲜美的经济鱼类。

二、渔业经济的开发

清代嘉陵江流域鱼类资源的开发进一步增强。道光《巴州志》：“沿江一道，临流结网，渔者时集。旧征收鱼课二十八户，银一两九钱二分五厘，雍正七年（1729年）新增鱼课银四两九分，共征银六两二分五厘，遇闰加增银四钱一分八厘三毫。”⑤ 这是笔者发现的少有的鱼课增加的例子。嘉陵江流域中

---

① 国立中央研究院动物研究所：《北碚动物志》第四章动物11，《地理》，1945年第5卷第3-4期。

② 民国《新修南充县志》卷十一物产脊椎动物，集成55，第489页。

③ 民国《重修广元县志稿》第一编第十一卷，集成19，第271页。

④ 民国《新修合川县志》卷十三土产，集成43，第457页。

⑤ （清）朱锡谷撰：道光《巴州志》卷四田赋志赋税，道光十三年（1833年）刻本，本署藏版，藏于中国国家图书馆。

游江段的巴中、苍溪、阆中、南部、蓬安、南充、武胜、合川等地鱼类资源最为丰富，同时也是民国时期重庆水产品的主要来源地。

1. 主要的捕捞区域及渔业活动

嘉陵江流域各大河流沿岸都有一定的渔业捕捞活动。上游平昌地区通江河、巴河的沿岸居民利用鱼的习性摸索出了一套捕鱼的技巧，包括有“簸箕鱼”“跳船鱼”“打假老鸹”等。① 结合民国《巴中县志》记载所产鱼类“跳船”，推测应是指利用“跳船”，即在鱼儿产卵逆滩水洄游时节，在滩口下惊吓击打鱼类，使其跳进船内这种方式所捕获的某类鱼，而并非是某种鱼的名称。清代万石溪有钓而不饵者曰“冤枉鱼”，可见其鱼类资源丰富。

广元县嘉陵江边的渔民惯用鱼筌（鱼圈）捕鱼，河口至马鹿乡、大佛滩乡常年约有鱼圈（鱼栈）15 处，为争夺滩口常常发生械斗。民国时期广元县有渔业公会，同业人员在嘉陵江、白龙江、清江等沿河捕鱼在市场出售。朝天、羊模亦有少数农民以捕鱼为副业。但马鹿老马岩、竹国梁岩、上寺猫儿滩为当地人定为养生滩，清末民国时期禁止捕鱼者进入，故鱼种很多。②

嘉陵江中段有东、西两河汇入干流，此段的干支流是重要渔业区。“东、大两河及西河皆有之，其捕鱼界限大河上至苍溪下迄南部，东河上至广元下迄东河口。”③ “大河”即嘉陵江的主干流。“西河”为嘉陵江中游右岸一级支流，发源于江油、剑阁交界的五指山，自西北而东南流经剑阁、盐亭、阆中、南部、蓬安等县。该河自 1958 年来，在河道上修筑了数道拦河大坝，使得河床、水文及水生动植物组成都发生了巨大变化。河床的基石、砾石、乱石底质全为泥沙淤积覆盖，喜欢在石质河床生活的如青波、白甲、岩鲤等鱼类因环境改变而灭绝，流水环境变为静水环境，使得喜流水生活的种类逐渐变少以致灭绝。此处所说的“广元县”治所实质上在今旺苍县。捕鱼界限的设立反映了主要捕鱼作业区，说明此段渔产较为丰富。同时也表明此地捕鱼也已形成一定

---

① 四川省平昌县政协学习文史委员会编：《平昌文史资料第 7 辑，平昌风情》（内部资料），2006 年，第 112 页。

② 广元市地方志编纂委员会编：《广元县志》，四川辞书出版社，1994 年，第 365 页。

③ 民国《阆中县志》实业志渔业，集成 56，第 695 页。

之规。阆中地区东河一带的渔户以竹编成筌，固在滩口捕鱼。鱼筌子（东兴场，今是东兴镇）因此得名。① “鱼筌子，属东兴公社，此地位于东河岸边，人们常用鱼筌在此捕鱼，后兴市成场，故名鱼筌子。”② 清代即已名为鱼筌子场，可见此地用鱼筌捕鱼的历史悠久。

民国《苍溪县志》：“宋江面窄水清浅易于取鱼，或网或钓，或搬罾，或安筌。”③ “东河”旧名宋江，它是嘉陵江左岸的一级大支流，流经南江、旺苍、苍溪、阆中等县，于阆中县文成区汇入嘉陵江。东河地势北高南低，以旺苍楼门口为界，分为秦巴山地和四川盆地区，海拔1 000~2 500米，河谷狭窄，水流湍急，盛产几种裂腹鱼类（洋鱼），光唇鱼属的宽口光唇鱼（班鱼），条鳅类等。东河在旺苍双河口以下流经海拔相对较低的四川盆地高丘和方山地区，河谷开阔，水流较缓，湾沱交替明显，此河段盛产多种鱼类，包括岩原鲤、华鲮（青涌）等，是重要的渔产区，渔民多在此捕捞作业，所使用的捕鱼方式多种多样。中华人民共和国成立以前南充地区的嘉、渠两江和东西两河以及一些大支流都有渔民以船为家，捕鱼为生。④ 如“搬罾溪，濒嘉陵江右岸，小溪入江处河段多鱼虾，常有人在此搬罾捕鱼，故名。”⑤ 搬署溪溪浩长，又是支流河口，鱼类资源数量较多，在此处还有鲤鱼、鲇鱼的产卵场，自然有一定的渔业捕捞。

嘉陵江下游北碚至合川段鱼类资源丰富。合川地区地处涪江、渠江、嘉陵江三江汇合处，渔业发达。清周作孚著《合阳竹枝词》：“晒网沱前晒网多，老渔生意近如何。昨宵刚把蓝鱼卖，稳坐船头细补蓑。”晒网沱位于嘉陵江与涪江交汇处的南岸，因渔民常在此晒网得名。东津沱洄水沱下鱼类聚集，渔民常在此打鱼。正德年间巡按四川监察御史卢雍记载“东津渔火”为合阳八景之一，“涪、宕、嘉陵汇城下而东折三四里许，回澜成沱，东山寺则翼然临其

① 四川省阆中市地方志编纂委员会：《阆中县志》，四川人民出版社，1993年，第398页。
② 四川省阆中县地名领导小组编：《阆中县地名录》（内部资料），1984年，第164页。
③ 民国《苍溪县志》卷八方域志，集成57，第60页。
④ 南充地区水利编委会：《南充地区水利志》（内部资料），1991年，第222页。
⑤ 四川省南充县地名领导小组编：《南充县地名录》（内部资料），1989年，第35页。

上，古塔矗云倒影横江，每暮烟明灭夜色苍茫，远眺东津，点点渔火出没，恬波细浪中与星月争光矣。”明代卢雍《东津渔火》亦载：“东津漠漠烟水平，孤帆掩映千点明。夜半风声波浪涌，星斗错乱鱼龙惊。”东津沱是洄水沱，嘉陵江与涪江、渠江汇合，水流缓慢，水面宽阔，有利于渔船打鱼和船只停泊，更是带来上游的饵料，常年引来幼鱼索饵觅食。于成龙有诗《东津渔火》“夜静沙寒滩水鸣，云横露冷渡浮萍。星垂两岸青燐见，故遣幽人撒网惊”。① 洄水沱处水流缓，可以使用撒网捕鱼。清代王启霖《合阳竹枝词》亦载：“东津渔火南津渡，塔影横空笔二枝。”② 民国三十六年（1947 年）合川县渔会呈合川县政府，“惟本县区域辽阔广袤甚长，且系三江聚会之处而从事渔业者不下数千余人。”③ 可见此地渔业捕捞较为发达。不仅如此，合川地区也是当时国民政府推广人工养殖事业的前沿和中心。抗战时期重庆最早的淡水养殖场在合川地区建立，是重庆地区重要的水产养殖中心。民国时期调查记载合川县年水产 400 吨，用作食品及肥料。④ 此处的数据亦有可能包含部分水产养殖的数量，以此可见合川地区渔业经济是较为发达的。支流石鼓溪产鱼量也大，民国《新修合川县志》：“土人言，石鼓溪产鱼最多，常有小舟往来捕钓，水性清洁，染色特鲜。”⑤ 由于鱼类资源丰富，从事渔业人数亦不少（图 3-4，图 3-5）。

嘉陵江小三峡渔产亦丰，“三叉河，余以米撒水中，顷见群鱼争食。询问舟子，知其此河产鱼极富，味美而鲜，多售于渝、合一带，乃运河之特产。”⑥ 民国时期嘉陵江下游的北碚地区有一定的渔民群体。1945 年北碚渔业志“渔家生活”记载，“北碚经年住家渔户有 40 户，每家平均 4 口人，共 160

---

① 李志安主编：《于成龙研究论文集》，三晋出版社，2009 年，第 174 页。

② 林孔翼，沙铭璞编：《四川竹枝词》，四川人民出版社，1989 年，第 138 页。

③ 合川县政府训令各乡镇公所该乡镇督饬该区域内现在渔业从业人员向县渔会补办登记手续，藏于合川档案馆，档案号遗失。

④ 佚名：《四川各县物产调查》，《工商半月刊》，1935 年第 7 卷第 23 号。

⑤ 民国《新修合川县志》卷二形势，集成 43，第 89 页。

⑥ 罗广源：《四川小三峡游记》，《四川导游》，1935 年，第 130 页。

图 3-4　乾隆《合州志》渔人捕鱼图

图 3-5　乾隆《合州志》渔船停泊于东津沱

人，加上客籍渔户 5 户，北碚共有渔民 200 人，捕鱼为生”。①

嘉陵江及支流，河床比降大，滩多流急，河床多砾石，滩沱交错，大型网地极少，夏秋洪水，冬春水枯，而主要经济鱼类多具归沱越冬习性，从而使得嘉陵江渔业以冬春为旺季，以归沱、出沱为最佳时机，捕捞季节性十分明显。尤其是嘉陵江下游合川至重庆段，嘉陵江进入川东平行岭谷区，为峡谷河段，形成嘉陵江小三峡。小三峡内水深，河床多石穴，越冬场众多，渔民历来都有“打凼（荡）”“打峡”的习惯。渔民集体放沉网，然后以卵石连续坠沉驱赶，

① 重庆市农牧渔业局编：《重庆市农牧渔业志》（内部资料），1993 年版，第 453 页。

迫使在峡内凼底越冬的鱼类上网。嘉陵江的水文环境使得嘉陵江鱼类的越冬场一直以来即是重要的渔业中心，如南充龙门沱、蓬安石梁沱等。除了在深沱越冬，嘉陵江流域的鱼类还有在洞中越冬的情况，这就形成了有趣的鱼泉、鱼洞现象。

2. 鱼泉、鱼洞

嘉陵江流域特殊的水文和地理条件使得流域内分布有较多的鱼泉、鱼洞，尤其是在嘉陵江上游地区十分明显，在前文讲述裂腹鱼分布时已有提及。这种所谓的鱼泉、鱼穴捕捞较易，无须复杂的渔具，且鱼类集中在某段时间出现，故往往成为普通民众获取鱼类资源的首选。民国《重修广元县志稿》："鱼洞峡，治东八十里，太平山之阳，两岸如削，中通一线，中午始能见日。东西峡口有鱼洞二，东洞幽深。清明前后群鱼涌出，洞鱼不满尺，土人利之。"① 鱼洞河，属于鱼洞乡，此河段上有一山洞，水流回旋于此，洞口形成深潭，多细鳞鱼，故名。此处位于广元县城东。此区域属中山区，境内高山耸立，沟深谷窄，平均海拔1 000米以上。鱼洞河从北至南曲穿全境。② 蓬溪县境内的石鱼山半有鱼泉。道光《蓬溪县志》："石鱼山，县东一里许，山半有鱼泉。相传此山曾出石鱼故名。"③ "鱼泉，县东石鱼山上，出石罅中，清冽异常，崖镌'鱼泉'二字，又有'石鱼盛景'四大字。"鱼泉位于蓬溪县境东部不远，"鱼泉公社，境内石鱼山，明正德年间建祠凿石得化石鱼，泉从石隙中出，故名。"④ 此处鱼泉今属蓬溪赤城镇。上述所说的广元朝天区的鱼洞亦属于此种情况。嘉陵江流域的鱼穴、鱼洞现象普遍都是鱼在春季时节从穴洞而出，秋冬而入，其实质是鱼类短距离季节性洄游越冬的体现。实际上，鱼泉主要集中分布在水温较低、气温垂直差异明显的喀斯特山地。这些鱼泉往往都与地下阴河相通。地下河不易受外界冷暖气候的影响，冬暖夏凉，成为鱼类越冬的极佳场

① 民国《重修广元县志稿》第一编第三卷，集成19，第60页。

② 四川省广元县地名领导小组编：《广元县地名录》（内部资料），1988年，第190页。

③ （清）吴章祁：道光《蓬溪县志》卷二山川，道光二十五年（1845年）刻本，藏于中国国家图书馆。

④ 四川省蓬溪县地名领导小组编：《四川省蓬溪县地名录》（内部资料），1986年，第16页。

所。同时鱼泉、鱼洞的广泛分布也可以说明区域内地下水资源较为丰富。

3. 重庆渔获的行销

重庆是嘉陵江流域最大的水产品消费中心。重庆市场销售的鲜鱼，除在本区域内江河捕捞一部分外，大多数是由周围县市采用活水木船运进。从长江运进的有万县、涪陵、长寿，运达重庆的千厮门或朝天门卸鱼，泸州、合江、江津等县运达南纪门；从嘉陵江运进的有由南充、武胜、合川等县，运达临江门码头；渠江运进的有广安、渠县等；从涪江运进的有遂宁、大足、铜梁等县。

民国时期重庆城内“卖鱼的地方以雷祖庙为最多，其次便是鱼市街了”。[①] 位于今渝中区大阳沟的雷祖庙菜市是当时重庆的第一菜市，规模较大，商品种类丰富，也是当时水产品的主要购买地之一。大阳沟则是重庆的水产行销与管理的中心区域，当时重庆市渔会、重庆市鱼商业同业公会的会址均在此。另外，鱼市街、鱼市口即今渝中区解放东路附近也是售卖鱼类的区域。

抗战时期，由于交通原因，鱼类和海味在重庆市场上是很缺乏，并不能像其他蔬菜和肉类一样可以在沿街叫卖的商贩手中买到。甚至有因供给短缺而出现抢购鱼货的现象。价格上，外地来渝之人也常常感叹此地猪肉、牛肉、蔬菜之类不甚贵，唯有鱼价较高。他们深感在重庆“食鱼难”，正所谓“按此间向视鲤鱼为珍馐，非盛大之席不备。”[②] 由于无冷藏设备，市场上常常是活鱼很少，死鱼多。俗语“大阳沟的鲫壳，死的多活的少”说的就是这种情况。[③]

由于重庆渔获主要由外地输入，加之重庆地区尚无冷藏设备储存鲜鱼，这使得鱼价受季节影响较大。“鱼价之起落，随季节供需情形而异，以季节论，夏季鱼价最高。”[④] 原因在于渔获的保鲜及品质不仅受到冷藏设备的影响，同时由于季节差异致使江河水质不同，对渔获死亡率造成影响，进而影响售卖价格，“本市所售鱼类均来自沿江各埠，因洪水季节鱼类之运渝者因受混水之影响，其死亡率增高，故洪水期间本市鱼类稀少，其价最昂。若在秋冬季节，河

① 杜若之著：《旅渝向导》，巴渝出版社，1938 年，第 27 页。

② 《嘉陵江中鲤鱼遭殃》，《申报》，第 24130 号（上海版），1941 年 5 月 14 日。

③ 章创生、范时勇、何洋著：《重庆掌故》，重庆出版社，2013 年，第 219 页。

④ 萧伯均：《重庆市水产市场概况》，《水产月刊》，1947 年，第 1 期。

水澄清，鱼类之死亡率减少，来源畅旺，其价格实最为低落。”① 可见不同季节水质的好坏对于鱼运输的死亡率影响明显，也进而影响鱼价。除季节因素外，市场需求量大小当然也是影响鱼价的原因，“以供需情形而论如逢节假婚期，销数极大则鱼价较高”，在这多重因素的影响下，可以看到重庆地区“鲜鱼销量随季节而异，冬季销量每天约4 000余斤，春秋季销量每天约3 000斤，夏季销量则减少至千余斤。”② 重庆渔获的行销由于受到市场需求和运输季节差双重影响，致使出现渔获夏季销量不高，但售价高；冬季销量较高，但售价不高的现象。这也就是重庆渔获因以外向输入型为主而造成的渔获行销结构。③

第七节　乌江流域主要鱼类资源的分布及开发

乌江流域是一个自然资源丰富，且少数民族众多的区域。其经济开发与族群互动和环境影响等问题都是颇有意思的话题。目前来看，乌江流域经济开发史的研究已取得一定成果，李良品、朱圣钟④等学者围绕乌江流域经济开发的过程、地理差异、现实启示等展开了深入探讨。从具体的资源开发类型来看，目前主要集中在矿产资源、森林资源、农牧资源等。乌江流域由于特殊的地理环境和族群分布，传统渔业一直是乌江流域民众的辅助生计手段之一。清至民国时期渔业活动在其经济生活中占有重要地位。通过复原鱼类资源的地理分布及渔业经济的开发过程，可以更好揭示清至民国时期乌江流域生态环境的状况，并以此为视角探讨资源开发、生存环境与少数民族生计方式之间的互动关系。

---

① 民国三十八年（1949年）七月重庆市鱼商业同业公会造报鱼类价格表呈社会局，档案号006000020153800000026，藏于重庆市档案馆。

② 萧伯均：《重庆市水产市场概况》，《水产月刊》，1947年，第1期。

③ 关于抗战时期重庆地区渔业的发展状况可参看拙文：《移民、国家与资源：抗战时期重庆淡水养殖业发展研究》，《乐山师范学院学报》，2018年第10期。

④ 朱圣钟：《鄂湘渝黔土家族地区历史经济地理研究》，陕西师范大学2002年博士学位论文。李良品：《乌江流域土家族地区土司时期的经济发展及启示》，《湖北民族学院学报》，2008年第1期。

乌江上段三岔河为典型山区性河流，岩溶发育明显，有多处伏流段。乌江中游流经崇山峻岭穿行，上段夹行于苗岭山脉与大娄山脉之间，下段夹行于大娄山脉与武陵山脉之间，很多地段形成大峡谷。乌江下游切穿大娄山、武陵山系而进入四川盆地东南缘，河谷狭窄，岩溶地貌明显，河道险滩多，多石灰岩溶洞。这种水文地理特征，对鱼类组成也有一定影响。乌江径流主要来自降水，下游江段是四川省雨季最长的地区。乌江下游的水温冬季偏高，夏季偏低，年平均水温 17.8℃，这种水温为饵料和鱼类生长提供有利的条件。干流中适应深潭、急流和岩石地质环境生活的白甲鱼、岩原鲤、铜鱼、圆口铜鱼等数量较大，而白涛镇至河口段，河谷宽阔，流速较缓，鱼类组成和长江干流相似，有鲟鱼、中华倒刺鲃等分布。

一、主要鱼类资源种类及分布

1. 两栖类娃娃鱼

乌江流域是娃娃鱼分布较多的区域，其名称有鳀鱼、娃娃鱼、鲵鱼、哇哇鱼、人鱼等。同治《增修酉阳直隶州总志》载："鳀鱼，俗名娃娃鱼，有手足，具男女形，生如小儿，能缘木。"① 酉阳境内的细沙河是娃娃鱼的高产河流，现今并建立有大鲵自然保护区。咸丰《黔江县志》载"孩儿鱼"。② 光绪《黔江县志》载："鲵鱼，四脚长尾，如人，俗呼娃娃鱼。"③ 同治《咸丰县志》载："蛙蛙鱼即魞鱼，有两足，能缘木。"④ 同治《恩施县志》："魞鱼，四足，作儿啼。"民国《咸丰县志》载娃娃。民国《德江县志》："乐子溪之鲵鱼"。⑤ 道光《思南府续志》："娃娃鱼，无鳞四足能陆行，鸣声最恶，鲜有食者。"⑥ 清代思南府治所在今思南县，辖印江、德江、务川、沿河等县，道

① 同治《增修酉阳直隶州总志》卷十九物产志，集成 48，第 753 页。

② 咸丰《黔江县志》卷三物产，集成 49，第 88 页。

③ 光绪《黔江县志》卷三物产，集成 49，第 88 页。

④ 同治《咸丰县志》卷之八食货物产，方志丛书湖北省 30，第 285 页。

⑤ 民国《德江县志》卷一地理物产，集成 47，第 337 页。

⑥ 道光《思南府续志》卷之三食货志土产，集成 46，第 121 页。

光年间依然记载不食娃娃鱼。民国《开阳县志稿》："南贡河以鲵鱼为最多。"① 南贡河又名鱼梁河，是南明河的支流。民国《修文县志》载有"鲵鱼"。道光《遵义府志》记载："哇哇鱼，今鲵鱼似鲇，四脚，前似猕猴，后似狗，声如小儿啼，大者长八九尺"。② 经换算，此处记载的娃娃鱼个体极大，大约有3米长。民国徐实圃纂修《贵定一览》记载特产娃娃鱼"产甕河与城北河，年约两万余斤，大者约两斤左右，小者五六两。"③ 1937年《旅行杂志》也记载贵定县有食娃娃鱼的情况。可见贵定县娃娃鱼不仅产量很高，而且作为《旅游杂志》记载者必然属特产或较为知名的物产。现今贵定县岩下乡被称为"中国娃娃鱼之乡"。光绪《湄潭县志》载"鲵"。④ 民国《桐梓县志》："人鱼，俗呼娃娃鱼，杨村沟小溪有之。此物不但似人且能化人……故旧俗以见者为不祥。"⑤ 传统时期以见娃娃鱼为不祥之兆。道光《遵义府志·物产》："娃娃鱼（桐梓志）邑产。（旧四川志）即鲵鱼，大首长尾，善缘木，天旱辄舍水上山，以草覆身，鸟来饮水，因吸食之"。道光《贵阳府志·食货志》载有"孩儿鱼"，民国《贵阳府志》亦载。《贵州物产名称一览》："娃娃鱼，产于安顺府、贵阳府、遵义府、铜仁府。"⑥ 刘晨《中国渔产地理研究》列举贵州所产鱼种类之一就包括有娃娃鱼。可见贵州的乌江流域区域基本都出产娃娃鱼，这与流域内的地质地貌及气候条件有一定关系。乌江横穿大娄山地区，流域内石灰岩广布，多清流石洞，且雨水丰富，适宜大鲵的生存，故产量多且分布广泛。

梳理资料发现关于娃娃鱼在贵州地区的食用情况，随着时间的变化有一个转变的过程。民国以前，有见娃娃鱼以为不祥之说，且无人食之。但到了民国时期，贵州地区记载食用娃娃鱼的情况逐渐增多。民国《息烽县志》记载了

① 民国《开阳县志稿》第三十三节物产，集成38，第419页。

② （清）郑珍、莫友芝纂，遵义市志编纂委员会办公室编：道光《遵义府志》卷十七物产上卷，1986年，第527页。

③ 民国徐实圃纂修：《贵定一览》，集成27，第38页。

④ 光绪《湄潭县志》卷四物产，集成39，第487页。

⑤ 民国《桐梓县志》卷十食货志，集成37，第264页。

⑥ 贵州物产陈列馆：《贵州物产名称一览》，藏于贵州省图书馆，1942年。

这一事实①：

鲵，在贵州之有鲵鱼，则□水、沅水、延水及南明水盖常见之。然数十年前大多不敢以充饥食，总以形状不类常鱼，无不目之鬼怪者。据《遵义府志》嘉庆中桐梓水涨，有一妪至魁岩民家乞食，民家食米豆饭，与一缶，妪沿河去，午后此民捕得一哇哇鱼，甚巨，剖其腹前，饭在焉，大骇，弃之。此言而出之，村姑村民固津津然有味。奈何郑氏厥号宿儒，亦效兹口吻乎？搜神志怪昔非不有其人与其书，第不欲以是望之子尹也。今会城及他境有产是物者，固无不食之，盖又多谓之哇哇鱼或谓之为狗鱼。县之渔人时于境内诸流捕得亦不敢以为食。村翁村姑即不惊小怪如昔时，亦必以放生而修阴德为言。其实惧祸之心终强于惜福也。

“延水”即是乌江，南明河是乌江水系清水河的源头河流，“□水、沅水”属于沅江水系，可见娃娃鱼在贵州地区分布十分广泛。这段话讲述了贵州地区民众对于大鲵认识的变化，经历了从“目之为鬼怪”到“无不食之”的变迁。而且以息烽县为例，可以看出娃娃鱼的食用有着城市与乡村的差异，城市中食之者较为普遍，但在乡村地区依然不太敢食用。贵州地区娃娃鱼是什么时候始为人所广泛食用的？清末民国时期记载食用娃娃鱼的情况逐渐增多，这应与外来人口的不断增多，食用方式的逐渐传播有关。城市人多食用而乡村仍有忌讳，这又说明食用娃娃鱼其并不主要是充饥而是其味美或猎奇之心吸引着食客。相对而言，城市传统文化的更迭和所受冲击较之乡村更为迅速和强烈，对于传统时期食用此物的忌惮之心亦多不存，故而渐为食用。作为贵州经济中心的贵阳，当然是食用娃娃鱼的典型区域之一。民国时期贵阳有一道名菜为“八宝娃娃鱼”。尤其是抗战时期贵阳人口聚集，娃娃鱼的食用更为普遍，当时久负盛名的黔菜餐馆“迎宾楼”就以“八宝娃娃鱼”著称。② 贵阳人王仁斋烹制的“八宝娃娃鱼”颇为有名，甚有“王狗鱼”的外号。从区域差异来看，贵州地区食用娃娃鱼的情况较之四川地区更为普遍，这可能是因为贵州更临近广泛食用娃

① 民国《息烽县志》卷十六物产，集成43，第152–154页。

② 唐载阳、张树良主编：《贵州省志商业志》，贵州人民出版社，1990年，第397页。

娃鱼的广西地区。

2. 主要经济鱼类的分布

(1) 鲟科的鲟属、白鲟属　主要分布于长江干流的鲟鱼亦进入较大支流乌江，渔人在乌江下游偶能捕获。乾隆《涪州志》记载产“剑鱼、黄鱼”。据《贵州通志》记载“鳇鱼，遵义府境所产不大，渔人偶得之，亦如都匀鲥鱼，以通省所无而珍也。”① 宣统《贵州地理志》：“鳇鱼，遵义间有之。”② 民国《续遵义府志》：“鳣鱼，尔雅释鱼注，大鱼似鱏而鼻短，口在下，体有邪行，甲无鳞，肉黄，大者长二三丈，江东呼为黄鱼，按绥阳呼为油黄鱼，桐梓呼为鲟鳇鱼。”③ 油黄鱼并非鲟鱼类，此处记载有误。遵义府辖遵义、桐梓、绥阳、仁怀、正安等。故此处记载遵义府所产的鲟鱼，有可能是指赤水河流域的桐梓、仁怀等地，亦有可能是乌江流域的遵义、正安等地有鲟鱼分布。

此处所说的绥阳“油黄鱼”依据其描述并非是鲟鱼类，而是鲈鲤。民国《贵州通志》：“绥阳冠子山下龙泉内产此，俗呼油黄鱼，色黄，大者十余斤，春时出游泉外，顷仍入泉，不至溪钓者不能得，惟潜网之每得一二，味绝美。”④ 在绥阳、正安一带阴河中有此种黄鱼分布，据调查其是鲤形目鲃亚科鲈鲤属的鲈鲤，形似鲈鱼。⑤ 光绪《湄潭县志》：“黄鱼泉，在县北八十里，春出游鱼，冬出黄鱼因名。”“黄鱼孔，在县北河包场，形如太极，水深六七丈，多出鲈鱼。”⑥ 黄鱼孔中所出的“鲈鱼”，亦有可能是鲈鲤鱼。民国《绥阳县志》载：“山阳沟，在县南十八里冠子山下，相传产油黄鱼。”⑦ “黄鱼塘，在城南十五里，水势极深，昔产黄鱼，故以是名。”民国《绥阳县志》亦载：“黄鱼江，江多黄鱼，以此得名。”⑧ 此处所说的黄鱼江中的“黄鱼”应是鲈

---

① 民国《贵州通志》风土志五物产，集成9，第174页。
② 宣统《贵州地理志》物产，集成1，第522页。
③ 民国《续遵义府志》卷十二物产，集成34，第458页。
④ 民国《贵州通志》风土志五物产，集成9，第174页。
⑤ 遵义地区计划委员会编：《遵义地区国土资源》(内部资料)，1988年。
⑥ 光绪《湄潭县志》卷二山川，集成39，第427页。
⑦ 民国《绥阳县志》卷一地理上山川，集成36，第254页。
⑧ 民国《绥阳县志》卷一地理上山川，集成36，第252页。

鲤。需要说明的是贵州地区亦将黄辣丁称之为黄鱼，故而上述地区的黄鱼亦有可能是指黄辣丁。鲈鲤多在江河、湖泊近岸生活，成鱼则在大江大河生存，对水质要求较高。鲈鲤鱼肉质鲜嫩，是贵州地区的上等经济鱼类。

（2）鳗鲡科鳗鲡鱼　鳗鲡主要在乌江干流中下游分布，产量不多，较为少见。乾隆《涪州志》记载产“白鳝”[①]。民国《重修南川县志》：“白鱓，吾邑河中间有之。”[②] 光绪《黔江县志》载：“鳝，腹白背青，俗呼白鳝。”[③] 同治《增修酉阳直隶州总志》载：“白鳝，脊青腹白似蛇。”[④] 民国《德江县志》：“松溪间有白鳝，均得之见闻云。”[⑤] 道光《思南府续志》：“一种白鳝生江中，不多得。”[⑥] “江中”应指的是乌江。民国《贵州通志》记载贵阳府“一种白鳝生大溪中，不多得。”[⑦] 可以看出清至民国时期乌江流域鳗鲡鱼主要分布在下游段，中游仅贵阳府辖区有记载。

（3）鲃亚科的白甲鱼　白甲鱼在乌江流域有一定分布，是主要经济鱼类。其中，黄柏渡河的白甲鱼非常有名。乾隆《涪州志》物产载“白甲”，“欲知鱼味美，请上黄柏渡。顺长头河进去五里许，河中有‘鱼泉’”。[⑧] 这里就谈到了黄柏渡河的白甲鱼泉。民国《涪陵县续修涪州志》：“鱼泉之水，冬春时暖气蒸腾，夏秋间冰凉沁骨。泉中产细鳞鱼、白甲鱼，味道极美。”[⑨]《续修涪州志》亦载：“黄柏渡河中有二石洞，间不盈尺，俗呼鱼泉。一出细鳞，一出白甲，均嘉美。其鱼大者十余斤，小者数斤，夏初始出。”[⑩] “黄柏渡河”即长头河，乌江水系的左岸支流。河流流经中低山区，以石灰岩为主，岩溶发育明

---

① 乾隆《涪州志》卷五物产，姚乐野、王晓波主编：《四川大学图书馆馆藏珍稀四川地方志丛刊》，巴蜀书社，2009年，第170页。

② 民国《重修南川县志》卷四食货物产，集成49，第444页。

③ 光绪《黔江县志》卷三物产，集成49，第88页。

④ 同治《增修酉阳直隶州总志》卷十九物产志，集成48，第753页。

⑤ 民国《德江县志》卷一地理物产，集成47，第337页。

⑥ 道光《思南府续志》卷之三食货志土产，集成46，第121页。

⑦ 民国《贵州通志》风土志五物产，集成9，第174页。

⑧ 乾隆《涪州志》卷五物产，姚乐野、王晓波主编：《四川大学图书馆馆藏珍稀四川地方志丛刊》，巴蜀书社，2009年，第170页。

⑨ 民国《涪陵县续修涪州志》卷七风土志物产，集成47。

⑩ 民国《涪陵县续修涪州志》卷七风土志物产，集成47。

显，有若干溶洞，地下水流出，文献中所说的“冬春时暖气蒸腾，夏秋冰凉沁骨”正是地下阴河冬暖夏凉的真实写照，且此地植被茂盛，河水清澈。此处所说的“细鳞鱼”即裂腹鱼属，资源量大。另外就是“鱼泉”盛产的白甲鱼，白甲鱼有冬季在岩穴深处或深坑越冬的习性，此处所谓的“鱼泉”即是裂腹鱼、白甲鱼等的越冬地。同治《咸丰县志》载：“白甲鱼，一名鮇鱼”。[①] 民国《咸丰县志》载“白甲”。[②] 同治《恩施县志》：“鮇，一名白甲鲤。”[③] 乾隆《贵州通志》：“石阡府，白甲鱼，出龙泉。”[④] 宣统《贵州地理志》亦载：“白甲鱼，出龙泉”。[⑤] 石阡府辖龙泉县，即今凤冈县。桐梓县甚产重达数十斤的白甲鲤鱼，“鲤，蟠龙洞暗塘长数百丈，溱水由斯进。产鲤，甲白，以未见天日也。道光辛卯大涨有巨者出游，长六七尺。光绪甲申涸，鱼出洞口僵不能游，获有屡万，重有十数斤者。”[⑥] 民国《毕节县志稿》记载白甲鱼。[⑦] 武隆，“白鱼渡，此地为行人渡口，河中有白甲鱼，故名。”[⑧] 民国时期记载贵州所产的主要鱼类资源之一有“白甲鱼”。[⑨] 综上可见，白甲鱼是乌江流域的主要经济鱼类之一。

（4）鳠属的石扁头鱼　石扁头，鲇形目鲿科鳠属，其肉质细嫩，味道鲜美，无细刺，食用价值较高。其喜生活在溪涧流水中，属底层鱼类，依附在石头上。目前尚不能人工养殖。其有石爬、石巴子、石扁头、石斑鱼等多种记载，湖北地区又称为铜钱鱼。民国《德江县志》：“潮砥之石爬，味美富油，色黑，状类鳅而大，遇水涨时则有之，牢爬石壁故名。”[⑩] 此类鱼易易于捕捞，

---

① 同治《咸丰县志》卷之八食货物产，方志丛书湖北省 30，第 285 页。

② （民国）徐大煜：《咸丰县志》卷四物产，民国三年（1914 年）刻本，劝学所藏版，藏于中国国家图书馆。

③ 同治《恩施县志》卷六物产，方志丛书湖北省 45-46，第 297 页。

④ 乾隆《贵州通志》物产，集成 1，第 522 页。

⑤ 宣统《贵州地理志》物产，集成 1，第 522 页。

⑥ 民国《桐梓县志》卷十食货志，集成 37，第 264 页。

⑦ 民国《毕节县志稿》卷之七物产，集成 49，第 418 页。

⑧ 武隆县地名领导小组编印：《四川省武隆县地名录》（内部资料），1985 年，第 215 页。

⑨ 刘晨：《中国渔产地理研究》，《中农月刊》，1946 年，第 5 期。

⑩ 民国《德江县志》卷一地理物产，集成 47，第 337 页。

且味道甚美，在传统时期为人利用较多，故而见其记载亦多。民国《桐梓县志》："石班（斑）鱼，按此鱼无鳞黑背黄腹，腹平如掌，长二三寸，附石而行，五六月渔人照火于石上捉之。"① 此种捕鱼方法利用了鱼类畏光的习性。民国《重修南川县志》："石巴，形如蝌蚪，长二三寸，住溪涧流水中，附于石底甚固，然离水即脱捕者，以手搬石，急以米筛承之，稍缓即失净，肉甚美，腮下生白虱如豆，邑中惟北路石牛河一带产之。"② 此处记录人们捕获石巴鱼方式极为简单。咸丰《黔江县志》载"石扁头鱼"。同治《酉阳直隶州总志》载有石扁头。道光《思南府续志》："一种石扁头，色青亦鲇类。"③

（5）唇鱼属的油鱼　"油鱼"应指的是唇鱼属泉水鱼。泉水鱼生活在江河溪涧的流水中及有泉源的溪流中，肉味鲜美，富含脂肪，个体较小，一般为0.5~1千克。嘉靖《贵州通志》载油鱼。道光《思南府续志》："油鱼，出朗溪司，溪水湍急，鱼生其间，肉紧味厚，长只二三寸。"④ 民国《毕节县志》载"油鱼"。民国《绥阳县志》："茶花山，在五龙山北有洞出水，春夏不竭，可溉山田，流入渡头河中，产油鱼，细鳞，味甚美，其北有倒流水水出山腰，潺湲下注。"⑤ 光绪《湄潭县志》："油鱼，出荆里，其大止如银鱼，白水煮之油浮于釜，味极佳，但甚少。"⑥ 民国《桐梓县志》："按嘉鱼俗呼油鱼，腹内多油，大五六寸，可比淞江鲈鱼，味最鲜美。"⑦

（6）裂腹鱼属　乌江流域裂腹鱼资源丰富。康熙《彭水县志》载有"细鳞"。⑧ 光绪《利川县志》："阳鱼，细鳞味美，雷鸣始出，亦就阳之意。"⑨ 同

---

① 民国《桐梓县志》卷十食货志，集成37，第264页。

② 民国《重修南川县志》卷四食货物产，集成49，第444页。

③ 道光《思南府续志》卷之三食货志土产，集成46，第121页。

④ 道光《思南府续志》卷之三食货志土产，集成46，第121页。

⑤ 民国《绥阳县志》卷一地理上山川，集成36，第250页。

⑥ 光绪《湄潭县志》卷四物产，集成39，第487页。

⑦ 民国《桐梓县志》卷十食货志，集成37，第264页。

⑧ 彭水苗族土家族自治县档案局编：《彭水珍稀地方志史料汇编·彭水县志康熙手抄本》卷二，巴蜀书社，2012年，第1 364页。

⑨ 光绪《利川县志》卷之七赋役志，方志丛书湖北省17，第244页。

治《咸丰县志》载："洋鱼、细鳞鱼，二鱼其味最鲜。"① 民国《咸丰县志》载："细鳞最多，味亦最美。"② 同治《恩施县志》载"洋鱼"。《遵义府志》载"嘉鱼"，并引《太平寰宇记》对于嘉鱼的记载。此处的"嘉鱼"应是裂腹鱼属。《遵义府志》中对于鱼类名称和内容的记载与四川地区对于鱼类的记载相近，如嘉鱼、桃花鱼等。推测这与遵义地区长期归属于四川管辖有关。

乌江流域产沔鱼又名四鳃鱼。沔鱼河，位于毕节县对坡镇至燕子口镇之间，河流域溶洞发育明显。光绪《毕节县志》载："沔鱼，巨口四腮，状如鲈鱼"。③ 民国《毕节县志稿》亦载"沔鱼"。另外，毕节县对坡镇的花鱼洞、者拉洞产四腮鱼，"花鱼洞，对坡，产四鳃鱼。者拉洞，对坡，深 2 000余米，产四鳃鱼。"④ "四鳃鱼"，鱼体细长，有触须两对，其鳃前面有一对退化而残留痕迹的假鳃，鳞细小退化，垂口下位，马蹄形，肉吻可伸缩，故人多以为其是四鳃，鱼肉味鲜美。⑤ 据考证，四鳃鱼是裂腹鱼中的一种，属裂腹鱼亚科裂腹鱼属，主要分布在赤水河、乌江上游的部分支流中，属亚冷水性鱼类，生活在山区溪流、暗河等水体中，摄食天然饵料，肉质细嫩，味道鲜美，具有较高的经济价值和食用价值。四鳃鱼在乌江下游的印江地区同样也有记载。印江四鳃鱼产于印江县朗溪区永义乡慕龙泉中。慕龙泉泉水属岩溶水，味甘清澈，洞内有暗河，河床宽阔，泉水从洞口溢出，每年二三月是四鳃鱼繁殖季节，常有四鳃鱼游出。⑥ 还有一种花鱼，亦产于阴河，光绪《毕节县志》："花鱼洞，东里威镇乡入洞十余步，有阴河，内产花鱼，大者约七八斛。"⑦ 《毕节县志》

---

① 同治《咸丰县志》卷之八食货物产，方志丛书湖北省 30，第 285 页。

② 民国徐大煜：《咸丰县志》卷四物产，民国三年（1914 年）刻本，劝学所藏版，藏于中国国家图书馆。

③ （清）陈昌言：光绪《毕节县志》卷之八食货物产，光绪五年（1879 年）刻本，藏于中国国家图书馆。

④ 毕节县地方志编纂委员会编：《毕节县志》，贵州人民出版社，1996 年，第 1 114-1 115 页。

⑤ 毕节县地方志编纂委员会编：《毕节县志》，贵州人民出版社，1996 年，第 502 页。

⑥ 印江土家族苗族自治县志编纂委员会：《印江自治县志》，贵州人民出版社，1992 年，第 173 页。

⑦ （清）陈昌言：光绪《毕节县志》卷之八食货物产，光绪五年（1879 年）刻本，藏于中国国家图书馆。

“花鱼洞，（五里坪）洞内有阴河产花鱼，大者七八斤。”① 此处所说的“花鱼”亦有可能是裂腹鱼属鱼类。

根据现代鱼类资源调查分布情况来看，乌江流域的清波鱼即中华倒刺鲃是主要经济鱼类之一，但传统文献记载较少，同治《黔江县志》载“青拨”。光绪《黔江县志》：“鲭，色青，俗呼青拨鱼。”有着相似情况的还有岩鲤鱼，在乌江应有一定产量，但仅见少量记载，如乾隆《涪州志》产“岩鲤”。

二、渔业经济的开发

明末蜀中战乱，川民徙入乌江流域，使得农耕业得到进一步开发，渔猎经济逐渐式微。如思南府弘治以前“渔猎易于山泽”，弘治以后“负弩农暇，郎以渔猎为事”。② 清代改土归流后，渔猎经济所占比重进一步下降。但整体来看乌江流域明清至民国时期农耕经济发展水平不高，渔猎采集在部分区域依然是重要的生产方式。局部适宜于捕捞的江段，尤其是浅水的溪河、泉穴旁有一定的渔业捕捞活动。乌江干流反倒是不易于捕捞，流经德江县的乌江干流被称为德江，道光《思南府续志》载：“江以德江为巨流，溪涧繁多，鱼虾极鲜，渔者寥寥。”③ 由于经济较为落后，渔业捕捞多为自给自足，商品性不足，捕捞渔具以小型渔具为主。“彭水，四邻夷地，民业猎山渔水，刀耕火种为重。”④ 乌江的支流南明河、印江河及鸭池河、清水河等段，应是渔业经济较为发达区域，具体来说，贵阳、平坝、开阳、息烽、彭水尚有渔业可言。

1. 局部水域繁荣的渔业捕捞

南明河自西南向东北流经贵阳花溪入贵阳市，又经乌当、龙里入清水河。明代南明河的涵碧潭上渔舟往来不断，“涵碧潭，南明河之流汇而为潭，涵碧

① 毕节县地方志编纂委员会编：《毕节县志》，贵州人民出版社，1996 年，第 1 114-1 115 页。

② 嘉靖《思南府志》卷七拾遗志，集成 43，第 539 页。

③ 道光《思南府续志》卷二地理门，集成 46，第 45 页。

④ 万历《重庆府志》卷二风俗，《稀见重庆地方文献汇点》，重庆大学出版社，2013 年，第 186 页。

莹澈，深不可测，渔舟往来。”[①] 在南明河左岸有渔矶湾，“渔人鼓枻往来，有潇湘之致”。[②] 直至抗战期间，旅黔的庆修描述南明河河湾之侧有旧海潮寺，即古名渔矶湾之所在，“寺前渔村毗连，纶丝钓叟，多住还于其间，或棹小舟，养鸬鹚以捕鱼，故沿河一带，古名曰渔矶湾。”[③] 可见清至民国时期，南明河左岸渔矶湾处的渔业捕捞较为发达。民国时期贵阳市经营渔业的人均住在南明河畔，这便于其将鲜鱼装于竹篓，放到河内养着，翌晨他们将捕捞的鱼直接拿到打鱼街（今南菜场口）等市场出卖。这种渔户约有 30 余家。除了自捕自售者，还有一种是专门以贩卖鱼为业的，即向捕鱼户批购鱼进行零售。从生产者的手中购得鱼后，到大十字附近的贡院坝去卖。大十字附近的贡院坝是贵阳专门卖鱼之处，有句俗语叫“大十字卖鱼一时一市”。其中部分人家附带开设小客栈，为外地鱼贩提供吃住。[④] 由于南明河是重要的渔业捕捞区，民国时期对南明河有河禁之令，严禁以炸药、电具、枪、毒等方式捕鱼。[⑤] 南明河畔还有打鱼寨（今贵阳云岩区），因居民以打鱼为业而得名，“打鱼寨，在东郊外，寨中居民十九业渔……清流激湍，产鱼颇丰，时有渔舟三五，上下烟波，篙声清越，歌打相应……倘值渔夫举网得鳞，则临流烹鲜，佐以醇酒，尤别具风味也。”[⑥]

除南明河以外，尚有部分区域有一定的渔业捕捞经济活动。平坝县今隶属于安顺市，境内有洛阳河和车头河（汇入鸭池河），产鱼丰富。平坝县东十五里洛阳河侧有洛阳洞，“洛阳跃鱼”乃为平坝县四景之一。即是溪中的两石穴，方围十余丈，天成栏楯，若并甃然，每春雨涨时，苹藻曳青，鱼跃出口，

---

① 弘治《贵州图经新志》卷一贵州宣慰司上，集成 1，第 13 页。

② 康熙《贵州通志》卷之六山川贵阳府，西南稀见方志文献第三十九卷，兰州大学出版社，中国西南文献丛书，2004 年，第 99 页。

③ 贵阳市政府编审室编辑：《贵阳的衣食住行》，选自《贵阳市指南》，刘磊主编：《抗战期间黔境印象》，2008 年，贵州人民出版社，第 44 页。

④ 贵阳市志编纂委员会编：《贵阳市志商业志》，贵州人民出版社，1994 年，第 253 页。

⑤ 岑永枫编著：《贵阳历史上的今天》，贵州人民出版社，2004 年，第 311 页。

⑥ 中国航空建设会贵州分会航建旬刊编辑部编：《贵阳指南》，1938 年，中国国家图书馆，第 19 页。

如龙门暴腮然。正所谓平坝卫“东十五里有洛阳河，河中一洞，四时有鱼跃出，渔者张网其上，原有税，今免税，鱼亦不跃。”[①] 另有“车头河，水势盘旋百折，渔舟往来其间。”[②] 清水河旁的开阳县亦有一定的渔业潜力，民国《开阳县志稿》：“本地渔业如能着手经营，裨补当地经济亦相当可观。”[③] 另外，民国时期对贵州地区的物产调查中，仅发现息烽县有渔产的记录，“息烽县年产三千斛，单价 0.2 元，总价六百元，间由乡人捕售于市。”[④] 虽然产量不多，但比之其他区域应强。余庆县的船溪亦产大鱼，民国《余庆县志》：“船溪，在县城北，其水深不可测，中产大鱼。”[⑤] 还有余庆县“薄暮桃源堤上望，渔船歌起似西湖”。[⑥] 清代张国华竹枝词歌咏湄潭景致“花木溪边人晒网”，均可见一定的渔业活动。

2. 不同地理环境下各具特色的捕鱼方式

乌江流域的民众结合各自小区域的地理环境摸索出了独具特色的捕鱼方式。山溪河流汇合处会在局部江段形成较大水域，成为难得的捕鱼好地方。下游印江河的龙津亦有渔人捕鱼，“龙津，县南一里，印江河多石而湍急，舟筏不通，至此略潴小津，居人每夜执舟捕鱼，火光如星。”清代诗人徐起痌有诗《龙津渔火》描写了渔人在龙津钓鱼的情景：“龙津午夜淡烟笼，渔火星星聚钓翁。晓起扁舟何处去，沙滩遗得钓鱼筒。”[⑦] 彭水县鱼类资源也较为丰富，民国《彭水县志》：“鱼类颇多，亦殊肥硕，重至百余斤者，比比皆是。”[⑧] 彭水县有嘉鱼溪，“盖特美者，则第二区嘉鱼溪所产之嘉鱼也。”所谓“嘉鱼溪，即彭水县砂石乡小河。河中产黑脊细鳞鱼，肉嫩味美，小河因此又称嘉鱼

---

① 万历《黔记》卷之八山水志上，集成 2，第 188 页。

② 万历《黔记》卷之八山水志上，集成 2，第 188 页。

③ 民国《开阳县志稿》第三十三节物产，集成 38，第 419 页。

④ 《贵州省物产状况调查续》，《工商半月刊》，1932 年，第 4 卷，第 1-10 期，第 22 页。

⑤ 民国《余庆县志》卷一山川，成文书局，第 37 页。

⑥ 雷梦水等编：《中华竹枝词》，北京古籍出版社，1997 年版，第 90 页。

⑦ 道光《思南府续志》卷之十二艺文门，集成 46，第 46 页。

⑧ 彭水苗族土家族自治县档案局编：《彭水珍稀地方志史料汇编》，巴蜀书社，2012 年，第 1695 页。

溪。”[①] 嘉鱼溪因产味美的嘉鱼而得名，嘉鱼溪水源于彭水砂石乡朱山洞，多为石灰岩分布，溶洞中有丰富的地下水资源，现成小溪河。除了嘉鱼外，此地还出产娃娃鱼，可见此区域水质应较为清洁。另有梅溪亦是水洁净鱼多肥美，“梅溪，溪流曲折，夹岸梅花香闻数里，溪畔有石穴，泉清冽，每春月时雨，小鱼由穴中而出，味尤肥美。”[②] 水流汇集之处的塘浦也是捕鱼的好地方，民国《石阡县志》有八景之一的鱼浦文澜，“城南三里，浦多鱼，无风行于水上而浅澜，触崖萦折自尔成文。”[③] 石阡城南龙川河一带，上游为幽深的峡谷，下游河谷宽广而北至石阡县城。有一大石俗称雷大岩，其内空旷如屋，多藏鱼类，其处设有木船入渡，塘深河宽，水平如镜，康乾年间名为石阡府八景，民国时期仍有记载。

乌江流域河谷深切，滩险水急，渔业捕捞不甚发达，故沿岸的渔民多在一些鱼儿产卵滩处进行捕捞。彭水县有白鹤滩，“滩在郁水小河之口，每春月桃花水泛，大河之鱼逆水腾跃而上，渔人利焉。”[④] 这里反映了春初乌江鱼洄游至支流产卵繁殖的情景。“郁水”即今彭水县东北部乌江支流郁江。芙蓉江上的跳鱼滩亦是捕鱼之处。芙蓉江是乌江的支流，流速颇急且深不见底。生活在跳鱼滩沿岸的人民为了捕食空中飞鱼，便将几根粗绳索一头横牵东西两岸，挂上竹篮和线网，待过滩鱼“自投罗网”，多者几十斤甚至上百斤。水急滩险只有待鱼自投罗网，在贵阳府城北四十里有飞雪溪，“高岩壁立，急湍飞瀑，如雪花乱坠。每入夏，鱼迎瀑逆飞而上，土人置竹笼于岩畔，俟鱼落笼中取之，俗名曰跳笼。”[⑤] 这是乌江流域的民众准确了解鱼类生物属性并予以适当利用的结果。

---

① 彭水县志编纂委员会:《彭水县志》，四川人民出版社，1998 年，第 57 页。

② 彭水苗族土家族自治县档案局编:《彭水珍稀地方志史料汇编 · 彭水县志康熙手抄本》卷二，巴蜀书社，2012 年，第 1 364 页。

③ 民国《石阡县志》卷一舆地志，集成 47，第 399 页。

④ 彭水苗族土家族自治县档案局编:《彭水珍稀地方志史料汇编——彭水县志康熙手抄本》卷二，巴蜀书社，2012 年，第 1 364 页。

⑤ （清）谢圣纶:《滇黔志略》卷十九，西南史地文献第十二卷，中国西南文献丛书，兰州大学出版社，第 465 页。

除了架网接鱼外，乌江清水河一带的苗族民众在鱼类回流产卵的季节，用蓼叶、化香叶麻醉鱼类而达到大量捕获的目的。鱼类产卵完毕后，会返回下游。这时的鱼，身体虚弱，对蓼叶和化香树叶等植物所含的生物药物十分敏感。中毒后，由于自我调节能力降低，鱼鳔臌胀，就会使它们肚皮朝天，漂浮在水面。这时候捕鱼，就可以做到事半功倍。值得注意的是，这种状态的鱼，既不会被毒死，也不会产生残留毒性，捕获的鱼对人完全无害。小鱼中毒后，只要不被人捞起，几个小时后就可以复苏。

乌江流域地下水资源极为丰富，岩溶发育明显，多地下龙潭、阴河、泉穴，正如《黔志》所载贵州“多洞壑，水皆穿山而过”，这样的地理环境适宜于喜石穴岩洞环境的鱼类生存，故而洞穴中产鱼较多。乌江流域多黄鱼洞与黄鱼泉，“彭水，黄鱼洞。每春月水溢，土人以小舟入洞，洞蓄水如沼，鱼尤肥美，问其深，则无有溯其源者。”① 此处黄鱼洞位于阿依河。光绪《南川县志》：“黄鱼洞，治北百二十里云村坝，水急，人不能入，产佳鱼，大者数尺，鳞色如黄金。”② 道光《重庆府志》亦载：“《南川县志》园村坝黄鱼洞产嘉鱼，大者数尺，鳞色如簧金，与常鱼异。”③ 上述两处所记“云村坝、园村坝”实为一地，即“元村坝”，今属南川县古花乡，今仍有地名“黄泥洞”，据地名录释意为“一泉水洪泛期为黄色带泥”，无“黄鱼洞”一名。④ 推测“黄鱼洞”“黄泥洞”音近，有可能是地名在流传记录的过程中出现错讹。另外一种可能就是原本出嘉鱼的黄鱼洞，后来无鱼可出，变成遇到洪水就泛起泥土的黄泥洞。《遵义府志》：“玉溪河，一名鱼溪河，其下流十里许，有黄鱼洞。洞出泉，泉有鱼，色黄，故名。”⑤ 玉溪河流经道真县城境。《贵阳府志》载：“石

---

① （清）邵陆编纂：乾隆《酉阳州志》，酉阳自治县档案局整理，四川巴蜀书社，2010 年，第 161 页。

② （清）黄际飞：光绪《南川县志》卷一名胜，光绪二年（1876 年）刻本文昌宫藏版，藏于中国国家图书馆。

③ 道光《重庆府志》食货志卷三，集成 5，第 118 页。

④ 四川省南川县地名领导小组编印：《四川省南川县地名录》（内部资料），1983 年，第 209 页。

⑤ （清）郑珍、莫友芝纂：道光《遵义府志》上卷四山川，遵义市志编纂委员会办公室编，1986 年，第 153 页。

谱山，平地突起，内有泉，隆冬不涸，产鲇鱼，俗称鲇鱼洞。”① 鲇鱼有入洞越冬的习性，故称为鲇鱼洞。另外石阡府“有湾塘鱼泉，迤河有石门，门中有河，深远不可量，春则鱼出，秋则鱼入，居民张笱以取之。”② 这些鱼洞、鱼泉中的鱼类易于捕捞，往往成为人们捕获的重要对象。

由于乌江流域水资源零散分布，河流走向变化大，当地民众居民很难运用似平原地带规范的渔具和捕捞方式获取水产，只能从事分散的小型渔业生产。乌江流域当地各族居民捕获手段适宜了周边的环境、鱼类的生物属性与季节的变化，运用他们的生存智慧，高效地利用了大自然赋予他们的资源。

三、乌江流域少数民族的渔业文化

乌江流域少数民族分布众多，包括水仡佬、冉家蛮等。渔猎经济在其经济生活中占有较大比重。他们根据自己的居住环境使用了各具特点的捕鱼器具。《百苗图》《皇清职贡图》用绘画的方式展现了各个少数民族主要的经济生活手段，其中就绘制有其渔获的情景。结合图片可以更清晰地了解其多姿多彩的捕鱼方式与生存情境。整体来看这些渔具规模不大，但却是民众生活的有力补充。

乌江流域的余庆、施秉等地有水仡佬，他们就是徒手捕鱼高手。舒位《黔苗竹枝词》：“扰家捕鱼鱼欲愁，占得烟波老未休。只道诛茆山上住，谁知结屋水中洲。”余庆、施秉等地有水仡佬寒冬亦能入水捕鱼。③ 作者自注：“余庆、施秉等地有名扰家者，善捕鱼，虽隆冬亦能入渊，故名水仡佬。”“捕水谁似扰家奇，水獭前身未可知。摸得鲤鱼长尺半，浅冰河里探头时。”④ 水仡佬惯识水性，入水捕鱼是其与生俱来的本领。《百苗图》中水仡佬使用的渔具是刮网和罩笼，皆属于浅水渔具。这里所说的“入渊”捕鱼并不是潜入水底，

① 贵阳市方志编纂委员会办公室校注：道光《贵阳府志校注》，贵州人民出版社，2005 年，第 710 页。

② 万历《黔记》卷之十山水志下石阡府，集成 2，第 243 页。

③ （清）舒位著：《瓶水斋诗别集》卷二，商务印书馆，1939 年，第 40 页。

④ 雷梦水等编：《中华竹枝词》，北京古籍出版社，1997 年，第 3537、3568 页。

而是站在浅水溪流中。渔具属于小型渔具，每日的捕获量不大，虽不能积蓄财富，但以此为生充饥亦可。

另外还有利用多溪河分布的自然环境，临水而居，以渔猎为主的冉家蛮，集中分布在贵州沿河、印江和思南等县。这里所说的“冉家蛮”指的是利用多溪河的环境，临水而居，以渔猎为主的土家族。“冉家蛮，在思南府之沿河司，喜渔好打猎，得鱼虾为美食，俗与蛮人通。”又有诗云“沿河司下有而家，性与蛮人两不差。捕猎深山诚共好，美食从来尚鱼虾。”①《百苗图》中绘制有冉家蛮归渔图（图3-6，图3-7）。图3-7中男子所扛的竹制渔具，俗称为“须笼”，是一种小口大腹的圆形竹笼。笼底有的可以开合，在笼口装有

图3-6　《百苗图》中所绘的水仡佬②

1~3圈的细竹签，鱼类可以挤过细竹签的孔口进入笼内，但却不能退出。捕鱼时将笼口对准水流方向，笼内放置一些诱饵，鱼虾贪吃诱饵，从笼口进入被所装的竹签所限，不能退出而被擒获。这种渔具的长处在于安放后无须继续操劳，在过夜后清晨再取鱼虾，短处则在于这些渔具不能捕捉大鱼，只能捕捉小

① 杨庭硕、潘盛之编著：《百苗图抄本编绘》（下），贵州人民出版社，2004年，第368页。

② 杨庭硕、潘盛之编著：《百苗图抄本编绘》（上），贵州人民出版社，2004年，第174页。

图 3-7　《百苗图》中所绘的冉家蛮①

鱼小虾。图 3-7中走在最前头的男子挑着扁担型竹筐，这种鱼筐专供放置小鱼虾之用，以备回家后烘成小干鱼，以利储备。这样的捕鱼工具恰好与“须笼”功能相吻合。走在最后的妇女，肩扛手柄捞网，手持一尾大鱼。看来，这尾大鱼应当是通过捞网捕获的猎物。② 与所绘的水仡佬图相比，冉家蛮所使用的捞网和须笼是与其生存环境相符的。冉家蛮的生息地河水较深，险滩急流多，而水仡佬的主要生息地水浅流缓，所使用的渔具自然有一定差异。观数幅图均在其渔人腰间别有鱼笼之类的盛鱼渔具，说明他们时常能捕获鳅鳝、虾类的小型渔获物，随手就放入笼中。捕获的体型较大的鱼类，则直接用坚硬树叶或柳条之类将其串起，如《皇清职贡图》中所绘的男性水仡佬手中所提的渔获物(图 3-8)。

清至民国时期乌江流域娃娃鱼资源非常丰富。鲟鱼类、鳗鲡鱼在乌江下游河口地带亦有分布，裂腹鱼属和白甲鱼属等是乌江流域的重要经济鱼类，分布较广。从渔业捕捞活动来看，乌江局部河段渔业捕捞活动较为发达，包括乌江

① 杨庭硕、潘盛之编著：《百苗图抄本编绘》(下)，贵州人民出版社，2004 年，第 368 页。

② 罗康隆：《从〈百苗图〉看 18—19 世纪贵州各族渔猎生计方式》，《教育文化论坛》，2012 年第 2 期。

图 3-8　《皇清职贡图》所载的水仡佬①

的支流南明河、印江河及鸭池河、清水河等段，应是渔业经济较为发达区域。同时渔业捕捞在水仡佬、冉家蛮的经济生活中占有重要的地位。乌江流域渔业捕捞规模不大，但非常广泛，只要有水域存在，就必然有渔业；虽然渔业的产量并不多，可是在多业态经营体制中却不可或缺。乌江流域的渔业适应了生态系统，是人们适应并尊重自然而非过度干预的结果。这对当今我们进行生态文明建设都具有重要的借鉴意义。

第八节　赤水河流域主要鱼类资源的分布及开发

赤水河作为长江上游南岸的一级支流，是长江上游珍稀、特有鱼类国家级自然保护区的重要组成部分，对其河段鱼类资源的保护意义重大。赤水河中上游沿河两岸喀斯特地貌发育，下游流入低山丘陵区，河谷开阔，水流平缓，鱼类资源丰富。加之赤水河水质极好，素有“美酒河”之称。这样的地理环境和水质使得赤水河河鲜味道美，古人赞誉颇多。清代仁怀人傅师翟《客邸感

① （清）傅恒等编纂：《皇清职贡图》卷八，广陵书社，2008 年，第 558 页。

怀》写道："在家贫亦好，戎昱咏无差。水赤鱼多味（吾家近赤水河边），邻贤酒不赊。"① 诗人以家乡赤水河的鱼味引以为豪，即使远在异地，心中仍能时常想起。

赤水河鱼类资源种类多，有109种，其中上游特有鱼类26种，特有鱼类密度高于长江上游其他各大支流水系，是鱼类生物多样性保存较好的河流。更重要的是，我们知道水利工程的修建会很大程度影响水文河道情况，致使水中鱼类的构成发生变化。而赤水河是迄今为止，未曾建有大型水利工程的河流，是长江上游唯一一条自然流淌的河流，保持着天然河流的特征。尤其是随着长江三峡工程的兴建，长江约600千米江段变成了河谷型水库，水流显著缓慢，水深增大，饵料生物群落发生改变，这在很大程度上影响了长江上游鱼类的构成，使得上游许多特有鱼类濒临灭绝。赤水河流程长，流量大而且区域内生态环境良好，赤水河成了鱼类学家们研究的首选。赤水河这样一条还未受到大规模人工影响的河流对研究长江上游河流的鱼类构成及特有种类鱼类的保护都具有重要意义。

一、主要的鱼类资源种类及分布

由于赤水河流域经济文化的落后，传统方志文献中对于其鱼类资源的记载较为有限。娃娃鱼在赤水河流域有一定分布，民国《桐梓县志》："人鱼，俗呼娃娃鱼，杨村沟有之。故旧俗以见者为不祥。"民国《合江县志》："娃娃鱼，渔人谓获之不祥，无人食之者。无鳞甲，声如乳孩。"可见民国时期在赤水河流域依然存在着以见娃娃鱼为不祥之兆的说法。叙永大坝镇（今属兴文县）有大、小鱼洞产大鲵，大坝镇有"鲵乡"之称。洞中水质清澈，冬暖夏凉，除了大鲵外，还有细鳞鱼等。

赤水河流域分布有中华鲟、达氏鲟、白鲟、鳗鲡等多种珍稀鱼类。赤水河干流下游记载有鲟鱼，如乾隆《贵州通志》载仁怀县出鲟鳇鱼，道光《仁怀直隶厅志》、光绪《增修仁怀直隶厅志》均载"鲟鳇，鲟一作鱏，鼻长亦名象

---

① 光绪《增修仁怀直隶厅志》卷之八艺文，集成38，第283页。

鱼”，应即是白鲟。“鲔，即鮥子鱼”，应即是中华鲟或达氏鲟。至于这些鲟鱼来自何地，据同知陈熙晋推测应是“出蜀之合江，其或乘大水而上，渔者间获一二尾，不常有”。① 赤水河流域对于鲟鱼的俗称“辣子鱼”与蜀地一致，“沿河鱼味易登筵，第一尤夸鮥子鲜。赖有景纯戋尔雅，里人莫误鲔为鳣。（鮥子俗讹辣子）”② 赤水河干流上游桐梓县偶尔亦有鲟鱼，“鲟黄鱼，即鳣鱼也，色灰肉黄，绥阳呼为油黄鱼，本地偶一得之。”③ 赤水河下游合江县鲟鱼分布较为集中，民国《合江县志》：“剌子鱼（鮥子鱼），无鳞甲，背有黑斑十枚。”“象鱼，有鳞鼻长如象。”“象鱼”即“白鲟鱼”。光绪续修《叙永永宁厅县合志》载有“鲟鳇”。

赤水河的江团鱼亦是美味无比。赤水河古称鳛水，当地又称江团鱼为“鳛鱼”。“鳛鱼，《山海经》云其形似雀，有十翼。今赤水河丙滩至夹子口产此鱼，故人呼旧仁怀为鳛部水，俗呼江团鱼。”④ 至于江团为何又称之为“鳛鱼”，推测应是附会《山海经》中的“鳛鱼”。光绪《增修仁怀直隶厅志》载：“按《山海经》云鳛鱼状如鹊而有十翼，今鳛鱼嘴尖似鹊，分黄白两种，有十翼亦有七翼，意或鳛类之有二种欤？”鳛水（鳛部水）所指的是赤水河的支流高洞河还是赤水河的某段，这有不同说法。《遵义府志》载：“其鳛部水、安乐水，即今之高洞河。今此河自高洞以下，土人皆名鳛水。此水产鳛鱼，为他水所无，故于古地名鳛部，其水即名鳛部水”。可见其认为“鳛水”指的是高洞河。光绪《增修仁怀直隶厅志》则持另一种解释，“高洞河，至合江县城南，合赤水入大江……高洞至合江三十里蜀人以为鳛部水非也。盖鳛部系赤水河丙滩以下至夹子口，河出鳛鱼，俗呼江团鱼是也。赤水河上下他处并不产鳛鱼。人遂呼仁怀为鳛水。”⑤ 民国《续遵义府志》：“（仁怀）高洞河，出仁怀、

① 道光《仁怀直隶厅志》卷之十五物产，集成 39，第 248 页。

② 光绪《增修仁怀直隶厅志》卷之八艺文，集成 38，第 288 页。

③ 民国《桐梓县志》卷十食货志，集成 37，第 264 页。

④ 光绪《增修仁怀直隶厅志》卷八土产，集成 38，第 305 页。

⑤ （清）郑珍、莫友芝纂：《遵义府志》卷五水道考，遵义市志编纂委员会办公室编，1986 年，第 184 页。

綦江之间，至高洞以下土人谓之鳛水，产鳛鱼，为他水所无故。”① 民国《合江县志》：“江团，无鳞，腹宽背狭，头尾小。”② 光绪续修《叙永永宁厅县合志》：“鳛鱼，山海经其形似雀，有十翼，今赤水河丙滩夹子口产此鱼。今俗呼江团鱼。”江团鱼是赤水河流域知名度较高的鱼。

赤水河的江团味道甚美，“鮰，俗名江团，丙滩有之。同知陈熙晋释鳠：往在汉阳食江鮰，味颇美。及官怀仁厅间，赤虺水河之丙滩鱼有所谓江团者，土人称之，卒不知为何鱼，寻购一尾，食之，乃知其为江鮰也……蜀中夙珍鮥子之美，以余论江鮰过鲔鱼远矣。”③ 陈熙晋在歌咏当地风俗时就专门提到“江鮰状似鲇”④。不仅誉之为“鮰鱼风味近河豚”，并且甚过蜀中的鮥子鱼，可见其对江团鱼评价很高。至于文献中所说的江团鱼仅产于丙滩至夹子口段是一种误解，实质上是因为该段为赤水河江团鱼产卵的地方，江团鱼较之其他地方为多，并非仅为此段才有。江团鱼味道鲜美，受人欢迎，故是赤水河渔民经常售卖之鱼，“人家近水学为渔，举网鸣榔纵所如。三月桃花春涨暖，满溪红雨卖鮰鱼。”⑤ 赤水河流域对于长吻鮠的俗称“江团”与蜀地一致，包括其他鱼类的俗名很多都有着相似之处，如辣子鱼、黄颡鱼等。从这个角度来说，赤水河流域与蜀地文化联系是较为紧密的。

除了达氏鲟、白鲟、江团外，赤水河还有如鳡、鯮等凶猛性鱼类。马脑鯮又名鸭嘴鯮、尖头鳡、鳡棒等，属鯮鱼属。民国《桐梓县志》：“鳏鱼，头尖目细，鼻钩肉亮，腥气甚重，夜里木杆沟最盛，有二三尺长者。”⑥ 民国《合江县志》记载：“青鬃鱼”，又有“鸭色（嘴）鬃鱼，味劣”，另还有马脑鬃鱼，“马脑鬃鱼，渔人谓获之不祥，无人食之者。头如马鬃。”⑦ 还有鳗鲡，道光《仁怀直隶厅志》载有“鳗”。民国《合江县志》：“白、青鳝，味最鲜美，

① 民国《续遵义府志》卷五山川，集成 34，第 204 页。
② 民国《合江县志》卷二食货，集成 33，第 412 页。
③ 道光《仁怀直隶厅志》卷之十五物产，集成 39，第 248 页。
④ 光绪《增修仁怀直隶厅志》卷之八艺文，集成 38，第 284 页。
⑤ 道光《仁怀直隶厅志》卷之二十艺文，集成 39，第 394 页。
⑥ 民国《桐梓县志》卷十食货志，集成 37，第 264 页。
⑦ 民国《合江县志》卷二食货，集成 33，第 412 页。

人最珍之。”民国《桐梓县志》载有“白鳝”。鳗鲡味道甚美，在赤水河流域最为人们所珍视。

中华倒刺鲃，当地称之为“青鱼”，身长有倒刺，“青鱼，背青腹黄，有刺倒钩，易伤人手，骨色粉红，蒸之则显，大者二三斤，产鸭塘河。”民国《合江县志》载有“青鱄鱼”。另桐梓县曾有重达数十斤的白甲鲤鱼，“鲤，蟠龙洞暗塘长数百丈，溱水由斯，进产鲤，甲白以未见天日也。道光辛卯大涨有巨者出游，长六七尺。光绪甲申涸，鱼出洞口僵不能游，获有屡万，重有十数斤者。”①

赤水河的支流水质亦好，鱼类资源丰富，分布有水质要求极高的油鱼。油鱼，因其体内含有较多的脂肪故名。值得一提的是，镇雄县倮倘河（属赤水河水系，赤水流经倮倘称之为倮倘河）盛产油鱼，是昭通地区的土特名产。倮倘河所盛产的油鱼，属唇鱼属，又称为泉水鱼。油鱼产卵对水质要求极高，如产卵场水质浑浊就不产卵。油鱼与其他鱼不同，油鱼一般不会吃鱼饵，不易上钩。但油鱼喜欢在平缓的深水处成群结队地游动，速度较慢，容易被人捉住，其离开水几秒就会死去。因富含脂肪，烹饪油鱼时不需加油就可煮食或煎食，煎时随着锅温的升高，皮层的油会向四周溢出，越煎油越多。自20世纪70年代以来由于上游建了板桥镇的镇雄县氮肥厂后，河水受到严重污染，油鱼现已面临绝迹的危险。②

二、渔业捕捞活动

赤水河上游毕节地区有一定的渔业捕捞活动，“鱼惟赤水河、七星河出大者，近城河则皆小者。”③ 七星河即七星关河。近城的河流捕捞较易，故而捕捞强度大，个体较大的鱼自然难见。

马渡河是赤水河左岸的支流。“马渡鱼梁”乃是清代仁怀直隶厅的十景之

---

① 民国《桐梓县志》卷十食货志，集成37，第264页。

② 昭通地区地方志办公室编：《昭通地区土特名产志》，成都科技大学出版社，1993年，第185页。

③ 乾隆《毕节县志》卷四赋役，集成49，第257页。

一，“马渡河边好捕鱼，泽梁无禁似周初。盛朝谁复歌星罶，结网敲针总自如”，可见马渡河边是有一定渔业活动的。① 金鱼溪为赤水支流风溪河的上源，“金鱼溪出叙永厅杨四坰，溪产金鱼，味美不多得，其溪两面分流，北流合鱼溪入赤水，南流合风溪入赤水。”② 闵溪汇入赤水河支流之一的大同河，又称为四洞沟。“劳溪亦曰鳌溪，出叙永厅青化里磴子场……东南流为闵溪，溪中六七里，头洞、二洞、三洞、四洞，洞下俱有潭，潭深不可测，有鱼如鯈，味甚佳，渔人捕之多不得。”③ 四洞皆为喀斯特岩穴，上有瀑布，聚水为潭，潭水清澈深幽。赤水河边的高洞捕捞便利，“高洞，距县治北四十五里，鳛水河水疾奔流至此，忽成飞瀑，高十余丈，横百丈，涛喷沫，顿成大观。舟至此，上下不能通，皆舣船起载，易舟而行。洞下或有一鱼跃上，移时群队丛起，居人乘以网罟或篼，三五十斤，常候不爽。”④ 赤水河新龙滩同样是捕鱼的好去处，“滩下有大石穴，泓深莫测。每春暖新曦，鱼群攒集游泳高下，值桃花飘坠，逐浪翩翻，争逐唼喋，黑队满江，渔人常执网捕之，亦不少杀。”⑤ 赤水河上虽然急流险滩多，但长期以捕鱼为生的赤水河渔民依然是轻车熟路，有诗写道：“几只渔船欲剪波，渔人唱罢放船歌。二郎滩下波声急，轻理兰桡缓缓过。”⑥

由于鱼类资源丰富，赤水河流域的渔具较为简单。沿岸居民可用火把诱鱼，然后用鱼叉刺杀，称为“火把鱼”。民国时期古蔺黄荆龙爪溪河鱼类可徒手捕捞，或用粗劣网具即可捕捞。全县仅大寨乡水淹塘有罾网作业。⑦ 赤水县亦是如此，渔具较为简单，年捕鱼量不多。民国三十二年（1943 年）赤水县成立渔会，有会员 43 人。民国三十六年（1947 年）全县渔民 19 户 41 人，渔

① 光绪《增修仁怀直隶厅志》卷之一形势，集成 38，第 69 页。
② 光绪《增修仁怀直隶厅志》卷之一水志，集成 38，第 72 页。
③ 道光《仁怀直隶厅志》卷之二疆域志山水，集成 39，第 38 页。
④ 民国《续遵义府志》卷五中山川下，集成 34，第 202 页。
⑤ 民国《续遵义府志》卷五中山川下，集成 34，第 202 页。
⑥（清）王培荀著，魏尧西点校：《听雨楼随笔》，巴蜀书社，1987 年，第 437 页。
⑦《古蔺县志》编纂委员会：《古蔺县志》，四川科学技术出版社，1993 年，第 204 页。

船 19 只，丝网 29 张，钓钩 110 排，年捕鱼量约 2 万斤。① 可以看出一直以来赤水河流域的捕捞强度并不大。

赤水河中鱼类种类组成丰富，特有鱼类分布具有独特性和异质性。流域生境复杂，且受人类活动影响较小，较好地保持了河流的自然状态，是一条极具保护价值的生态河流，对于保护长江上游珍稀鱼类资源物种具有重要意义。尤其是，在各大河流纷纷上马水利水电工程的背景下，赤水河的干流上没有修建水坝，是长江上游为数不多的、仍然保持天然状态的河流之一。加之赤水河流域经济发展相对滞后，工农业生产都不很发达，环境污染也不严重，水质现状较好。尽管如此，但仍不能掉以轻心，影响赤水河水质的因素依然存在。如由于赤水河中下游竹业资源丰富，已建成部分以竹子为原料的小造纸厂，对赤水河产生了一定的污染。另外，由于上游地区过度垦殖和矿产资源的过度开发，导致植被破坏，水土流失加剧，土地石漠化的面积不断扩大，赤水河干流来水量减少，局部地区生态功能出现退化，这些因素都值得引起足够重视。

目前来看赤水河鱼类资源状况不甚乐观。达氏鲟、白鲟和鳗鲡近年来在赤水河以及长江上游水域濒临绝迹，鯮、鳣和鳡等大型经济鱼类在设置保护区所进行的调查中也未采集到。赤水河中大型经济鱼类在渔获物中的比例下降以及渔获规格变小与长江干流渔业资源的衰减趋势相一致。在国家加大生态文明建设的战略下，保护长江生物种群的多样性是重要内容。目前贵州省政府加大对赤水河的保护，意图改善赤水河流域生态环境质量，对赤水河生态环境的保护也将有利于赤水河鱼类资源的保护。

---

① 《赤水县志》编纂委员会：《赤水县志》，贵州人民出版社，1990 年，第 290 页。

第四章

明清民国时期长江上游主要的二、三级支流鱼类资源的分布及开发

岷江重要的三大支流大渡河、青衣江、马边河鱼类资源丰富，且三大支流的水文状况有所差异，故而在鱼类区系上也有一定差异，故分而述之。嘉陵江的两大支流之一涪江是长江上游地区经济较为发达的区域，渔业资源开发较早且程度相对较高。明清至民国时期渠江鱼类资源丰富，渔业活动亦较为发达。

第一节　大渡河、青衣江、马边河鱼类资源的分布及开发

一、大渡河鱼类资源的分布及开发

大渡河是岷江水系的最大支流，河道多岩石险滩，水流湍急，水温亦低。大渡河下游的年平均水温要低于岷江干流和青衣江流域。这样的水文地理环境使得大渡河鱼类资源的组成及分布也呈现出一定的区域特征。

大渡河常年水温较低，且主要是由雪水补给，河流水量季节差较大，加之流速急，故大渡河上游的鱼类组成较为简单，鱼种类不多。峨边以上流域广泛分布有裂腹鱼属，大渡河中下游鱼类种类相对较多，并与岷江干流中生活的多数种类相同。《蜀中广记》记载："鱼洞河，《越嶲志》卫北二十五里鱼洞河，源出吐蕃，合罗罗河入大渡河，其中出大鱼。"① 鱼洞河是大渡河支流。罗罗河即今四川越西、甘洛二县境之尼日河，为大渡河的支流。《金川琐记》载："两金川距松潘不甚远，然绥靖、崇化、章谷三屯江鱼甚多，懋功略少，惟抚边一屯纤鳞贵，拟鲂鲽。"② 绥靖屯、崇化屯治所即今金川县，章谷屯治所即今丹巴县，懋功治所即小金县。另《章谷屯志略》物产载有"细鳞鱼、猫子鱼"。③ 抚边屯产鱼较少，《抚边屯乡土志》："大金俗呼为河，实深涧也。水

① （明）曹学佺：《蜀中广记》卷27，西南史地文献第二十六卷，兰州大学出版社，中国西南文献丛书，第258页。

② （清）李心衡纂：《金川琐记》卷四，西南史地文献第二十七卷，兰州大学出版社，中国西南文献丛书，2004年，第498页。

③ （清）吴德煦纂：《章谷屯志略》，同治钞本，《小方壶舆地丛抄三编》下，辽海出版社，第593-594页。

之大致春夏各山泉流汇则涨，秋冬凝则枯，滩多水急无可行舟处，产鱼甚稀，间或寸许，土鱼而已。物产鳞介甚少而禽兽蕃息。”① 抚边屯今四川小金县北抚边乡。

大渡河中下游流域有两栖类娃娃鱼、羌活鱼分布。道光《绥靖屯志》：“大江中产孩儿鱼，《酉阳杂俎》作鲵鱼。甲辰秋赴任，路过小牛厂，见民家盆盎中豢二尾，皆长尺许，问所用，云：可治跌打损伤。细视其爪有四，极似鸡距，讶其形异，售之，放大江中。己巳，因事公出民间，获一巨者，重九十余斛。市人环观，哀鸣甚惨。翌日，旋署已不获购放……也想是鱼种类亦繁特，不常见耳。然予官于绥靖五年，未尝复有重至九十余斛者。居民食之，未见有疾害。问诸土人，云悬其肉于无人处下，垂至地，闻人履声辄收缩如旧，亦物异也。”② 根据其描述的内容来看，绥靖屯娃娃鱼资源应该是较为丰富的。民国《汉源县志》：“娃娃鱼，有声如娃娃，故名，产大渡河。”③

羌活鱼即山溪鲵，又名雪鱼，在雅砻江上游和大渡河上游均有分布。《听雨楼随笔》：“羌活鱼，羌活根下有水湛然，中有鱼游泳，理不可解，亦难得。”④ “羌活鱼，此为理化之特产，康定亦有，形如脚蛇，四脚，尾为扁形，长四五寸，为两栖动物，常食羌活之根，取而干之，泡制药酒可治风湿之疾。”⑤ 理化即今理塘县，当地人们对羌活鱼的药用性质极为了解，利用来泡酒祛风湿。绥靖屯亦有羌活鱼分布，“羌活遍地有之，走卒辈山行渴甚，辄折取啖，云清凉如蔗浆……根下每有水潭藏羌活鱼一二，其形如鲵鱼，有四足，长仅四五寸，土人云可治心痛症，市得数尾，亦不敢妄试。”⑥ 民国时期泸定县年产羌活鱼十余斤左右。道光《绥靖屯志》亦载有雪鱼，“雪鱼，昔岭在绥

① （清）刘文增、周梅编：《抚边屯乡土志》，光绪三十二年（1906 年），姚乐野、王晓波主编：《四川大学图书馆馆藏珍稀四川地方志丛刊》，巴蜀书社，2009 年，第 329 页。

② 道光《绥靖屯志》卷四田赋物产，集成 66，第 891 页。

③ 民国《汉源县志》食货志，集成 65，第 223 页。

④ （清）王培荀著，魏尧西点校：《听雨楼随笔》，巴蜀书社，1987 年，第 54 页。

⑤ （民国）杨仲华著：《西康纪要》，西南史地文献第二十一卷，兰州大学出版社，中国西南文献丛书，2004 年，第 582 页。

⑥ 道光《绥靖屯志》卷四田赋物产，集成 66，第 891 页。

靖屯治东一百十里……积雪袤丈，虽三伏日，山经常封，土人云中有雪鱼，其大如臂，想亦雪蛆、雪虾蟇之类。然在绥靖数年未尝亲观，章谷屯属之梭岭亦积雪不化，缪清泉云，其章姓典吏曾一见之。”① 可见，羌活鱼在绥靖、章谷屯等地皆有分布。直至20世纪80年代岷江流域的上游仍有一定量羌活鱼的分布，以岷江流域的黑水县为例，1981年收购干重的山溪鲵（即羌活鱼）466千克，1982年收购234千克，1983年收购211千克。根据以上收购量计算，每年在黑水县捕捉量达46 000~102 000条。山溪鲵繁殖力甚低，生长速度慢，每年只能产卵1次，且大约3年才能达到成体大小。合理捕捞山溪鲵对于资源保护具有重要意义。②

大渡河流域上游江段盛产喜急流的鮡科鱼类，包括有“石巴子”“石爬鱼”“石扁头”等名，且味道尤美。道光《绥靖屯志》载有“石爬鱼”。民国时期泸定县每年产石巴子数百斤，且是市场上主要售卖的鱼类之一。光绪《越嶲厅志》载有“石扁头”。民国《峨边县志》载有“石巴子”。据《西康纪要》记载：“石巴子，西康各大河流均产，头圆大，而尾细小，长约七八寸，通常栖石罅中。”③ 石巴子鱼属于鮡科石爬鮡属，属底栖小型鱼类，常生活在多砾石的急流河滩处。石爬鮡属鱼含脂肪量高，肉味鲜美，在大渡河上游有一定产量，是产区的重要经济鱼类之一。但由于酷渔滥捕和水生态环境改变，目前种群数量急剧下降，危在旦夕。

细鳞鱼即裂腹鱼属是大渡河上游的主要经济鱼类，峨边以上流域广泛分布有裂腹鱼属。《章谷屯志略》物产载有“细鳞鱼”。道光《绥靖屯志》：“细鳞鱼，肉粗味腥”。民国时期泸定县年产细甲鱼数千斤以供食用。④ 丹巴县年产细甲鱼一定数量在本县境内销售。道孚县水产细鳞鱼千余斤，主要是在本地县城及打箭炉销售。⑤ “细甲鱼”“细鳞鱼”应即是裂腹鱼。民国《峨边县志》：

---

① 道光《绥靖屯志》卷四田赋物产，集成66，第891页。

② 叶昌媛等编著：《中国珍稀及经济两栖动物》，四川科学技术出版社，1993年，第10页。

③（民国）杨仲华著：《西康纪要》，西南史地文献第二十一卷，兰州大学出版社，中国西南文献丛书，2004年，第582页。

④ 佚名：《西康各县物产调查》，《工商半月刊》，1935年，第7卷21号。

⑤ 佚名：《西康各县物产调查》，《工商半月刊》，1935年，第7卷22号。

“细鳞鱼，铜江小河以此鱼为最多。”这是指大渡河犍为铜街子至乐山一带，该区域是古代开采冶炼铜矿的集中区域，故又名铜江，或铜河。且另记载有“虫口鱼”，即重口裂腹鱼。光绪《越嶲厅志》：“细鳞鱼，出鱼洞河及大小鱼洞，味鲜美。”越嶲厅的鱼洞、鱼洞河应是因此而得名。峨边厅南30里有鱼洞，亦出细鳞鱼。除此以外，光绪《越嶲厅志》还记载有“花鱼”，应是江鲤，即金沙鲈鲤。金沙鲈鲤又称秉式鲈鲤，属鲤科鲈鲤属，主要分布于金沙江、雅砻江、岷江及其支流青衣江和大渡河、马边河等，长江干流极为罕见。民国时期道孚县年产花鱼100~200斤，主要销往县城及打箭炉地区①。

总的来说，大渡河上游鱼种类较少，主要有虎嘉鱼、裂腹鱼类、石巴子等少数适应于高海拔、急流、低温的鱼类。大渡河上游部分江段和河源区，沿岸居民多为藏族，由于宗教信仰原因，过去没有捕食鱼类的习惯，鱼类资源丰富，渔业捕捞活动不多。峨边、汉源县属于大渡河中下游，鱼类组成种类则明显增多。民国《汉源县志》载有：“鲤、鲫、猫子鱼、桃花鱼、鲢鱼、青鱼、鳝鱼、泥鳅”等，共计8种。民国《峨边县志》载有：“细鳞鱼、青博、白甲、红尾子、核桃鱼、江鲤、鲢、鲵、石巴子、刺黄钻、马鬃鱼、虫口鱼、刚丘、黑窍子、麻丁子”，共计15种。其中，“鲵”即是两栖类娃娃鱼。“虫口鱼”即重口裂腹鱼，“石巴子”应即为石爬子，属于𬶏科石爬𬶏属。“刺黄钻”应即是黄辣丁，“刚丘”应即是高原条鳅类。“江鲤”应即是金沙鲈鲤。②

二、青衣江鱼类资源的分布及开发

青衣江是大渡河下游最大支流，属岷江二级支流。青衣江鱼味美，宋代苏轼《寄蔡子华》中写到，“想见青衣江畔路，白鱼紫笋不论钱”③，可见青衣江渔产之丰富。袁凤孙《青衣江打鱼歌》生动写出了嘉州岷江、青衣江、大渡河三江汇合口处渔民捕鱼的场景：“会江门外江之津，三江合沓波如银。乌尤直接凌云下，嵌空岩石多潜鳞。老渔识得下网意，默察两岸能凝神。驱獭入

① 佚名：《西康各县物产调查》，《工商半月刊》，1935年，第7卷22号。
② 民国《峨边县志》卷二鳞之属，集成69，第332页。
③ 张春林编：《苏轼全集》，中国文史出版社，1990年，第265页。

水乌鬼没，沫流轻溅扬纤尘。不须太守斩蛟刀，浪花蹴踏船头高。拙鱼既得众鱼跃，鲢鲂鳣鲔争先逃。"①

1. 主要鱼类资源种类及分布

青衣江流域主要经济鱼类包括齐口裂腹鱼、重口裂腹鱼、墨头鱼等。清末《夹江县乡土志》谈到白甲、清波（中华倒刺鲃）、细鳞鲤（裂腹鱼）、鱼舅皆属常产，可见这几种鱼是当时的主要渔获物之一。② 另外，两栖类的大鲵在青衣江分布较为广泛，资源量丰富。

裂腹鱼属是该区域的优势鱼类，又常称之为细鳞鱼、丙穴鱼、雅鱼、嘉鱼等。嘉靖《洪雅县志》载"多细鳞，多重口"。③ "细鳞"应即是裂腹鱼属，"重口"是裂腹鱼属的重口裂腹鱼。"鳞属（鱼嘉），此间但谓之细鳞鱼，雅属全是此鱼。"④ 康熙《四川总志》记载天全六番招讨使司土产嘉鱼，应该就是裂腹鱼属。裂腹鱼属中的重口裂腹鱼，当地称之为"重口"（或写作虫口），"重口鱼，上下两口似吕字，出雅河。燕来则来，燕去则去。大者重二三斤，夷人不解食。取而烹之，肥美异诸鱼。"⑤ 此处的"夷人"应是指少数民族，由于其形态有异，当地人不知食用。民国《芦山县志》《荥经县志》均载有细鳞鱼。雅安地区称之为雅鱼，"雅鱼著名已久，然以上坝乡为最，丙穴、望鱼石诸胜地均在是乡。"⑥ 丙穴鱼味美，当地人竭水捕之，"丙穴冬不涸，出鱼甚美，或竭水捕尽，水溢鱼复出焉。"⑦《咏嘉鱼》："昔闻丙穴鱼，出在汉嘉水。雅州城外平羌江，浅碧深红石磊磊。"⑧ 平羌江即青衣江，"红石磊磊"说的是

---

① 民国《乐山县志》卷二区域，集成 37，第 696 页。

② 佚名编：《夹江县乡土志》物产，清末抄本，姚乐野、王晓波主编：《四川大学图书馆馆藏珍稀四川地方志丛刊》（五），巴蜀书社，2009 年，第 260 页。

③ 嘉靖《洪雅县志》卷三食货志，天一阁藏明代方志选刊，上海书店，1981 年。

④ 咸丰《天全州志》卷二，集成 65，第 565 页。

⑤（清）王培荀著，魏尧西点校：《听雨楼随笔》，巴蜀书社，1987 年，第 359 页。

⑥ 贾鸿基著：《雅安历史》，民国十四年（1925 年），日新工业社代印石印本，藏于中国国家图书馆。

⑦ 贾鸿基著：《雅安历史》，民国十四年（1925 年），日新工业社代印石印本，藏于中国国家图书馆。

⑧ 民国《雅安县志》卷二物产，集成 64，第 24 页。

青衣江岸边岩石皆是红砂岩层。清代王培荀有诗赞誉“平羌丙穴毓名鲥”，[①]他认为丙穴鱼味美胜过长江四大河鲜之一的鲥鱼，评价甚高。裂腹鱼属是青衣江流域的重要经济捕获鱼类。夹江沿岸每于春洪季节有用陷坑捕捞裂腹鱼。嘉定附近则于水清期内用水猫子或鱼老鸦捕捞裂腹鱼。直到民国时期嘉定鱼市，几乎为此鱼所独占，并有干鱼（带水之咸鱼）向成都、叙府运送，其产量可知颇丰。[②]民国时期《川西调查记》载：“裂腹鱼为上游产量最多之鱼类，据渔人经验，知其产量与猫儿鱼之比例 100：1，故市上常见之，经济价值最高。”[③]此处的猫儿鱼即是虎嘉鱼，裂腹鱼是虎嘉鱼的重要食物来源。

雅安境内青衣江盛产“雅鱼”，20 世纪 50 年代青衣江中齐口裂腹鱼和重口裂腹鱼为优势种群，占总渔获量的 80%以上。70 年代前后产卵群体被过度捕捞，资源量锐减，由 1975 年前的年产 15 万千克下降到 1978 年的 2. 5 万千克。以炳灵河为例，炳灵河是青衣江的支流，水质清澈，盛产裂腹鱼和娃娃鱼等多种水生动物。民国时期炳灵河流域渔业发达，以至于可以在洪雅县渔会外另设分会，细鳞鱼是其主要经济鱼类，“查遍惟距城百五十里之炳灵场渔业发达，鱼为细甲，其地可设分会。”[④]此处的“细甲鱼”即是裂腹鱼属。

鱼舅，万历《四川总志》记载嘉州土产鱼舅，“味极佳，唯嘉州有之”。[⑤]明《嘉定州志》载：“鮊鱼或曰鱼舅，不可鲜。在在有之，不限时节，味佳，为诸鱼之冠。”[⑥]嘉庆《洪雅县志》亦载“鱼舅”。[⑦]民国《乐山县志》：“鱼舅，嘉州出，味极佳，州志云名鱎鱼即此，在在有之，不限时地，味为诸

---

① （清）王培荀著，魏尧西点校：《听雨楼随笔》，巴蜀书社，1987 年，第 361 页。

② 施白南：《四川之特产食用鱼类》，《农业推广通讯》，1942 年第 4 卷，第 10 期。

③ （民国）王文萱、葛维汉、白雪娇等撰：《川西调查记》，西南民俗文献第十二卷，兰州大学出版社，中国西南文献丛书，2004 年，第 406 页。此处的“猫鱼”即是虎嘉鱼。虎嘉鱼是凶猛性鱼类，其主要的食物来源即是裂腹鱼类。

④ 四川省社会处档案号 186—1817，藏于四川省档案馆。

⑤ 万历《四川总志》卷十五嘉定州志。

⑥ （明）李采、（清）张能鳞撰，毛郎英标点：《嘉定州志》，《明清嘉定州志》（内部资料），2008 年，第 99 页。

⑦ 嘉庆《洪雅县志》卷四方舆志物产，集成 38，第 265 页。

鱼之冠。"① 民国《夹江县志》载："鱼，冬则鱼舅颇多，渔人编芦苇截江取之，其味肥美，诸鱼不及。"② 可以看出"鱼舅"在川南地区的岷江中游及青衣江流域多有分布。至于"鱼舅"所指的是何种鱼，尚待进一步探讨。

青衣江流域味美的鳅类种类丰富，如石缸鳅、江鳅等。嘉靖《洪雅县志》载有石缸鳅。民国《名山县志》卷四："石矼鰌，产溪流乱石中，体小味美"。民国《丹棱县志》亦载"石缸鳅"。嘉庆《洪雅县志》《峨眉县志》《犍为县志》《乐山县志》均载有"江鳅"，"江鳅"应属于鳅鱼属。另外还有鲈鱼，俗称巨婆鱼。民国《名山县志》卷四："鲈，俗名巨婆，巨口细鳞。"嘉庆《峨眉县志》载"巨婆鱼"。民国《丹棱县志》亦载："巨婆鱼，大口，嘴翘，腹大无鳞，体黑色，肉甚肥美。"还有岩鲤，此区域名之为粗甲鱼。"鲤，形似鲤，而无三十六鳞即此，间大粗甲鱼。"③ 其形似鲤鱼，而鳞甲粗大，应指的是岩鲤。

除此以外，青衣江山谷溪水另有名"瓦鱼"者，属于一名多物。据笔者考证，"瓦鱼"或指两栖类的娃娃鱼，又名人鱼、魶鱼、鯑鱼等。"瓦鱼"也有可能指的是山鳅属。此种"瓦鱼"体小眼细，油多味美，同样为青衣江段洪雅一带特产。两种"瓦鱼"的生存环境相似，多生活在山溪水质清澈，有砾石、岩缝或洞穴的河段中。

青衣江流域是川西地区娃娃鱼的集中分布区域之一。明代既已记载蜀人食娃娃鱼，《寰宇通志》载："魶鱼，荥经水及西山溪谷出，似鲵，有足，能缘木，其声如儿啼，蜀人食之。"④ 嘉靖《洪雅县志》："有人鱼，其形似人有手有足"。⑤ 清代初期"雅州有鯑鱼，状似鲵，有四足大首长尾，声如婴儿，缘木弗坠，俗谓之娃娃鱼，味甚美。"⑥ 民国《荥经县志》载："魶鱼，俗呼娃

---

① 民国《乐山县志》卷七物产，集成 37，第 814 页。
② （康熙）《夹江县志》卷四，国立北平图书馆钞藏，民国 21 年（1932 年）。
③ 咸丰《天全州志》卷二物产，集成 65，第 565 页。
④ （明）陈循等：《寰宇通志》卷 68，玄览堂丛书续集，第 38 册。
⑤ 嘉靖《洪雅县志》卷三食货志，天一阁藏明代方志选刊 66，上海书店，1981 年。
⑥ （清）陈祥裔：《蜀都碎事》卷三，清康熙漱雪轩刻本。

娃鱼”。[①] 民国《名山县志》物产载有“娃娃鱼”。嘉庆《洪雅县志》：“瓦鱼，出瓦屋山下火石、鹿石等溪，自山洞中出，味极美。”[②] 《听雨楼随笔》：“瓦鱼，娃娃鱼即魶鱼，出雅州河中。四足，能上树作儿啼，故俗以娃娃呼之。瓦屋山溪中，有名瓦鱼者，味极美，咏之云：‘游渊久惯慕巢居，四足盘旋出碧渠。忽讶儿啼争仰面，始知缘木可求鱼。’”[③] “瓦鱼”这一称呼使用的地域范围极小，仅限于雅安、洪雅一带。依据文献中描述，其眼小，油脂较多，且有上树的习性，此处所说的“瓦鱼”即是娃娃鱼。《听雨楼随笔》：“雅安城外雅河水，蒙山山下平羌渡。中有怪鱼形如鲇，四脚纷拿啼上树。”“渔人举网欣如愿，围如巨竹长尺半”，[④] 可以看出其所捕获的娃娃鱼体型较大。民国《夹江县志》载娃娃鱼。[⑤]《雅安乡土志》：“魶鱼，长尾，有四足能登岸，必沫湿之始行，俗名搬滩，畏滩水急不能上故而，状如婴儿，俗名娃娃鱼，亦珍品也。”[⑥] 民国《乐山县志》：“鲵，俗名娃娃鱼，色黄黑，四脚，鸣如儿啼，能缘木，张口吸食。”娃娃鱼食量不大，且不善于抓捕，白天多在洞里睡觉，到夜间在洞口张其大嘴，将食物整体吞进肚子，称之为“张口吸食”，留待腹内慢慢消化。可以看出明清时期青衣江流域是食用娃娃鱼的，且认为其味美为珍品。可见，青衣江流域盛产娃娃鱼，芦山、雅安、洪雅、荥经等地均有记载。和四川其他许多地区一样，在记载食用娃娃鱼的同时亦有忌讳食娃娃鱼的情况，“人多惧而不食，食之则愈虐疾”[⑦]。

另一种“瓦鱼”属山鳅属戴氏山鳅，在炳灵河瓦屋山有一定产量，加之

---

① 民国《荥经县志》卷二十物产志，集成 64，第 717 页。

② 嘉庆《洪雅县志》卷四方舆志物产，集成 38，第 265 页。

③ （清）王培荀著，魏尧西点校：《听雨楼随笔》，巴蜀书社，1987 年，第 487 页。

④ （清）王培荀著，魏尧西点校：《听雨楼随笔》，巴蜀书社，1987 年，第 487、83 页。

⑤ 民国《夹江县志》卷四物产，集成 38，第 62 页。

⑥ （清）王安敞、王安民编：《雅安乡土志》，清末修民国钞本，姚乐野、王晓波主编：《四川大学图书馆馆藏珍稀四川地方志丛刊》，巴蜀书社，2009 年，第 231 页。

⑦ （清）杨廷琚、刘时远：康熙《芦山县志》，国立北平图书馆抄藏，据清史馆藏乾隆间曾符升增刻本抄，民国十九年（1930 年）抄本。

体型较小，当地人又称其为“瓦鱼子”。① “子”在四川方言中带有言体型小的含义。瓦鱼子，其大小和形状似泥鳅，色彩像花缸鳅。瓦鱼子含油量极高。一斤鲜鱼用自身的油炸酥后，可得一两鱼油。鱼油很清，可作食用也可点灯照明。炸酥了的瓦鱼子用罐封装，是佐饭的佳肴。每年春夏之交是瓦鱼子的繁殖季节，也是捕鱼的高峰期。瓦鱼子产量极少，鱼市上现已基本见不到它。传统时期也只是当地人所能食用的佳品而已。乾隆《雅州府志》：“瓦鱼，出瓦山，长不满寸，味佳，油煎食之佳。”② 民国《荥经县志》中同时载有“瓦鱼”和“娃娃鱼”，“瓦鱼，出瓦屋山，长不满寸，味美，油煎食之颇佳”，同时亦载“鲵鱼，俗呼娃娃鱼。”此处所说的“瓦鱼”应是“瓦鱼子”。20 世纪 90 年代有文描述其所钓的“瓦鱼”，“三四寸长，方头，鳅尾，花纹黝黑，因为肥壮，在盆中不怎么动。”③ 推知此鱼体不长，肉细嫩，油脂多。在形态和特征上符合山鳅的特点，加之地方名相同，“瓦鱼子”应即是戴氏山鳅。目前戴氏山鳅的自然种群数量较少，需要引起注意。

岷江流域渔产丰富，有以鱼而得名的河流，如“鱼蛇水”，因产“蛇鱼”而得名。鱼蛇水，属岷江支流，发源于仁寿县西部龙泉山西坡，南流经青神县注入岷江。早在唐宋时期即已有其名，《初学记》载“鱼蛇水，东北自陵州界，入青神县界。”④ 所谓“蛇鱼”，应指的是鳗鲡包括青鳝、白鳝。青衣江流域称鳗鲡为蛇鱼的情况较多。万历《嘉定州志》载：“鳗，一名蛇鱼，渔者忌之，人亦不食。”⑤ 此处记载人们忌讳食鳗鲡。但清末民国时期，长江上游则少见有忌讳食鳗鲡的情况。民国《名山县志》：“青鳝，产河流深处，形似黄鳝，惟多浅鳍。白鳝，产地、形状具似青鳝，惟色较白，味最鲜美。”⑥ 鳗鲡

---

① 危起伟等著：《长江上游珍稀特有鱼类国家级自然保护区科学考察报告》，科学出版社，2012 年，第 90 页。

② 乾隆《雅州府志》卷五物产，集成 63，第 444 页。

③ 王东：《瓦鱼山溪嘘瓦鱼》，《海峡两岸》，1998 年第 4 期。

④ 刘维毅著：《汉唐方志辑佚》，北京图书馆出版社，1997 年，第 311 页。

⑤ （明）李采、（清）张能鳞撰，毛郎英标点：《嘉定州志》，《明清嘉定州志》（内部资料），2008 年，第 100 页。

⑥ 民国《名山县志》卷四物产，集成 64，第 262 页。

鱼栖息于水的底层，在青衣江流域有分布。民国《眉山县志》：“鄳鱼，最古，鄳江因以命名。蛇身鱼尾一名鱼蛇，即鳣类。”① 这里的“鳣”同“鳝”。

大渡河的支流临江溪（今峨眉山市南之临江河）产鱼丰富，甚有以河得名的鱼，即“临江鱼”，又名“武阳鱼”。秦汉时期临江溪中的“临江鱼”即已被记载。晋郭义恭《广志》已有武阳鱼的记载。《酉阳杂俎》《太平御览》《蜀中广记》中均有记载：“《广志》曰武阳小鱼，大如针，号一斤千头，蜀人以为酱也。”明清时期临江溪仍颇产临江鱼，“临江溪，州治西二十里，源出三溪，鱼肥，人多资以为食。”② 临江溪水洁净无比，所产“临江鱼”品质高，颇受人们喜爱。“临江鱼，出临江溪，洁而美，大不盈三寸。”③ “临江鱼，亦名武阳鱼，出临江溪，洁而美，食品最珍。”④ 民国《乐山县志》亦载：“临江河……每岁春水发时，产细鳞鱼，长寸许，味鲜美，人称为临江鱼。”⑤ 此种鱼个体极小，味鲜，蜀人以之为酱，至于“临江鱼”对应的是现代鱼类学中的何种鱼属尚待探讨。

2. 渔业经济的开发

文献中记载的鱼课征收数量虽然不能完全反映一地渔业发展状况，但我们依然可借此一窥各地渔业发展差异。总的来说，岷江流域各区域明代所征鱼课数额均高于清代。光绪《夹江县志》：“明朝鱼油翎鳔银八两四钱四分零，遇闰加银五钱八分。国朝现征鱼课银一两二钱二分五厘。”⑥ 明代《雅州府志》载：“现征鱼课牙行银肆拾一两陆分贰厘（41.62 两）”。嘉庆《四川通志》记载了清代各府县所纳数额，雅安 7.462 两，荥经 4.0 两，乐山 7.948 两，洪雅 5.395 两，夹江 1.225 两，犍为 1.05 两。由雅州、夹江县明清之间的鱼课

---

① 民国《眉山县志》卷三食货志物产，集成 39，第 534 页。

② 万历《四川总志》卷十五嘉定州。

③ （明）李采、（清）张能鳞撰，毛郎英标点：《嘉定州志》卷之五物产志，《明清嘉定州志》（内部资料），2008 年，第 99 页。

④ 民国《乐山县志》卷七物产，集成 37，第 814 页。

⑤ 民国《乐山县志》卷三区域，集成 37，第 698 页。

⑥ 光绪《夹江县志》卷之四田赋，光绪十四年（1888 年）刻本，据嘉庆十八年（1813 年）刻板重修，藏于中国国家图书馆。

数额差，大概可以推知其他各地明代所征数额较之清代均会更多。同时还可看出清代青衣江流域的嘉定府和雅州府是所征鱼课总数和平均数均较高的州府。其中，嘉定（今乐山）应该说是当时渔业最为发达之区。明代四川地区设置的河泊所数量并不多，其中在嘉定州已设河泊所。民国时期在政府意图大规模推广渔业养殖的背景下，乐山同样被鱼类学家们认为是最适宜进行大规模渔业养殖的城市。

洪雅地区亦有一定的渔业捕捞，嘉靖《洪雅县志》已载有“打鱼溪”“打鱼村”的地名。① 其中统计当时人口户数668户，渔户有7户，占比例不甚高，但此处应是专业渔民，不包括以渔业为副业者。人们捕鱼的工具多样：“取鱼则以獭、以鸬鹚、以椖、以百袋网、以拦江网、以撒网、以浮筒、以钩、以竹、以梯缯（缯作网而方，缯上以竹找梁前昂后低，以大麻绳系之，下用竹筏，以三四人坐于筏上，从绳则缯入水得鱼则取缯，缯底置一倒须竹篓，鱼入者皆不得出。或有船则不用筏）。以毒鱼之药，药用巴豆、苦葛，然止可施之小溪。椖则得鱼最多，惟花溪有之，然必江涨始得。乃獭与鸬鹚则潭穴，虽深，靡所不入，故渔者常置之拦江网中谓之搜鱼。”② 这段记载十分珍贵，这是笔者发现的少有在明代方志中关于捕捞方式的内容。明代洪雅县渔捞方式多样。不同的渔具渔法都有一定的适用时期和适用区域。且出现了需要三四人合作的梯缯，说明捕捞活动有一定规模。

雅安地区捕鱼乡民较多，捕获后争相拿到市上出售，“乡民多捕鱼为业，喷沫诸江，倚石垂钓，临江撒网，种别类分，争赴鱼市”，可见雅安地区亦有一定规模的捕鱼业。③ 夹江县乡民历来在拐儿滩（又名鱼桩滩）设桩捕鱼。春季设上水桩（小型），秋季设下水桩（大型）。民国十八年（1929年）在重庆任国军师长的绵竹乡太和寺人祝根堂回乡在青衣江投资建下水桩，当年捕鱼12万多斤。这些捕获的鱼就地鲜销甚少，大部是破腹后在河石坝上晒成干鱼，用圆木桶装运到重庆销售。民国时期夹江县渔民主要集中于云吟乡的姜渡，而

---

① 嘉靖《洪雅县志》卷一地名，天一阁藏明代方志选刊66，上海书店，1981年。

② 嘉靖《洪雅县志》卷三食货志，天一阁藏明代方志选刊66，上海书店，1981年。

③ 民国《雅安县志》卷四风俗志，集成64，第54页。

且当时在云吟乡的姜渡和漹江乡的千佛岩有“老鸹筏”的行业组织，但当时政府未设专门管理机构。渔户经税务部门登记按其交税，即获得公有水域内自由捕捞与就地销售的权利。①

乐山地处岷江河口，鱼类资源丰富。张瑞铜《雅河鱼诗》谈到乾隆二十六年（1761 年）嘉州水涨而浊，满河皆鱼。《嘉州竹枝词》：“汉阳坝尾平羌峡，春树初芳燕燕飞。峡里人家应最乐，石梁支网鯊鱼肥。”此处应描述的是嘉州眉山一带春初水涨渔民捕鱼的情景。“鯊鱼”指的应是鲈鱼。《嘉州竹枝词》：“平羌江水碧琉璃，下水船轻上水迟。临江半是钓人居，妇子团圆乐有余。顿顿香蒸云子饭，条条柳贯桃花鱼。”作者自注：“此地产桃花鱼，桃花开则生，额有红点如桃花”。“平羌江”即青衣江，鱼类资源丰富，水质极好，沿江以捕鱼为生者必定不少，故称之为“临江半是钓人居”②。亦有诗“渔人不识书中字，结网还登尔雅台”。尔雅台下的大佛沱，水势回旋是墨鱼产卵处，是渔人捕鱼的不二选择。由于乐山地区鱼类资源丰富，民国时期乐山政府为了发展实业，积极提倡渔业：“吾县雅河一带之人民，以捕鱼为日常副业者约二千余家，故鱼价每日收入数恒在一千余元，营业颇为不弱。”③ 当时已有人成立了雅河渔业公司。抗战时期，乐山地区的江团像下江的螃蟹一样，用飞机运往重庆，出现在阁老们的餐桌上。④

鱼市是渔获物交易的专门场所，它的出现说明渔获物交易较为繁盛，而这必须以丰富的鱼类资源为基础。明代嘉定州即已有固定的鱼市，“鱼市，丁字口，常不入市，坐索昂值。”⑤ 鱼市中有专门经营鱼类的坐商，为了牟取更大利益，坐商故意抬高鱼价。民国时期雅安地区也有固定的鱼市，“各物罕有一

① 四川省夹江县编史修志委员会编纂：《夹江县志》，四川人民出版社，1989 年，第 119 页。

② 雷梦水等编：《中华竹枝词》，北京古籍出版社，1997 年版，第 3 228、3 406 页。

③ 乐山通讯：《乐山县府亟谋改进渔业》，《四川农业》，1934 年第 1 卷第 10 期，第 47 页。

④ 马各：《金线鱼》，《风土什志》，1943 年，第 1 卷第 1 期，第 58 页。

⑤ （明）李采、（清）张能鳞撰，毛郎英标点：《嘉定州志》，《明清嘉定州志》（内部资料），2008 年，第 26 页。

定之市，惟鱼市在大十字口。”① 夹江县也有鱼市咀，“以古为售鱼山咀定名，鱼市大队驻地”。② 此地20世纪80年代属永兴，地毗邻青衣江。综合鱼市设置、鱼税征收等因素来看，清至民国时期岷江中下游渔业捕捞应较为发达。

三、马边河鱼类资源的分布及开发

马边河是岷江下游右岸仅次于大渡河的支流，因发源于马边彝族自治县得名，流经马边彝族自治县、沐川县、犍为县，于犍为县玉津镇河口附近汇入岷江。马边河的名称多次改变。昔因具有清、冷、澄、澈的特点，称清水河，后又称新镇河、马边河。“新镇河，旧名清水河，清冷澄澈，中多鱼鳖。”③ 马边河水略呈碱性，饵料生物丰富，加上水温适宜，适宜鱼类生长，渔产丰富。邑令张曾敏有诗：“清水河边柳眼开，渔人家住碧潭隈。扁舟一放垂杨柳，半尺银鳞入网来。”④ 但由于马边河流域经济落后，鱼类资源开发程度不高，不仅鱼价较低，且各地皆无鱼市，马边、雷波等地渔民多是以此为副业。民国时期永北县沿马边河一带渔人约60人。⑤ 其地捕捞方式落后，沿河农民多用石灰、毒鱼藤捕鱼。因为此法捕鱼一般是水浅时方有效，故多于秋收结束或冬季始操此业。⑥

马边河渔产资源丰富，因此而得名的地名有鱼苍山、大鱼孔、小鱼孔等。嘉庆《马边厅志略》：“鱼仓山，城西三十里山脚下即大河，多出嘉鱼，故名。”⑦ 查地名录记载，马边下溪乡有“鱼仓山，因位于马边河畔，地段水深鱼多，故名”。又有“大鱼孔、小鱼孔俱在夷地”的记载。马边雪口山乡有

---

① 贾鸿基著：《雅安历史》，民国十四年（1925年），日新工业社代印石印本，藏于中国国家图书馆。

② 四川省夹江县地名领导小组编印：《四川省夹江县地名录》（内部资料），1981年，第18页。

③ 嘉庆《马边厅志略》卷二山川，集成69，第428页。

④ 光绪《叙州府志》卷一山川，集成28，第551页。

⑤ 杨锦文：《云南永北县地志资料全集》，民国十年（1921年）四月，藏于云南省图书馆。

⑥ 常隆庆、施怀仁、俞德浚：中国西部科学院特刊第一辑《四川省雷马峨屏调查记》，1935年4月，第84页。

⑦ 嘉庆《马边厅志略》卷二山川，集成69，第425页。

"小鱼孔，孔内藏鱼得名",① 大鱼孔的地名未曾保留下来，待考。

鱼渊沱多嘉鱼，是垂钓的好去处，这就是马边厅八景之一的"鱼渊垂钓","鱼渊沱，在官湖乡中，多嘉鱼，即八景中所谓鱼渊垂钓是其处也。"还有"鱼跳沱，在荞坝黑水河，水势自石梁注下，每岁二三月群鱼逆水跳跃而上，居人乘便取之。"②

马边河沿岸乱石嶙峋，石缝甚多，适宜于大鲵生长繁殖，因此马边又有"大鲵之乡"的美称。民国《犍为县志》载"人鱼，即娃娃鱼。"③ 嘉庆《马边厅志略》物产记载有"鲵"。"鲵鱼，又名哇哇鱼，体色灰黄，眼极小，口大，四肢短小，项宽尾扁，长约二尺许，喜居山麓及流水中，并常伏水面石旁，肉嫩可食，产量少。"④ 此处对于大鲵的生存环境有较为完整的概括，大鲵除了栖息山麓洞穴中，亦在清浅的流水旁。此时娃娃鱼种群较为丰富，娃娃鱼个体较大，记载"长约二尺许"应有70~80厘米。民国时期的《大小凉山开发概论》在物产中仍记载有"鲵"。可见当时大小凉山地区大鲵分布较为集中。现在由于人为的大量捕捞和生态环境的改变，马边的娃娃鱼在易于被捕的溪水旁基本未见分布，仅在少数洞穴中有少量分布。

马边河盛产的名贵鱼类包括裂腹鱼、墨头鱼、江鲤，还有泉水鱼。"细鳞鱼，又名桃花鱼，大者长二尺，鳞细肉肥，春夏时产量极丰。"细鳞鱼即裂腹鱼，是马边河的主要经济鱼类之一，用此种方式可于半日得鱼300余斤。细鳞鱼在马边河大院子、三河口河段居多。墨头鱼，当地俗称木钻子，"墨鱼，又名东坡鲤、墨鲤，马边河内亦多。产量亦丰。""墨鱼，马边墨鱼与乐山之墨鲤相似，产量尚多，惟其肉不及外河之细嫩也。"⑤

---

① 四川省马边彝族自治县地名领导小组编印:《马边彝族自治县地名录》(内部资料),1987年，第128、129页。

② 嘉庆《马边厅志略》卷二山川，集成69，第428页。

③ 民国《犍为县志》卷四物产志，集成41，第340页。

④ 余洪先撰:《马边纪实》，民国二十六年（1937年）铅印本，姚乐野、王晓波主编:《四川大学图书馆馆藏珍稀四川地方志丛刊》，巴蜀书社，2009年，第280页。

⑤ 余洪先撰:《马边纪实》，民国二十六年（1937年）铅印本，姚乐野、王晓波主编:《四川大学图书馆馆藏珍稀四川地方志丛刊》，巴蜀书社，2009年，第280页。

除此以外，另有“江鲤，又名金线鲤。此鱼为马边河中特多，全体被有浓厚黏液，巨口黑鳞，光辉夺目，外形颇美，食量大，生长迅速，喜在水流较缓之宽水沟内游息。渔民多用弓钩从水沱旁之石上捕之，肉细嫩，大者约长四尺。”① “江鲤，鳞大色黄，间有黑斑，多黏汁，味美可口，惜所产不多，仅下溪到大竹堡支流有之，其大者长约二尺，重约五斤。”② “江鲤”，即金沙鲈鲤、秉式鲈鱼，主要分布于长江上游的金沙江、岷江及其支流雅砻江、马边河等水系，长江干流较少分布，亦是马边河的主产经济鱼类。鲈鲤体型较大，常见个体为1~3千克，其肉质细嫩，味道鲜美，深受长江上游居民喜爱，属于名贵鱼类之一。但由于自然环境变迁和人为捕捞，鲈鲤资源量迅速下降，应采取保护措施使其资源得到恢复。

泉水鱼即油鱼，唇鲮属，是马边河的地方名鱼，产于马边河上游的岩穴内，尤其是在泉水河等水域较为集中，当地也叫“潜水鱼”。民国《犍为县志》：“泉水鱼，出泉水石洞中，每夏月出，游泳罗叶溪，小口细鳞味极鲜美。居民俟其反洞时取之，但出水即死，远地难得鲜者”。③ 初夏涨水时节泉水鱼从洞口涌出，游入泉水河、罗叶溪。泉水鱼对水质要求高，而泉水河、罗叶溪等水域水质清洁，河底乱石交错，浮游生物丰富，是泉水鱼栖息的好地方。待到秋末，泉水鱼已在河中索饵育肥，又成群结队地返回洞中，当地百姓乘机捕捞。1991年中国科学院成都分院地质研究所对泉水河溶洞进行考察，发现在支流罗叶溪长约2千米的峡沟内，分布着大大小小的溶洞，不少溶洞暗河纵横。许多生长在暗河中的泉水鱼体重约半斤，而洞外泉水河中的泉水鱼一般只有1~2两。以沐川为例，其主要分布于马边鱼孔子，茨岩河杨溪鱼孔子，大渡河茨竹乡杨坝鱼孔子等地。泉水鱼脂肪含量高，刺少，肉质细嫩鲜美，尤其是完成索饵的泉水鱼富含油脂，煮汤时无须放油，且呈白色，味道甚佳。泉水鱼烹饪的方法很多，包括有用猪网油包鱼清蒸、炖鱼汤。乐山地区的人们惯于

---

① 施白南：《四川之特产食用鱼类》，《农业推广通讯》，1942年第4卷，第10期。

② 余洪先撰：民国《马边纪实》，民国二十六年（1937年）铅印本，姚乐野、王晓波主编：《四川大学图书馆馆藏珍稀四川地方志丛刊》，巴蜀书社，2009年，第280页。

③ 民国《犍为县志》卷四物产志，集成41，第340页。

清蒸泉水鱼，烹饪方式较为简单。犍为的老百姓则有更复杂的烹饪方法，即将鱼放入锅内，掺少许清水，并加以豆豉、香料等佐料，盖锅而煮，待水干油脂熬出，再以鱼油炸鱼，待到鱼酥脆，美不可言。此种烹饪保存的时间较长，亦是馈赠亲友的佳品。[①] 除此以外，青波、黄辣丁、石爬子等均是马边河的重要经济鱼类。

第二节　涪江流域主要鱼类资源的分布及开发

涪江是嘉陵江的重要支流，鱼类资源丰富，在唐宋时期即是巴蜀之地的重要产鱼区域。直至清代，涪江流域依然有“鱼害”之说。清《陇蜀余闻》记载：“涪江沿岸多民田，每秋夏潦水逆流，鱼随水上食禾稼，民甚病之。忽有道人于江上鲤鱼桥凿一叉一网状，鱼集滩下不敢上，渔人利焉。后桥圮，鱼复上。”[②] “鱼害”在《华阳国志》中即已有记载，这是鱼类资源极为丰富的体现。因为在传统农业时代提高粮食产量的重要性甚过渔业经济价值，故而称之为“鱼害”，而非“鱼利”。涪江中游由于江面和两岸高差不大，汛期常发生洪灾。加之涪江此段经济开发较早，在清代两岸基本已全部开辟为农田。此记载表面看来带有传说的成分，但实质上它反映出了清代涪江鱼类资源的丰富，以致造成“鱼害”，即鱼食禾稻的情景。

清代绵州是四川盆地重要城市之一，经济较为发达，渔业历史悠久，早在唐宋时期绵州已有“人多捕鱼业”[③] 的说法。杜甫多次在涪江上打鱼。涪江亦是出入川的重要通道。涪江水质清澈，沿岸风景迤逦，来往的文人墨客赞咏，再现了当时涪江流域的渔业捕获情景，“过绵州，沿江而北，水净沙明，一碧

---

① 中国人民政治协商会议犍为县委员会学习文史委员会编：《犍为县文史资料第 4 辑》（内部资料），1994 年，第 114 页。

② （清）王世祯撰：《陇蜀余闻》，西南史地文献第三十卷，中国西南文献丛书，兰州大学出版社，2003 年，第 169 页。

③ （宋）李昉著：《太平广记》卷九十八《惠宽》，中华书局，1961 年，第 653 页。

万顷，到处鱼鳞晒日，水荇牵风。”① 文启《左绵阳竹枝词》：“清溪几曲水潆洄，堤上芙蓉处处载。每到秋来花似锦，画船萧鼓打鱼来。”② 民国有诗人袁钧著诗：“柳溪五朝琴，移来涪水上。平沙一挥手，清响满渔舫。”涪江渔产丰富，故而鱼满仓并非难事。

娃娃鱼在涪江主要分布于上游地区。嘉庆《直隶绵州志》记载安县产娃娃鱼。民国年间的《四川方志简编》仍提到安县产娃娃鱼。民国《绵阳县志》记载：“鲵鱼，人鱼、娃娃鱼、魶鱼、孩儿鱼、山椒鱼”。需要指出的是，此处是长江上游地区为数不多的指出娃娃鱼属两栖类的记载，是对其种属认识科学性得到提高的表现。与之相比较，三台县则依然停留在传抄传统文献的层次上。民国《三台县志》：“鲵，《旧四川志》鲵即鰟鱼，大首，长尾，四脚，声如小儿，啼大者长八九尺，土人呼为哇哇鱼，旧缘木，天旱含水上山，以草覆身，张口，鸟来饮水，因吸食之。”③

涪江上游鱼种类较少，亦有裂腹鱼分布，在川西高原和四川盆地交接的涪江上游江段中华裂腹鱼和重口裂腹鱼有一定数量。涪江源头的松潘县盛产细鳞鱼，同治《松潘纪略》，“鱼属产细鳞鱼”。道光《龙安府志》：“细鳞鱼，产平武、石泉”。④ 民国《北川县志》载细鳞鱼。⑤ 可见裂腹鱼类在涪江有明显的分布范围，在绵州以下很难见有裂腹鱼分布。发源于川西高原和平武山区的通口河、平通河的中上游江段，裂腹鱼为优势种。

江团鱼在涪江流域并不多见但评价同样甚高，光绪《射洪县志》：“江团，即江豚，出五斗磨。”⑥ “五斗磨”位于射洪县香山镇，北有涪江的一级支流桃花溪至此汇入涪江。民国《遂宁县志》：“江团，其肉最厚，味较鲢鱼尤

---

① （清）张素含：《蜀程纪略》，《峄城文史资料选第四编》（内部资料），1991年，第152、154页。

② 林孔翼，沙铭璞编：《四川竹枝词》，四川人民出版社，1989年，第70页。

③ 民国《三台县志》卷十三食货志二，集成17，第637页。

④ 道光《龙安府志》卷之三食货物产，集成14，第718页。

⑤ 民国《北川县志》物产，集成23，第423页。

⑥ 光绪《射洪县志》卷之五食货物产，集成20，第550页。

鲜。”[①] 同为无鳞鱼，将鲇鱼和江团作比较，江团味道甚过鲇鱼。民国《三台县志》：“江豚，即江团，口大而下垂，肉细而少刺，味最美，惟螟颐洞一带有之。”[②] 光绪《铜梁县志》：“江团鱼，出安居河口，无鳞，形似鱮而腹腴。”[③] 琼江又名大安溪、安居河、关箭溪。江团主要生存于水流较缓的沱和河口处，此处应是指江团鱼主要产于安居河汇入涪江的河口处。民国《合川县志》亦载“江团”，“江团，鱼之有肚者，形似鲢，而头部较圆，色淡黄，而白皮肉细腻，味极鲜美，其美尤在头，故俗呼肥头，亦谓肥鮀”。[④] 此处对江团名为“肥头”的原因解释有误，江团鱼最美之处并非在鱼头。

涪江流域亦有鳗鲡，但较为少见，产量不大。民国《绵阳县志》：“鳗鲡，青鳣、白鳣”。[⑤] 乾隆《潼川府志》土产载“鳗”。[⑥] 民国《三台县志》：“间有白鳣、青鳣，味尤美。”[⑦] 此处提到乃是间或有之，可见并不多见。民国《遂宁县志》：“更有白鳝、青鳣二种，惟涪江产此。”[⑧] 白鳝、青鳝主要产于大江河中，较小的支流很难见其有记载，故此处指出遂宁地区仅涪江中产鳗鲡鱼。

清波是涪江流域的重要经济鱼类，主要分布在涪江中下游地区。涪江流域清波鱼品质高，深受欢迎。乾嘉年间入蜀的吴省钦夸赞涪江流域的清波鱼味美甚过别处，有诗《潼川清波鱼肥美过他处》：“鳞点银华骨缀丝，全蒸碎斫总相宜。郪江水静潼江缓，况是杨花覆雪时。鲙材虚龙鼻，津边响夜渔。一折清波数巡酒，小名好补益州书”。[⑨] “杨花覆雪”应是三月柳絮飘飞的时节，渔民在涪江的支流潼江（即梓潼河）、郪江边捕获清波鱼。食用的方式有“全蒸”，

---

① 民国《遂宁县志》卷八物产，集成 21，第 363 页。

② 民国《三台县志》卷十三食货志二，集成 17，第 638 页。

③ 光绪《铜梁县志》卷三食货志物产，集成 42，第 638 页。

④ 民国《新修合川县志》卷十三土产，集成 43，第 457 页。

⑤ 民国《绵阳县志》卷三食货物产，集成 17，第 131 页。

⑥ （清）张孙松：乾隆《潼川府志》卷四土地部土产，乾隆五十年（1785 年）刻本，藏于中国国家图书馆。

⑦ 民国《三台县志》卷十三食货志二，集成 17，第 638 页。

⑧ 民国《遂宁县志》卷八物产，集成 21，第 364 页。

⑨ （清）吴省钦：《白华诗钞》剑外集四，清刻本。

即清蒸清波鱼，或是“碎斫”，切成块状食用。由于鱼肉味美，不论哪种烹饪方式，食用起来都是不错的。因而诗人认为清波鱼可以同墨头、沙绿鱼一样，写入《益部方物赞》中，成为巴蜀特产，可见对其评价较高。乾隆《永川县志》载“青鱄”。民国《遂宁县志》：“有一种曰清波，出沿河一带，较乡田之鲤更大，有重至数斤十数斤者。”① 当时清波鱼种群数量较大，有重至十数斤者。由于形似鲤鱼，故将清波鱼与鲤鱼二者进行比较。

涪江的支流关箭溪，又称琼江、安居水，河内盛产鳊鱼（鲂鱼），孟蜀曾于此取缩项鳊，故又称禁溪。有说法认为关箭溪得名乃是因“禁溪……孟蜀时尝取鱼于此。当时号为禁溪，即关箭溪也。按关箭溪二字恐属官禁之误。”② 民国《遂宁县志》：“鳊鱼，即唐诗缩项鳊。按蜀惟邑塘坝场产此鱼。”③ 民国《潼南县志》亦载：“鳊鱼，即唐诗缩项鳊，产县属塘坝场瓦漩沱（今太安乡瓦漩沱），腹如斧钺，色青黑，味鲜美，实为他处所罕见。”④“缩项鳊”属鲤科鲌亚科，又名鲂鱼。上述二志皆沿用《舆地纪胜》所载孟蜀常取鳊鱼于禁溪之说。在安居水长滩亦产缩项鳊，光绪《铜梁县志》：“长滩，在关箭河内三十里，磐石长里许，锁断溪流，上清浅，褰裳可涉，下为深潭，产缩项鳊。”⑤ 对于所产鳊鱼亦有形态描述，“鳊鱼，出安居长滩，形似鲫而腹较圆阔，所谓缩项鳊也。”清代谈昌达《安居竹枝词》：“杯流关箭起高歌，禊事无殊晋永和。绝好桃花三月浪，卖鱼人少买鱼多。”⑥ 初春三月，渔人在关箭溪中所打的鱼就近在鱼市上售卖。晚清民国之时铜梁安居镇也有专门的鱼市，位于北门内。⑦

涪江支流小安溪沿岸大庙乡磨盘滩还产一种“磨盘鱼”。小安溪发源于永

① 民国《遂宁县志》卷八物产，集成21，第364页。

② 光绪《铜梁县志》卷一地理志，集成42，第608页。

③ 民国《遂宁县志》卷八物产，集成21，第363页。

④ 民国《潼南县志》卷之六杂记志，集成45，第216页。

⑤ 光绪《铜梁县志》卷一地理志，集成42，第608页。

⑥ 林孔翼，沙铭璞编：《四川竹枝词》，四川人民出版社，1989年，第134页。

⑦ （清）夏云程纂、民国间抄本：《铜梁县乡土志》，中国国家图书馆地方志和家谱文献中心编：《乡土志抄稿本选编11册》，线装书局，2002年，第518页。

川峰高，经铜梁在合川临渡汇于涪江。“磨盘鱼，磨盘滩，一名金鉤。”“磨盘滩，在县南六十里，中产嘉鱼，长寸许，方额细鳞，额正中有红点，味极鲜美，立夏前后涌出波面，渔人争取之，俗名磨盘鱼。滩上有石甕数处，鱼争飞入，取之，更名鱼缸。”① 据考证，磨盘鱼属鲹科鱼类，体型长，头略方，背厚腹窄，鳞细柔，全身较透明，阳光下照视体内脊骨隐约可见，体长 5~6 厘米，体大如小指，呈微黄色，头顶上有一紫红小点。肉嫩而肥味美，制成干鱼味更佳。磨盘滩滩高 2.5 米，在两流水之间，河床似有水槽一道，长约 6 米，下滩出水口有一直径约 2 米的突出，呈石缸状，缸中有石质隆起，似磨盘，故名磨盘滩。河水流入石缸，水深约 10 厘米，旋转一圈，水从缸中急泻而出。春夏之交，鱼群游向滩口产卵，集群逆水进入盘内，部分竞相追逐，跳跃超出水面，像射箭一样。是时用网横拦滩上，两脚踩网口，以长竿击之，鱼群乃惊散，随水流逃遁，遂入网，即被捕获。每次少则 5~10 千克，多则 25~30 千克，剖开视之，皆为成熟的亲体。繁殖季节过后这种情况消失。

为什么产生这样奇特的景象？实际上，磨盘滩是涪江上鱼类的重要产卵场。据调查，磨盘鱼这种情况实质是在流水滩上产卵的景象，鱼儿集群逆水上溯，虽受阻而不气馁，跳跃过滩，似万箭齐发。由于鱼群集中出现捕捞较为容易，磨盘滩本是当地渔民捕鱼的集中地。民国时期滨滩的地主彭某把持了磨盘滩的捕鱼权，不许外人在此捕鱼，特指定他的佃户夏荣成长期捕捞，每年向他交纳 40 斤干制磨盘鱼作为鱼租。由于磨盘鱼肉肥味美胜于常鱼，其售卖价格也高。1953 年磨盘鱼干每市斤一元二角，是其他鱼类售卖价格的几倍，可见其深受民众欢迎。磨盘鱼骨软肉嫩，脂肪丰富，食用时多保持其本味，不加较多香料，甚或可直接干制食之。② 20 世纪 50 年代前，磨盘滩每年约产磨盘鱼 600~1 000斤。1958 年磨盘滩上修建了闸坝，水淹没了磨盘，该鱼平时不再集群，产量减少。③ 闻名全川的铜梁特产磨盘鱼，现已很少发现。

---

① 光绪《铜梁县志》卷一地理志，集成 42，第 606 页。

② 铜梁县政协文史资料委员会：《铜梁文史资料》第 2 辑（内部资料），第 77 页。

③ 重庆市农牧渔业局编：《重庆市农牧渔业志》（内部资料），1993 年版，第 555 页。

涪江的支流产鱼丰富，“小安溪，在铜梁县北二十里，水深多鲤，金鳞赤尾。”① 另外，小安溪还特产磨盘鱼。涪水流域的涪州（即今绵阳）经济开发较早，在唐代已成为蜀中重要城市。杜甫有《绵州东津观打鱼歌》即是描写渔人芙蓉溪上打鱼的情景。芙蓉溪为涪江中游的重要支流，渔业捕捞发达，直至清代依然如此。芙蓉溪“绵州东涪水、安昌水合处，汇为芙蓉溪，即杜子美所云东津观打鱼地，今有渔夫村。”② “过江即绵州新城。城东有芙蓉溪，即杜少陵观打鱼处”。另有相似记载“相逢疑是武陵渔，云迭轻帆水映庐。两岸蒲锋翻翠浪，一湾柳色护新渠。隔芦犬吠人呼酒，傍渚沙喧网跳鱼。”③ 中江县有堑鱼河，“治东二百里，居民于此堑鱼。”④ 另外，凯江是涪江的第三大支流上也有渔业捕捞活动，《三台县竹枝词》：“凯江春水绿潾潾，鲢鱼上水凯江春。一道清歌一枝桨，桃花滩上打鱼人。”⑤

总的来看，涪江流域鱼类种类构成较为简单。涪江中游流域的蓬溪、梓潼、盐亭、安岳等县鱼类种类记载均较少。中下游经济较为发达，渔业捕捞活动记载较多。合川段是涪江流域鱼种较为丰富区域，且分布有涪江流域少有的鱼类，如鲟鱼。民国时期涪江流域的遂宁、合川等地是重庆水产品市场的主要来源地之一。

第三节　渠江流域主要鱼类资源的分布及开发

渠江是嘉陵江水系最大支流。渠江水系下游主产鲤鱼、鲇鱼、白甲鱼、岩原鲤、清波鱼等鱼类，年产量大，渔业发达。渠江及其支流具有鱼类天然越冬

---

① 万历《合州志》，西南稀见方志文献第十八卷，中国西南文献丛书，兰州大学出版社，2003年，第48页。

② （清）王世祯撰：《陇蜀余闻》，西南史地文献第三十卷，中国西南文献丛书，兰州大学出版社，2003年，第169页。

③ （清）张素含《蜀程纪略》，峄城文史资料选第四编（内部资料），1991年，第151页。

④ （清）陈此和修，戴文奎等纂：嘉庆《中江县志》卷一山川，姚乐野、王晓波主编：《四川大学图书馆馆藏珍稀四川地方志丛刊》（六），巴蜀书社，2009年，第36页。

⑤ 林孔翼，沙铭璞编：《四川竹枝词》，四川人民出版社，1989年，第73页。

条件。如巴河、州河的沙岩石缝洞穴或暗河为华鲮、中华倒刺鲃等多种鱼群的越冬地。①

娃娃鱼在渠江上游大巴山等区域有一定分布。光绪《太平县志》亦载有“娃娃鱼”。太平县即今万源县。民国《万源县志》：“鲵，俗名哇哇鱼，似鲇，四足长尾，声如小儿啼，每含水上树，张口，特鸟饮而取之。”② 民国《四川宣汉县志》载：“娃娃鱼，体重有大至数十斤者，时水时陆，不是作声，盖两栖类也。暴涨骤落往往获之，蒸时味美，剥去其皮，肉白而细略似小儿，其皮研为细末可治烫火伤……吾县所谓娃娃鱼者……啼未必如小儿，亦未见有缘木而食鸟雀者，岂真风土不同欤？盖亦耳食者多误也。……近调查各县志书载娃娃鱼者各引古书古名分歧不一，故备考之以见其同，又明辨之，以纠其谬。”③ 民国《四川宣汉县志》是长江上游地区关于鱼类记载较为科学和较为详细的方志之一。其指出娃娃鱼属于两栖类动物，这在当时四川地区的方志中是难能可贵的。而且作者对传统时期娃娃鱼的一系列记载采取存疑的态度。可以看出，民国时期宣汉地区有食用娃娃鱼，且对其展开了药用。现代研究表明大鲵常年生活在湿冷的环境中，体表的黏液中富含的物质具有抑制细菌，促进细胞生长的功效，对治疗烫伤效果较好。由于黏液不易保存，故亦有直接采用其皮来代替，“皮研为细末，可治烫火伤”是可信的。

鲟鱼主要分布在长江上游的干流，在较大支流中下游亦有分布。清至民国时期渠江流域鲟鱼仍可上溯到达州、渠县、广安、合川水域，但较为少见，应是从合川溯游而上。光绪《重刊广安州志》：“鱑，似魟，鼻长于身，口在颔下，骨脆而鲜，无刺，一名箭鱼，不常有。”④ 应指的是白鲟。“辣子，眼方突出，身五楞，口微尖，黄色，脊背有十二金钱，两边楞有龟文，无刺，极软美，大者数十斛，不常出。”⑤ 乾隆《直隶达州志》记载“鳇鱼”。⑥ 民国《渠

① 四川省渠县地方志编纂委员会编：《渠县志》，四川科学技术出版社，1991 年，第 253 页。
② 民国《万源县志》卷三食货门物产，集成 60，第 384 页。
③ 民国《四川宣汉县志》卷四物产志，方志丛书四川省 23，第 517 页。
④ 光绪《重刊广安州志》卷十一方物志。
⑤ 光绪《重刊广安州志》卷十一方物志。
⑥ 乾隆《直隶达州志》卷之二物产，集成 59，第 703 页。

县志》记载有“鳣、象鱼”。[①] 载“鳇鱼”。[②] 东乡县即今宣汉县东乡镇。乾隆《合州志》载：“黄鱼、鱌”，[③] 民国《新修合川县志》：“象鱼，又名鲭鼻，长如象，俗名剑鱼，又名箭鱼，皆取其似也，其美在鼻，可为脍。”[④]

值得一提的是，渠江干流记载有胭脂鱼分布。光绪《重刊广安州志》：“黄鲌，无大小，似青波，黄色一种，两边从头至尾红甲各一条，鲜如胭脂，名胭脂鲌。”[⑤] 胭脂鱼属国家二级保护鱼类，主要分布在长江干流及较大的支流，今嘉陵江北碚江段设置有胭脂鱼保护区，资源亟待保护。

白甲鱼，在渠江流域记载频率最高，应为主要利用鱼类之一，属于优势种群鱼类。白甲鱼在渠江流域1976年的统计中，占渔获物比重的第四位，是名贵鱼类中比重最高者。[⑥] 这其中尤以渠江干流的中上游段和州河的中段最为丰富，这些江段亦分布有白甲鱼的产卵场。白甲鱼在传统文献中常被称为“白甲鲤”，或是将其归之为鲤鱼类。道光《城口厅志》：“鲤，厅产有赤翅红尾金甲者，又有翅尾不赤而色白者，名白甲鲤。”[⑦] 民国《巴中县志》记载“鱼类最多其常见者白甲”。[⑧] 白甲鱼为巴中地区较为常见的鱼类之一，资源量应较为丰富。民国《南江县志》亦载“白甲鱼”。[⑨] 乾隆《直隶达州志》：“白甲鱼，味最美”。[⑩] 民国《达县志》：“白甲鱼，身扁而长，鳞小而白。”[⑪] 民国《万源县志》：“鲤，有白甲、黑甲两种，邑产多白甲。”[⑫] 民国《四川宣汉县

---

① 民国《渠县志》卷四实业志下，集成62，第434页。

② （清）如柏：光绪《重修东乡县志》卷一舆地志物产，光绪二十八年（1902年）刻本，藏于中国国家图书馆。

③ 乾隆《合州志》卷五食货物产，本衙藏版。

④ 民国《新修合川县志》卷十三土产，集成43，第457页。

⑤ 光绪《重刊广安州志》卷十一方物志。

⑥ 四川省水利电力厅：《渠江志》（内部资料），1991年，第216页。

⑦ 道光《城口厅志》卷十八物产志，集成51，第821页。

⑧ 民国《巴中县志》第一编物产，集成62，第839页。

⑨ 民国《南江县志》第二编物产志，集成62，第747页。

⑩ 乾隆《直隶达州志》卷之二物产，集成59，第703页。

⑪ 民国《达县志》卷十二食货门物产，集成60，第161页。

⑫ 民国《万源县志》卷三食货门物产，集成60，第384页。

志》："白甲，亦鲤属也，但翅尾不赤，甲作白色。"① 嘉庆《东乡县志》："白甲潭，在县东二百里，出白甲鱼，在前江"。②，前江是州河的支流白甲鱼亦可在干流的深潭生存。"白甲鱼，味最美。"③ 道光《邻水县志》载"白甲鱼"。道光《通江县志》载"白甲鱼"。光绪《重刊广安州志》："白甲，无大小，青白甲，口圆身如青波，尾夏青冬红。"④ 此处所说的白甲鱼根据其形状描述应为白甲鱼属的四川白甲鱼。四川白甲鱼背部青灰色，腹部为黄白色，尾鳍下红色或浅红色。四川白甲鱼肉质鲜美，在四川地区极为受欢迎，但目前数量已经很少，个体且明显变小。乾隆《合州志》、民国《新修合川县志》有相同记载，"白甲，亦似鲤而甲极白，三四月多有之，分单唇、双唇二种，双唇者其味尤佳。"⑤ 白甲鱼春季雨水季节成群溯河在急流滩上产卵，分布较为集中，故此处说"三四月多有之"。白甲鱼主要摄食固着藻类，唇可以向外伸出，形似双唇。所说的白甲鱼有单唇、双唇应是此种特性的误读。

清波鱼，民国时期渠江流域的清波鱼种群个体中有重至十余斤者，资源较为丰富，是渠江的优势种群鱼类。其中这又以州河流域的达县和宣汉县为最丰富。民国《达县志》："青鱼，一名清波，似鲫而大，有重至十余斤者。"⑥ 民国《四川宣汉县志》："青包，似鲤，而额头隆起，全体青色。"⑦ 道光《大竹县志》载清波。民国《大竹县志》载："清波，似鲫而大，有重十余斤者。"⑧《达县志》和《大竹县志》所载"清波"内容基本一致，应是有所参考。同治《营山县志》载清波。⑨ 民国《新修合川县志》："清波，形似鲤，

① 民国《四川宣汉县志》卷四物产志，方志丛书四川省23，第515页。

② 嘉庆《东乡县志》卷一舆地志山川。

③ （清）如柏：光绪《重修东乡县志》卷一舆地志山川，光绪二十八年（1902年）刻本，藏于中国国家图书馆。

④ 光绪《重刊广安州志》卷十一方物志。

⑤ 乾隆《合州志》卷五食货物产，本衙藏版。民国《新修合川县志》卷十三土产，集成43，第457页。

⑥ 民国《达县志》卷十二食货门物产，集成60，第161页。

⑦ 民国《四川宣汉县志》卷四物产志，方志丛书四川省23，第515页。

⑧ 民国《大竹县志》卷十二物产志，集成62，第269页。

⑨ 同治《营山县志》卷之十五物产，集成58，第302页。

而色微青，光滑，肉腻味鲜，刺不杂碎。”① 活体的清波鱼背部青黑色，且体侧泛银色光泽。

同样体呈青色的“青鳙”，即华鲮鱼，属野鲮亚科华鲮属，是渠江流域的主要经济鱼类之一，但明确记载的不多。多处记载的“青鱼”，笔者推测有可能亦包含有华鲮鱼。民国《四川宣汉县志》：“青鳙，似鲤，而翅尾不赤，额青色。”② 光绪《重刊广安州志》：“鲭，似鲤身圆曰青湧，少扁曰青波。”③ “青湧”即是华鲮鱼。华鲮鱼和中华倒刺鲃鱼皆体为青色，华鲮身圆，而清波体稍扁，此处将两者放置在一起进行比较记载。

渠江中上游流域盛产洋鱼，又名阳鱼、丙穴鱼，应是裂腹鱼属。道光《城口厅志》：“南流溪，在八保九重岩下，距厅南一百八十里，其水湾环曲，折自东而南为前河之源，冬则水温，夏多阳鱼。”④ 清代耿如荄《宣汉竹枝词》写到：“满江艇泊桃花水，争买新鲜丙穴鱼。”⑤ 争先买之，可见新鲜丙穴鱼在当时极为受欢迎。民国《四川宣汉县志》：“洋鱼，或名阳鱼即嘉鱼也。长身细鳞，肉白如玉，樊哙场以上多有之。”同时位于前河上游的樊哙场、双河口场物产类皆载有洋鱼。⑥ 光绪《重刊广安州志》：“丙穴鱼，出丁滩，名金不换，三月出，天池亦有丙穴鱼。天池穴出鱼尤多，较常鱼刺软肉鲜，旧志称名以此。”民国《广安州新志》亦载“嘉鱼，产天池山崖中，或称丙穴，每岁春三月随桃花水出穴，秋九月逆流入穴，亦曰嘉鱼刺软肉鲜，其味甚美，《方舆胜览》曰广安鱼似嘉。”民国《南江县志》：“小巫峡、白头滩、鸳鸯峡之洋鱼最为特产，洋鱼出自石洞，随潮出入，左思所谓丙穴嘉鱼，《方物赞》所谓鲤质，鳟味，珍腴者是也。”⑦ 小巫峡位于南江县城东的明水河上，其后峡口有

---

① 民国《新修合川县志》卷十三土产，集成 43，第 457 页。

② 民国《四川宣汉县志》卷四物产志，方志丛书四川省 23，第 515 页。

③ 光绪《重刊广安州志》卷十一方物志。

④ 道光《城口厅志》卷四山水，集成 51，第 615 页。

⑤ 雷梦水等编：《中华竹枝词》，北京古籍出版社，1997 年版，第 3 370 页。

⑥ 民国《四川宣汉县志》卷四物产志，方志丛书四川省 23，第 515 页。

⑦ 四川省南江县政协文史资料委员会编：《南江文史资料选辑第 12 辑》（内部资料），2003 年，第 162 页。

阳鱼洞，与阴河相连。南江水山涧石洞出产的洋鱼，即为裂腹鱼。① 光绪《太平县志》转引《方舆胜览》所记，并言："至今明通井已划拨城口，而旧院坝、龙潭河等处"，尚产嘉鱼或称阳鱼。② 太平县，今属万源市太平镇。旧院坝位于万源市东南部，今名旧院镇。龙潭河发源于城口县，流经万源，河水水质清澈，两岸山峦林立，植被良好。民国《万源县志》有类似记载，且言"近来庙坡深洞子亦产此鱼。"比对光绪《太平县志》和民国《方源县志》，说明人们对（嘉鱼）阳鱼的利用开发随着时间推移有增加。

对传统文献中丙穴鱼（阳鱼）的记载，民国《四川宣汉县志》有极为详细的考辨，并通过自身的实地考察，对历代丙穴鱼的记载提出了自己的看法，并尝试从科学和合理性的角度进行解释：

大泉、黄金泉、双龙泉、白马泉均池中潜水，自山腰或山麓涌出，有渔长八九寸或二三寸，连环自穴出跃。初极瘦削，外河游泳久乃肥壮。土人尝于穴口设罾取之，即所谓丙穴嘉鱼也。今呼洋鱼，味特鲜美……后人据此凡遇穴水出鱼者，皆谓之为丙穴，而又望文生义。如《埤雅》《广要》及《周地图记》谓穴口向丙，杜甫诗"鱼知丙穴由来美"注或云鱼以丙日出穴。余尝躬履其地，询诸土人均不谓然，经生聚讼大抵如是，不足信也。《方舆胜览》曰：丙穴在巴郡明通县井峡中，其穴凡十，中产嘉鱼，其出也止于巴渠、龙脊滩。巴渠今黑溪场，龙脊滩即南坝场之后石龙过江处。盖亦鱼性胃热，自樊哙殿以下即少见，故今亦有洋鱼不下杨泗滩之说。所谓丙穴凡十即指以上诸泉，今双河口场上下皆昔明通县境也。春社出鱼诚然，秋社归穴，万无是理，因水自穴出，汩汩若不能容，剽悍迅急，安能复还？谓点应星象亦儒生缘饰之词，谓其味自咸则又因明通井而揣想及之也。其实诸穴距明通井数里或数十里不等，即明通井附近之鱼亦无味自咸者，百闻不如一见，此孟子所以有书信书不如无书之叹也！

① 民国《南江县志》第二编物产志，集成62，第747页。

② （清）杨汝楷：光绪《太平县志》卷三食货志物产，光绪十九年（1893年）刻本，藏于中国国家图书馆。

此文分析得透彻细致，这种实事求是的精神在传统鱼类资源记载中实属难得。它不是停留在传抄前代文献的基础上，而是通过实地考察和问询当地民众加以求证，对自古以来流传关于丙穴鱼的说法进行了一一分析。

爬鳅类鱼，其腹部扁平，适应于急流险滩的环境，以抵住水流冲击，依附于石上。其名包括有巴鱼、爬滩鱼、爬石板、石爬子等。民国《巴中县志》载："巴鱼为特产，长寸许，腹扁平，贴水石上，取者举石，承以竹篮，鱼自跳入，味疏脆。"[①] 巴鱼，应是中华爬岩鳅，无鳞，胸腹为吸盘，遇水下悬石即吸附石上，其特点是离水而落。每年端午节前后巴河一带的人们在河滩一手搬石头，一手拿筛子，巴鱼自然落于筛子上。此鱼富含脂肪，肉质细嫩，油炸之，酥脆无比。将捕获的巴鱼，挤出内脏，加盐晒干，文火烘烤，自带油脂，实在是佐酒佳肴。类似的记载很多，民国《达县志》载："爬滩鱼，鱼小无鳞，腹平，喜爬滩石上，故以为名。"[②] 民国《四川宣汉县志》："爬石板，亦无鳞鱼也，身黑而短促，腹白而扁平，仰贴石上如然，童子报石以筛承之即得。"[③] 光绪《重刊广安州志》亦载："一种尾圆而软，名爬滩，长寸余。"[④] 民国《南江县志》载以"巴鱼"为特产。[⑤] 民国《万源县志》："石鼈，俗名石爬子"。[⑥]

鳗鲡在渠江流域分布数量并不多，主要集中在干流的下游。但其记载频率却较高，说明较为受人们重视。民国《四川宣汉县志》："白鳣，古名鳗鲡又作鳗黎，体为圆柱形，大者长至三尺，皮肤甚厚，有黏液，鳞软细不可辨，腹纯白，味浓美，富滋养料，食之补阴，县人珍视之，色青为青鳣，随所居而异也。"[⑦] 雌鳗体型较长，较大有"至三尺"者。民国《达县志》载青鳝。光绪《重刊广安州志》："鳗鲡，白鳝、蛇鱼，似鳣，青黄色，背有肉鬣，长数尺，

① 民国《巴中县志》第一编物产，集成62，第839页。
② 民国《达县志》卷十二食货门物产，集成60，第161页。
③ 民国《四川宣汉县志》卷四物产志，方志丛书四川省23，第515页。
④ 光绪《重刊广安州志》卷十一方物志。
⑤ 民国《南江县志》第二编物产志，集成62，第747页。
⑥ 民国《万源县志》卷三食货门物产，集成60，第384页。
⑦ 民国《四川宣汉县志》卷四物产志，方志丛书四川省23，第520页。

多脂背黄脉，曰金线鳗鲡，善穿深穴。”① 同治《营山县志》载白鳝。② 道光《大竹县志》载“鳗”。光绪《岳池县志》载有“鳗鱼”。乾隆《合州志》：“鳝，今又有青色一种。”民国《新修合川县志》：“白鳟，原名鳗，体长为圆筒状，尾稍扁，多黏液，鳞纹细，而口阔，脊背苍黑色，腹部白黄色，味鲜，有滋补效。”③ 鳗鲡肉质极为细腻，味道鲜美，脂肪丰富，富含氨基酸，营养价值极高。渠江流域人们也认识到鳗鲡有滋补功效，对其极为看重。

“鳡鱼”“鯮鱼”类属凶猛性肉食鱼类。马脑鯮又名鸭嘴鯮、尖头鳡、鳡棒等，属鯮鱼属，长期以来被渔民视为不祥之物。民国《万源县志》：“鳡，俗名鳡棒，嘴尖锐，身黑，最有力，网鱼者恶之。”④ 光绪《重刊广安州志》：“鯮鱼，口眼大似峭口白色，四须短者箭杆鯮，须长者马嘴鯮，无大小渔者获此多不利。”⑤ 道光《通江县志》记载“鯮”。⑥ 关于捕马老（脑）鯮鱼后不祥的说法在长江上游地区普遍存在，直至民国时期北碚地区渔民中仍有此种说法，“迷信，据渔民说，嘉陵江中有一种鱼类，形状奇特，头部若马头，名马老棕，渔民视为江中怪物，如捕售之，必遭大祸，故捕得时立即释诸江中，以免灾祸，该鱼究竟何种，因未获标本，未能确定，或系鸭嘴鯮之大者，亦未可知也。”⑦ 至于为何在渔民心中会形成此种不详之征尚待进一步研究。但在大力发展人工养殖业的20世纪50—60年代，马脑鯮鱼是作为“鱼害”必须在池塘湖泊中除去的。这种“不详”之说，可能与马脑鯮鱼食鱼有一定关系。

在渠江流域，江团在渠江流域合川、广安段有分布，广安江段的江团应是在繁殖期从合川上溯所至，故而说“不易得”也。民国《广安州新志》有记载：“江团，一名肥鮀，头大，嘴微尖，在额下，眼作红丝圈，耳窍通于脑，

---

① 光绪《重刊广安州志》卷十一方物志。
② 同治《营山县志》卷之十五物产，集成58，第302页。
③ 民国《新修合川县志》卷十三土产，集成43，第457页。
④ 民国《万源县志》卷三食货门物产，集成60，第384页。
⑤ 光绪《重刊广安州志》卷十一方物志。
⑥ 道光《通江县志》卷十物产志，集成63，第257页。
⑦ 国立中央研究院动物研究所：《北碚动物志》第四章动物11，《地理》，1945年第5卷第3-4期。

无鳞，少刺，松脆鲜好，古曰鳟，不易得。”① 乾隆《合州志》载“江团”。② 民国《新修合川县志》：“江团，鱼之有肚者，形似鲢，而头部较圆，色淡黄，而白皮肉细腻，味极鲜美，其美尤在头，故俗呼肥头，亦谓肥鮀。”③ 合川地区的江团应主要是分布在嘉陵江，亦有少量溯游至渠江。

船钉子鱼在渠江流域利用较多，且味道甚美，为人喜爱。民国《万源县志》：“船钉鱼，形似得名，多肉而美”。民国《四川宣汉县志》：“船丁子，略似白条，但甲较细，身作圆锥体耳，长约五六寸，肉多而味美。”④ 光绪《重刊广安州志》：“饭单鲇，长寸许，白色极肥无刺，旱岁甚多，扑船成群，一名船钉子。”船钉子鱼应包含有长蛇鮈、蛇鮈鱼等，属鲤形目鮈亚科蛇鮈属。

需要说明的是，在渠江流域1976年的统计中，鲇鱼在渔获物中所占的比重仅次于鲤鱼，位居第二位。⑤ 在四川方言中称其为“鲢鱼”。民国《达县志》：“鲢鱼，口扁而阔具触须二，长与身等，无鳞甲，大者重至二三十斤，其肚可食。”民国《四川宣汉县志》：“鲢鱼，头扁口阔，唇有触须，鄂有钩齿，腹囊尾侧无鳞，背青腹白，吞噬鱼类，有大至数十斤，常游泳紧水中，渔人以生鱼着铁钩钓之。”南方大口鲇为大型凶猛的肉食性鱼类，主要以中小型鱼类为食物。此处已观察到其吞食鱼类的习性，故而将生鱼附着于铁钩上。民国《大竹县志》：“鲢，口具触须二，长与身等，无鳞甲，色与泥同，穴土而居，渔者破竹着铁钩取之。”⑥ 民国时期渔人在渠江所捕获的鲇鱼个体数量较大，有重至数十斤者。因大口鲇属底栖性鱼类，白天隐蔽在岸边的静水环境中。依据其生活习性，渔人用极为简易的方式“铁钩钓之”，可见当时种群的数量是较为丰富的。

---

① 民国《广安州新志》卷十二土产志，集成58，第696页。
② 乾隆《合州志》卷五食货志物产，本衙藏版。
③ 民国《新修合川县志》卷十三土产，集成43，第457页。
④ 民国《四川宣汉县志》卷四物产志，方志丛书四川省23，第517页。
⑤ 四川省水利电力厅：《渠江志》（内部资料），1991年，第216页。
⑥ 民国《大竹县志》卷十二物产志，集成62，第269页。

圆口铜鱼、铜鱼在渠江流域下游及河口段有分布。圆口铜鱼、铜鱼主要分布在长江干流，在支流主要分布于中下游。每年铜鱼、圆口铜鱼等都进入嘉陵江、岷江等大型支流的下游，完成索饵育肥过程后游回长江干流。文献中所说的“桃花时出”指的是铜鱼在嘉陵江流域大规模的出现有一定时节性。光绪《重刊广安州志》：“沙沟蚌，尖鼻，口在颔下，红色，长三四寸，细甲，碎刺，出水即烂，俗名出水烂。”① 民国《新修合川县志》：“水鼻子鱼，鳞细而多刺，味极鲜美，口圆，俗呼为圆口。味尤佳，惟出水不耐久，故名出水烂，即桃花鱼也，以桃花时出故名。”②

鲈形目鳜鱼属，又名母猪壳、桂花鱼，在川东北多有分布且为人们所珍视。③ 民国《巴中县志》载其地所产鱼类最多，其常见者“刺鳜”乃为其一。民国《四川宣汉县志》：“桂花鱼，一名母猪鱼，古之鳜也，长不满尺，扁形阔腹，大口细鳞，皮厚肉紧，间以黑纹，县人珍视之与洋鱼同。”④ 鳜鱼肉质细嫩且肥满少刺，为名贵鱼类。民国《南江县志》载有鳜鱼，且列为第一位。光绪《重刊广安州志》：“桂鱼，母猪壳，身扁细鳞白色有斑点……所蜇顿时肿痛。”⑤ 鳜鱼属刺毒性鱼类，被蜇后皮肤有肿痛之感。

总的来看，渠江流域所利用和记载的鱼种类较多，包括许多鳅类都有较为详尽的描述。但是在传统文献中对于渠江流域的岩鲤记载较少，但事实上岩鲤与清波鱼（中华倒刺鲃）等鱼类同属于流域内的优势经济鱼类之一。

渠江合川段有官（关）鱼池，明清时期曾是地方官府捕鱼以充祭祀之处。万历《合州志》：“官鱼池，在州北二十里，周围数百步，春秋祭祀于此，取鱼以充品。”⑥ 乾隆《合州志》载：“官鱼池，州北二十里，渠江西岸石盘中

---

① 光绪《重刊广安州志》卷十一方物志。

② 民国《新修合川县志》卷十三土产，集成 43，第 457 页。

③ 《四川食用鱼类之调查》，《科学》，1937 年第 21 卷第 6 期，中国西部科学院，七科学团体北平年会宣读。

④ 民国《四川宣汉县志》卷四物产志，方志丛书四川省 23，第 518 页。

⑤ 光绪《重刊广安州志》卷十一方物志。

⑥ 万历《合州志》卷一，西南稀见方志文献第十八卷，中国西南文献丛书，兰州大学出版社，2003 年，第 53 页。

深数十丈，冬涸令渔人捕鱼以充祭品故名。”① 民国《新修合川县志》则记载为：“又东下二里至晒经石，江中有关（官）鱼池。池本天然石盘，中凹如池，水深丈余，池旁皆冲积沙土，长二里，所广小半之……水退鱼多留池中，不能出，随时往，渔每获厚利，此关鱼所由名矣。旧志云官鱼池，官令渔人于冬捕鱼以充祭品，故为官鱼云。”② 由“官鱼池”到“关鱼池”名称的演变说明了捕捞主体的变化。对比乾隆《合州志》与民国《新修合川县志》的记载，可以看到官鱼池水深的变化及泥沙的冲积现象。民国“关鱼池”的名称则说明此处早已无捕鱼祭祀的情况。

渠江的下游河谷比较开阔，有少量滩口鱼群聚集，产鱼丰富。道光《大竹县志》：“车立滩，县东七十里，湍急旋转如车轮，其下滩水回环，春夏之交石罅中常有鱼跃，曰跳鱼池。”③ 这种鱼跃现象应是鱼儿产卵的情景。车立滩在地名录中记载为车儿滩，“河水流入高滩时，形成漩涡得名。”车沥村因此得名，今属大竹县高滩乡车沥村。④ 另在大竹县有高洞滩，“高洞滩，县北八里自官滩一路平坦，至高洞坪悬崖陡下，峭壁如削，飞瀑如丈，声如雷吼，滩中多嘉鱼，渔家常处聚焉。”⑤ 高洞河的高洞滩是鲤鱼产卵场之一，每年春季鲤鱼在此产卵。

渠江流域的宣汉、达县和渠县渔业经济较为发达。早在《太平寰宇记》中已有记载达州地区有以船为居的渔民。民国《达县志》：“按县境大水，前为州河，后为巴河，鱼类素称繁殖，业渔者亦多。”⑥ 但同属渠江流域的大竹并不临靠较大的江河，产鱼则不丰，故其鱼类多由渠县运来。民国《大竹县

---

① 乾隆《合州志》卷五食货物产，本衙藏版。

② 民国《新修合川县志》卷之二形势，集成43，第89页。

③ （清）翟瑔：道光《大竹县志》卷一山川，道光二年（1822年）刻本，藏于中国家图书馆。

④ 四川省大竹县地名领导小组编印：《四川省大竹县地名录》（内部资料），1988年，第142页。

⑤ （清）翟瑔：道光《大竹县志》卷一山川，道光二年（1822年）刻本，藏于中国国家图书馆。

⑥ 民国《达县志》卷十二食货门物产，集成60，第161页。

志》："县属两漕水狭，鱼类不繁，稍大者多自渠县杨市运城。"① 仅有靠江的张家场"清末曾设鱼行，尚有渔业可言。"② 可见区域差异是十分明显的。由于水运交通之便，渠江流域的渠县、广安、邻水等地是供应重庆渔获物的主要来源地之一。

① 民国《大竹县志》卷十二物产志，集成 62，第 269 页。
② 民国《大竹县志》卷十二物产志，集成 62，第 269 页。

第五章

明清以来长江上游数种珍稀鱼类资源的变迁

梳理历史时期长江上游地区鱼类资源的记载可以发现，长江上游地区鱼类资源的急剧变迁是 20 世纪 60 年代后。由于古代文献记载的模糊性，并无产量、捕捞量的记载，即使是体型大小的记载也甚是寥寥，想要一一探讨其资源变迁状况难度较大。本书选取名贵的金线鱼、虎嘉鱼、鲟鱼、娃娃鱼等资源变迁明显的鱼种作为个案加以研究，意图揭示出明清以来长江上游鱼类资源变迁的过程及若干原因。

第一节　明清以来滇池金线鱼资源的变迁

云南地区传统文献中记载的“金线鱼”属鲃亚科金线鲃属。金线鲃为中国特有的鲤科鱼类，主要分布于滇、桂、黔三省区的石灰岩岩溶地区，属典型的穴居和半穴居鱼类。全国共有金线鲃属 30 种，云南地区即有 20 种，包括有滇池金线鲃、阳宗金线鲃、抚仙金线鲃等。在滇池流域分布的主要是滇池金线鲃。金线鲃体型较小，背有金线（实质是侧线鳞较上下鳞大，阳光下似金线）而得名，其肉质鲜嫩，味道鲜美且有一定药用价值，是云南最珍贵的名鱼之一，现已被列为国家二级珍稀保护鱼类。

滇池金线鱼的分布范围曾主要集中在滇池沿岸的石灰岩溶洞，附近有地下阴河相通。包括有碧鸡山、罗汉山下的金线洞，晋宁牛恋乡岩洞下金线洞，高峣灵官洞下金线洞，昆阳耙齿山下金线洞等（文后附金线鱼分布变迁图）。滇池金线鲃属于季节性洞穴鱼类，一年中的特定季节要在洞穴中生活，其余时间则生活在地表水中，每年立秋以后要进入湖边洞穴清泉中繁殖后代。1904 年，法国学者 Regan 以滇池标本命名滇池金线鲃（Barbug grahami Regan），这是第一次用现代生物学方法记载并研究金线鲃。

一、明清至民国时期金线鱼的地理分布

滇池西岸碧鸡山处的金线洞是最早为人所记载的，《徐霞客游记》中载：“下得金线泉，泉自西山透腹出外分三，门大仅如盎，中空洞，悉巨石，嵌仄不可入，水由盎门出，分注海，海中细鱼溯流入洞，是名金线鱼。鱼大不踰四

寸，中腴脂，首尾金一缕如线，为滇池珍味。”① 天启《滇志》亦载：“又有三龙泉，一出碧鸡山下，洞内产金线鱼，又名金鱼泉。”② 徐霞客即已称金线鱼为“滇池珍味”，可见捕获金线鱼并不是一件易事。正是由于其味美无比及较难获得，到滇池的文人墨客都不禁会对金线鱼加以赞誉。

乾隆中期于云南任职的吴大勋著《滇南闻见录》，其记载有：“近者河内产一种金线鱼，色白而形细长，不过二寸，宛如吴江茑脰河之银鱼，其味鲜美，为滇鱼之最。”《使滇杂记》亦载：“碧鸡山下，有一洞产金线鱼，细鳞赤文，为鱼中佳品。”③ 师范《昆明池金线鱼》：“欲泛昆明海，先问金线洞。”④《幻影谈》：“昆池之金线鱼，其味甚美”。⑤ 光绪《昆明县志》：“罗汉山，山下有金线泉，有金线鱼，顶有黑龙池。”⑥《滇海虞衡志》：“惟滇池海口之金线鱼名特著，滇人艳称之故，是鲨也，多金线纹一痕耳。”⑦

民国时期关于滇池金线鱼依然有不少记载。民国《昆明县地志资料》：“金线洞在罗汉山左，山泉经其下，泉水特清，味甚甘美。每当秋季，昆池中所产之金线鱼辄集洞口，捕者售之于市，称珍品焉，故洞以金线名。”⑧《高峣志》：“金线鱼，小邑村及灵官洞前，泉水自山石罅中滚滚流入滇池，池中是金线鱼溯流而上。渔人聚机以簸笼捕之，巨口细鳞，不亚淞江之鲈。高峣村舍

---

① （明）徐霞客著、朱惠荣校注：《徐霞客游记校注游太华山记》，云南人民出版社，1985年，第717页。

② （明）刘文征撰，古永继校点：天启《滇志》滇志卷之二地理志之一，云南教育出版社，1991年，第74页。

③ （清）徐炯：《使滇杂记》，西南史地文献第二十八卷，兰州大学出版社，中国西南文献丛书，2004年，第245页。

④ （清）师范：《昆明池金线鱼》，李飞鸿主编：《晋宁历代诗歌楹联选》，云南民族出版社，2006年，第158页。

⑤ （清）贺宗章：《幻影谈》，方国瑜主编：《云南史料丛刊》第十二卷，云南大学出版社，2001年，第137页。

⑥ 光绪《昆明县志》卷之一山川志，方志丛书云南省4，第18页。

⑦ （清）檀萃：《滇海虞衡志》卷八《志虫鱼》，西南民俗文献第五卷，兰州大学出版社，中国西南文献丛书，2004年，第62页。

⑧ 昆明县劝学所编：《昆明县地志资料》，民国十年（1921年），藏于云南省图书馆。

较密渔者多，此物反少。”① 小邑村即山邑村，明末属碧鸡乡，清末属高峣堡。《云南省昆阳县地志资料》：“金线鱼产于昆池中，县属耙齿山下及里仁村常有之，脊有金线一缕，每年产数百斤，味鲜美，供食品之用。”② 近年采访滇池海口处的耙齿山附近依然有少量金线鱼存在。

晋宁牛恋乡的金线洞，最早在兰茂的《滇南本草》中有提及，“晋宁多有之”，但并未给予较多的描述。《滇南志略》：“牛恋石，山麓有金线洞，清泉一线，不与海水相混，洞鱼出游，不与海鱼同群，细鳞金色，其味颇佳。”③《滇中琐记》亦载：“金线鱼，出晋宁之牛恋乡岩洞下。洞滨滇池，有泉自观音山龙潭注入山腹，伏流十余里，下至岩洞石罅间汩然侧出，池波浸之，一泓澄碧。”④ 民国时期“晋宁牛恋乡出西城十里许，有乡曰牛恋乡，之山麓有数石洞，其泉清冽流于滇池。此鱼常往游之，洞以金线名。”⑤

应该说滇池西岸金线洞较之晋宁牛恋乡金线洞出名更早，且就记载的频率及名气而言昆明金线洞更胜一筹。但从金线鱼分布数量上来看，民国时期晋宁牛恋乡的金线鱼从品质和数量上都有超过滇池西岸金线鱼的趋势。明确记载晋宁之金线鱼更多而肥美者始于清末民国时期。赵藩著《滇池竹枝词》：“一样捞鱼金线洞，昆明鱼瘦晋宁肥。与郎撑个小船去，牛恋乡中饱吃归。”⑥ 民国《滇游指南》：“金线洞在市西郊罗汉山左，山泉自洞涌出，水清而味甘。每当秋季，滇池中所产金线鱼咸集洞口故名。惟产鱼不多。金线洞产鱼多而美者，首推晋宁之牛恋乡。”⑦ 可见对金线鱼的利用与开发呈现出由滇池西岸的碧鸡

---

① （民国）由龙云纂：《高峣志》卷上，《中国地方志集成乡镇志专辑》第 28 辑，上海书店出版社，2013 年，第 8-9 页。

② 《云南省昆阳县地志资料》动物，1923 年钞本，藏于云南省图书馆。

③ （清）刘慰三撰：《滇南志略》，方国瑜主编：《云南史料丛刊》第十三卷，云南大学出版社，2001 年，第 57 页。

④ （清）杨琼：《滇中琐记》，方国瑜主编：《云南史料丛刊》第十一卷，云南大学出版社，2001 年，第 283 页。

⑤ 《晋宁县重要渔业调查录》，《云南实业杂志》，1913 年第 1 卷第 1 期，第 138—140 页。

⑥ 赵藩《滇池竹枝词》，李飞鸿主编：《晋宁历代诗歌楹联选》，云南民族出版社，2006 年，第 167 页。

⑦ 云南通讯社编辑：《滇游指南》第一章名胜古迹，1938 年，云岭书店，第 11 页。

山、罗汉山一带向滇池东岸晋宁牛恋乡转移的过程。推测呈现出这种分布重心转移的原因应与金线洞开发的早晚有关。开发较早的区域碧鸡山一带的金线洞开发较早，经过长时间的捕捞，资源消耗量大，品质下降。而晋宁地区的金线洞开发晚，到晚清民国之际则成为开发的重点。

除此以外，民国《嵩明县志》亦载有金线鱼，依据生物分布来看应属于滇池金线鲃。《禄丰县志》载有金线鱼，应属于贵州金线鲃。道光《澂江府志》、民国《宜良县志》均载有金线鱼，应分别属于抚仙金线鲃和阳宗金线鲃。金线鲃属下包括有多种金线鲃。滇池金线鲃的味道应较其他金线鲃更为上乘，梳理历史文献很难发现其他地区有对金线鱼（传统时期未有现代鱼类学如此细致的分类）极高评价的记载。可能有人将其他地区的金线鲃混作滇池金线鲃，故有“金线鱼为云南特产，形扁长，大者约长数中寸，有金黄色细鳞，背有线一条者，为滇池真产。味之鲜美，为全国诸鱼之冠。”所谓“滇池真产”指的应是滇池金线鲃。

二、金线鱼生存的小环境及原因

金线鱼属于洞穴产卵鱼类，惯于在滇池周围岩溶洞穴地下水出水口处（云南地方名叫龙潭）活动。至于金线鱼生存的小环境，民国时期已经有学者给出了较为科学的解释：

“此鱼不产草海，全出于大海中，因金线鱼所出之处均为大海边岩石中有清水流出之地。据作者意见，此即大海周围，尤其是西边石灰岩为水溶解所成之岩洞中有清水流出之地，其清水即为石灰岩区所特有之地下水道流出之清水，为金线鱼产生之最大因素，因停滞之水或混浊之水中不能产此金线鱼。例如，西山、海口附近，及晋宁西南牛峦山附近之湖边均有此种石灰岩洞，而牛峦乡附近即有一地名金线洞。洞中流出之清水量，随雨季而不同。雨季中流出量大，金线鱼均至此等处所抢水，因此七八月捕获之金线鱼较多。其他时季，渔民均不从事捕捞。”①

① 史立常：《滇池之水运与渔业》，《地理》，1943 年第 3 卷第 3–4 期，第 56 页。

金线鱼所聚集之地乃是石灰岩洞中，所渗流出的清水是金线鱼赖以生存的条件，可见金线鱼对水质要求较高。仲秋时节，金线鱼聚集于渗流出清水的金线洞，进入水质清澈的金线洞产卵，直至次年五六月间产卵结束，趁地下水涨潮而从地河中涌出再进入滇池。产卵前的金线鱼体态丰腴，产卵结束后瘦小，被人称为“瘦皮条”。产卵结束后的金线鱼瘦小，放到锅里煮就会烂，渔人一般都不在此时捕食金线鱼。

三、金线鱼的开发及利用

金线鱼是滇池流域特产之鱼，味道鲜美，可谓是“肉柔味隽，胜于洱海之弓鱼、抚仙湖之□而良”①，加之其出具有季节性，故而争相捕获之且售价很高。

《晋宁县重要渔业调查录》：“年逢渔期，州人及远客日来渔场购买此鱼汲水煮食。就渔场发卖外负往本州各市或昆阳城市，销售每百尾价银一元或七八角。”② 金线鱼每当云南地区雨季来临，需要“抢水”逆流而上至有清水流出的洞口，更好地呼吸氧气，渔民乘此大肆捕捞。金线鱼的渔期，是每年的五月初至十月中，但最佳捕捞季节则大致为每年仲秋时节，对此当地人是很有经验的。师范《昆明池金线鱼》写到：“罟师向予言，秋风昨夜动。内腴体外热，衔尾游石空。”秋风动，雨季来临，金线鱼集群溯水至洞口，正是捕获的好时机。故而渔期一到远近的人们闻名而来购买金线鱼，或自行就清水就地煮食，或是进行转销。金线鱼捕获后售往就近的晋宁州或昆阳等地，售价极高。金线鱼肉质易腐,很难进行长距离运输，正所谓“此鱼自古珍如珠，未上街坊早臭腐”③。

金线鱼的捕捞工具较为简易，即竹制渔具“笱”，鱼儿能进而不能出。《滇中琐记》载：“洞有十余口，渔人各以为业。鱼性喜流水，当仲秋之际，群自滇池溯泉上至洞口，渔人就洞口置二三笱或四五笱，覆以藻荇，鱼顺入笱

---

① （民国）童振藻：《滇池纪游》，西南史地文献第三十二卷，兰州大学出版社，中国西南文献丛书，2004 年，第 24 页。

② 《晋宁县重要渔业调查录》，《云南实业杂志》，1913 年第 1 卷第 1 期，第 138-140 页。

③ （清）刘大绅：《寄庵诗文钞》诗钞续附卷三民国云南丛书本《补谢李即园惠金线鱼》。

中，遂不能逆刺以出，日一举之笱可得鱼数十。鱼大者仅三四寸，细鳞修体，脊有一线如金色，故以名。煎以泉水，有膏浮出汤面，味极鲜美，大小率值三钱。渔人苦官吏诛求，不敢入城鬻，惟民间私购，先授以钱，始得之也。”这段材料较为全面地记述了人们是如何捕获金线鱼并进行售卖的。金线鱼在仲秋产卵之前最为肥腴，达官贵人争相以求，民间唯有提前付钱以私购方能品尝金线鱼之美味。晋宁牛恋乡金线洞数量较多，但渔民似乎已经形成了一定规矩，每个洞口“各以为业”。民国时期渔人也使用与“笱”极为类似的“须笼”专门捕获金线鱼。也有当地人在金线洞外挖水沟，等金线鱼进来产卵时捕捉。

金线鱼属名贵鱼类，出产量本来不大，加上季节性明显，只有在其大量进洞的渔期方能获得，历来售价极昂贵，且市场上较难买到。正如《滇池之水运与渔业》记载：“滇池中本以金线鱼最名贵，但金线鱼产于大海中，量甚少，且有季节性，昆明市上不易见到”①。味美之金线鱼和玉伞菌一样，乃是达官贵人争相获得之珍品，“拾得玉伞菌，网来金线鱼”。② “金线鱼量既少，肉味又最美，故价值极昂。”清代诗人师范《昆明池金线鱼》亦写道，“或应上官需，或指高门送。”清代刘大绅的《赋金线鱼》也指出了金线鱼的名贵：“渔家傍湖住，水族日经见。罩罩深穴鱼，卖时指金线。常鳞减价值，珍惜岂容选？水清鱼味鲜，水浊鱼味变。入网溷泥滓，只供俗儿馔。不闻山人言，城市且欣羡。”③ 人们对金线鱼的汲汲以求是其资源量逐渐下降的重要原因。

四、影响金线鱼资源数量的原因

金线鲃不仅味道甚美，亦有一定药用价值，故长久以来为人们所大肆采捕，严重影响其资源的保持。至 20 世纪 60 年代金线洞旁的捕鱼沟全部被填平盖上了房子。

总的来看，造成金线鱼数量锐减的原因主要有以下几点：其一，大肆捕

① 史立常：《滇池之水运与渔业》，《地理》，1943 年第 3 卷第 3-4 期，第 56 页。
② （明）朱曰藩：《山带阁集》卷十七，明万历刻本。
③ （清）刘大绅：《寄庵诗文钞》诗钞续卷十，民国云南丛书本。

捞，《高峣志》：“高峣村舍较密渔者多，此物反少。”① 可以看出，当时已经有人关注过度捕捞对金线鱼数量的影响。历代以来由于金线鱼在市场一直极为畅销，渔人从来没有放松过对其搜捕。这种竭泽而渔对于金线鱼的资源量带来了较大影响。“老昆明”们都记得，过去的昆明市场上不难见到滇池金线鲃。但如今金线鱼仅残存在少数区域内，且数量极少。

其二，生存环境、金线鱼栖息地被破坏是金线鱼资源量下降的重要原因之一。金线鱼对小区域生存环境要求较高，洞中水量的大小、水质对金线鱼的产额有一定影响：“池水涨过度之年，洞水或深或浅产额甚衰，洞水适宜之年，产额甚旺。”可见洞中水量的大小会影响金线鱼的生存状况。同时金线洞的破坏对于金线鱼生存的影响是巨大的。民国时期有人在金线洞旁打石②，这即是破坏其栖息地的情况。金线鱼的栖息地多与地下伏流相通，其水源多来自溶洞泉水，水质较为清洁，从而也就成为当地居民生活和灌溉水源。当地居民在栖息地上方附近修建抽水站，20 世纪 80 年代西山上打深井取水，井的所在地正是金线洞泉水的源头，金线洞泉水遂逐渐枯竭。甚至亦有人将这部分金线鱼生存很小面积的水域用水泥石头加以改造（如旅人龙潭、耙齿山龙潭），这些行为都极大地改变了金线鱼栖息地的面貌。

其三，滇池金线鱼亲鱼产卵的洄游路线被切断，滇池的金线鱼在生殖期间必须逆流到湖边有泉水的溶洞中产卵。1970 年以后洞水与湖水的连接被切断，溶洞遭此人为的破坏，使亲鱼入洞产卵的种群数量减少。

其四，滇池水域的被全面污染同样是重要原因。水质的好坏影响金线鱼的生存，“水清鱼味鲜，水浊鱼味变。”金线洞与滇池水相通，滇池水在 20 世纪 60、70 年代后被污染严重，只有在雨季地下水较充足时金线洞的水才会比较清洁，其他时候滇池受污染的水就会倒灌进洞中。而被污染的滇池中的水中全是水藻和水葫芦，污秽不堪，金线鱼根本不能生存。明清时期金线鱼在滇池沿

---

① （民国）由云龙纂：《高峣志》卷上，《中国地方志集成乡镇志专辑》第 28 辑，上海书店出版社，2013 年，第 8-9 页。

② 《指令：令据晋宁县知事请禁止王玉清等在金线鱼洞打石以保古迹文（十二年六月）》，《昆明市政月刊》，1923（5），第 54 页。

岸的石灰岩溶洞出水口多有分布，而今已经难觅踪迹。

2000年对滇池土著鱼类的调查显示，金线鱼现仅残存于滇池附近的几个龙潭中，包括有嵩明白邑乡青龙潭、黑龙潭、小营枯井（龙潭），西山区沙朗乡母猪潭，呈贡黑龙潭、白龙潭、小海晏中的泉水洞、大渔乡石城办事处村中的泉水出水口，晋宁柴河水库，海口旅人龙潭、耙齿山脚龙潭，西华毛司龙潭和花姑娘龙潭。① 这些调查发现的仍有金线鱼的地点或是宗教寺庙场所或是附近居民的生活水源地，相较其他区域而言其水质相对较好，故而尚且能偶见一两尾。这些残存地也几乎都不在滇池周围沿岸，而是在远离滇池主体水体的龙潭中，由此可见水质的破坏对于金线鱼资源的破坏影响很大。这种呈零星点状分布的状态，表明金线鱼资源量已经岌岌可危。

第二节　清代以来长江上游虎嘉鱼资源的分布与变迁

虎嘉鱼，属鲑形目鲑科，从鱼类分类学角度来说，常称为布氏哲罗鲑；又因主要分布于四川省岷江中上游及大渡河和陕西省汉江上游，亦称为川陕哲罗鲑。虎嘉鱼性凶猛，食鱼及昆虫，俗名虎鱼、猫鱼、大口鱼、猫儿鱼、猫子鱼、鱼虎等。虎嘉鱼为残存的冰川期冷水性山溪鱼类，亦是大型经济鱼类，喜栖居于砾石或砂石底质且两岸多高山遮蔽，河道狭窄，水流湍急，溶氧量高，且水温较低的水域。其游泳能力强，喜单独活动，且肉嫩味美，为人所喜爱。其个体较大，体长400～500毫米，头部较宽大。虎嘉鱼资源量现岌岌可危，作为残存的冰川期冷水性鱼类，有着重要的生物学意义，已被列为国家二级保护鱼类。

一、历代虎嘉鱼记载分布情况

岷江水系区是虎嘉鱼在长江上游地区仅存的主要区域，其主要分布的范围

① 陈自明等：《滇池土著鱼类现状》，《生物多样性》，2001年第4期。

包括青衣江、大渡河、岷江上游地区（文后附清至民国虎嘉鱼分布图）。岷江上游是虎嘉鱼集中分布区域之一。早在宋代的《太平寰宇记》中就记载“维州，鱼虎有舌，口如棘，能食鱼”。[①] 清代民国时期，对于虎嘉鱼的记载如下，《茂县概况资料辑要》载有“猫鱼”。同治《直隶理番厅志》：“鱼虎，《寰宇记》出维州，有舌，口如棘，能食鱼。”嘉庆《汶志纪略》：“虎鱼，无鳞大首圆身巨口或曰《山海经》所称鰲鱼者，是未审。”民国《汶川县志》：“猫鱼，头似猫，口有齿，甚锐，独刺，肠胃一贯，常捕食鱼类。”民国《灌县志》：“猫鱼，头似猫，齿锐，能食鱼，肉美，漩口乡山溪涧有之。”民国《大邑县志》载有“鱼虎”。直至民国时期春季在理番之杂谷脑及灌县之水磨沟均可捕获虎嘉鱼，秋冬两季灌县鱼市亦常有虎嘉鱼出售。

青衣江的鱼味道甚美，其中最为著名的就包括有虎嘉鱼。虎嘉鱼在青衣江流域的宝兴、芦山、天全、荥经等地均有分布。“猫子鱼，产于龙门青龙间”。[②]“鱼虎，四腮独刺，仅□丁河产之，味绝美，人至比之松江鲈鱼。”[③]“鱼虎，亦鱼也能食众鱼。”[④] 天全地区的地名遗存反映了20世纪80年代前虎嘉鱼有一定分布，“猫子沟，此沟有一种鱼叫猫子鱼，肉嫩味美，故名”，位于小河乡境内。在紫石乡境内有“猫子溪沟，此沟产猫子鱼，肉嫩味鲜。”[⑤] 此处所说的“猫子鱼”应即是虎嘉鱼。

大渡河上游也是虎嘉鱼的集中分布区域。《章谷屯志略》载：“鳞介中有鱼，似猫，俗以猫子鱼呼之，细腻肥鲜，不减河豚风味。”[⑥] 泸定年平均水温11.2℃，适宜于冷水性鱼类虎嘉鱼的生长。《听雨楼随笔》中对产于泸定桥的虎鱼有极为详尽的描写，“虎鱼，出泸定桥。巨口细鳞，肉白而肥，鲜美无细

---

① （宋）乐史撰，王文楚等点校：《太平寰宇记》卷七十八，中华书局，2007年，第1579页。

② 民国《芦山县志》卷三物产，集成64，第174页。

③ 民国《荥经县志》卷二十物产志，集成64，第717页。

④ 咸丰《天全州志》卷二物产，集成65，第565页。

⑤ 四川省天全县地名领导小组编印：《四川省天全县地名录》（内部资料），1985年，第94、96页。

⑥ （清）吴德煦纂：《章谷屯志略》，同治钞本，《小方壶舆地丛抄三编》下，辽海出版社，第593-594页。

骨，小者亦重数十斤。性食鱼，群鱼畏之如虎。王西缠诗云：‘泸江岸阔飞芦花，泸江水冷波横斜’。潭深水碧不见底，中有鲂、鲤、鲦、鲙、鲨。炉厅城中水穿郭……此鱼钟育异，江湖腾掣争惊夸。冲波力大健于虎，横噬水族长专车。巨骨中挺绝旁出，肥腴鲜白羞豚豭。……昨宵巨钩香饵，长绳受困辞长叉……网师渔户丛蒹葭……。”①此处描写到渔户用巨钩钓捕虎嘉鱼，而且还配用上了叉，可见其体型巨大，捕捞不易。《西康纪要》亦有类似记载，“产泸定，俗名猫子鱼，扁形阔腹，巨口细鳞，皮嫩肉紧，味极鲜美，大者长达四五尺，为泸定大渡河中之特产也。”②汉源地区称之为（鱼卯）子鱼，“（鱼卯）子鱼，（鱼卯）作卯，平声，有大刺无细刺，体肥大，惟大渡河有之。”道光《绥靖屯志》：“鱼虎，《太平寰宇记》有，有舌，口如棘，能食鱼。”光绪《越嶲厅志》：“虎鱼，出河道，俗呼猫子鱼，独骨无刺。”③清末《懋功屯乡土志略》亦载有猫鱼，且认为其味最美。民国时期有了粗略的产量统计，泸定县年产猫子鱼数百斤，丹巴县所产的猫儿鱼，每年约数十挑，在县内及懋、泸等处行销。④

梳理文献我们发现虎嘉鱼的分布范围变动不大，直至清末民国时期，虎嘉鱼依然是当地重要的食用鱼，其分布下限大致是岷江在大邑县，大渡河在峨边县以上，青衣江在荥经县以上。实际上，直至20世纪60年代前，关于虎嘉鱼地理分布的报道依然较多。

20世纪30、40年代，由于国内、国外学者对西康地区的调查日益增多，人们对虎嘉鱼的记载也明显增加。日本人木村重于1934年发表新种时报道了产于灌县的标本⑤，1942年施白南在介绍虎嘉鱼时说道：“在灌县附近有之，

---

① （清）王培荀著，魏尧西点校：《听雨楼随笔》，巴蜀书社，1987年，第361页。

② （民国）杨仲华著：《西康纪要》，西南史地文献第二十一卷，兰州大学出版社，中国西南文献丛书，2004年，第582页。

③ 光绪《越嶲厅志》卷二山川志，集成70，第450页。

④ 佚名：《西康各县物产调查》，《工商半月刊》，1935年，第7卷22号。

⑤ （日）木村重：《故岸上理学博士一行采集扬子江鱼类报告》，《上海自然科学研究所丛报》，1934年，3（9），第191–212页。

为日本人木村重首次发现”。[①] 张孝威于 1944 年报道松潘、灌县、峨边和沙坪有虎嘉鱼分布。20 世纪 40 年代虎嘉鱼仍是施白南先生介绍四川地区重要的食用鱼类资源。尚未提及其资源保护，可见当时虎嘉鱼应有一定数量。

长江上游古代文献对虎嘉鱼的记载多侧重于其食用价值和基本形态特征。但虎嘉鱼在鱼类种属的地理分布上有着特殊性，民国时期有对其地理分布范围原因的探讨。1941 年 7 月，教育部举办第一届大学生暑期边疆服务团，赴川西黑水杂谷河流域实地考察，历时两月，并会同四川巡回教育施教队同赴松潘，著有《川西调查记》[②]，其中载：

猫儿鱼为本科淡水产之良好代表。全体被细鳞，口大，具尖齿，喜吞食其他鱼类，体近圆柱形而力状，产量甚少，故不易捕获。除背鳍外，复具脘肪质第二背鳍，故极易识别，一九三四年由日本人木村重首先记载。该鱼分布于灌县、汶川、理番、茂县等地之岷江上游，大者长达三四尺，重逾三十斤，每年早春溯江而上，在上游河床平坦及水流迟缓处产卵，秋季则顺水而下，故春季在理番之杂谷脑及灌县之水磨沟均可捕获，秋冬两季则灌县鱼市常有出售。本科鱼类大部均系海产，故疑其由海中溯江而上，遂至上游产卵。惟此鱼之分布，除岷江上游外，其他各地均未见记载，而以川北灌县、汶川、理番等地发现之地点时间而论，则四季相接，由此可知此鱼之分布，大概限于岷江上游也。

这段记载对虎嘉鱼的外形、习性、分布等均有记述。但调查团所分析的虎嘉鱼局限分布于此区域的原因则不尽科学。虎嘉鱼实质是冰川期残存于该区域的冷水鱼类，并非是沿海溯江而上。由于此次调查团考察范围主要集中于岷江流域的黑水杂谷脑一带，故其认为虎嘉鱼的分布范围仅限于岷江上游，实际其分布不仅限于此。另外该文谈到当时秋冬之季灌县的市场上均有销售，可见其当时仍有一定的资源量。

---

① 施白南：《四川之特产食用鱼类》，《农业推广通讯》，1942 年第 4 卷，第 10 期。

② 教育部蒙藏教育司：《川西调查记》，西南民俗文献第十二卷，兰州大学出版社，中国西南文献丛书，2004 年，第 406 页。

除了生物学家鱼类资源调查的记载外，民国二十六年（1937年）民族学家在茂县、汶川、懋功一带的调查亦记载有虎嘉鱼分布。《茂县概况资料辑要》载有“猫鱼”，《汶川、懋功概况资料辑要》载：“虎鱼，无鳞大首，圆身巨口或曰《山海经》所称鰲鱼者，是未审。”① 在20世纪30、40年代对西康等地的物产调查中，虎嘉鱼作为一地特产被记载，可见当时虎嘉鱼尚有一定数量，“泸定县水产猫子鱼，数百斤。”② 猫子鱼年产为数百斤。这段材料描述了猫子鱼主要分布的水域，泸定特产猫子鱼“系卵生鱼类，因其头部酷似猫首，故名。产于泸定境内大渡河中烹坝至瓦斯沟一段，此段河流长约三十里。该鱼细鳞巨口，大者重四五十斤，专门吞食同类，消化力极强，据云食之可治胃病”③。有个体“重至四五十斤”，说明尚且还有一定种群分布。另外，丹巴县亦产，“丹巴县水产猫儿鱼，产量无定数，鲜美食品。”④

20世纪50年代，张春霖、刘成汉在岷江进行鱼类调查时曾在灌县、汶川等地采到标本，1964年刘成汉又在泸定和阿坝等地采到标本。⑤ 除此以外，当时市场上多有出售虎嘉鱼，在汶川县城曾开设有专门经营虎嘉鱼的“猫鱼”餐馆。⑥ 综上说明，20世纪60年代以前岷江上游虎嘉鱼资源依然较多，与民国时期相比，分布范围变化不大。

二、近几十年岷江、大渡河、青衣江中虎嘉鱼资源变动情况

然而在最近的几十年，很多曾经发现或常捕获虎嘉鱼的如汶川、茂县和峨边等江段已难见其踪迹。虎嘉鱼现有的分布范围已从大渡河干流的中、下游上溯到上游或河源江段；岷江上游曾是主要产区，支流亦有较多的产量，现已难见标本，只是在青衣江上游和大渡河中上游有一定数量分布。具体来说，近几

---

① 边政设计委员会：《汶川、懋功概况资料辑要》，《中国边疆社会调查报告集成》第一辑，第8册，广西师范大学出版社，2010年，第71页。

② 佚名：《西康各县物产调查》，《工商半月刊》，1935年，第7卷21号。

③ 佚名：《川边：泸定特产猫子鱼》，《四川月报》，1937年第10卷第3期，第305页。

④ 佚名：《西康各县物产调查》，《工商半月刊》，1935年，第7卷22号。

⑤ 丁瑞华主编：《四川省鱼类志》，四川科学技术出版社，1994年，第37-38页。

⑥ 丁瑞华：《虎嘉鱼保护生物学的研究——分布区域及其变迁》，《四川动物》，1994年第4期。

十年间岷江、大渡河、青衣江流域虎嘉鱼的变动情况如下：

岷江流域虎嘉鱼资源数量急剧下降。20 世纪 50 年代岷江上游虎嘉鱼尚有一定产量，60 年代每年还可捕到 1～2 尾，此后资源量日益减少。从其地理分布范围来看，日益缩小，不断向河流上游推移。70 年代初在都江堰市境内宝瓶口以上经常能见到，估计当时岷江上游虎嘉鱼种群数量不低于 5 000千克，80 年代初汶川县以上才能见到，到 90 年代初要到阿坝、松潘才有所闻。① 1984—1996 年调查者很难获得一尾标本，仅访问到 1994—1996 年在茂县、黑水、理县的个别江段有人捕到。② 以致有人认为虎嘉鱼在岷江上游已经绝迹。经调查现仅在岷江一些支流的上游尚能偶尔采集到少量标本，亟待保护。③

青衣江流域虎嘉鱼的资源变动同样较为明显。芦山县大川河是目前虎嘉鱼确切的产卵场之一，同时亦是虎嘉鱼分布较为集中的区域。但就在近几十年间，虎嘉鱼的数量发生了较大变化。调查访问当地渔民，20 世纪 60 年代，大川河虎嘉鱼在原有分布区内数量较多，十分容易捕到。据统计 1962—1964 年，年捕捞总产量为 500 千克左右，其中虎嘉鱼约占 20%；1965—1973 年，年捕捞总产量约为 300 千克，其中虎嘉鱼约占 12.5%；1975—1981 年，其中虎嘉鱼占平均总捕捞量的 5.19%，可以看出虎嘉鱼的资源量在逐渐下降。④ 到 80 年代中期，青衣江流域芦山地区的虎嘉鱼捕捞已由 1962—1964 年总产量的 20%下降到了 0.15%左右。

大渡河流域的虎嘉鱼同样面临着类似的危机。有资料报道 20 世纪 40 年代在大渡河流域的峨边能采集到虎嘉鱼样本，但是 50 年代峨边已很难见虎嘉鱼。汉源到阿坝 80 年代还能误捕到虎嘉鱼，80 年代后汉源、石棉、泸定均未误捕到虎嘉鱼，曾是“猫鱼窝”的猫鱼沱（现泸定彩虹桥下）也未见此鱼，90 年代以后丹巴、金川也未误捕到虎嘉鱼。目前每年仅在四川马尔康的足木足河、阿坝的阿柯河以及青海班玛县玛柯河流域能误捕到几尾虎嘉鱼。从误捕统计

① 江智龙：《虎嘉鱼及其保护计划》，《科学养鱼》，1996 年第 3 期。

② 邓其祥：《岷江上游的鱼类》，《四川师范大学学报（自然科学版）》，2001 年第 1 期。

③ 丁瑞华：《岷江上游的鱼类及其保护问题》，《四川动物》，2006 年第 4 期。

④ 吴万荣：《大川河虎嘉鱼数量变动及其原因的探讨》，《水产科技情报》，1988 年第 5 期。

看，大渡河虎嘉鱼的分布区域大大缩小，而且资源量也锐减。与青衣江、岷江上游的虎嘉鱼分布状况相比，大渡河上游还有少量种群，而青衣江上游、岷江上游虎嘉鱼已是残存状态。①

通过对虎嘉鱼的产地分析，可以看出其分布区明显缩小，并逐渐向高山地带江段移动。除了栖息空间明显缩小外，虎嘉鱼的个体亦逐渐变小，种群质量下降。虎嘉鱼活泼健泳，最大个体可达 50 千克。《听雨楼随笔》中记录的“数十斤”，明代的 1 斤约等于现今的 1.2 斤，取最小值来换算，亦是多达 20 多斤。民国时期《川西调查记》中所记虎嘉鱼，“大者长达三四尺，重逾三十斤”。而到了 20 世纪 90 年代以吴光举等人的调查为例，最重的个体亦只有 5 千克左右，其他的多是在 2～5 千克，② 平均一般个体仅重为 0.5～2.5 千克。③

三、虎嘉鱼资源量及分布区域变动原因

至于近几十年内虎嘉鱼资源及分布区域迅速变动的原因主要有以下几点：其一，自身的繁殖及适应性差。虎嘉鱼是一种冷水性鱼类，以芦山县大川河的虎嘉鱼分布为例，其所分布的是一种冷水性水域，其中心地段年高水温为 19.5℃，最低水温 4.5℃。其分布区上限记录到最高水温为 14℃，分布区下限（飞仙关）最高水温为 23.3℃（推算值）。通过对虎嘉鱼进行水温适应性试验中观察到：体长 9～10.25 厘米的虎嘉鱼，当水温从 19℃缓慢上升到 22.5℃时，在 5.5 小时内死亡 60%，在 5.83 小时内死亡 90%；当水温在 1 分钟内从 22.5℃上升到 23℃时，虎嘉鱼即刻死亡。可见，虎嘉鱼对水温要求较为严格。

虎嘉鱼属凶猛肉食性鱼类，食物链较长，幼体和成年时均以鱼类和水生昆虫为主食。一般情形下，虎嘉鱼的食物链为三级，有时达四级（依次是藻类植物—浮游动物—重口裂腹鱼—虎嘉鱼）。近几十年来该区域其他鱼类资源显著下降，如虎嘉鱼喜食的裂腹鱼类、高原鳅类资源锐减。应该说裂腹鱼类在岷江、青衣江等原本皆属优势性鱼类，种群数量较大。民国时期有人指出岷江中

① 孙大东：《大渡河四川境内虎嘉鱼的现状》，《淡水渔业》，2005 年第 5 期。

② 吴光举：《岷江上游虎嘉鱼的现状》，《四川动物》，2001 年第 2 期。

③ 丁瑞华：《四川珍稀和特有鱼类及其保护对策》，《四川动物》，1993 年第 3 期。

裂腹鱼的产量与虎嘉鱼的产量比例为100：1[①]，可见当时裂腹鱼类的数量。但由于多重因素，近几十年来裂腹鱼和高原鳅类等数量剧减，如1984年7月初，青衣江支流周公河上游的炳灵乡，因特大暴雨，洪水泛滥，使周公河鱼类，其中就包括大量的齐口裂腹鱼、重口裂腹鱼等因泥沙呛死。还有包括过度捕捞、水质污染等诸多原因使得三大流域内裂腹鱼类的资源量也下降明显。虎嘉鱼可以摄取的食物减少，根据能量金字塔定律，虎嘉鱼的数量必然受到限制。

同时虎嘉鱼产卵群体少，本身雄性多于雌性，本已不利于虎嘉鱼的繁殖，再加上多年来捕捞的不合理，大量捕捞0.5千克左右未成熟个体，以致不能形成正常的产卵群体。且虎嘉鱼系筑窝产卵鱼类，产场较为集中。以大川河产场调查为例，全产场仅9.5千米左右，卵窝离岸边较近，且驻在浅水区很容易遭到破坏，这也是影响其资源量的原因。[②]

除自身的一些因素限制外，影虎嘉鱼资源量的另一个主要原因是生态环境遭到破坏。虎嘉鱼所分布的区域多是高山峡谷地带，20世纪60—90年代流域内森林被大量砍伐，造成滑坡和水土流失加剧，水中含有大量泥沙，幼鱼因缺氧而大量死亡。道路的修筑也破坏了虎嘉鱼的栖息地环境。以芦山大川河为例，虎嘉鱼原为流域内的广布性鱼类，70年代后期公路修到了大川乡。1986年年初，简易公路已修到虎嘉鱼产卵场中心。虎嘉鱼的产卵场、索饵场、越冬场等均受到不同程度的破坏。而且由于上游地区水能蕴藏量较大，近几十年来在这几大流域干支流修筑了大量水工建筑，使得其资源迅速衰竭。除此以外，沿岸城市生活污水、工矿废水的排放，使得该段鱼类资源遭受极为恶劣的破坏，高强度的捕捞和爆炸取鱼等对虎嘉鱼资源量亦带来严重破坏，这些因素对于虎嘉鱼的产卵和生存环境带来极为不利影响。

对于虎嘉鱼的保护，专家提出，应当建立虎嘉鱼自然保护区。根据虎嘉鱼传统的分布区域，提议区域大致包含有两处，其一，在青衣江上游天全河干流

---

① 教育部蒙藏教育司：《川西调查记》，西南民俗文献第12卷，兰州大学出版社，中国西南文献丛书，2004年，第406页。

② 施白南主编，何学福等编写：《四川江河渔业资源和区划》，西南师范大学出版社，1990年，第225页。

的两河口至新沟河段虎嘉鱼分布较多，产卵场亦分布于此。且这一带河流平稳，滩沱较多，两岸环山，森林密布，河道狭窄，河床陡峭，可以设置虎嘉鱼保护区。[①] 另外，芦山大川河亦可设立保护区，保护区的主要范围即是虎嘉鱼产卵场的分布范围，从大川乡政府至皮洛石。此江段两岸环山，林木茂密，河床海拔较高，多在1 000米以上，人烟稀少，也适宜于设置保护区。据笔者了解，目前仍然未就虎嘉鱼设置有专门的保护区。

第三节　清代以来长江上游鲟鱼类资源的变迁

鲟鱼类[②]是长江上游的重要经济鱼类，一直以来资源量都非常丰富。其开发历史悠久，早在汉代的画像砖中就有捕获鲟鱼的情景，清代三峡地区已经形成了专门的捕鲟业，20世纪60、70年代在金沙江段的屏山、宜宾以及长江干流重庆、宜昌等地也都有专门的捕鲟业，渔期是每年的9—11月。由于中华鲟是从湖北洄游至金沙江，故湖北的渔期与四川地区大致相近而略早一些。

一、清至民国时期长江上游的鲟鱼资源分布

关于鲟鱼类在各大水系的具体分布状况，在前面章节中已有论述（文后附清代鲟鱼类分布图）。清至民国时期鲟鱼的分布范围主要集中在以下几大区域：其一，长江干流宜宾至宜昌段，这是鲟鱼资源最主要的分布区；其二，长江上游的主要支流如赤水河流域合江至遵义一带，渠江流域河口至达州一带，嘉陵江流域河口至合川一带，岷江河口至大邑、彭山一带等。需要说明的是，长江的主要支流虽有鲟鱼分布，但数量不多，且主要是因洪水季节从河口进入到大的支流，所谓“春水山下乘流而来”。如赤水河流域仅为“偶得之”，嘉

① 四川省农业区划委员会编：《四川省江河鱼类资源与利用保护》，四川科学技术出版社，1991年，第84页。

② 由于传统文献对鲟鱼类的记载多并未具体到种这一层次，此处的鲟鱼类包括中华鲟、达氏鲟、白鲟3种。

陵江流域亦是如此“大形之象鱼及癞子，多见于长江主流，嘉陵江甚少。”① 鲟鱼类在岷江河口段亦是少量出现。因在岷江河口中华鲟有短距离的洄游情况，甚可至犍为境内，民国《乐山县志》记载：“鲟鳇至峡口下，犍为境仍有之”。② 白鲟和达氏鲟可达乐山大佛沱。如《青衣江打鱼歌》描写的就是嘉州三江汇合口渔民捕鱼的情景，“鳣、鲔争先逃”③，说明此处也是有鲟鱼分布的。乌江流域仅遵义地区偶有见之。

需要说明的是，分布在长江上游的鲟鱼包括中华鲟、达氏鲟、白鲟 3 种。其中白鲟资源量长期以来相对较小，并非捕鲟业中的主体。中华鲟和达氏鲟则是长江上游干流和主要支流渔业捕捞的对象之一。尤以中华鲟体重达数百斤，且群体大，出现的时间集中，在渔业中有较高的价值。20 世纪 30 年代中国西部科学院张春霖、施怀仁在调查中记载：“鳣科，棘子鱼，鳣鱼，可食，重庆市上特多。”④ 说明当时重庆市鲟鱼资源极为丰富。

实质上，直到 20 世纪 80 年代以前，长江上游地区鲟鱼类资源依然十分丰富。以重庆为例，每年秋冬季节常可见市中区大阳沟菜市场有显目的“鱼案桌”，日销量可达数万千克，其中以中华鲟为主要销售对象。当时，在重庆江段常能捕获 200~300 千克的个体，也曾有过 400 千克的个体。⑤ 20 世纪 80 年代由于鲟鱼资源量的急剧下降，中华鲟、达氏鲟、白鲟均被列为国家一级保护动物。⑥

二、20 世纪 60、70 年代长江上游的鲟鱼资源

20 世纪 50 年代至 60 年代初，四川渔业发展的基本思想是“以捕为主”，

---

① 国立中央研究院动物研究所：《北碚动物志》第四章动物 11，《地理》，1945 年第 5 卷第 3-4 期。

② 民国《乐山县志》卷七物产，集成 37，第 814 页。

③ 民国《乐山县志》卷二区域，集成 37，第 696 页。

④ 张春霖、施怀仁：《四川嘉陵江下游鱼类之调查》（由重庆至合川），《中国西部科学院生物研究所丛刊》第 1 号，1944 年 1 月。

⑤ 熊天寿：《重庆市长江鲟鱼类研究记略》，《重庆水产》，2008 年第 4 期。

⑥ 应该说直至 20 世纪 60、70 年代以前，鲟鱼资源依然较为丰富，且人们对其开发是呈逐渐加强之趋势。所以在此将其资源急剧变化的对比时间点放置于 20 世纪 60、70 年代。

江河捕捞业在日益增加的需求刺激下，获得较大发展。但在以捕捞为主的同时，并没有采取必要的资源保护措施，出现了过度捕捞现象，经济价值较大的鲟鱼类自然也难脱此命运。在未禁捕以前，以重庆为例，长江中的鲟鱼和其他鱼一样，是水产市场上的主要售卖鱼类之一。通过20世纪60、70年代鲟鱼的售卖价格，可以看出鲟鱼类的资源情况。至迟在20世纪60年代鲟鱼类尚且属于普通鱼种，1959年重庆市鲜鱼价格收购表中显示象鱼、辣子鱼和1斤以上的草鱼一样同属于丙等鱼，其销售价格低于甲等鱼“鲶、鳊、肥头、岩鲤”。1963年调价时肥头及桂鱼列为特等鱼，“鲟鱼”列为乙等鱼，“象鱼、辣子鱼”列为丙等鱼。1979年“辣子鱼”依然是特需鱼种。其他另有“江鲴、桂花鱼、河鲶、鳊、岩鲤”，价格最低。当时“辣子鱼”的价格也极为低廉，仅为鲤鱼价格的一半①。

所谓物以稀为贵，唐宋时期鲟鱼资源极为丰富，加之嫌其脂肪较厚，人不大喜食用，用来喂犬。让人唏嘘的是，20世纪70、80年代末，随着资源量的下降，餐馆里“炒腊子鱼片”和“火爆腊子丁”却逐渐成为筵席的名菜。鲟鱼子可谓是席中珍品，其食用方式很早就为人知晓。在很长的一段时期内，每个捕鱼季节都可大量捕获产卵的鲟鱼亲鱼，那淡黄的犹如珍珠般晶莹的“腊子鱼蛋”便在市面上出售，起初并不被人们重视。20世纪60年代才从国外传入“鲟鱼籽”原来是最富有营养的佳肴，在世界市场上售价昂贵，② 食用鲟鱼籽开始逐渐流行。鲟鱼籽曾经甚至成为国宴招待外国元首的高级佳肴，1974年中共中央就曾下达生产“鲟鱼籽”的任务，这使得人们对于鲟鱼的捕获更是日益加强。

20世纪60、70年代，从捕捞记录来看，长江上游鲟鱼类资源是比较丰富。50—70年代曾在涪陵深沱等地捕获到几条250~300千克重的中华鲟和白鲟。1971年，渔业社渔民在长寿与涪陵交界处下芭蕉沱捕获一条重384千克的中华鲟鱼。③ 1959年忠县曾捕一尾达氏鲟鱼重200余千克，1964年

---

① 重庆市农牧渔业局：《重庆市农牧渔业志》（内部资料），1993年，第531页。

② 翠屏区文史资料委员会：《丰收文史资料第26辑》（内部资料），2000年，第101页。

③ 四川省涪陵市志编纂委员会编纂：《涪陵市志》，四川人民出版社，1995年，第439页。

捕一尾中华鲟重254千克。[①] 四川省长江干流及各大支流中都要捕捞大型鲟鱼的记录。嘉陵江下游合川、北碚每年都捕获一定数量的达氏鲟，也曾捕到百斤以上的白鲟。岷江下游乐山附近曾捕到过白鲟。沱江中也曾捕到过白鲟和达氏鲟。

禁捕以前，每年的9—11月长江上游有捕捞鲟鱼的渔汛。尤其是在四川和湖北地区有专门以捕获鲟鱼为生的渔民。其中，宜宾和重庆两地的捕鲟量占川江总捕获量的90%。从四川长江水产调查组对川江内中华鲟鱼的捕获量统计看，1972年32 000斤，1974年69 000斤。宜宾渔业社1972年1月20日至5月15日4个多月曾捕获白鲟11尾，总重824斤，达氏鲟51尾，总重718.2斤，推算川江内白鲟年捕获量近5 000斤，达氏鲟约10 000斤。3种鲟鱼在川江中的年捕获量为80 000斤左右。[②] 1974年宜宾渔业社捕获的鲟鱼（主要是中华鲟）产量占该设总渔获量的40%左右。达氏鲟也曾经是长江上游干流的主要渔业捕拉对象之一，60年代达氏鲟曾占合江渔业社总渔获量的4%～10%。[③] 白鲟虽然不是主要经济鱼类，据1979年刘成汉估计，1976年以前，全长江白鲟年捕获量约25 000千克，其中四川江段5 000千克左右，此后资源逐渐减少。

关于鲟鱼资源数量变动的问题，想要从理论上阐明其世代变动的情况是较为复杂的，需要有长时段大区域的数据资料积累。表5-1统计记载的是宜宾十年内中华鲟的捕捞产量，可以一窥当时长江上游中华鲟的资源情况。但捕捞产量的高低除取决于鱼类蕴量外，还与捕捞强度（包括捕捞工具、捕捞技术）等有关。20世纪70年代中期，长江鲟鱼调查组进行粗略估计认为当时每年溯流生殖的中华鲟在1万尾左右，中华鲟成熟个体数量还是较

---

① 忠县志编纂委员会：《忠县志》，四川辞书出版社，1994年，第177页。

② 四川长江水产资源调查组编：《四川省长江水产资源调查资料汇编》（内部资料），1975年，第161页。

③ 施白南主编，何学福等编写：《四川江河渔业资源和区划》，西南师范大学出版社，1990年，第128页。

大的。①

表 5-1　宜宾渔业社 20 世纪 60—70 年代历年中华鲟的捕获量

年度	1965	1966	1967	1968	1969	1970	1971	1972	1973	1974
数量（尾）	14	22	24	17	22	33	35	51	58	51
重量（市斤）	2 745	5 600	6 852	6 183	7 896	7 696	11 020	15 263	15 594	16 949

三、影响鲟鱼类资源分布变迁的原因

1. 不当捕捞方式下的过度捕捞

20 世纪 60 年代以来，鲟鱼渔具的不断改进，使得鲟鱼的捕捞强度也逐渐增大。鲟鱼钩是 1958 年屏山县渔民李华斌等根据滚钩捕鱼的原理，设置的专捕鲟鱼的钩，俗称大滑钩，主要是利用锋利的钩尖刺捕鲟鱼，使得鲟鱼的捕获量有大幅度增长。它是江河渔业生产中最大的一种钩，能捕到不同大小的个体，且该渔具不受渔场地形的影响，可在网具不能作业的地方安放，尤其是在长江上游和金沙江下游宜宾至屏山一带的急流处亦可使用。因此鲟鱼钩产量较高，是捕鲟业中的有效渔具。此渔具作业场所为急流处，劳力强，技术要求高，且专捕产卵的亲鱼，对资源保护极为不利。②

1965 年重庆渔业社鲟鱼三层刺网的改进与使用进一步使得鲟鱼捕获量大大提高，捕捞范围更广。以往捕鲟业主要集中在金沙江下游宜宾至屏山一带，1973 年以后泸州、泸县、重庆等地都开始使用鲟鱼三层刺网和单层刺网，使 1973、1974 年各地鲟鱼产量有了明显增长。以合江县为例，合江渔业社在 1972—1974 年每年捕鲟产量极低，最多只有 2 尾，但因增加船网和改进渔具、渔法之后，产量猛增（表 5-2），1975 年捕鲟达 69 尾之多。

① 四川省长江水产资源调查组、湖北省长江水产研究所：《长江鲟鱼类的研究》（内部资料），1976 年，第 198 页。

② 长江水产研究所，上海水产学院编：《长江流域渔具渔法渔船调查报告》（内部资料），1966 年，第 569 页。

表 5-2　20 世纪 70 年代长江（包括金沙江下游）中华鲟产量统计①

区县镇名称	1972 年		1973 年		1974 年	
	数量（尾）	重量（斤）	数量（尾）	重量（千克）	数量（尾）	重量（千克）
新市镇	16	3 200	24	4 800	—	—
屏山	46	10 595	44	10 976	24	7 157
宜宾	—	—	21	4 800	34	8 856
宜宾	51	15 263	65	17 451	51	16 904
泸州	5	1 500	13	3 000	34	9 588
泸县	—	—	9	2 200	35	9 870
合江	2	800	1	120	1	282
江津	1	450	1	370	—	—
重庆	17	5 001	19	6 940	38	12 730
涪陵	2	353	2	400	—	—
丰都	—	—	1	200	—	—
忠县	—	—	—	—	1	503
巫山	1	500	—	—	—	—
总计	142	37 662	200	51 260	263	78 580

除了鲟鱼钩以外，鲟鱼流网亦是一种重要的捕获鲟鱼的方式。作业时网具一端缚在船上，另一端系一浮筒顺流漂行。主要是利用鱼类溯流上溯时，被网具缠缚以达到捕捞目的。因为主要是利用鲟鱼溯流产卵，故而捕获的最佳时机是在每年鲟鱼产卵的 9—11 月。渔场一般选择河道拐弯，水流较急水面，地质为鹅卵石或泥沙处进行作业。如金沙江的偏岩子、新市镇、红岩子等滩湾为捕获鲟鱼的良好渔场。② 此种作业主要选择鱼类产卵时节，捕获产卵亲鱼，对鲟鱼资源极为不利。

---

① 四川长江水产资源调查组编：《四川省长江水产资源调查资料汇编》（内部资料），1975 年，第 211 页。空缺者表示数据缺失。

② 长江水产研究所，上海水产学院编：《长江流域渔具渔法渔船调查报告》（内部资料），1966 年，第 48 页。

2. 大型水利工程的影响

葛洲坝、三峡大坝等水利工程的兴修对溯河洄游性鱼类资源影响较大，如中华鲟由于无法上溯至金沙江段产卵影响了其繁殖。1981 年葛洲坝工程将长江截流后，中下游的鱼群不能上溯到长江上游产卵，导致上游已无自然分布，在川江已经失去渔业价值。[①] 参看表 5-3，可以看出葛洲坝截流后，重庆地区的中华鲟产量急剧下降。而白鲟资源的变动轨迹则更令人唏嘘不已。1981—1991 年葛洲坝下每年仍可发现 6~32 尾成体白鲟，20 世纪 90 年代后坝下江段数量剧减，1992—1994 年分别在葛洲坝下发现 4 尾、3 尾、1 尾，1995 年以后难见其踪迹，直至 2002 年在江苏南京下关附近发现雌性白鲟成体 1 尾。1982—2000 年近 20 年总误捕数为 42 尾，最后记录到白鲟的活体是 2003 年在宜宾南溪江段捕到的一尾成体。2003 年至 2012 年，长江水产研究所在长江上游进行了多次水声学探测及科研是试捕，虽然发现了白鲟疑似信号，但未捕捞到活体。[②] 2020 年白鲟被宣布灭绝。

表 5-3　葛洲坝截流前后重庆江段中华鲟产量变化[③]

年份	1979	1980	1981	1982	1983	1984	1985	1986—1991
尾数（尾）	73	81	42	21	7	3	1	0
重量（千克）	12 417	13 625	—	3 843	1 798	631	—	0

另外长江上游的大型水电开发也会降低水流速度，导致水温下降的速度变慢，无法与气温同步。以中华鲟为例，水温的变化对中华鲟的产卵也带来了一定影响，研究表明中华鲟在秋天的繁殖温度在 15.2~20.2℃，最好是 18℃，高于 20℃就不能繁殖。2003 年三峡水电站开始蓄水发电，打破了葛洲坝下江

① 丁瑞华主编：《四川鱼类志》，四川科学技术出版社，1994 年，第 32 页。

② 危起伟等著：《长江上游珍稀特有鱼类国家级自然保护区科学考察报告》，科学出版社，2012 年，第 86 页。需要说明的是，1981 年葛洲坝截流，将大批白鲟亲鱼和未成熟的个体拦在坝下，使上游种群数量下降。不过由于短时间内坎上残留的亲鱼仍能繁殖，上游白鲟数量未有明显下降。但到了 20 世纪 90 年代，长江上游白鲟数量呈减少趋势直至绝迹。

③ 刘文贵、熊天寿：《重庆市的江河渔业》，《重庆水产》，1989 年。

段的水温流速等自然水文节律，导致中华鲟性腺发育推迟，且推迟时间过久，甚至会导致其性腺退化，从而不再产卵。从食物链的角度来说，中华鲟、白鲟属于肉食性鱼类，在长江上游江段春夏季主要摄食铜鱼、长吻鮠等。但由于多种因素叠加影响，江河中小型鱼类资源的减少，这都不利于鲟鱼的进食，也会造成鲟鱼类资源量的下降。

这种建坝前后鲟鱼资源所发生的急剧性变化，总是让人们思考，是否大坝是罪魁祸首呢？三峡工程对于鲟鱼的影响究竟如何，程度有多大？可能还需要一定的时间才能彻底得以考察清楚。正如有人说“要全面了解三峡工程对生态系统的影响，我们可能还需要好几十年的时间”。虽然 20 世纪 70 年代有人提出保护鲟鱼资源，但当时所谓的保护措施是极为有限甚或说微不足道的。如当时提出应“适当少捕”亲鲟，规定应该有禁渔区和禁渔期，对已查明的产卵场，规定“其中一二个或几个产卵场”为禁渔区，或规定产卵“盛期”为禁渔期。而且提出要限制四川合江以上江段捕捞产卵亲鲟的盲目增长，应将捕鲟渔民渔船数量限制在 1973 年以前。① 综合以上的提议，不难看出，当时人们已经认识到鲟鱼资源的危机。但这种本身就力度极小的保护提议，加之当时人们对生物（自然）资源保护重要性认识不足，执行上面临着可能性为零的现实。1974 年以后鲟鱼捕捞力度不断加大，加之此后不久大规模水利工程的兴修，鲟鱼的命运已经在劫难逃。现如今，中华鲟、达氏鲟极度濒危，白鲟已多年未见，至 2020 年白鲟已宣布灭绝。

第四节　清代以来长江上游大鲵资源的分布变迁

大鲵，属隐鳃鲵科大鲵属的两栖动物，其形似鱼类，再加上所生息的环境，多近水，在传统观念中人们多将其归为鱼类。因其叫声酷似婴儿啼哭，故俗称娃娃鱼。文献中记载其俗名还有鳀鱼、鲵鱼、哇哇鱼、人鱼等。以青衣江

---

① 四川省长江水产资源调查组编：《长江鲟鱼类生物学及人工繁殖研究》，四川科学技术出版社，1988 年，第 27 页。

流域为例，清中期仍可以捕获“围如巨竹长尺半”者①，说明当时长江上游娃娃鱼的资源量仍较为丰富。1988 年中国将娃娃鱼列为国家二级珍稀保护动物。从生物学角度说，它属于由水生脊椎动物向陆生脊椎动物过渡的类群，是研究动物进化的极好材料。但近几十年来，娃娃鱼资源急剧下降，分布范围缩小，有些区域的野生大鲵甚至已经绝迹，小区域栖息地也有原来的地下与地面水域广布缩小到以地下水域为主，保护大鲵的必要性已刻不容缓，研究清代以来大鲵资源的分布变迁意义重大。

一、大鲵的食性及习性

大鲵（即娃娃鱼）常在峡谷丛林的河边石涧或小溪流、泉穴中生存，尤其喜栖息于有回流水或冒泉水的岩洞中，洞穴多在滩口上下。这既宜栖身又利于捕食（一些鱼类、蟹等水生动物有喜滩的习性）。这些洞口一般不大，但洞内却较为宽敞平坦，深浅不一，洞深的约有几十米。成熟娃娃鱼多为单独栖居或活动，不集群。②

食性上，其以鱼、蟹、蛙为主食。娃娃鱼的捕食方式，有句俗语叫“娃娃坐滩口——喜吃自来食”。娃娃鱼在洞穴口头部向外，等待食物到来。较小即当即被吞下，较大的以锐齿咬在口里待其不动再吞下。严寒时节，大鲵处于休眠状态。越冬后，4 月纷纷外出觅食，5 月则是觅食旺季，再加上此时河水量小，故而 4—6 月是较易于捕获到大鲵的。7 月以后气候炎热，雨季河水大，捕捉则较为困难了。夏秋季节娃娃鱼一般是白天在洞中栖息，夜晚出洞觅食乘凉，早春时节白天也多有外出觅食和晒太阳。

二、清至民国时期大鲵的主要分布区域及特点

由于大鲵对生存环境需求的限制，梳理文献可以看出清至民国时期大鲵在

① （清）王培荀著，魏尧西点校：《听雨楼随笔》，巴蜀书社，1987 年，第 83 页。

② 四川长江水产资源调查组编：《四川省长江水产资源调查资料汇编》（内部资料），1975 年，第 83 页。

长江上游地区主要分布于四川盆地边缘的中山区和低山区，具体而言包括川东北大巴山、米仓山；川东南的巫山、大娄山；川西北的龙门山；川西南的大、小凉山等地。涉及的地理范围主要包括四川盆地的盆地边缘区，呈环形状分布（文后附清至民国娃娃鱼分布图）。从行政区划上看，四川、重庆政区边缘区域，以及四川、重庆交界的云南昭通地区和贵州遵义、贵阳等区域均是大鲵的集中分布区域。水系分布上看，在长江上游的多条盆地边缘支流的中上游都有分布，其中岷江流域的两大支流青衣江、马边河流域以及嘉陵江上游娃娃鱼分布较多，是集中分布区域。

分析这些历史时期大鲵集中分布区域的特点，会发现其有以下诸多共同点：地质结构上，多具有丰富的石灰质岩层。岩溶地貌发育明显，溶洞、伏流较普遍，为大鲵提供了良好的繁殖和掩蔽场所。水文条件方面，水温较低，但不结冰，水温的年较差量小，变化幅度和缓。水质矿化程度高，硬度大。河床多为石底，且巨砾遍布。气候状况，年降水量一般为 1 100 ~ 1 500毫米，雨季多在 4—10 月。河水易涨易退，水的透明度大。人文环境上，大鲵集中分布的区域人口密度较小。盆地边缘山区的许多地方林木茂密，水质较好地势险峻，河流湍急，道路崎岖，地广人稀，人类活动相对较少，对大鲵的干扰也较少。这些因素的综合作用使大鲵在特定的环境中得以生存。

三、大鲵资源的开发利用状况及保护

1. 大鲵的捕捞及价值

大鲵味美且具有药用价值，其肉质细嫩，味道清淡鲜美，营养丰富。长期食用大鲵能增进食欲，强壮体质。不仅如此大鲵的皮厚实坚韧，可以用以制作皮革，还可制成治疗灼伤的药物，还可治疗小儿嗝食之类的胃病，且胆汁能解热名目。①

以黔省为例，娃娃鱼在民国的诸多文献中皆作为贵州特产食材而记载。清末尤其是抗战时期，贵阳人口聚集，贵阳人王仁斋烹制的“八宝娃娃鱼”乃

① 叶昌媛等编著：《中国珍稀及经济两栖动物》，四川科学技术出版社，1993 年，第 67 页。

是久负盛名的黔菜。黔厨烹制娃娃鱼，多先以柴草热灰烧毙之。烹制方式是将娃娃鱼宰后砍成块，与鸡鸭、火腿、竹荪、海参等八种配料（俗称八宝）一起入油锅爆炒后，上笼蒸熟。此菜八宝排列，形如花斑，香气四溢，营养丰富。① 或者是用文火慢炖，需时极久，此菜又被称为烧狗鱼，味道鲜美，温厚补人。②

民国后期至20世纪80年代以前，娃娃鱼是渔民的重要捕获对象。③ 人们捕获大鲵主要集中在每年的4—10月。其捕获的方法较为常用的是钩钓法，分为单钩和弓形钩（类似于滚钩）两种。单钩是用一根结实的长竹片，有韧性，扭折不易断，因为通常大鲵上钩后会不断挣扎，一端缚以刚性较好的铁钩，用螃蟹或青蛙之类的穿在钩上，将诱饵徐徐深入洞穴引诱其吃食。大鲵的视觉不发达，但嗅觉较为敏锐，可远距离即嗅到味道。大鲵上钩后，将其拖出洞中捕获。弓形钩是用绳索将一结实的竹片弯成弓形，用利钩数把系于绳索上，钩上加以诱饵。傍晚时分将钩放在洞口，大鲵误食上钩挣扎，其余钩也扎住身体，即被捕获。此种获取方式捕获的大鲵伤重。除了钩钓之外，还有直接徒手捕获的，用一根竹棒作辅助，手伸入洞中，往往手会被咬伤。在河边滩口，渔民也有用网捕获的。④ 现在大鲵已经实现了人工喂养，成为新兴的养殖热门对象。

如今长江上游大鲵濒危程度逐渐加剧，分布区极大缩小，并呈现破碎化的生境和点状分布的特点。由于传统时期资料记载特点所限，并无明确统计数据说明资源量下降的情况。但很明显其主要分布区域明显缩小。

2. 分布范围变迁及原因分析

20世纪80年代以前，长江上游大鲵的分布区大致呈环带状，分布于四川

---

① 唐载阳、张树良主编：《贵州省志商业志》，贵州人民出版社，1990年，第397页。

② 贵阳市政府编审室编辑：《贵阳的衣食住行》，选自《贵阳市指南》，刘磊主编：《抗战期间黔境印象》，2008年，贵州人民出版社，第40页。

③ 长时段来看，唐宋时期巴蜀民众并无忌讳食娃娃鱼的说法，到了清、民国时期方志中又记载人们忌讳食之。民国后期，这种忌讳食用的情况又逐渐被打破，20世纪80年代餐饮业中又兴起一股食用热潮。

④ 四川长江水产资源调查组编：《四川省长江水产资源调查资料汇编》（内部资料），1975年，第94页。

盆地及其邻近地区。但目前大鲵资源总体上带状和片状的分布区已不复存在，不连续的点状分布格局已成为该物种存在的主要模式。其栖息地由地下（洞穴）与地面水域广布缩小到以地下水域为主，生存地点多为人类难以达到的石灰岩溶洞或者地下暗河，且资源量仍呈衰退趋势。贵州、陕西、四川等常见大鲵野外分布区，目前地表河溪中也难见到大鲵。据资料显示，截止到21世纪初，素有“中国娃娃鱼之乡”美誉的贵定县岩下乡，只能在溶洞中见到野生大鲵。自20世纪80年代中期后，在四川地区原有大鲵分布的其中11个县大鲵已灭绝。①

应该说80年代以前长江上游的大鲵资源较为完整，资源量较大。以四川省为例，四川大鲵全省年产量约10万~20万斤。酉阳县1966年到1974年大鲵总产量达29 500斤。犍为县渔业社1957年至1980年在马边河共捕获大鲵10 724斤，所获个体重达10斤以上占总尾数的60%，最大个体达50斤。② 云南白水江的娃娃鱼分布亦较多，特别是沿白水江流域一带的深山密林小溪河中，以镇雄县罗坎，彝良县牛街、洛旺和盐津县庙坝、柿子等地分布较为集中，据记载最大长达1~2米，重25~30千克，系白水江流域一大特产。80年代以后长江上游地区大鲵资源量迅速下降，究其原因，有以下几点：

其一，从其自身繁殖能力来说，大鲵在自然条件下产卵量不大，成育率低。且其生长速度比较缓慢，据相关资料介绍，繁育3年后的个体体长仅达200毫米左右，体重为100克以下。这种繁殖的生物特性影响了大鲵种群的发展。

其二，由于大鲵对生存环境要求较高，故而生存环境的改变对其资源量的影响是巨大的。以乌江水系溶溪河为例，溶溪河属龙潭河的支流，其下游江段原是大鲵的高产区之一。早在抗战时期即已有人在此收购娃娃鱼，收购之人因

---

① 章克家：《大鲵保护生物学及其研究进展》，《生物多样性》，2002年第3期。

② 四川省社会科学院农业经济研究所，四川省水产局编著：《四川渔业经济》，四川省社会科学院，1985年，第39页。

此还得了个绰号“娃娃鱼”。① 但由于当地开发水银矿后，汞毒污染河水，不仅毒死鱼类，大鲵也被大量毒死。化肥和农药使用也导致水体污染，直接影响大鲵繁殖，造成不育，同时使得大鲵的饵料小鱼、小虾等数量减少。

其三，人为的大量捕捞是重要原因。梳理资料发现，长江上游地区大鲵资源急剧下降始于20世纪80、90年代。实际上，在唐宋时期至清代，长江上游地区当地群众普遍认为看到娃娃鱼或听到娃娃鱼“呱呱而啼”的声音都视为不祥之兆，更不敢对其捕食，客观上起到一定的保护作用。从晚清民国开始，食用娃娃鱼的风气开始逐渐盛行。至进入20世纪70年代中后期，这种传统观念受到商品利益进一步的冲击，大肆捕杀已经使野生娃娃鱼面临绝迹。② 一般说来，大鲵分布地的生态环境好，但区域经济发展滞后。20世纪80年代起，广东及东南亚等地喜食大鲵成风，导致其收购价格极高，在经济利益的驱使下，人们将贩卖大鲵作为致富的捷径，大规模捕杀大鲵。即使是国家立法保护后，大鲵的黑市交易仍很猖獗。自20世纪90年代开始的大规模偷捕和贩卖，形成了以产地为中心，辐射重庆、湖北和湖南的捕杀贩卖大鲵的地下网络。21世纪初，随着国家对大鲵人工驯养繁殖政策的开放，大鲵产业化发展蓬勃兴起，但由于野生大鲵较人工养殖的大鲵种质优良，繁殖能力较强，所产后代体质健壮，更适宜养殖户留作新建养殖场的原始大鲵种群，培育后备种鱼，养殖户不惜花重金购买野生大鲵，导致其进一步被捕捉，逐渐流入各人工养殖场。③

20世纪80年代调查显示，四川地区大鲵产地比较集中的是酉阳乌江支流的大溪河和岷江下游支流马边河，另外秦岭大巴山一带以及贵州大娄山等地大鲵仍有一定种群数量。这些分散的区域内大鲵种群相对较为密集，而且适宜于大鲵栖息繁殖。区域内河床乱石林立，岩穴岩窟广布，水质清凉而水量充沛，

---

① 四川省酉阳土家族苗族自治县委员会文史资料委员会编：《酉阳文史资料第15辑》（内部资料），1993年，第155页。

② 昭通地区地方志办公室编：《昭通地区土特名产志》，成都科技大学出版社，1993年，第188页。

③ 殷梦光等：《中国大鲵资源现状及保护对策》，《贵州农业科学》，2014年第11期。

且鱼类种类较多，饵料生物丰富。[①] 目前长江上游地区已经陆续建成四川省通江县诺水河大鲵省级自然保护区；秦巴山地则建有两个大鲵省级自然保护区，即陕西汉中略阳大鲵省级自然保护区，甘肃文县白龙江大鲵省级自然保护区；马边、酉阳均已经设立县级“大鲵自然保护区”等。总的来看，现阶段大鲵虽然在四川盆地边缘山区冷水性溪流的石灰岩河段分布，但地区分散，且种群数量并不是很大，亟待保护。

① 施白南主编，何学福等编写：《四川江河渔业资源和区划》，西南师范大学出版社，1990 年，第 228 页。

结语

鱼类作为人们利用的重要水生生物资源，可以满足人类饮食生活方面的社会需求，因而具有重要的经济史、环境史的研究价值。对历史时期长江上游鱼类资源进行研究，对当今如何开发尤其是保护鱼类资源具有重要的借鉴意义与启示作用。

一、历史时期长江上游地区鱼类资源的开发历程

汉晋南北朝时期，在中国长江上游部分农耕经济尚未很好发展的地区，包括四川盆地东部、东北部及僰道以南地区属于半农半渔猎的状态，渔业仍是重要的经济活动。由于农耕业发展有限，鱼类资源的丰富甚而有时会影响农业的发展，鱼食稻谷，发生所谓的“鱼害”。随着历代农田水利的兴修，种植业的推进使得渔业空间进一步缩小。产业结构逐渐由农牧渔多样化的格局向单一种植业演进。这一时期所记载的鱼类资源种类不多，包括比较典型的鲟鱼类、郫县子鱼等。捕捞技术较为简易，以小型的竹制渔具为主，网具、钓具亦有使用，所捕获多为自食。在一些少数民族聚居的区域，捕鱼方式仍较为原始落后，包括持刀刺捕鱼、长矛刺鱼等。

唐宋时期，随着经济的发展，较之前代，长江上游的渔业资源得到进一步开发，所记载的鱼类资源种类大大增多。在长江干流、岷江、青衣江、嘉陵江、渠江流域都可见一定的渔业活动。这一时期所使用的渔具种类多样，而且渔具规模也扩大，包括大型的渔网。这与渔业商品化程度的提高有一定关系，当时成都已有专门的鱼市，并出现了职业性渔民群体，涪江流域、岷江流域等也有专门以捕鱼为业者。在两汉时期即已经出现的食鲙方式在唐宋之际达到鼎盛，在社会各个阶层尤其是士大夫阶层极为流行。

明清民国时期长江上游的鱼类资源种类丰富，资源量大。一些现在很难见到的鱼类在当时还有广泛分布，且种群个体大。这一时期记载被开发利用的鱼类资源种类较前代明显增多，不仅局限于唐宋时期的少数几种。在某些河流的局部江段有特殊的水文状况出产特产鱼类，人们会给予特别之名，如磨盘鱼、蓁鱼等。通过对鱼类资源分布状况的梳理，可以看出直至民国，长江上游地区各大水系的水质状况都是比较良好的，适宜鱼类生存。从生物链构成来说，既有凶猛的肉食性鱼类，又

有以水生藻类为食的鱼类，整个生态系统是比较完整的。

长江上游地区的名贵鱼类都有一些优势分布区，总会被人们所赞美和提及。如江团喜洄水沱，岷江小三峡、嘉陵江小三峡以及赤水河流域丙滩段的水环境极适宜于江团的生存，故而这些江段盛产江团鱼，且味道较之其他区域尤美。鳗鲡鱼在川江、岷江、沱江、嘉陵江、乌江中下游地区均有分布，只是资源量不多，加之味美，尤为人们所珍视，属名贵鱼类之一。岩原鲤在长江上游中以嘉陵江和岷江分布最为集中。在各大河流中也有一些较为著名且具有特色的鱼类，例如岷江流域的墨头鱼，川江中的红鱼，金沙江昭通地区的面肠鱼，嘉陵江的白甲鱼，沱江中的湔水鱼，青衣江中的鱼舅，马边河中的江鲤，涪江流域的清波鱼、小安溪的磨盘鱼等。

二、主要河流鱼类资源的分布差异

梳理清至民国时期大量的资料发现，从各大流域内部鱼类组成与分布的区域差异来看，长江干流的鱼类组成与各主要支流的中下游区系组成较为一致。主要分布于长江干流的包括中华鲟、达氏鲟、白鲟、胭脂鱼、长吻鮠、铜鱼类等在主要支流的中下游也有分布。长江上游的一级支流鱼类组成也具有一定的相似性，但也有一定差异，各大河流都分布有一定的特有种。在金沙江、岷江、嘉陵江的上游江段都分布有裂腹鱼类和高原鳅类，中下游江段基本难见有分布。

从清至民国时期文献记载的详细程度来看，二级支流中包括大渡河、雅砻江、马边河流域对鱼类资源的记载较为简略，多仅是列举其名，且记载种类数少。当然这既与实际河流鱼类种类数相对较少有关，同时也说明这些区域对鱼类资源的利用开发程度并不高。距离经济中心成都较近的岷江中下游灌县、新津、眉山等地区以及沱江流域的双流、金堂等县鱼类资源开发利用程度最高，商品化程度最发达。重庆地区的水产品需求量大，是长江、嘉陵江最大的水产品消费中心。

川江鱼类种类多，资源量丰富，且三峡段是许多重要经济鱼类的天然产卵场。金沙江是一条典型的峡谷河流，以喜急流的种类最多，具有一定的渔业价值。沱江、嘉陵江河道曲折，滩沱较多，饵料资源丰富，是长江上游一级支流中渔业较为发达的河流。两者比较而言，沱江鱼类种类少于嘉陵江。在主要的二级、三级支流中渔业较发达的当属渠江与青衣江，渔业开发历史悠久，且鱼类种类较为丰富。

三、珍稀鱼类资源的分布变迁

通过梳理清至民国时期各大干支流主要鱼类资源的分布情况，我们发现鱼类资源量的下降是极为明显的。就选取的个案鲟鱼类、虎嘉鱼、金线鱼、娃娃鱼（为国家一、二级保护动物）来说：鲟鱼类是长江上游的重要经济鱼类，其开发历史悠久，且分布范围较广，不仅分布于长江干流，在主要支流的河口及下游江段亦有分布，如嘉陵江、岷江、沱江等。清代的三峡地区以及 20 世纪中期的宜宾、泸州、重庆等长江干流城市都有专门的捕鲟渔期，但现今鲟鱼的资源量迅速下降，仅偶有误捕记录，而白鲟已经宣告灭绝。清至民国时期虎嘉鱼在岷江干流及其支流大渡河、青衣江有一定的分布，至 2005 年，虎嘉鱼在大渡河上游还有少量种群，青衣江上游、岷江上游虎嘉鱼已是残存状态，其分布呈现出不断往上游退缩的趋势。清至民国时期大鲵在长江上游地区主要分布于四川盆地边缘的中山区和低山区，呈环形分布。20 世纪 80 年代，四川地区大鲵产地比较集中的是酉阳乌江支流的大溪河和岷江下游支流马边河，另外秦岭大巴山一带以及贵州大娄山等地大鲵仍有一定种群数量。但目前不连续的点状分布格局已成为其主要的分布模式。滇池沿岸的石灰岩溶洞曾是滇池金线鱼的重要分布区，现今主要分布于滇池附近的少数几个龙潭中。面对这种珍稀鱼类资源分布迅速缩小的局面，相关学者提出在种群资源相对丰富的区域设立保护区的建议。

四、鱼类捕捞活动的区域差异

整体来看，历史时期长江上游并没有许多大规模的渔业捕捞活动，这和多淡水湖泊且水流较缓的长江中下游地区是有很大差异的。对于长江上游而言，渔业虽不是主要经济活动，但在沿江的人们生活中亦有一定的渔民群体分布。在河流洄水沱处、江中小岛、河流汇合处、滩涂等是渔民常捕鱼之处。需要说明的是，整体上长江上游水域中这种捕捞活动的不易使得渔民们善于总结时机，如嘉陵江流域的“打凼”、沱江流域的“捕退鳅”等，都是充分利用鱼类习性进行捕获的方式。

同时在长江上游的部分区域鱼洞、鱼穴、鱼泉众多，这与区域内多喀斯特地貌有关。鱼洞可分为越冬型和产卵型①。但目前来看，长江上游地区越冬型鱼洞是非常典型的。这些越冬型鱼洞的形成与该区域的地质、水文及气候条件有关。分析这些鱼洞主要分布区域的特点，会发现有诸多共同点：地质结构上，多具有丰富的石灰质岩层。岩溶地貌发育明显，溶洞、伏流较普遍。水文条件方面，水温较低，同时因地形地貌造成的气候垂直差异明显，这是因为在四川盆地周边气温较低，热量条件较差，但地下河不易受外界冷暖气候的影响，冬暖夏凉，成为鱼类越冬的极佳场所。因而鱼类有短距离迁移的洄游情况。如嘉陵江流域的渔谚“七上八下九归沱，十冬腊月钻岩壳”反映的就是在天气转寒时节部分鱼类寻找越冬场所的情景。

捕获鱼洞、鱼穴中的鱼，难度小于在江河中捞捕鱼类，加之一般洞穴所出鱼类味道甚美，也常是人们捕鱼的好选择，有时甚至会因争夺捕鱼权而引发殴斗。由于鱼类资源丰富，人们常等候在旁，伺机而捕，用极为简易的渔具即可收获颇丰。由于这些鱼洞、鱼穴与人们生活的联系紧密，他们的存在也在很大程度上首先受到人类活动的影响。鱼洞、鱼穴、鱼泉等的大量存在，这也侧面说明地下水资源的丰富。

鱼类资源的开发还会受到民族宗教信仰的影响，在长江源头区域，包括玉树及察木多西部（今西藏昌都）地区以及金沙江流域的宁蒗永宁地区，雅砻江流域，岷江流域的甘孜、阿坝一带所居住藏族皆忌讳食鱼、捕鱼，因而在很长一段时间内当地居民基本无渔业开发可言，从事捕鱼业者，多为从内地迁入的汉人。这些区域的鱼类资源也得到了较好的保存。

本研究所做的基础工作是通过梳理大量文献，勾勒历史时期长江上游鱼类资源的种类、分布及开发过程，呈现了清至民国时期各大水系鱼类资源的空间

① 长江上游地区产卵型鱼洞最为典型的例子就是滇池金线鱼的金线洞。

分布状态，探讨了若干珍稀鱼类的资源变迁过程。鱼类作为人们利用的重要生物资源，既是重要的食材，更是重要的环境指征物。上述这些工作为进一步从环境史的视角去深入探讨鱼类资源开发与人类社会产生了怎样的交集与互动，具有重要的意义。下面的余论是就这些问题展开的一些初步思考。

余论

环境史视野下长江上游鱼类资源的变迁与人为因素的互动

20世纪80年代始，史学史的学者认为历史学出现了动物转向①，动物逐渐成为学者们关注的重点。动物史研究的兴起与环境史的突进有密切的联系。人与动物的关系也是环境史研究的重要内容之一。尤其是两者之间的互动关系，由于其多维度性更是使得这一话题颇为有趣。大型哺乳动物由于其体型较大，总是能够更容易引起人们的关注。而生活在水中的鱼类则容易被忽视。人对动物的认知会影响到资源的开发，在资源开发的过程中所衍生出来的上层管理制度、思想文化等要素反过来又会影响到资源的开发。

应该说清末民国以来，人们对鱼类资源的利用速度呈加速状态，但直至20世纪50年代以前长江上游鱼类资源是比较丰富的。20世纪中期，人口快速增长，经济迅猛发展，对淡水、土地、森林和矿产资源的索求急剧增加，导致生态环境的物理性破坏远比农业时代显著；工业化和城市化进程更给水资源环境造成了过去基本不存在的新问题——即水体严重污染，这导致有限的淡水资源无法充分利用。“河水香茶”“河水豆花”已经成为过往的回忆。数十年间生态环境，特别是水环境破坏的严重程度，超过了以往的数个世纪，乃至上千年。无独有偶，鱼类资源的急剧变化也是在20世纪70年代以后。② 这也从某种程度上映证了水环境变化与鱼类资源变动存在某种内在联系。人类活动对生态环境的影响是渐积所至，呈累积性的。故而时间越靠后，人类活动对生态环境影响所造成的后果也就更加明显。

影响鱼类资源变迁的原因是多方面的，一方面与鱼类自身的因素有一定关系，对生存环境要求越高的鱼类，如惯生存于冷水的虎嘉鱼、裂腹鱼、金线鱼等，对水温、水质的要求都比较严格，在水环境发生变化的情况下，其资源量的下降也就更为严重。或是繁殖能力较弱的鱼类，其资源量的保存就相对不易。从人为活动的因素来看，影响的具体因素则是错综复杂。应该说影响鱼类资源的因素主要是人为捕捞与生存环境破坏。生存环境的破坏又可包括水质的

---

① 陈淮宇：《历史学的“动物转向”与“后人类史学”》，《史学集刊》，2019年第1期。

② 穆盛博著，胡文亮译：《近代中国的渔业战争和环境变化》，江苏人民出版社，2015年，第173页。他在谈到舟山渔业衰退时也同样地指出，20世纪70年代大黄鱼、小黄鱼、乌贼鱼和带鱼数量显示出严重的衰竭现象。

污染、水利设施的广泛修筑及生存环境被入侵等。就鱼种自身而言，往往是口感好的或是分布范围较为狭窄的鱼类资源量破坏最为严重。而往往口感好的鱼类往往对生存环境的要求又比较高。这双重的因素使得这些鱼类资源量下降最为严重。

一、水资源与鱼类资源的相依存关系

我们知道任何一种食物生产方式和类型都是与一定的自然环境相适应，并受诸多生态因素影响和制约。渔业生产必须以丰富的水资源为前提。关于历史时期水环境的演变情况，可以通过河道运输、通航能力、水位高低、水力运用等要素加以考察。同时衡量水域生态环境的一个重要指标就是看其中生存、分布的水生动植物种群及其资源数量情况。

传统时期人们对于水质、水环境的评价多是感性、直观的描述，难以进行量化。而通过探究其中水生动植物（鱼类是重要组成部分）的生存情况就可以作为判断水质状况好坏的一个标准。鱼类可以作为水环境的一个晴雨表，如鳗鲡鱼、金线鱼、油鱼、裂腹鱼类等对水体的水质要求都比较高，相应的可以推测有这些鱼类分布的水域其水质必定较好。鱼类资源的丰富足以证明直至20世纪初期，长江上游的水质状况都是比较良好的。水好，自然鱼美。自然水域水面的缩小、水质的恶劣、水道环境的改变是影响鱼类生存的重要原因。这也为我们研究历史时期水资源的状况提供了一个新的视角。同样也说明保护水资源与鱼类资源是两位一体的。河（湖）中有水，水中有鱼，这才是生态型和具有生命力的河流（湖泊）。正如习近平总书记指出的：要“恢复河流生态环境，重塑健康自然的弯曲河岸线，营造自然深潭浅滩，为生物提供多样性生境。”① 河流生态环境的恢复，水质的改善是基础，水环境保护工作的开展有利于鱼类资源的保护，同时鱼类资源的保护也使我们得以进一步认识水资源保护的重要性。

水质、水文等要素的变化会直接影响水中生物的生存情况。就长江上游内

① 中共中央文献研究室编：《习近平关于社会主义生态文明建设论述摘编》，中央文献出版社，2017年，第57页。

部区域差异来看，沱江水质的污染是长江上游河流中较为严重的，其鱼类资源下降自然也是最为严重的。而水质情况较好的赤水河，是目前长江上游难得的一条自然流淌的河流，其鱼类资源保存状况相对良好。

需要说明的是，地表水资源的衰退也许是易见的。湖泊水域的缩小、河流的径流变小等都能够直接反映出来。但地下水资源作为水资源的重要组成部分同样面临着衰退的趋势。长江上游地区地下水资源丰富，类型上主要有孔隙水、裂隙水、溶洞水三类，各类地下水以不同的形式出露。历史时期，由于长江上游地区地下水资源丰富，加之喀斯特地貌较多故而多地下阴河，多鱼穴、鱼洞、鱼泉之类。这些鱼穴、鱼洞、鱼泉等地所产之鱼，由于水质好，鱼味道甚美。加之，往往这些产鱼地点接近人们生活区域，捕捞较易，也就成为人们孜孜以求争夺的对象。由于大肆捕捞，原本出鱼的地点渐不出鱼。

可以发现，地下水资源丰富的四川盆地边缘和川西南山地也是鱼穴、鱼洞、鱼泉大量出现的区域。而盆地中部地下水资源相对贫乏，则少见有此类情况。这说明，鱼洞、鱼穴的分布与地下水的丰富情况具有一致性。但鱼穴、鱼洞出鱼的现象如今却极为少见，反映出地下水资源逐渐减少的趋势。同时地下水资源的丰富程度也与森林覆盖情况有一定关联，山体植被的茂盛具有涵养水源的作用，而植被的大规模破坏，使得岩石缝隙中的水分不易保存，同时水土的流失会致使泥沙淤塞堵泉、穴、落水洞之类。诸多原本涌出鱼的穴口到晚清时期多为泥土所淤塞，不复出鱼，如略阳县的石马洞，广元的嘉鱼穴等。另外，大规模的开山取石等行为破坏了鱼类的生存环境，也不利于某些惯于在石穴中越冬鱼类的生存。现阶段地下水资源由于过度开采、植被破坏以及人为污染等原因，地下水资源的保护问题同样不容忽视。这种鱼类资源变迁所透视出来的地下水资源衰退的问题，应该说是长江上游较为独特的现象之一。因为从长江下游来看，鱼类资源的变迁更多是折射出地表水域尤其是湖泊的衰退。而在上游地区由于此类鱼泉、鱼穴等的广泛存在，使得从这一视角来研究区域内地下水的衰退就很有必要了。

水资源的多功能性决定了用水之利的多目标性。在固定的区域内和一定时间，水资源的数量是有限的。这样在水的多种用途之间，一种方式的利用会妨害到另一种的利用。传统时期长江上游居民的饮用水主要取自于地表河流和井水。饮用水取自于地表河流，与渔业用水会产生一定矛盾。其一就是经常性地捕捞鱼虾，尤其是毒捕会污染河流水质。毒捕鱼类是当时惯用的捕捞方式。在所见的关于护鱼碑刻和巴县档案中，可以看到很多毒捕鱼类的例子①。这种做法不仅不利于鱼类资源本身的繁殖，也会给区域水环境带来极为不利的影响。这包括饮用水污染、引发疾病的传播等一系列的社会问题，影响社会稳定。另外，敷设鱼草采捕鱼苗，截水养鱼也会使得水不能饮用。巴县档案中"衅由每逢春时珊瑚坝官塘遗包揽之渔，顺孙、敢年等截水养鱼，将水污秽以致城厢街民切齿受害不少。"② 尤其是在最近几十年间，人工养殖业的大规模发展，也带来水体的污染，进而影响了自然水域中鱼类的生存。人工养殖水域尤其是湖泊与河道中的网箱养鱼带来的此类问题尤为明显。这所涉及的诸多问题，都使我们思考如何合理科学地进行水资源的分配使用与管理问题。

二、人与鱼类的关系

早期渔猎为主的经济开发模式下，鱼是人们的重要食物来源。随着种植业的发展，植物性粮食被广泛种植，加之其高产量，使得鱼的果腹充饥的功效逐渐被植物性粮食所取代，它成为可有可无的满足人欲望的众多食物之一。人们更加注重鱼的口感、功效。在这样一个背景下，一些味美的鱼类被人挑选出来，成为孜孜以求的捕获对象。而这些鱼类也就更容易和更早成为资源量下降的对象。当然在战乱、灾害等食物缺乏的时期，种植业受到影响，鱼类又有可能会成为人们果腹选择。近代鱼类的食用价值上升了一个层次，不再是仅仅停留在果腹层面，它成为人们获取蛋白质的重要来源，甚至上升到有利于智力开发的高度，其食用价值更为人所重视。

在名贵鱼类资源减少但市场需求却旺盛的情况下，人们所利用的品种不断

---

① 可参见：刘静：《"鱼"背后的博弈——以近代长江上游渔业资源的保护为中心》，《地域研究与开发》，2016 年第 1 期。

② 监生李明谊具禀彭新顺截水养鱼污秽饮流协恳示禁案，档案号 006-023-01079，藏于四川省档案馆。

扩大。交通运输的便利与快捷，尤其是冷藏设备的使用，有利于区域间鱼类资源的调剂与互通。加之渔业养殖的发展，养殖品种的多样化，使得一些鱼类产量提高了。这些因素似乎使得人类所利用的鱼类资源种类和范围进而又扩大了。但事实上是，从长时段大范围来看，由于名贵鱼类资源的衰退，人们可以持续并长久广泛利用的鱼类资源种类是大为减少的。

人类对鱼类认知程度的逐渐加深，随之而来的是捕捞强度、利用方式的变化。传统时期由于人们对鱼类产卵繁殖、食性、习性等因素的不甚了解，或是产生畏惧心理，或是敬畏之心，认为某些鱼类或是某个特定的区域鱼类不能食用。而伴随着认知和利用的加深，一方面，这种禁忌心理不复存在，对鱼类捕捞所怀有的顾忌消失。禁忌消失的同时则是对资源的大肆开发。食用的种类日益扩大，捕捞强度也逐渐增强。另一方面，人类利用自己对鱼类所掌握的各方面知识，包括繁殖、食性等特性，发展人工养殖业，以便更好地满足自己的需求。尤其是一些名贵鱼类品种得以被选择出来加以养殖。伴随人类对鱼类认知程度的逐渐加深，人与鱼的关系看似是越来越近。人口压力使追求高产、放弃低产优质和多样性成了无奈选择，而追求高产势必造成了利用种类的单一化和低质化。

鱼类对人类来说，除了具备食用功能外，还带有文化功能和文化意义。鱼作为中国古代传统文化的重要因素之一，它也有着自己的功能承载。它可以成为王朝政权中权力的象征。它也是文人墨客借以寄托情绪、抒发感受的对象。在普通大众的生活中它象征着美好与希望，寓意着吉祥、幸福。它又与雨水、洪灾等水文情况密不可分。在传统的祈雨活动、水文石刻中都能看到鱼的影子。鱼在人类生活中的多功能性使其具有了丰富的文化内涵。

三、渔业经济在产业结构中的变化

农耕业与渔业都是大农业范围下的组成部分，随着社会生产力的发展，二者在国家经济中所占的比重有一个变化。中国传统时代早期，鱼类资源丰富，农耕规模不大，涨水之际，故而有“鱼害”。这在黄河流域和长江流域都有史料记载。《汉书·沟洫志》：“决溢有败，为鱼鳖食。”巴蜀地区亦会出现“崩江多鱼害”的情景。鱼类资源的丰富威胁了农业的发展及人们的生活。在传统时代后期，长期重农（狭义的农耕业）思想指导下，农耕业的发展不断挤压采集渔猎经济空间。农业的发展、森林的砍伐，造成的水土流失及自然水域的缩小都影响了鱼类资源的生存。现代社会随着人们思想观念的转变，人工养殖业的发展，渔业成为大农业的重要组成部分。人工养殖鱼类也成为人们蛋白质的主要来源。随着自然状态下鱼类资源的减少，自然水域的捕捞渔业在国家经济中所占比重则日益萎缩。

农耕业与渔业的发展也会产生一定的冲突与矛盾。这在水资源的使用上就有所显现。农业用水与渔业用水之争主要体现在塘堰及稻田中，即毁坏堰塘偷捕鱼或稻田中放水捕鱼。明弘治三年（1490 年），“成都府灌县地方旧有都江堰，近年以来，多被官校人等创造碾磨，或私开小渠，决水捕鱼，以致淤塞水利，伤害田禾。”[①] 道光二十二年（1842 年）二月巴县示谕禁止任意撬毁堰塘，挖坏田亩捕鱼，“窃修堰防旱乃属农人之要务，放水捕鱼最为耕者之巨害……示仰捕鱼人等嗣后尔等各安，另寻别业，现值春耕乏水之际，毋许仍前任意撬毁堰塘挖坏田亩希图捕鱼，致使田禾无水，灌溉为患匪轻。”[②] 宣统二年（1910 年）二月巴县又发生类似案件，“振兴渔利亦国家当务之急，原以田塘河堰严禁网罟药钓。去冬曾蒙明泽示谕垂为严禁，业存户房可查，况地方堵水池塘原以灌溉良田，至喂养多鱼，无非砍藉取微赀以作补修塘堰之用……窃思农业为当今振兴之件，渔业亦奉示开办之端，估鱼蓄鱼已属违禁不法。尤复私放塘水大害农业是为氏间之蠹，不沐拘究。”[③] 尤其是春旱季节，这种渔业用水与农业用水的冲突更为加剧。“王家河一带附近居民等知悉尔等须知堰塘关系农田水利，既经众人捐资修好，嗣后毋许在古堰处凿穴捕鱼，取石置窠，

---

① 中央研究院历史语言研究所校印：《明孝宗实录》卷三十六，据国立北平图书馆版校印，1962 年，第 776 页。

② 孝里一甲民廖洪顺禀现春耕乏水恳示禁任意撬毁堰塘挖坏田亩捕鱼卷及巴县示谕，档案号 006-003-0859，藏于四川省档案馆。

③ 西城里兴隆场里正贺万兴等以违禁聚众估取放水捞鱼事具禀彭大顺等一案，档案号 006-008-01598，藏于四川省档案馆。

致堤崩坏。”① 稻田中放水捕鱼影响稻田灌溉，并会破坏禾苗，影响农业发展，这种纠纷在巴县档案中数量较多，在此不一一列举。在重粮轻渔的指导思想下，无一例外，由于决堰捕鱼会影响到农业用水，如若此种情况发生无一例外，均是以保护堰塘为重。而且晚清之际此类捕鱼与护水、护田之间的冲突有频繁发展之趋势，也说明人们获取鱼类资源的力度增强，出现了所谓的“木穷于山，鱼穷于水”的情景。②

四、鱼类资源的利用技术、方式与资源变迁

资源利用技术方式的变化、发展对资源的变迁有着较大影响。同样，资源的丰富程度与资源利用模式也是相关联的。一般来说，鱼类资源丰富，往往人们就可以用较为简易的方式获取鱼类资源。长江上游地区渔具直至民国时期变化不大，少见有革新，在较长时段内捕鱼技术的发展程度有限，捕鱼技术水平并未发生质的改变。所谓“渔具多沿古法”，较为简单。到了民国时期，在沿海和长江中下游地区自然捕捞技术迅速发展的情况下，水急滩险的长江上游渔业技术的革新侧重于人工养殖，捕捞技术质的层面上的发展并不明显。但不可忽视的是，随着人口压力和资源需求量的增大，捕捞技术量的层面上所呈现出来的趋势则是捕捞力度日益加大，包括滚钩等渔具的广泛使用。20 世纪 50—70 年代长江上游地区捕捞技术发生巨变，还包括机动渔船的使用、渔具的革新等诸多方面，鱼类资源的急剧下降也是在这一时期。

在传统时期捕捞利用中，也存在很多不利于鱼类资源繁殖的情况。其中就包括捕捞“生子鱼”。在产卵繁殖季节，人们运用巴豆、石灰等毒捕鱼类。鱼群集中出现，便于渔民捕捞，故而捕捞产卵亲鱼是其提高产量的重要方式。另外就是使用不合理的渔具，比如滚钩，用来大肆捕捞鱼类。虽然长期以来，长江上游地区的捕捞技术都并未发生质的变化，现代化因素引进不明显。但是这并不代表这些传统渔

---

① 巴县据禀示禁王家河一带不许在古堰謦穴捕鱼取石置窠文，档案号 006-033-05858，藏于四川省档案馆。

② 同治《会理州志》卷七边防，集成 70，第 215 页。

具对于资源破坏力度小。只是说因为当时一方面鱼类资源仍保持有一定的蕴藏量，另一方面是鱼类这种生物资源的破坏乃是渐积所至，短时期内人们较难察觉。在大规模工业化之前，鱼类资源的破坏情况似乎并没那么严重的原因就在于水质的恶化以及水利工程的修建尚未达到大规模工业化时候的程度。

就长江上游水系内部捕捞强度的区域差异来看，沱江流域由于人口众多，经济较为发达，需求量大，渔业开发历史悠久，一直以来捕捞强度均居于各大水系之首，加之水质污染，这都使得沱江的鱼类资源量在各大水系中是下降最为明显的。反之，一些经济开发较为落后的流域如赤水河、马边河等，鱼类资源保存相对丰富。尤其是在大规模工业化时代后，这些区域的水质状态保存相对较好，因而更有利于鱼类资源的生存。

在很长一段时间内长江上游地区捕捞技术，其发生的变化并不是十分明显，而近一百年来人们的不合理捕捞危害却是无以复加。新近产生的比如用电捕鱼、用爆炸物取鱼等的危害常常为人们所忽视。为了提高产量，在科学技术发展的背景下，渔具渔网革新的速度迅速提高。原来以麻线为基础的渔网，限制了网具的规模。改为纤维制品后，网具一方面变得更加结实。同时原来由于网是麻制的，经常需要晒网，所以有“三天打鱼两天晒网”之说，改为纤维制品之后，这种晒网的时间也不需要了，渔民可以天天捕鱼，捕捞效率提高，捕捞强度也随之提高。以中华鲟的捕捞为例，20 世纪 60 年代三层刺网的运用使得捕获鲟鱼的强度加大。

资源变迁与资源利用方式的关系演进体现在鱼类资源这里，一个主要的内容就是自然捕捞与人工养殖的关系演进。唐宋时期至 20 世纪 60 年代中期的长时段内，长江上游地区渔业经济都是以自然捕捞为主体，即所谓“采捕为业”。亦有部分人认识到“蓄鱼获利”，人工养殖有一定发展。明后期始随着天然水域和鱼类资源的减少，自然采捕受到一定影响，但主体地位并未受到动摇。与自然捕捞比重呈下降趋势同时发生的是，随着商品经济的发展，人工养殖的商品性加强，养殖技术发展，而在渔业经济中所占比重也逐渐提高。也就是说，明代后期这两者比重开始呈现出转变的趋势，在一系列因素的综合作用下，20 世纪 60 年代中期二者最终实现关键性的变化。20 世纪 80 年代改革开放以后，人工养殖逐渐占绝对性优势。

伴随着人工养殖业的发展，人与鱼发生互动的地域在变，从河边湖泊到水塘、稻田、养鱼场，人与鱼的直接距离进一步在拉近，人们能够更好、更快捷地利用鱼类资源为人类服务。现在又呈现出回到河中的趋势，即利用广阔的自然水域进行水箱、网箱养鱼。但由于大规模的水箱、网箱养殖带来的水质污染、对生物多样性破坏等问题，这种回归可能带来的是更为恶劣的影响。

渔业养殖业本身也在不断发生历史性变化。人们养殖对象的选择，起初是成本较低、饲养便宜的鲤鱼、草鱼等四大家鱼。随着养殖业利润的增大以及经验的积累，养殖范围从植食性鱼类扩展到食肉性鱼类。如现代养殖业发展鲇鱼、江团等食肉性鱼类的养殖逐渐增多。除了常规养殖外，另外有利用鱼类的习性开展多种形式的养殖业，包括温水养鱼、冷水养鱼等，将生物科技更好地融入养殖业中。长江上游一些山区利用山溪、泉岩水等进行较为典型的冷水养殖，如养殖齐口裂腹鱼等。

人工养殖在满足人类对水产品的需求上发挥了重要作用。食用养殖鱼类成为人体蛋白质补充的重要途径。同时这也引发了鱼类食用口感和烹饪方式、技法的变化。口感上，养殖鱼类远比不上自然水域生存的鱼类。烹饪技法上，传统的烹饪方式更侧重食用其本味，方法简单。传统时期自然水域捕捞的鱼类，渔民们惯于用“清水煮活鱼。”这种简单的烹饪方式得益于优质的鱼类资源。如今人们的鱼类原料多是养殖鱼类，其烹饪技法种类多样，且更为复杂，往往需要通过重油、重料的方式来掩盖养殖鱼类泥腥味、肉质较差的缺点。尤其需要注意的是，人工养殖给当今的生态环境和生物多样性也带来了不利影响。现代科学养殖技术运用到人工养殖中，在产量大大提高的同时，随之而来的往往是品质口感的明显下降。同时还引发了对养殖水域新型污染和生物物种多样性破坏的情况。另外，为了发展养殖业，人们会人为地采取一些措施，消灭某些所谓的“害鱼”，如鲶鱼、鳡鱼是食鱼的凶猛性鱼类，在长江上游地区原本较为常见，为了发展养殖业，很长一段时间内这两种鱼皆是作为“鱼害”被人选择清除。当然这些凶猛性鱼类的逐渐消失也可能与食物的缺乏有关。

五、鱼类资源的保护迫在眉睫

传统时期限于人口流动与交往规模等因素，生物物种的交流并不多。加上活体鱼类运输的难度较大，各个区域的鱼类区系保持着一定原始性和完整性，自然水域中几乎全为土著鱼类。这个生物群体是长期演化而成的食物链，是合理的、适应自然的。但随着社会的发展，一方面由于人为捕捞、水环境演变等造成的土著鱼类锐减，物种多样性被破坏。同时加上人为施加的影响，如不合理的放生、引进外来物种养殖等行为，破坏了原有生态系统的平衡，造成生物入侵。许多传统时期的常见鱼类现多已岌岌可危。从保持物种多样性、维护生态系统平衡这个角度来看，鱼类资源保护迫在眉睫。

鱼类资源的保护难度较大，具体来说难在哪些地方？保护鱼类资源首先是要保护其生存的水域环境，这其中牵涉的相关因素很多。如关于水利工程对鱼类资源的破坏作用，现代鱼类学家已经有了一定的研究。在完整梳理并了解水利工程并未大规模出现时期水中鱼类的丰富程度后，我们更加有理由说明水利工程对鱼类生存的危害。这其中以洄游性鱼类的最具说明力度。直至20世纪50年代，鳗鲡鱼在长江上游各大水系的干流都有记载。鲟鱼类亦是如此，而铜鱼属就更不用说了，皆有广泛分布。而现如今这些洄游性鱼类资源量大大下降。水利工程对鱼类生存带来的一系列影响包括河道底质、水温、洄游、水量等诸多方面。以赤水河为例，它是现长江上游河流特有鱼类密度最高的河流，除了水质因素外，重要的因素就在于其是唯一尚未修建大规模水利工程的自然流淌的河流。

目前来看，设置自然保护区是生物资源保护重要且有效的途径。设置鱼类自然保护区既有必要，但同时又有一定难度。鱼类不同于陆生动物，其集中活动的范围并不固定，无法进行有效的保护区域划定。鱼类在水中，尤其是如中华鲟等洄游性鱼类，活动范围贯穿整个长江流域，划定自然保护区进行保护所涉及的相关因素更多、更为复杂。

鱼类自然保护区的设置有几种类型，其一，某种鱼类在部分江段有一定数量的分布。这种类型的保护区数量不多，尤其是一些濒危鱼类，现仅分布于一些较小区域。如虎嘉鱼，这种保护区的设置就显得尤为必要。其二，较广范围内水域鱼类资源种类丰富，亟待保护。基于鱼类生存环境整体性的考虑，一些保护区是以流域为界限划定的，可能是跨不同行政区，这种跨界保护区更需要各地政府之间加强合作与协调。至今国家级鱼类自然保护区仅有长江上游珍稀鱼类自然保护区。但这里还涉及保护区经济发展的问题。往往保护区的设置会与保护区的经济发展产生一定的冲突，例如由于水利工程的修建，许多保护区的范围一再缩小，再加上管理不善，以致保护区的功效并未能得到较好的发挥。

中国自然资源保护制度与观念上的缺失是资源不断遭受破坏的原因之一。有学者研究指出中国古代环境保护法制从西周以来呈现出螺旋下降的趋势。资源保护的制度与观念具有一致性。自然资源保护法制缺失的同时也是思想观念的缺失。梳理关于传统时期鱼类资源的利用开发过程，发现从环境保护的角度谈及鱼类资源保护的极少，尤其是晚清近代以来破坏鱼类资源的现象尤为明显。即使有涉及鱼类保护，其主观目的或是出于仁心或是为了保护饮用水抑或是风水思想等，基于生物资源保护这一角度考虑则极少。延伸至现代环境保护法中，虽然有《中华人民共和国水污染防治法》《中华人民共和国环境影响评价法》《中华人民共和国渔业法》等，对水生生物保护有所涉及，却鲜见有系统地针对水生生物保护的可操作性法律规范。这种立法的原则化和粗线条化使得鱼类资源保护问题很难得到较好的解决。同时从客观因素上来讲，对水生生物资源的保护与管理涉及水利、环保、交通、农业等诸多部门，协调管理难度较大。

同样是自然资源的重要组成部分，森林资源在国家长达数十年的退耕护林活动中，由于政策得到较好的执行，加之燃料换代等诸多原因，植被覆盖率得到一定程度的恢复。但相较而言，动物资源包括鱼类资源的保护活动却未能很好开展。森林资源的恢复说明只要人类采取积极有效的措施来保护自然资源是可以取得成效的。

人与动物的关系在不同的经济模式下处于不同的状态。人类经历了采集渔猎时代、畜牧农业时代、无限制利用和残酷掠杀时代，而 21 世纪则是动物保护时代。从“采集渔猎时代”到“畜牧农业时代”的人们基本上是自觉地在按照自然生态规律合理利用动物资源。而长江现在面临的是水电开发、气候变化、水质污染等所带来的一系列综合性问题，生物保护的多样性威胁及特有水生动物的减少亟待解决。人们应该让江河湖泊休养生息，才能重归水清鱼跃。

六、历史借鉴与启示

十八大以来，我国的生态文明建设上升到国家战略层面，党中央采取一系列措施，出台一系列制度法令与政策，成效显著。生态文明建设离不开既往经验借鉴和历史理性导引。回顾历史时期长江上游人们对鱼类资源的开发，从秦汉时期的“鱼害”，到目前长江局部江段已经处于“无鱼”等级的现状，值得我们深刻反思。生态环境保护的成败归根结底取决于经济结构和经济发展方式。经济发展不应是对资源和生态环境的竭泽而渔，生态环境保护也不应是舍弃经济发展的缘木求鱼，而是要坚持在发展中保护、在保护中发展。习近平总书记对经济发展与生态环境保护关系的论述同样对鱼类资源的开发与保护具有重要的指导意义。到底应该如何捕、如何养、如何保护，这是三大关键问题。笔者认为，历史时期长江上游鱼类资源的开发对当今生态文明建设，尤其是水生物多样性保护有所借鉴与启示，可以表现在以下几个方面。

水的保护是基础，水是鱼类生存的关键。在农业文明时代人们对鱼类资源的影响主要通过捕捞活动来体现。而在近代尤其是大规模工业发展的时代，无序化的工业发展所造成的长江水资源污染问题则很明显的成了影响长江上游鱼类资源的重要因素。这种水质污染造成的资源破坏甚至是根本性和毁灭性的。可以说保护鱼类资源的基础一定是从水环境的改善抓起。习近平总书记“山水林田湖草”生命共同体的思想正是深刻地指出了这些自然要素之间的密切联系。

捕捞有度，捕捞是人力直接获取鱼类的方式，同样要把握好度。以鲟鱼的开发为例，在清代长江三峡地区的民众就已经形成了专业捕捞鲟鱼的群体。实质上直到民国后期，以重庆地区为例，鲟鱼资源仍然较为丰富，市场上有专门的鲟鱼鱼案桌。20 世纪五六十年代长江上游各城市包括重庆、泸州、宜宾等地成立的鲟鱼社开始了大规模对鲟鱼的捕捞。这一时期在使用工业化设备后的大捞大捕对鲟鱼资源的破坏是非常明显的，造成鲟鱼资源急剧衰退。

养殖有度，遵循自然规律。渔业养殖的大规模发展始于 20 世纪 60 年代。这对于满足人类对水产品的需求，缓解水产品市场短缺起到了巨大的作用。在市场利益的刺激下，为了更快捷地培育出更多的水产品，养殖饲料的滥用造成养殖鱼类口感不佳，反过来又进一步刺激部分人群对所谓野生鱼类的追求与吹捧，这给自然水域鱼类的生存增加了更大的危机。同时，区域内鱼类养殖业片面考虑产量，未能结合本地生物系统考察，盲目引种，引发生物多样性危机的案例比比皆是。养殖是人为生产鱼类的方式，这种人为干预也应该把握好度。

借鉴少数民族渔业文化的智慧。少数民族的渔业捕捞文化中很多做法和经验恰如其分的掌握好了这种开发的智慧。如在开发资源的过程中，乌江流域民众懂得适应自然，开发有度。他们设立碑刻利用乡规民约的方式保护鱼类资源。据统计，清至民国时期在整个长江上游流域，贵州地区以立碑或摩崖石刻的形式禁渔、护鱼的数量最多有 19 通。

设置必要的保护区，强化法治管理。针对某些资源总量本来就小且对水域水质要求很高、分布相对集中的鱼类，可以通过设置保护区的方式加以保护。这必须基于更为有效和严密的法律制度体系与管理体系。总结近些年来国家采取的保护自然资源措施，会发现只要人们持之以恒，强化管理与监督，资源的恢复与成效一定会最终呈现在我们的面前。

参考文献

一、历史文献类

（明）曹学佺，2004. 蜀中广记，西南史地文献第二十六卷［M］. 兰州：兰州大学出版社，中国西南文献丛书.

（晋）常璩，任乃强校注，1987. 华阳国志校补图注［M］. 上海：上海古籍出版社.

（清）陈梦雷，蒋廷锡，1987. 古今图书集成［M］. 北京：中华书局.

陈家琎，1999. 西藏地方志资料集成［M］. 北京：中国藏学出版社.

（清）丁治棠，1984. 丁治棠纪行四种［M］. 成都：四川人民出版社.

（唐）段成式，1981. 酉阳杂俎［M］. 北京：中华书局.

（唐）樊绰，1962. 蛮书校注［M］. 北京：中华书局.

（宋）范镇，汝沛点校，2013. 东斋记事［M］. 北京：中华书局.

方国瑜，2001. 云南史料丛刊［M］. 昆明：云南大学出版社.

（宋）傅肱，（宋）高似孙撰，钱仓水校注，2013. 蟹谱蟹略校注［M］. 北京：中国农业出版社.

（清）顾祖禹，贺次君、施和金点校，2005. 读史方舆纪要［M］. 北京：中华书局.

国家图书馆地方志和家谱文献中心，2002. 乡土志抄稿本选编 10 册［M］. 北京：线装书局.

（南宋）洪迈，何卓点校，1981. 夷坚志［M］. 北京：中华书局.

（明）胡文焕，1986. 新刻类修要诀［M］. 北京：中医古籍出版社.

（清）胡世安，1985. 异鱼图赞补，丛书集成初编［M］. 北京：中华书局.

（明）黄省曾，1991. 养鱼经［M］. 北京：中华书局.

（元）贾铭著，1985. 饮食须知［M］. 北京：中华书局.

（清）句曲山农，尚兆山绘，2002. 金鱼图谱. 续修四库全书，第 1120 册［M］. 上海：上海古籍出版社.

（明）兰茂，于乃义，于兰馥整理，2004. 滇南本草［M］. 昆明：云南科技出版社.

蓝勇，2013. 稀见重庆地方文献汇点（上）［M］. 重庆：重庆大学出版社.

蓝勇，2014. 稀见重庆地方文献汇点（下）［M］. 重庆：重庆大学出版社.

（宋）乐史，王文楚等点校，2007. 太平寰宇记［M］. 北京：中华书局.

（明）李采，（清）张能鳞，毛郎英标点，2008. 嘉定州志，《明清嘉定州志》（内部资料）.

(明) 李东阳，(明) 申时行重修. 大明会典，明万历十五年刊本.

(明) 李时珍，1982. 本草纲目，影印文渊阁四库全书子部 [M]. 北京：商务印书馆.

(清) 李化楠，1991. 醒园录 [M]. 北京：中华书局.

(宋) 李昉，等，1960. 太平御览 [M]. 北京：中华书局.

(宋) 李昉，等，1961. 太平广记 [M]. 北京：中华书局.

(唐) 李吉甫，2008. 元和郡县图志 [M]. 北京：中华书局.

(北魏) 郦道元，陈桥驿校证，2007. 水经注校证 [M]. 北京：中华书局.

梁公卿，高国祥，2003. 中国西南文献丛书 [M]. 兰州：兰州大学出版社.

(东汉) 刘熙，1985. 释名 [M]. 北京：中华书局.

(明) 刘文征，古永继校点：1991. 天启滇志 [M]. 昆明：云南教育出版社.

龙云，卢汉修，2007. 新纂云南通志 [M]. 昆明：云南人民出版社.

(清) 卢燮宸，1995. 粤中蚕桑刍言之养鱼事宜条列 [M]. 上海：上海古籍出版社，续修四库全书影印本.

(唐) 陆玑，1985. 毛诗草木鸟兽虫鱼疏. 卷下鱼 [M]. 丛书集成初编，北京：中华书局.

(清) 彭定求，等，1960. 全唐诗 [M]. 北京：中华书局.

彭水苗族土家族自治县档案局，2012. 彭水珍稀地方志史料汇编 [M]. 成都：巴蜀书社.

(法) 沙海昂，2012. 马可波罗行记 [M]. 北京：商务印书馆.

(宋) 沈括，胡道静校注，1957. 新校正梦溪笔谈 [M]. 北京：中华书局.

(明) 宋濂，等，1976. 元史 [M]. 北京：中华书局.

(宋) 宋祁，1985. 益部方物略记 [M]. 北京：中华书局.

(明) 王圻，王思义，1985. 三才图会 [M]. 上海：上海古籍出版社.

(清) 王培荀，魏尧西点校，1987. 听雨楼随笔 [M]. 成都：巴蜀书社.

(宋) 王象之，2003. 舆地纪胜 [M]. 北京：中华书局.

(宋) 吴曾，1979. 能改斋漫录 [M]. 上海：上海古籍出版社.

谢本书，2011. 清代云南稿本史料，国家清史编纂委员会文献丛刊 [M]. 上海：上海辞书出版社.

(明) 徐光启，石声汉校注，1981. 农政全书 [M]. 明文书局.

(明) 徐霞客，朱惠荣校注，1985. 徐霞客游记校注 [M]. 昆明：云南人民出版社.

（清）徐鼎，王承略点校、解说，2006. 毛诗名物图说［M］. 北京：清华大学出版社.
（清）徐珂，2010. 清稗类钞［M］. 北京：中华书局.
（清）徐心余，1985. 蜀游闻心录［M］. 成都：四川人民出版社.
（汉）许慎，（清）段玉裁注，1981. 说文解字注［M］. 上海：上海古籍出版社.
（明）杨慎，1985. 异鱼图赞，丛书集成初编［M］. 北京：中华书局.
杨成彪，2005. 楚雄彝族自治州旧方志全书［M］. 昆明：云南人民出版社.
（清）姚元之. 养鱼法，（清）邹凌沅. 通学斋丛书，光绪宣统年间通学斋校印.
姚乐野、王晓波，2009. 四川大学图书馆馆藏珍稀四川地方志丛刊［M］. 成都：巴蜀书社.
（明）叶子奇，1959. 草木子［M］. 北京：中华书局.
（南宋）袁说友，2011. 成都文类［M］. 北京：中华书局.
（清）张澍，1990. 游马湖记，清人文集地理类汇编第六册［M］. 杭州：浙江人民出版社.
（清）张宗法、邹介正等校释，1989. 三农纪校释，北京：农业出版社.
张宽寿，《昭通旧志汇编》编辑委员会，2006. 昭通旧志汇编［M］. 昆明：云南人民出版社.
《中国方志丛书》四川、云南、贵州、陕西、甘肃、西藏，中国台北：成文书局影印本.
中国地方志集成，1992. 四川府县志辑［M］. 成都：巴蜀书社.
中国地方志集成，1995. 西藏府县志辑［M］. 成都：巴蜀书社.
中国地方志集成，2001. 湖北府县志辑［M］. 南京：江苏古籍出版社.
中国地方志集成，2006. 贵州府县志辑［M］. 成都：巴蜀书社.
中国地方志集成，2009. 云南府县志辑［M］. 南京：凤凰出版社.
中央研究院历史语言研究所，1962. 明实录.
（清）钟鸣，1997. 蓄鱼雅集，四库未收书辑刊 拾辑·拾贰册［M］. 北京：北京出版社.
重庆图书馆，2014. 重庆图书馆藏稀见方志丛刊［M］. 北京：国家图书馆出版社.
（清）周询，1987. 芙蓉话旧录［M］. 成都：四川人民出版社.
（宋）祝穆撰，祝洙、施和金点校，2003. 方舆胜览［M］. 北京：中华书局.
合川区档案馆藏民国合川档案.

南充市档案馆藏清代南部县衙档案.
四川省档案馆藏巴县档案及民国四川档案.
云南省图书馆藏云南乡土志.
重庆市档案馆藏民国重庆档案.

二、民国图书、期刊及调查资料

（一）民国图书

杜若之，1938. 旅渝向导［M］. 重庆：巴渝出版社.
樵斧，1916. 自流井［M］. 成都：聚昌公司.
云南通讯社，1938. 滇游指南［M］. 昆明：云岭书店.
郑璧成，1935. 四川导游［M］. 上海：中国旅行社.

（二）民国期刊

常隆庆，施怀仁，俞德浚，1935. 四川省雷马峨屏调查记［J］. 中国西部科学院特刊第1号.
国立中央研究院动物研究所，1945. 北碚动物志. 第四章动物［J］. 地理，5（3-4）.
乐山通讯，1934. 乐山县府亟谋改进渔业［J］. 四川农业月刊，1（10）.
刘晨，1946. 中国渔产地理之研究［J］. 中农月刊，7（5、6）.
刘青山，1940. 西康省西昌县之社会经济概况［J］. 中农月刊，1（3）.
沈轶刘，1937. 滇西旅行日记［J］. 旅行杂志，6（11）.
施白南，1947. 农家的朋友——水田里的鱼类［J］. 民众周刊，1（9）.
施白南，1943. 四川省养鱼推广问题［J］. 农业推广通讯，5（1）.
施白南，1942. 四川之特产食用鱼类［J］. 农业推广通讯，4（10）.
施怀仁，张春霖，1934. 四川嘉定峨眉鱼类之调查［J］. 中国西部科学院生物研究所丛刊.
施怀仁，1935. List of The Fishes of Szechuan［J］. 国立北京大学自然科学季刊，5（4）.
施怀仁. 四川之食用鱼类［J］.（中科社，民国二十五年年会论文）
史立常，1943. 滇池之水运与渔业［J］. 地理，3（3）.
伍献文，1948. 三十年来中国的鱼类学［J］. 科学，30（9）.
萧伯均，1948. 水产业在重庆［J］. 水产月刊，3（1）.
萧伯均，1947. 重庆市水产市场概况［J］. 水产月刊（1）.

佚名，1942. 合川渔业之捕鱼法［J］. 农业推广通讯，3（6）.

张春霖，施怀仁，1944. 四川嘉陵江下游鱼类之调查（由重庆至合川）［J］. 中国西部科学院生物研究所丛刊第 1 号.

张春霖，1929. 长江鱼类名录［J］. 科学，14（3）.

张春霖，1936. 中国鱼类研究谈［J］. 水产月刊，3（10）.

张廷勋，1933. 西藏的物产与商业［J］. 史地丛刊，1（2）.

张玺，1943. 云南的水生经济动物及其运用［J］. 云南建设（2）.

中国农民银行四川省农村经济调查委员会，1942. 乐山县农村经济调查初步报告［J］. 中农月刊，1（3）.

三、现代文献类

（一）论著

长江水产研究所、上海水产学院，1966. 长江流域渔具渔法渔船调查报告［R］. 长江水产研究所、上海水产学院.

陈友琴，2012. 川游漫记［M］. 北京：中国青年出版社.

成都市地方志编纂委员会，2001. 成都市志·水利志［M］. 成都：四川辞书出版社.

褚新洛，等，1989. 云南鱼类志［M］. 北京：科学出版社.

丛子明、李挺，1993. 中国渔业史［M］. 北京：中国科学技术出版社.

丁瑞华，1994. 四川鱼类志［M］. 成都：四川科学技术出版社.

法国摄影家方苏雅拍摄，海蒂、肖桐，1999. 昆明晚清绝照［M］. 北京：中国文联出版社.

高朴实，四川文史研究馆，2005. 巴蜀述闻［M］. 北京：中华书局.

高文，1987. 汉代四川画像砖［M］. 上海：上海人民美术出版社.

贵州历代诗文选编辑委员会，1988. 贵州历史诗选·明清之部［M］. 贵阳：贵州人民出版社.

贵州省编辑组，1986. 苗族社会历史调查［M］. 贵阳：贵州人民出版社.

郭郛，等，1999. 中国古代动物学史［M］. 北京：科学出版社.

郭声波，1993. 四川历史农业地理［M］. 成都：四川人民出版社.

国家文物局，云南省文化厅，2001. 中国文物地图集·云南分册［M］. 昆明：云南科技出版社.

国家文物局，2009. 中国文物地图集・四川分册［M］. 北京：文物出版社.

国家文物局，2010. 中国文物地图集・重庆分册［M］. 北京：文物出版社.

国务院三峡工程建设委员会办公室，国家文物局，2010. 三峡湖北段沿江石刻［M］. 北京：科学出版社.

何国强，2011. 滇池草海西岸八村调查报告［M］. 北京：知识产权出版社.

何业恒，1997. 中国珍稀爬行类两栖类和鱼类的历史变迁［M］. 长沙：湖南师范大学出版社.

胡宗刚，2005. 静生生物调查所史稿［M］. 济南：山东教育出版社.

湖北省水生生物研究所鱼类研究室，1976. 长江鱼类［M］. 北京：科学出版社.

《夔州诗全集》编辑委员会，2009. 夔州诗全集［M］. 重庆：重庆出版社.

昆明市水利局水利志编写小组，1996. 滇池水利志［M］. 昆明：云南人民出版社.

昆明渔业志编纂小组，1996. 昆明渔业志（内部资料）.

蓝勇，2003. 长江三峡历史地理［M］. 成都：四川人民出版社.

蓝勇，1997. 西南历史文化地理［M］. 重庆：西南师范大学出版社.

乐佩琦，陈宜瑜，国家环境保护局，中华人民共和国濒危物种科学委员会，1998. 中国濒危动物红皮书・鱼类［M］. 北京：科学出版社.

雷梦水，等，1997. 中华竹枝词［M］. 北京：北京古籍出版社.

李德龙，2008. 黔南苗蛮图说研究［M］. 北京：中央民族大学出版社.

李飞鸿，2006. 晋宁历代诗歌楹联选［M］. 昆明：云南民族出版社.

李海霞，2005. 汉语动物命名考释［M］. 成都：巴蜀书社.

李良品，谭杰容，2011. 重庆世居少数民族研究［M］. 重庆：重庆出版社.

李士豪，屈若搴，1936. 中国渔业史［M］. 北京：商务印书馆.

李孝友，2005. 清代云南民族竹枝词诗笺［M］. 昆明：云南美术出版社.

李星星，1994. 曲折的回归——四川酉水土家文化考察札记［M］. 上海：上海三联书店.

林孔翼，沙铭璞，1989. 四川竹枝词［M］. 成都：四川人民出版社.

刘磊，2008. 抗战期间黔境印象［M］. 贵阳：贵州人民出版社.

刘维毅，1997. 汉唐方志辑佚［M］. 北京：北京图书馆出版社.

罗桂环，汪子春，2005. 中国科学技术史生物学卷［M］. 北京：科学出版社.

罗桂环，2005. 近代西方识华生物史［M］. 济南：山东教育出版社.

罗桑丹增，周润年，2003. 藏族民俗［M］. 成都：巴蜀书社.
罗养儒，王樵等点校，1996. 云南掌故［M］. 昆明：云南民族出版社.
罗应涛，2006. 诗游僰国［M］. 成都：四川大学出版社.
罗钰，1996. 云南物质文化采集渔猎卷［M］. 昆明：云南教育出版社.
马长寿，2006. 凉山罗彝考察报告［M］. 成都：巴蜀书社.
南充地区水利电力局，1991. 南充地区水利志（内部资料）.
南文渊，2002. 高原藏族生态文化［M］. 兰州：甘肃民族出版社.
农业部水产司，中国科学院水生生物研究所，1982. 中国淡水鱼类原色图集》1－3［M］. 上海：上海科学技术出版社.
欧阳允斌，伊捷，张柏林摄，2013. 近世中国影像资料［M］. 合肥：黄山书社.
黔南布依族苗族自治州文化局，1986. 黔南民族节日通览［M］. 黔南布依族苗族自治州文化局.
施白南，1982. 四川资源动物志，第一卷总论［M］. 成都：四川人民出版社.
施白南，1990. 四川江河渔业资源和区划［M］. 重庆：西南师范大学出版社.
水利部长江水利委员会，1999. 长江流域地图集［M］. 北京：中国地图出版社.
四川省编辑组，《中国少数民族社会历史调查资料丛刊》修订编辑委员会，2009. 四川省纳西族社会历史调查［M］. 北京：民族出版社.
四川省编写组，《中国少数民族社会历史调查资料丛刊》修订编辑委员会，2009. 四川凉山彝族社会调查资料选辑［M］. 北京：民族出版社.
四川长江水产资源调查组，1975. 四川省长江水产资源调查资料汇编（内部资料）［R］.
四川省嘉陵江水系鱼类资源调查组，1980. 四川省嘉陵江水系鱼类资源调查报告（内部资料）［R］.
四川省农业区划委员会，1991. 四川江河鱼类资源与利用保护［M］. 成都：四川科学技术出版社.
四川省社会科学院农业经济研究所，四川省水产局，1985. 四川渔业经济［M］. 四川省社会科学院.
四川省文物考古研究所，1998. 四川考古报告集［M］. 北京：文物出版社.
汪子春、陈宝绰，1997. 中国古代生物学［M］. 北京：商务印书馆.
王风竹，2007. 湖北库区考古报告集［M］. 北京：科学出版社.

危起伟，等，2012. 长江上游珍稀特有鱼类国家级自然保护区科学考察报告［M］. 北京：科学出版社.

伍汉霖，2002. 中国有毒及药用鱼类新志［M］. 北京：中国农业出版社.

伍律，1989. 贵州鱼类志［M］. 贵阳：贵州人民出版社.

武仙竹，2007. 长江三峡动物考古学研究［M］. 重庆 ：重庆出版社.

西藏自治区水产局，1995. 西藏鱼类及其资源［M］. 北京：中国农业出版社.

谢剑，1987. 昆明东郊的撒梅族［M］. 香港：香港中文大学出版社.

徐明庭等辑校，2007. 湖北竹枝词［M］. 武汉：湖北人民出版社.

徐慕菊，1988. 四川省水利志（第二卷）综述篇［M］. 北京：科学技术出版社.

严奇岩，2009. 竹枝词中的清代贵州民族社会［M］. 成都：巴蜀书社.

杨朝晖，彭子文，景志明，2007. 四川省凉山彝族自治州民间歌曲精选［M］. 成都：四川大学出版社.

杨庭硕，2010. 苗防备览风俗考研究［M］. 贵阳：贵州人民出版社.

杨知勇，1990. 云南少数民族生活志［M］. 昆明：云南民族出版社.

尹玲玲，2004. 明清长江中下游渔业经济研究［M］. 济南：齐鲁书社.

于希贤，1981. 滇池地区历史地理［M］. 昆明：云南人民出版社.

袁嘉谷，2001. 袁嘉谷文集［M］. 第二卷. 昆明：云南人民出版社.

岳佐和，黄宏金，1964. 西藏南部鱼类资源［M］. 北京：科学出版社.

云南省文物考古研究所，2006. 云南考古报告集［M］. 昆明：云南科技出版社.

云南省志编纂委员会办公室，1986. 续云南通志长编.

曾祥琮，长江水系渔业资源调查协作组，1990. 长江水系渔业资源［M］. 北京：海洋出版社.

张华海，李明晶，2007. 草海研究［M］. 贵阳：贵州科技出版社.

张文勋，1993. 滇云诗词［M］. 上海：上海古籍出版社.

章创生，范时勇，何洋，2013. 重庆掌故［M］. 重庆 ：重庆出版社.

昭通地区地方志办公室，1993. 昭通地区土特名产志［M］. 成都：成都科技大学出版社.

赵贵林，2000. 三峡竹枝词［M］. 北京：中国三峡出版社.

郑金生，2010. 中华大典·医药卫生典·医学分典，药物图录总部［M］. 成都：巴蜀书社.

中国画像砖全集委员会，2005. 中国画像砖全集，四川汉画像砖［M］. 成都：四川美术出版社.

重庆市农牧渔业局，1993. 重庆市农牧渔业志（内部资料）.

重庆市文物局，重庆市移民局，2003. 重庆库区考古报告集［M］. 北京：科学出版社.

周焕强，2005. 重庆市地方志编纂委员会编纂，重庆市志・商贸志［M］. 重庆：西南师范大学出版社.

周希武，1986. 玉树调查记［M］. 西宁：青海人民出版社.

朱圣钟，2007. 历史时期凉山彝族地区的经济开发［M］. 重庆：重庆出版社.

（二）期刊论文

巴家云，1993. 略论四川汉代的渔业生产［J］. 四川文物（4）.

白兴发，2002. 论少数民族禁忌文化与自然生态保护的关系［J］. 青海民族学院学报（4）.

陈华炼，1980. 城口鱼泉资源调查及其保护措施［J］. 四川水产（3）.

官德祥，1997. 汉晋时期西南地区渔业活动探讨［J］. 中国农史（3）.

郭清华，1986. 勉县出土稻田养鱼模型［J］. 农业考古（1）.

黄泗亭，1986. 贵州习水县发现的蜀汉岩墓和摩崖题记及岩画［J］. 四川文物（1）.

江玉祥，2006. 丙穴鱼・雅鱼・嘉鱼考［J］. 四川烹饪高等专科学校学报（1）.

姜世碧，1995. 四川古代渔业述论［J］. 四川文物（6）.

兰峰，钱志黄，1987. 宜宾汉代石刻画像中的鲟鱼［J］. 四川文物（4）.

李思忠，1986. 我国古书中的嘉鱼究竟是什么鱼？［J］. 生物学通报（12）.

李勇，2009. 百年中国渔文化研究特点评述［J］. 甘肃社会科学（6）.

廖宇，2009. 三峡地区新石器时代渔业生产初步研究［J］. 四川文物（4）.

刘成汉，1964. 四川鱼类区系的研究［J］. 四川大学学报（2）.

刘慧，2010. 长江三峡地区远古时期渔业的考古研究［D］. 重庆：重庆师范大学.

刘乐，2008. 汉中的丙穴嘉鱼文化［J］. 陕西水利（1）.

刘文杰，余德章，1983. 记四川有关农业方面的汉代画像砖［J］. 农业考古（1）.

刘文杰，余德章，1983. 四川汉代陂塘水田模型考述［J］. 农业考古（1）.

刘自兵，2012. 中国历史时期鸬鹚渔业史的几个问题［J］. 古今农业（4）.

罗康隆，2012. 从《百苗图》看 18—19 世纪贵州各族渔猎生计方式［J］. 教育文化论坛（2）.

任野，2003. 嘉鱼·丙穴鱼·雅鱼［J］. 四川烹饪高等专科学校学报（1）.
施白南，陆云荪，1980. 我国早期有关鲟鱼类记述的研究［J］. 西南师范大学学报（自然科学版）（2）.
舒治军，2011. 清代至民国年间巴蜀方志动物名研究［D］. 成都：四川师范大学.
苏永霞，2010. 从全唐诗看唐代渔业［J］. 农业考古（4）.
滕新才，2014. 三峡“乌鬼”考［J］. 重庆三峡学院学报（1）.
王家德，1995. 三峡地区古代渔猎综论［J］. 四川文物（2）.
魏崴，2008. 四川汉画中的“鱼”图［J］. 文史杂志（3）.
吴大康，2004. 古代毒鱼和环境保护从安康境内两则碑文谈起［J］. 安康师专学报（5）.
武仙竹，2004. 巴人与鸬鹚渔业［J］. 农业考古（1）.
武仙竹，2012. 白鹤梁石鱼考［J］. 中国国家博物馆馆刊（10）.
武仙竹，2002. 考古学所见长江三峡夏商周时期的渔业生产［J］. 江汉考古（3）.
熊天寿，王慈生，1990. 重庆市古代鱼类记载述概［J］. 重庆水产（3）.
熊天寿，1992. 重庆市鱼类资源研究史料概述［J］. 重庆水产（3）.
熊天寿，1990. 对嘉鱼的考证及辨识［J］. 重庆师范学院学报（自然科学版）（2）.
严奇岩，2011. 从禁渔碑刻看清末贵州的鱼资源利用和保护问题［J］. 贵州民族研究（2）.
杨昌雄，1984. 苗族稻田养鱼考［J］. 农业考古（1）.
杨昌雄，1984. 稻田养鱼——贵州苗族区稻田养鱼调查记［J］. 贵州农业科学（6）.
杨光美，刘仕海，2009. 苗族地区发展稻田生态渔业的思考：以黔东南为例［J］. 贵州农业科学（5）.
杨茂锐，1992. 鱼在苗族社会生活中的功能［J］. 贵州民族研究（3）.
杨知秋，2005. 大理弓鱼·丙穴鱼·桃花鱼［J］. 大理文化（4）.
曾超，2010. 三峡地区的鱼文化及其意蕴［J］. 重庆社会科学（5）.
张艳梅，2007.“乌鬼”考辨［J］. 重庆社会科学（7）.
佐佐木正治，2005. 汉代四川农业考古［D］. 成都：四川大学.

四、外文书籍及论文

（英）阿奇博尔德，2001. 扁舟过山峡［M］. 昆明：云南人民出版社.
（美）白修德，（美）贾安娜，端纳译，1988. 中国的惊雷［M］. 北京：新华出版社.

（日）渡边武，1981. 汉代画像所见渔捞采集［M］. 海事史研究.

（法）理沃执笔，徐枫，张伟译注，2008. 晚清余晖下的西南一隅——法国里昂商会中国西南考察纪实［M］. 昆明：云南出版集团、云南美术出版社.

（英）立德，2014. 穿蓝色长袍的国度［M］. 南京：译林出版社.

（日）铃木敬，2013. 中国图书绘画综合目录［M］. 1982 年初版，东京大学出版会.

（澳）莫理循，2014. 1894 年我在中国看见的［M］. 南京：江苏文艺出版社.

（日）木村重，1934. 故岸上理学博士一行采集扬子江鱼类报告［J］. 上海自然科学研究所丛报，3（9）.

（美）穆盛博，胡文亮译，2015. 近代中国的渔业战争和环境变化［M］. 南京：江苏人民出版社.

（美）尼利尔斯·奥斯古德，2007. 旧中国的农村生活——对云南高峣的社区研究［M］. 香港：国际炎黄文化出版社.

（日）山川早水，2005. 巴蜀旧影［M］. 成都：四川人民出版社.

（英）托马斯·布莱基斯顿，马剑，孙琳译，2013. 江行五月［M］. 北京：中国地图出版社.

（英）威廉·吉尔，2013. 金沙江［M］. 北京：中国地图出版社.

（日）中村治兵卫，1994. 中国渔业史研究［M］. 东京：刀水书房.

（日）中野孤山、郭举昆译，2007. 横跨中国大陆——游蜀杂俎［M］. 北京：中华书局.

后　记

本书是在我的博士学位论文基础上修改而成的。论文完成的过程真切地感觉自己在啃一块硬骨头。因为自身缺乏鱼类学的基础，加之鱼类种属纷繁复杂、古代史料零散，使我一度产生放弃的念头。幸运的是，在诸多师友的帮助下，在家人的鼓励下，我最终坚持完成了博士论文。其中的困顿与艰辛，至今仍记忆犹新。

我的科研之路是在恩师蓝勇教授的一直鼓励下走过来的。从研一撰写第一篇课程论文开始，蓝老师就亲自阅读并修改。记得有一次，蓝老师帮我修改论文至深夜，而不懂事的我却早早离开研究所回寝室休息了。在完成博士论文的阶段，因为我是属于“2+3”硕博连读性质的，转入博士研究生阶段之前并没有做硕士学位论文，对于如何撰写一篇博士论文完全是懵懂的。可以说，论文从定题、写作到最终完成，一直都得到蓝老师的悉心指导和帮助。在拙著即将出版之际，蓝老师又欣然应允为本书作序，在此谨向恩师表示深深的谢意！

论文的写作过程中，我还得到杨光华教授的指导和鼓励。马强教授、朱圣钟教授、马剑副教授也都非常关心我论文的进展。研究所的老师们平易近人，学生们都非常乐于向老师们请教和探讨问题。

衷心感谢南京大学的胡阿祥教授、陕西师范大学的卜风贤教授、云南大学陆韧教授评阅了我的论文，三位老师都提出了不少宝贵的修改意见。北京大学韩茂莉教授作为答辩主席给予很多好的建议，非常感谢！

2016 年博士毕业后，我进入重庆工商大学马克思主义学院从事科学和教研工作。感谢学院领导的关心和支持，他们为青年教师的成长解除后顾之忧。

教研室的老师们更是经常在学术和生活上给予关心和鼓励。2018 年，我进入陕西师范大学西北研究院博士后流动站，侯甬坚教授是我的合作导师。侯老师希望我少些顾虑，选择自己认为有意义的题目去做，持之以恒总会有收获。在侯老师的鼓励下，结合环境史研究的基础，考虑到当前生态文明建设日益重要的现实背景，进一步激发了我对现当代环境史研究的兴趣。感谢侯老师在学术研究、做人做事诸多方面的指导与关心！

本书的出版获得教育部青年项目的大力支持，并获得重庆工商大学及马克思主义学院配套经费的资助，在此致以诚挚的谢意。得以成书出版要感谢中国农业科学技术出版社的朱绯编辑及相关编校人员的努力。

由于学识所限，本书还存在很多不足之处，如对人类活动与鱼类资源的关系还可进一步探讨。这些问题希望能在以后的研究过程中不断地完善与改进。

刘静

2020 年 6 月 1 日

清代长江上游娃娃鱼分布图
图例
大宁河 今河流名
大宁河 清河流名
重庆府 清代地名
重庆 今地名
河流
娃娃鱼
成都府
重庆府
嘉定府
叙州府
泸州
夔州府
宜昌府
遵义府
贵阳府
昭通府
宁远府
雅州府
保宁府
顺庆府
绥定府
潼川府
龙安府
施南府
酉阳州
思南府
叙永厅
东川府
永宁府
丽江府
大理府
武定州
姚州
永北厅
松潘厅
杂谷厅
茂州
绵州
资州
邛州
眉州
忠州
石砫厅
太平厅

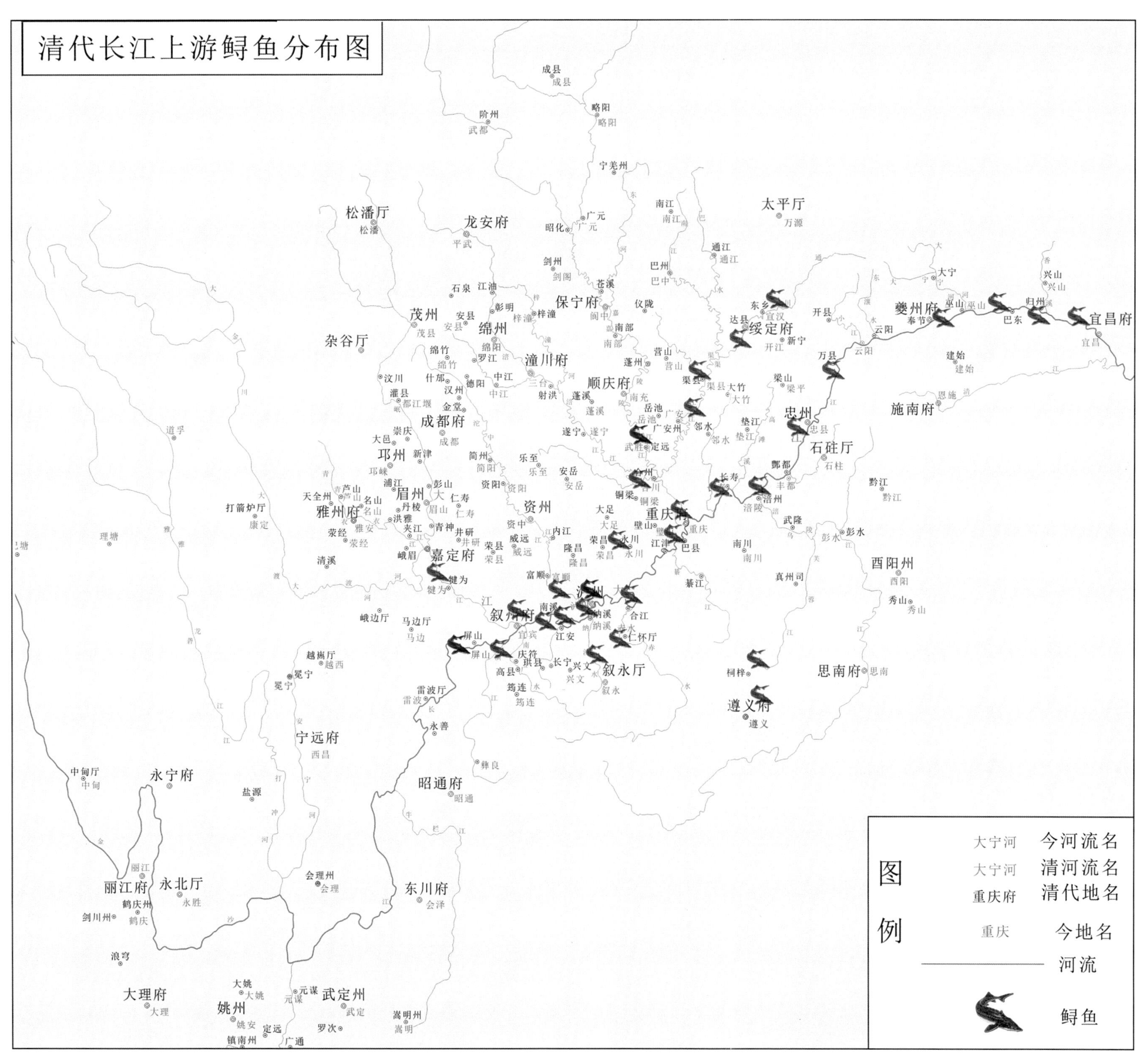

清代长江上游鲟鱼分布图
成县
阶州
武都
略阳
宁羌州
松潘厅
松潘
龙安府
平武
昭化
广元
南江
太平厅
万源
通江
巴州
巴中
剑州
剑阁
苍溪
保宁府
阆中
仪陇
东乡
宣汉
达县
绥定府
开江
新宁
大宁
兴山
巫山
夔州府
奉节
巴东
归州
宜昌府
宜昌
开县
云阳
万县
建始
茂州
茂县
杂谷厅
石泉
江油
彰明
安县
绵州
梓潼
南部
潼川府
三台
射洪
中江
绵竹
罗江
德阳
什邡
汶川
灌县
都江堰
汉州
金堂
成都府
成都
蓬州
营山
顺庆府
南充
蓬溪
渠县
大竹
岳池
广安州
邻水
梁山
梁平
忠州
忠县
垫江
石砫厅
石柱
施南府
恩施
遂宁
武胜
定远
大邑
崇庆
邛州
邛崃
新津
简州
简阳
乐至
安岳
合州
长寿
酆都
丰都
涪州
涪陵
黔江
天全州
芦山
名山
雅州府
雅安
眉州
眉山
彭山
丹棱
洪雅
蒲江
仁寿
资阳
资州
资中
铜梁
大足
壁山
重庆府
重庆
巴县
江津
永川
荣昌
内江
隆昌
威远
荣县
井研
青神
夹江
荥经
清溪
峨眉
嘉定府
乐山
犍为
富顺
泸州
南溪
叙州府
宜宾
江安
纳溪
合江
仁怀厅
赤水
綦江
南川
武隆
彭水
酉阳州
酉阳
秀山
真州司
桐梓
遵义府
遵义
思南府
思南
打箭炉厅
康定
理塘
道孚
峨边厅
马边厅
马边
屏山
庆符
高县
珙县
长宁
兴文
叙永厅
叙永
筠连
越嶲厅
越西
冕宁
雷波厅
雷波
永善
宁远府
西昌
彝良
昭通府
昭通
中甸厅
中甸
永宁府
盐源
丽江府
丽江
永北厅
永胜
鹤庆州
鹤庆
剑川州
浪穹
会理州
会理
东川府
会泽
大理府
大理
大姚
姚州
姚安
元谋
武定州
武定
定远
罗次
嵩明州
嵩明
镇南州
广通
图例
大宁河 今河流名
大宁河 清河流名
重庆府 清代地名
重庆 今地名
河流
鲟鱼

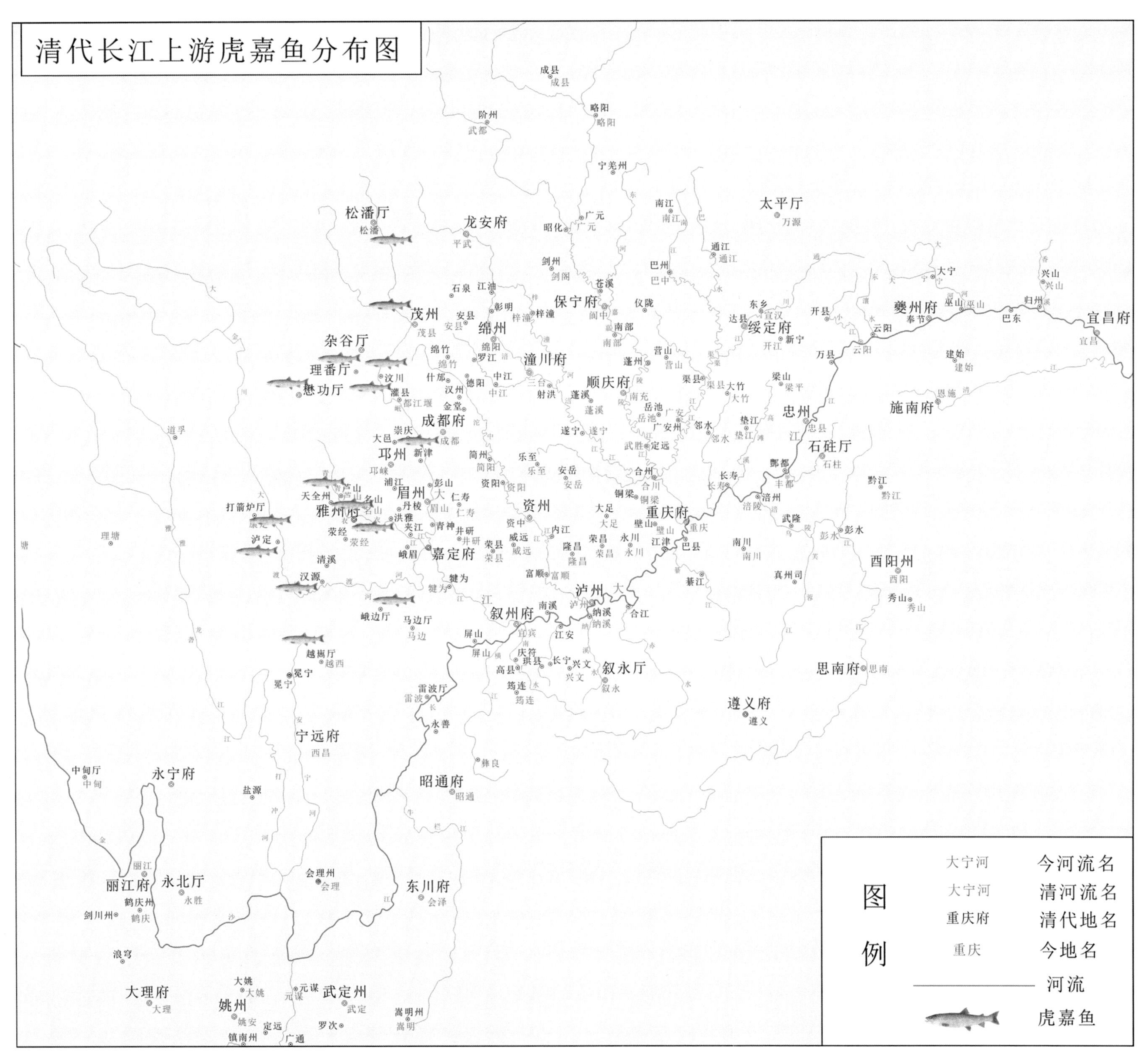
清代长江上游虎嘉鱼分布图
图例
大宁河 今河流名
大宁河 清河流名
重庆府 清代地名
重庆 今地名
河流
虎嘉鱼

滇池金线鱼古今分布图
嵩明县
青龙潭
白邑乡
黑龙潭
小营枯井
富民县
沙朗乡
黑龙潭
昆明市
嵩明县
西山区
西华毛司龙潭
花姑娘龙潭
猴山
高峣
碧鸡山
太华山
罗汉山
金线泉
呈贡区
白龙潭
火多山
大渔乡
小海宴
石城街道办事处
长腰山
耙齿山龙潭
海口镇
旅人龙潭
梁王山
马鞍山
牛恋乡
大湾山
晋宁县
柴河水库
图例
滇池金线鱼历史分布点
2000年滇池金线鱼调查分布点